计 算 机 科 学 丛 书

认知计算与深度学习

基于物联网云平台的智能应用

Cognitive Computing and Deep Learning

Intelligent Applications based on IoT/Cloud

陈 敏　　黄 铠　　著
华中科技大学　美国南加州大学

机械工业出版社
China Machine Press

图书在版编目（CIP）数据

认知计算与深度学习：基于物联网云平台的智能应用 / 陈敏，黄铠著，—北京：机械工业出版社，2018.1
（计算机科学丛书）

ISBN 978-7-111-58496-4

I. 认… II. ① 陈… ② 黄… III. ①互联网络 - 应用 ②智能技术 - 应用 IV. ① TP393.4 ② TP18

中国版本图书馆 CIP 数据核字（2017）第 283680 号

本书根据两位作者的英文原著《Big-Data Analytics for Cloud, IoT and Cognitive Computing》（Wiley，2017）翻译、改编与增补而成。全书共 11 章，其中第 4、8、11 章是新增章节。全书重点关注认知计算、大数据与深度学习的基本原理，同时涵盖物联网与云平台的智能应用，如健康监护、社交媒体分析、认知车联网与 5G 移动认知系统等。

本书适合作为高等院校的专业教材，专业领域跨越计算机科学、人工智能、机器学习与大数据等，并为授课教师提供课件与习题解答。同时，本书也适合相关领域的工程师和技术人员参考。

出版发行：机械工业出版社（北京市西城区百万庄大街 22 号 邮政编码 100037）

责任编辑：曲 熠　　责任校对：殷 虹

印 刷：北京瑞德印刷有限公司　　版 次：2018 年 1 月第 1 版第 1 次印刷

开 本：185mm×260mm 1/16　　印 张：24

书 号：ISBN 978-7-111-58496-4　　定 价：99.00 元

凡购本书，如有缺页、倒页、脱页，由本社发行部调换

客服热线：（010）88378991 88361066　　投稿热线：（010）88379604

购书热线：（010）68326294 88379649 68995259　　读者信箱：hzjsj@hzbook.com

文艺复兴以来，源远流长的科学精神和逐步形成的学术规范，使西方国家在自然科学的各个领域取得了垄断性的优势；也正是这样的优势，使美国在信息技术发展的六十多年间名家辈出、独领风骚。在商业化的进程中，美国的产业界与教育界越来越紧密地结合，计算机学科中的许多泰山北斗同时身处科研和教学的最前线，由此而产生的经典科学著作，不仅擘划了研究的范畴，还揭示了学术的源变，既遵循学术规范，又自有学者个性，其价值并不会因年月的流逝而减退。

近年，在全球信息化大潮的推动下，我国的计算机产业发展迅猛，对专业人才的需求日益迫切。这对计算机教育界和出版界都既是机遇，也是挑战；而专业教材的建设在教育战略上显得举足轻重。在我国信息技术发展时间较短的现状下，美国等发达国家在其计算机科学发展的几十年间积淀和发展的经典教材仍有许多值得借鉴之处。因此，引进一批国外优秀计算机教材将对我国计算机教育事业的发展起到积极的推动作用，也是与世界接轨、建设真正的世界一流大学的必由之路。

机械工业出版社华章公司较早意识到"出版要为教育服务"。自1998年开始，我们就将工作重点放在了遴选、移译国外优秀教材上。经过多年的不懈努力，我们与Pearson，McGraw-Hill，Elsevier，MIT，John Wiley & Sons，Cengage等世界著名出版公司建立了良好的合作关系，从他们现有的数百种教材中甄选出Andrew S. Tanenbaum，Bjarne Stroustrup，Brian W. Kernighan，Dennis Ritchie，Jim Gray，Afred V. Aho，John E. Hopcroft，Jeffrey D. Ullman，Abraham Silberschatz，William Stallings，Donald E. Knuth，John L. Hennessy，Larry L. Peterson等大师名家的一批经典作品，以"计算机科学丛书"为总称出版，供读者学习、研究及珍藏。大理石纹理的封面，也正体现了这套丛书的品位和格调。

"计算机科学丛书"的出版工作得到了国内外学者的鼎力相助，国内的专家不仅提供了中肯的选题指导，还不辞劳苦地担任了翻译和审校的工作；而原书的作者也相当关注其作品在中国的传播，有的还专门为其书的中译本作序。迄今，"计算机科学丛书"已经出版了近两百个品种，这些书籍在读者中树立了良好的口碑，并被许多高校采用为正式教材和参考书籍。其影印版"经典原版书库"作为姊妹篇也被越来越多实施双语教学的学校所采用。

权威的作者、经典的教材、一流的译者、严格的审校、精细的编辑，这些因素使我们的图书有了质量的保证。随着计算机科学与技术专业学科建设的不断完善和教材改革的逐渐深化，教育界对国外计算机教材的需求和应用都将步入一个新的阶段，我们的目标是尽善尽美，而反馈的意见正是我们达到这一终极目标的重要帮助。华章公司欢迎老师和读者对我们的工作提出建议或给予指正，我们的联系方法如下：

华章网站：www.hzbook.com

电子邮件：hzjsj@hzbook.com

联系电话：（010）88379604

联系地址：北京市西城区百万庄南街1号

邮政编码：100037

华章教育

华章科技图书出版中心

过去十年间，计算机与信息产业在平台规模和应用范围层面都经历了快速变革。计算机、智能手机、云和社交网络不仅需要优越的性能，而且需要高程度的智能。实际上，我们正进入认知计算和大数据分析时代，这种变化趋势随处可见，包括智能手机的广泛使用、云存储与云计算的应用、人工智能在实践中的复兴、从扩展的超级计算机到物联网（Internet of Things，IoT）平台的大范围部署，等等。面对这些新兴的计算和通信方法，我们必须升级云和 IoT 生态系统，赋予它们新的能力，如机器学习、IoT 感知、数据分析，以及一种可以模仿或者增强人类智慧的认知能力。

为了满足新的需求，需要设计新的云系统、Web 服务和数据中心，用以存储、处理、学习和分析大数据，以发现新的知识或者做出有价值的决策。其目的是建立一个大数据产业链来提供认知服务，从而高效率地帮助人类克服在劳动密集型任务方面的缺陷。这些目标可以通过硬件虚拟化、机器学习、深度学习、IoT 感知、数据分析和认知计算来实现。例如，随着机器学习和数据分析的实际应用日益增多，"学习即服务"（Learning as a Service，LaaS）、"分析即服务"（Analytics as a Service，AaaS）和"安全即服务"（Security as a Service，SaaS）等云服务开始出现。

如今，为了支持移动网络的应用，IT 公司、大企业、学校和政府都把主要数据中心转移到云设备上。具有与云类似集群架构的超级计算机，也正在为处理大型数据集或数据流而转型。智慧云的需求大大增加，它在社交、媒体、移动、商业和政府的运营中变得非常重要。超级计算机和云平台有不同的生态系统和编码环境，在未来，它们之间的鸿沟将随着认知计算的到来而消失。本书致力于实现这个目标。

内容概览

本书根据我们的英文著作《 Big Data Analytics for Cloud, IoT and Cognitive Computing 》（Kai Hwang and Min Chen, Wiley Publisher, London, U. K., ISBN 9781119247029, 2017）翻译、改编与增补而成。全书共 11 章，其中第 4、8、11 章是全新的章节。书中强调认知计算、深度学习与大数据的基本原理，同时涵盖物联网与云平台的智能应用，例如健康监护、医疗认知、智慧城市、社交媒体分析、认知车联网与 5G 移动认知系统等。

全书简要目录如下：

第 1 章　认知计算与大数据科学

第 2 章　智慧云与虚拟化技术

第 3 章　物联网的传感、移动和认知系统

第 4 章　NB-IoT 技术与架构

第 5 章　有监督的机器学习

第 6 章　无监督学习和算法选择

第 7 章　深度学习

第 8 章　生成对抗式网络与深度学习应用

第 1 ～ 3 章介绍数据科学、智慧云以及大数据计算的 IoT 设备或框架，涵盖通过大数据分析和认知机器学习能力来探索智慧云计算的技术，包含云架构、IoT、认知系统以及软件支持。具体地说，第 1 章介绍数据科学与认知计算的基本原理，第 2 章展示云计算平台的系统结构与虚拟化技术，第 3 章涵盖物联网的传感技术、移动环境和认知系统。

新增加的第 4 和 11 章，介绍窄带物联网（NB-IoT）的技术、架构及其在认知车联网与 5G 认知系统上的应用。第 5 和 6 章介绍各类机器学习算法与模型拟合技术，第 7~9 章详细介绍深度学习的理论与应用实例，第 10 章专注于医疗认知系统与健康大数据应用。

特殊方法

我们在本书中使用了一种技术融合方法，将认知计算、大数据理论与云设计原则以及超级计算机标准融合，以提高智慧云或超级计算机的计算效率。IoT 传感技术可实现大量数据采集，机器学习与数据分析将帮助我们做出决策。我们的根本目标是增强云和超级计算机以及人工智能（AI）。

本书融会了我们多年的研究和教学经验，帮助读者在大数据世界通过自己的计算设备、分析能力以及应用技能来推动职业发展、商业转型以及科学发现。本书将认知计算理论与智慧云上的新兴技术相结合，并通过新应用探索分布式数据中心。如今，我们可以看到信息物理系统在智慧城市、自动驾驶、情感监测机器人、虚拟现实、增强现实以及认知服务中的应用。

读者指南

我们编写此书是为了满足计算机科学与电气工程教育领域不断增长的课程需求，因此本书适合作为高等院校与研究院的专业教材，专业领域跨越计算机科学、人工智能、机器学习与大数据等。不论教师想要教授本书 11 章中的任何部分，都可以给大四学生和研究生使用本书，或者作为专业参考书。以下四类大学课程适合使用本书：大数据分析（Big Data Analytics，BDA），云计算（Cloud Computing，CC），机器学习（Machine Learning，ML），认知系统（Cognitive System，CS）。这些课程已经在世界范围内的多所大学中开设，并且学校的数量还在快速增长。我们为授课老师提供课件与习题解答，请访问华章网站 www. hzbook.com 下载教辅资料。

对于想要将计算技能转化为 IT 新机遇的从业者，本书也能提供有益的帮助。比如：对本书感兴趣的读者可能是在 "Cloud of Things" 工作的 Intel 工程师；谷歌 Brain 和 DeepMind 团队也在研发用于自动驾驶的机器学习技术；Facebook 开发了基于 AR/VR（Augmented and Virtual Realities）的新 AI 特征、新社交和娱乐服务；IBM 客户期待将认知计算服务应用于商业和社交媒体领域；亚马逊和阿里巴巴云的买家和卖家希望以电子商务和社交服务等形式拓展其在线交易业务。

此外，机械工业出版社华章公司预计于 2018 出版的《智能云计算与机器学习》一书与本书是互补配套关系，该书译自黄铠的专著《Cloud Computing for Machine Learning and Cognitive Applications》（Kai Hwang，MIT Press，Cambridge，U. S.，ISBN 9780262036412，2017），强调云计算的系统结构与程序应用方面，欢迎读者阅读参考。

致谢

本书的出版得到了机械工业出版社华章公司温莉芳、曲熠等人的支持，并得到了华中科技大学嵌入与普适计算实验室以下研究人员的大力协助：史霄波、王露、缪一铭、刘梦宸、卢佳毅、周萍、阳俊、胡龙、郝义学、李伟、钱永峰、魏泽如、韩超、徐意、蒋莹莹、游星辉、吴高翔。我们在此表示由衷的感谢。

陈敏，华中科技大学

2017 年 11 月于武汉

黄铠，美国南加州大学

2017 年 11 月于洛杉矶

陈敏 华中科技大学计算机学院教授、博士生导师，嵌入与普适计算实验室主任。23 岁获华南理工大学通信与信息系统博士学位，曾在韩国首尔大学、加拿大不列颠哥伦比亚大学从事博士后研究，曾任韩国首尔大学助理教授。2012 年入选国家第二批青年千人计划。主要研究方向是物联网、大数据分析与认知计算。

他发表国际学术论文 300 多篇，80 篇发表于 IEEE/ACM 计算机与通信领域核心期刊。他的论文在谷歌学术中引用超过 10500 次，其中 10 篇第一作者论著引用超过 3400 次，H 指数为 50。近三年以来连续入选爱思唯尔计算机类中国高被引学者。他曾获 IEEE ICC 2012、IEEE IWCMC 2016 等国际大会最佳论文奖，2017 年获 IEEE 通信协会 Fred W. Ellersick 奖。他曾任 IEEE ICC 2012 通信理论程序委员会主席及 IEEE ICC 2013 无线网络程序委员会主席等，2014 年被选为 IEEE 计算机协会大数据技术委员会主席。

黄铠（Kai Hwang） 计算机系统和互联网技术领域的国际知名资深学者。他拥有加州大学伯克利分校博士学位，主要研究领域为计算机体系结构、并行处理、云计算、分布式系统和网络安全，目前是美国南加州大学（USC）电子工程与计算机科学系终身教授。他曾在普渡大学任教多年，并先后在清华大学、香港大学、台湾大学和浙江大学担任特聘讲座教授。他在专业领域发表了 250 篇科学论文，截至 2017 年在谷歌学术中引用超过 16800 次，H 指数为 55。他还是 IEEE 计算机协会的终身会士（Life Fellow）。

他创作或合著了 10 余本学术专著，包括《高级计算机体系结构》（1992）、《云计算与分布式系统》（2011）和《智能云计算与机器学习》（2018）等。他曾担任《并行与分布式计算》（JPDC）杂志主编 28 年，还曾担任 IEEE《云计算会刊》（TCC）、《并行和分布式系统》（TPDS）、《服务计算》（TSC）以及《大数据智能》杂志的编委。他于 2012 年获得国际云计算大会（IEEE CloudCom）终身成就奖，2004 年获得中国计算机学会（CCF）首届海外杰出贡献奖。

多年来，他在南加州大学和普渡大学共培养博士生 21 人，其中 4 人晋升为 IEEE 会士，1 人为 IBM 会士。他在 IEEE 与 ACM 国际会议和全球领先的大学发表了 60 多次主题演讲和杰出讲座。他曾在 IBM 研究院、Intel 公司、富士通研究院、麻省理工学院林肯实验室、加州理工学院喷气推进实验室（JPL）、台湾工业技术研究院（ITRI）、法国国家计算科学研究中心（ENRIA）和中国科学院计算所担任高级顾问或首席科学家。他目前的科研兴趣集中于云计算、物联网、机器智能和大数据在医疗保健与移动社交网络上的应用。

目　录

认知计算与大数据科学

摘要： 在大数据、云平台以及物联网广泛应用于各个领域的今天，人们迫切需要智慧云计算平台来应对越来越多的计算存储需求。目前，大部分云计算平台的主要功能集中在对数据进行统一的存储处理和管理，而在认知和模拟人类感知智能方面的发展尚处于初级阶段。并且，它们在物联网感知、机器学习、数据挖掘和分析能力上有很大的发展空间。本章简要介绍了大数据理论基础、云服务模型、社交网络、移动与无线通信、物联网以及认知能力。我们用 SMACT 代表 5 个前沿技术：社交网络（Social）、移动通信（Mobile）、分析（Analytics）、云计算（Cloud）以及物联网（IoT）。同时，我们针对智慧城市、健康监护、社交媒体以及商业智能等领域，分别给出了应用案例，详细介绍了移动云和物联网资源的大数据采集、挖掘、处理和分析等方法。

1.1 数据科学简介

在过去的 30 年中，计算学科和通信学科逐渐融合，网络技术不断地改造着物理世界，人们也从中大大获益。互联网平台架构、基础设施部署、网络连接和面向应用等方面不断取得进展，相比台式机或个人电脑，云平台能够更有效地在大型数据库上执行搜索、存储和计算操作。

本节介绍了数据科学的基本概念及其关键技术，其终极目标是在几年之内将传感器网络、RFID（射频识别）标签、GPS 服务、社交网络、智能手机、平板电脑、云平台和混搭应用程序、WiFi、蓝牙、互联网+、物联网和新兴的认知科学这些技术结合起来，建设一个推动特定行业发展的大数据产业链。本章将重点对 SMACT 技术进行介绍。

1.1.1 数据科学与相关学科

数据科学有着悠久的历史，当今人们越来越多地使用云计算技术和物联网技术来建设智慧世界，因而数据科学变得越来越热门。如图 1-1 所示，大数据具有三个重要的特点：数据容量超大（volume），数据的高速处理（velocity），数据类型的多样化（variety）。这三个特点通常被称为大数据的 3 个 V。其他人还在此基础上增加了大数据的另外两个 V：一个是真实性（veracity），即跟踪或预测数据的困难；另一个是数据价值的变化性（values），即数据价值会随着数据处理方式的不同而发生变化。

按照今天的标准，大数据一般指规模在 1TB 以上的数据量。IDC 预测，2030 年将有 40ZB 的数据需要处理，这意味着每个人将有 5.2TB 的数据需

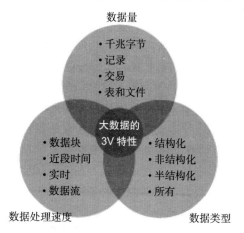

图 1-1　大数据特征：3V 及其挑战

要处理。如此巨大的数据量要求足够的存储能力和分析能力，这样才能够对海量数据进行处理。数据的多样性意味着数据格式的多样性，这导致数据的精确管理是非常困难和昂贵的。高速率处理数据意味着实时处理大数据并从中提取有意义的信息或知识。数据的真实性意味着验证数据的准确性是非常困难的。以上所有 V 导致我们很难使用现有的硬件和软件基础设施去捕捉、管理和处理数据，这也使得人们对智慧云与物联网等技术的需求更加迫切。

Forbes、Wikipedia 和 NIST 已经在这个领域提供了一些历史性的回顾。为了说明数据科学已经发展到大数据时代，我们将其时间线分为四个阶段，如图 1-2 所示。在 20 世纪 70 年代，有些人认为数据科学相当于数据分析论。正如 Peter Naur 所说："一旦数据科学建立起来，当数据和数据所代表的关系延展到其他领域和科学，那就是处理数据的科学。"与此同时，在大部分应用领域数据科学也被视为统计学的一部分。自 2000 年以来，数据科学的范围不断扩大，成为数据挖掘和预测分析领域的延续，同时又被称为知识发现与数据挖掘（KDD）。

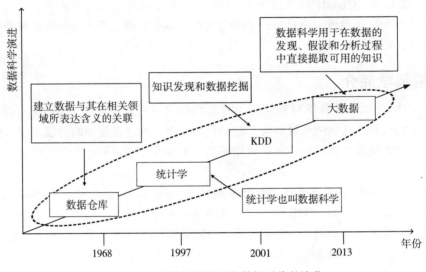

图 1-2　从数据科学到大数据时代的演化

在这种情况下，编程被视为数据科学的一部分。在过去的 20 年中，数据在各个领域的规模不断升级的情况下同步增长。数据科学的演化使得从海量的结构化或非结构化数据中提取知识成为一种可能。其中非结构化数据包括电子邮件、视频、照片、社交媒体以及其他用户生成的内容等一系列数据。大数据技术需要大量的存储、计算和通信资源支持，同时保证这些资源的可扩展性也十分必要。

使用数据发现、假设、分析等技术从数据中提取可操作的知识，这一系列过程被定义为数据科学。在大数据生命周期的每个阶段都了解该领域业务需求并拥有相关知识、分析能力和编程技能的从业者被称为大数据科学家。

今天，数据科学需要对大量的信息进行集成和排序，并设计算法以从这些大规模的数据元素中提取有用的信息。在临床试验、生物科学、农业、医疗监护和社交网络等领域，数据科学有着广泛的应用。如图 1-3 所示，数据科学被认为是计算科学与工程、数理统计以及实际应用领域这三个跨学科领域的交集。大多数数据科学家是精通数学建模、数据挖掘和数据分析等领域的专家。通过领域知识和数学技能的结合，他们在设计算法的同时开发了具体的模型。数据科学存在于数据的整个生命周期中。它结合了许多学科和领域的原理、技术和方法，如数据挖掘和分析，特别是机器学习和模式识别。

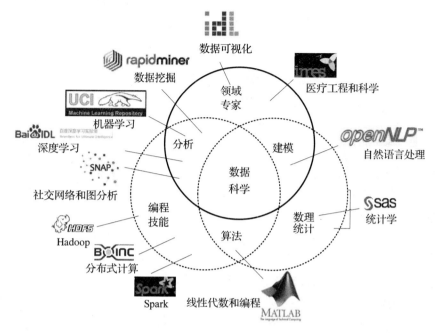

图 1-3 云软件库及其支持的数据科学功能组件

目前数据科学团队已经解决了许多非常复杂的数据问题。其中运用了大量统计学、运筹学、可视化以及相关领域的知识。如图 1-3 所示，当每两个区域重叠时，便产生了三个重要的专业领域。例如建模领域便是领域专业知识和数理统计相结合的产物，其中常使用抽象的数学语言来描述新发现的知识。数据科学领域和编程的结合产生了数据分析这一新领域。领域专家们应用特殊的编程工具，通过在该领域中解决实际问题来发现知识。最后，算法领域是编程技能和数理统计的结合。下面总结了大数据研究、开发和应用中的一些开放性的挑战。

- 结构化数据与具有有效索引的非结构化数据。
- 识别、去识别与再识别技术。
- 大数据的本体与语义。
- 数据的检查与缩减技术。
- 设计、构造、操作与描述。
- 数据的集成与软件的互操作性。
- 数据的不变性与永生性。
- 数据测量方法。
- 数据范围、标准、趋势和估计。

1.1.2 下一个十年的新兴技术

Gartner 的调查是了解新技术的权威来源，他们每年都会发布新兴技术炒作周期（hype cycle）报告。我们从 Gartner 上获得了截至 2016 年 7 月的炒作周期。如图 1-4 所示，任何新兴技术都会经历一个炒作周期。这个周期包括某个技术在其成长过程中的 5 个阶段。从萌芽阶段急剧上升到期望的最顶点，之后是失望的低点，在这一阶段期望急剧下降到低谷，然后沿重新启蒙的方向稳步上升，最后达到了生产率平台。这个炒作周期评估了超过 2000 个新技术的市场卓越性、成熟度以及效益等。

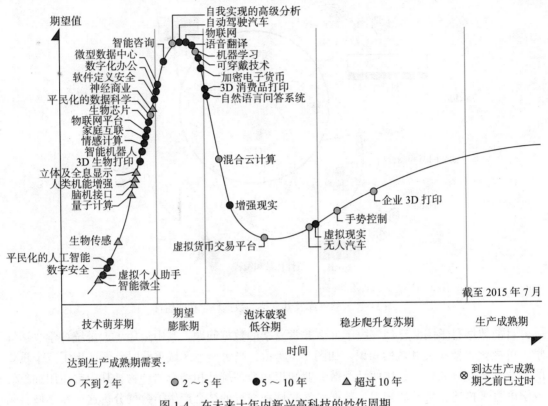

图 1-4　在未来十年内新兴高科技的炒作周期

图 1-4 显示了只有极少数人从事的热门技术。一个新兴技术的成熟可能需要 2 ~ 10 年的时间才能达到生产率平台，而在达到平稳之前就已经过时的技术没有显示在图中。随着时间的推移，炒作周期上的条目每年都会发生变化。在过去的 3 年中，通过比较炒作周期来揭示新技术的发展趋势是很有意思的。图中也没有显示那些达到生产成熟所需时间不到 2 年的技术。到了 2015 年，如炒作周期的期望最高点所示，自动驾驶汽车和物联网是最热门的技术，但它们仍需要 5 ~ 10 年的成熟期。Google 和 Apple 在这些领域都有很大比重的投资。

其他的热门技术（如图 1-4 中黑点所示），例如增强现实和虚拟现实，正接近于期望的低谷点。处在早期创新萌芽阶段的有虚拟私人助理、数字安全以及平民化的人工智能等技术。其他处于期望曲线上升阶段的技术包括 3D 生物打印、智能机器人、家庭互联、物联网平台、生物芯片、软件定义安全以及智能咨询。不过相当多的技术仍处于重新启蒙边缘，其中包括可穿戴技术、加密电子货币、3D 消费品打印以及自然语言问答系统等。

图 1-4 中用浅色圆点表示的是一些可能需要 2 ~ 5 年才能达到平稳状态的技术，其中包括生物芯片、自我实现的高级分析、语音翻译、机器学习、混合云计算、虚拟货币交易平台、无人汽车、手势控制以及企业 3D 打印等技术。现在被业界追捧的一些成熟的技术并没有作为新兴技术在 2015 年的炒作周期中表现出来，其中可能包括在过去的几年里出现在炒

作周期中的云计算、社交网络、近场通信（NFC）、三维扫描仪、消费者远程信息处理以及语音识别等。

令人欣慰的是，近几年人们对物联网期待很高。混合类型的云计算也逐渐成为主流应用。随着时间的流逝，大多数技术将进步到人们所期望的更好的阶段。一项技术处于失望低谷未必是一件坏事，这是因为经过了大量的实验后人们的兴趣会减弱，而且有用的经验教训将给产品提供更多提高的空间。值得注意的是，那些在炒作周期中用三角形标注的长期技术可能需要超过 10 年才能在工业中实现。其中包括不断上升的量子计算、智能微尘、生物传感、立体及全息显示、人类机能增强、脑机接口以及在学术界和研究社区流行的神经商业。

计算机行业目前的发展趋势是越来越多地利用互联网上共享的网络资源。我们可以从图 1-5 中看到系统发展的两条演变轨迹——HPC 与 HTC 系统。对于 HPC 系统，为了共享计算资源，超级计算机（大规模并行处理器，MPP）逐渐被计算机集群所取代。

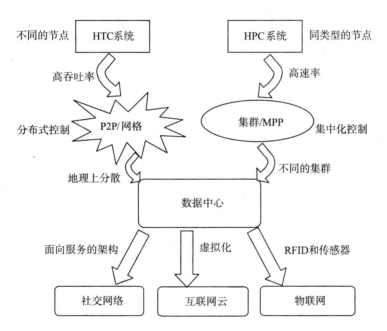

图 1-5 使用集群、MPP、P2P 网络、网格计算、网络云、Web 服务和物联网的并行、分布式和云计算的发展趋势（HPC：高性能计算。HTC：高通量计算。P2P：对等网。MPP：大规模并行处理器。RFID：射频识别）

对于 HTC 系统，P2P 用于分布式文件的共享和内容的分发。P2P、云计算和 Web 服务平台更加强调 HTC 而不是 HPC。多年来，高性能计算系统一直强调原始速度性能。如今我们正面临着从 HPC 模式到 HTC 模式的战略转变。这种 HTC 模式更注重高通量的多种计算，其中数以百万计乃至更多的用户需要互联网搜索和 Web 服务。因此，性能指标转移到了衡量高吞吐率或者说单位时间内完成的任务数量上。

在大数据领域，目前我们正面临着数据泛滥的问题。物联网传感器、实验、仿真、社会档案和网络产生了各种规模与格式的数据。保存、移动和访问海量的数据需要通用的工具，它们能支持高性能的可扩展文件系统、数据库、算法、工程流程以及数据可视化。

每天都有数以百万计的用户使用互联网和万维网。因此，在设计大型数据中心或云平台时必须要考虑到其提供大容量存储和满足大量用户同时请求的分布式计算能力。公共云和混合云的出现要求使用更大的服务器集群、分布式文件系统和高带宽网络来升级许多数据中心。由于大量的智能手机和平板电脑请求服务，云引擎、分布式存储以及移动网络都必须与互联网交互，从而在社交和媒体网络的网络级移动计算中提供混搭服务。

无论是 P2P、云计算还是 Web 服务平台都强调针对大量用户任务的高流通性而不是针对超级计算机的高性能。这种高流通性的模式更关注高通量用户任务的同时性。这就要求提高批处理的速度，以及解决云的成本、节能、安全性和可靠性问题。

虚拟化的进步使互联网云在海量用户服务中的使用成为可能。事实上，集群、对等系统以及云之间的差异开始变得模糊。一些人认为云就是虚拟化计算集群的适度变化。其他人预测了云在 Web 服务、社交网络和物联网产生的巨大数据集上的有效处理。从这个意义上来说，许多用户认为云平台是一种效用计算或服务计算的形式。

技术融合。云计算由 4 种技术结合而成，如图 1-6 所示。硬件虚拟化和多核芯片使得在云上进行动态配置成为可能。效用和网格计算技术为云计算奠定了必要的基础。面向服务的架构（SOA）、Web2.0 以及平台混搭的最新进展推动着云向前发展。自主计算和数据中心自动化的操作也开始使用云计算。

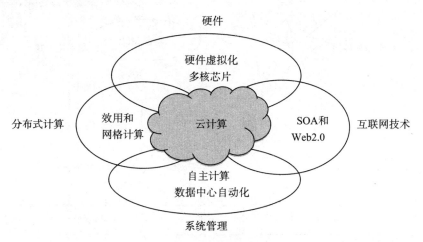

图 1-6　技术融合促成互联网的云计算

云计算探索了多核和并行计算技术。为了实现数据密集型系统，需要结合 4 个方面：硬件、互联网技术、分布式计算和系统管理。今天的互联网技术强调 SOA 和 Web2.0 服务。同样，效用和网格计算奠定了云计算的分布式计算基础。

效用计算。不同的计算模式具有不同的特点。首先，日常生活中它们是无处不在的，可靠性和可扩展性是两个主要的设计目标。其次，它们的目的在于自主操作并自组织地支持动态搜索。最后，这些模式可以和 QoS（服务质量）和 SLA（服务级协议）等相结合。

效用计算是一种商业模式，它基于由客户接收来自云或物联网服务提供商的计算资源的。这种模式存在一些技术挑战，几乎包括计算科学和工程的所有方面。例如，用户可能需要新的高效网络处理器、可扩展的内存和新的存储模式、分布式操作系统、虚拟机中间件、新的编程模型、有效的资源管理和医用程序开发。这些硬件和软件的进步对于促成各个物联网应用领域的移动云计算的具体部署是非常必要的。

云计算与本地部署计算。传统的计算机应用部署主要在本地主机上执行，但云计算则逐渐可以基于台式机、笔记本电脑或平板电脑等。本地部署计算不同于云计算，主要在于其资源控制和基础架构的管理。表 1-1 对三种云服务模式与本地部署计算模式进行了比较，并比较了 5 种类型的硬件和软件资源，包括应用软件、虚拟机、服务器、存储和网络。对于本地主机上的本地部署计算，除了用户与提供者之间共享的网络，所有的资源必须由用户获取。这意味着用户一方将承受沉重的负担和运营费用。

表 1-1 三种云服务模型与本地部署计算的差异

资源类型	本地部署计算	IaaS 模型	PaaS 模型	SaaS 模型
应用软件	用户	用户	共享	供应商
虚拟机	用户	共享	共享	供应商
服务器	用户	供应商	供应商	供应商
存储	用户	供应商	供应商	供应商
网络	共享	供应商	供应商	供应商

当使用 IaaS 云（如 AWSEC2）时，用户只需要考虑应用软件部署，虚拟机是由用户和提供者共同部署的，供应商负责提供剩余的硬件和网络。当使用 PaaS 云（如谷歌 AppEngine）时，应用程序代码和虚拟机由用户和供应商联合部署，而剩余资源由供应商提供。当使用 Saleforce 云的 SaaS 模型时，一切都由供应商提供，甚至是应用软件。总之，当 IaaS 服务变为 PaaS 和 SaaS 服务时，云计算将减少用户的基础架构管理负担，这清晰地表现出用户从资源投资和管理中分离应用程序的优势。

面向大数据产业。正如表 1-2 所示，我们在 1960 ～ 1990 年迎来了数据库产业。在那个时代，大多数数据块用 MB、GB、TB 来衡量。在 1980 ～ 2010 年，含有 TB 到 PB 甚至 EB 级数据集的数据中心开始被广泛使用。在 2010 年之后，我们看到一个新的行业正逐步形成，即大数据。在今后的大数据处理中，我们预计会用到 EB 到 ZB 或者 YB 级规模的数据。2013 年，大数据产业的市场规模已经达到了 340 亿美元。到 2020 年，大数据应用程序的市场价值有望超过 1000 亿美元。

表 1-2 大数据产业在三个发展阶段的演变

阶段	数据库	数据中心	大数据产业
时间段	1960 ～ 1990 年	1980 ～ 2010 年	2010 年之后
数据大小	MB—GB—TB	TB—PB—EB	EB—ZB—YB
市场大小和成长率	数据库市场，数据 / 知识工程	IDC 投入了 226 亿美元（2012 年）（增长了 21.5%）	IT 投入为 340 亿美元（2013 年），催生了 440 万个新的大数据工作岗位（2015 年），Gartner 预测 2020 年这一数据将扩大到 1000 亿个

1.1.3 驱动认知计算的五种关键技术（SMACT）

驱动计算应用程序的技术具有可预测的趋势，很多设计师和程序员都想预测未来系统的技术能力。Jim Gray 的论文《数据工程中的经验法则》就是探讨技术和应用程序是如何互相影响的一个很好的例子。摩尔定律揭示了处理器的速度每 18 个月增加一倍，这一现象在过去的 30 年内被证实。然而，很难说摩尔定律在未来是否能长久有效。吉尔德定律指出在过去的一年里网络带宽翻了一倍。这个定律在未来能持续吗？商品硬件巨大的价格 / 性能比是由智能手机、平板电脑、笔记本电脑市场所驱动的。它们也同样驱动了商品技术在大规模计算中的采纳和使用。

几乎所有的应用都需要计算经济学、网络级的数据采集、可靠的系统和可扩展的性能。例如，银行和金融业经常会用到分布式事务处理。这种事务处理占据了现今可靠的银行系统90%的市场。用户必须在分布式事务中处理多个数据库服务器。如何保持复制的事务记录的一致性在实时银行服务中是至关重要的。另外，这些应用中还存在其他复杂因素，包括缺乏软件支持、网络饱和以及安全威胁。近年来，5大前沿信息技术，即社交网络、移动通信、分析、云计算和物联网，变得越来越热门，需求越来越高，被誉为 SMACT 技术。表 1-3 总结了与这 5 大前沿信息技术相关的基础理论、硬件、软件、网络和有代表性的服务提供商。我们将在随后的章节中介绍这些技术。

表 1-3　SMACT 技术及其特点

SMACT 技术	理论基础	典型硬件	软件工具和库	网络	代表性的服务提供商
移动通信	电信、无线接入理论、移动计算	智能设备、无线、移动基础架构	Android、iOS、Uber、微信、NFC、iCloud、谷歌播放器	4G LTE、WiFi、蓝牙、无线接入网	AT&T Wireless、T-Mobile、Verizon、Apple、Samsung、Huawei
社交网络	社会科学、图论、统计学、社会计算	数据中心、搜索引擎和 WWW 基础架构	浏览器、API、Web 2.0、YouTube、Whatsapp、微信、Massager	宽带网络、软件定义网络	Facebook、Twitter、QQ、Linkedin、Baidu、Amazon、Taobao
分析	数据挖掘、机器学习、人工智能	数据中心、云、搜索引擎、大数据湖泊、数据存储	Spark、Hama、DatTorrent、MLlib、Impala、GraphX、KFS、Hive、Hbase	协同定位云、Mashups、P2P	AMPLab、Apache、Cloudera、FICO、Databricks、eBay、Oracle
云计算	虚拟化、并行与分布式计算	服务器集群、云、虚拟机、互联网络	OpenStack、GFS、HDFS、MapReduce、Hadoop、Spark、Storm、Cassandra	虚拟网络、OpenFlow 网络、软件定义网络	AWS、GAE、IBM、Salesforce、GoGrid Apache、Azure Rachspace、DropBox
物联网	感知理论、赛博物理、导航、普适计算	传感器、射频识别、GPS、机器人、卫星、ZigBee、陀螺仪	TyneOS、WAP、WTCP、IPv6、MobileIP、Android、iOS、WPKI、UPnP、JVM	无线 LAN、PAN、MANET、WLAN Mesh、VANet、蓝牙	IoTCouncil、IBM、HealthCare、SmartGrid、Social Media、SmartEarth、Google、Samsung

物联网。物联网是指日常物品、工具、设备或计算机之间的网络互连。我们日常生活中的物品（对象）是可大可小的。因此出现了射频识别（RFID）或相关的传感器、电子技术，例如 GPS（全球定位系统）等用来标记每个对象的技术。随着 IPv6 的诞生，我们现在有 2^{128}个可用的 IP 地址来区分地球上的所有物体，包括手机、嵌入式设备、计算机，甚至一些生物对象。据估计，一个人平均每天会被 1000 ~ 5000 个对象包围。我们需要把物联网设计成能同时追踪 100M 个静态或动态对象。因此，物联网要求所有对象都有独特的寻址能力。图 1-7 显示了一个三维的网络空间，其中的对象可以是仪器化的、相互关联的、智能交互的。

这样的交互可以在人与物体或者物体本身之间进行。H2H、H2T、T2T 交互分别表示人与人、人与物体、物体与物体交互。其重点是用较低的花费在任意时间、地点连接任意事物。动态连接将成倍增长，成为一个新的通用网络，即物联网。

SMACT 子系统之间的相互作用。图 1-8 介绍了 5 种 SMACT 技术之间的相互作用。多个云平台交互式地与许多移动网络紧密合作以提供服务内核。IoT 网络连接了任意的对象，包括传感器、计算机、人类和地球上任意 IP 可识别的对象。IoT 网络以不同的形式存在于不同的应用领域中。社交网络（如 Facebook 和 Twitter）以及大数据分析系统都是在互联网上建立的。通过互联网和移动网络，包括一些边缘网络如 WiFi、以太网甚至一些 GPS 和蓝牙数据，所有的社交、分析和 IoT 网络都会被连接到云。

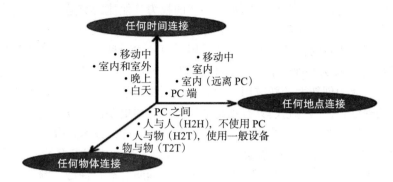

图 1-7　物联网的概念，即在任何时间及地点互连任何物体（对象）

图 1-8　物联网中社交网络、移动系统、大数据分析和云平台之间的相互作用

图 1-8 探究了移动互联网系统中这些数据的产生、传输或处理子系统之间的交互。下面简要地介绍其交互行为。数据信号感知依赖于 IoT 领域和社交网络与云平台之间的交互。数据挖掘需要云的支持以有效地利用捕获到的数据。数据聚合（集成）发生在移动系统、IoT 领域和云平台之间。而机器学习是大数据分析的基础。

技术之间的相互作用。移动系统、社交网络和许多 IoT 领域产生了大量的传感器数据或数字信号。RFID 感知、传感器网络和 GPS 需要实时并且有选择性地采集自己产生的数据，因为非结构化的数据易受噪声或空气损耗的影响。感知要求高质量的数据，可以使用过滤来提高数据质量。第 3 章将介绍 IoT 系统中各种各样的感知操作。

- 数据挖掘。数据挖掘涉及大数据集的发现、收集、聚合、转换、匹配和处理。数据挖掘是大型数据信息系统中的一个基本操作，其最终目的是从数据中发现知识。数值、文本、模式、图像和视频数据都可以被挖掘。1.3 节将介绍大数据的本质。
- 数据聚合与集成。指对数据进行预处理，以提高数据质量。重要的操作包括数据清理、去除冗余、检查相关性、数据压缩、变换和离散化等。
- 机器学习和大数据分析。这是使用云的计算能力去科学和静态地分析大型数据集的基础。人们编写特定的计算机程序使其自动地学习如何识别复杂的模式并基于数据做出智能决策。第 7 章将详细介绍机器学习和大数据分析。

满足未来需求的技术融合。IoT 将计算机的互联网扩展到了任意对象。云、IoT、移动设备以及社交网络的联合使用对于大数据获取来说是至关重要的。这种集成系统被 IBM 研究人员设想为"智慧地球"，它实现了与人类、机器和我们周围任意物体的快速且高效的互动。智慧地球必须具备智能的城市、清洁的水、高效的权力、便捷的交通、安全的食品供应、负责任的银行、便捷的通信、绿色 IT、更好的学校、健康监护以及丰富的共享资源。

在一般情况下，成熟的技术应该被迅速采用。两种或两种以上技术的联合使用可能需要我们付出额外的努力去为一个相同的目的将它们整合在一起。因此，整合可能需要一些转型性的变化。为了使用创新性的新应用，我们将面临核心技术转型提出的挑战。颠覆性的技术使我们更难处理整合，因为它们具有更高的风险，需要更多的研究和实验或付出更多的努力。这就需要考虑通过混合不同的技术以相互补充，从而进行技术融合。

5 种 SMACT 技术都是部署在移动互联网中的（或者称为无线互联网）。IoT 网络可能以很多不同的形式出现在不同的应用领域中，例如，在国防、医疗保健、绿色能源、社交媒体和智慧城市等领域建立 IoT。在移动互联网环境中，为了实现云平台在特定领域的大数据或IoT 应用上的广泛使用，还有很长的路要走。

1.2 社交媒体和移动云计算

本节对移动社交网络、移动设备和无线接入网络进行概述，并对社交与移动云计算进行评述。这些方面的更多细节将在第 4、7、8 和 9 章进行介绍。

1.2.1 社交网络和 Web 服务网站

大部分社交网络都提供人性化的服务，如友谊连接、个性化分析、专业服务以及娱乐等。通常来说，用户只有注册成为会员才能访问该 Web 网站。用户可以创建个人档案，添加其他用户为"朋友"。当其他人更新他们的个人档案时，用户可以交换消息、发布状态、更新照片、分享视频和接收通知。另外，用户可以加入具有共同兴趣的用户组，并且可以将他们的朋友按"工作人员"或"亲密的朋友"等标签进行分类。在表 1-4 中，比较了一些流行的社交网络并简短介绍了它们提供的服务。

表 1-4　流行的社交网络及其服务

社交网络、成立年份以及网站	注册用户数及统计年份	提供的主要服务
Facebook，2004 http://www.facebook.com	16.5 亿，2016	内容共享、广告、新闻、通信、社交游戏等
QQ，1999 http://www.qq.com	8.53 亿，2016	即时消息服务、在线游戏、音乐、WebQQ、购物、微博、视频、微信、QQ 播放器等
Linkedin，2002 http://www.linkedin.com	3.64 亿，2015	专业服务、在线招聘、工作列表、集团服务、技能、出版、影响力、广告等
Twitter，2006 http://www.twitter.com	3.20 亿，2016	微博、新闻快报、短消息、排名、人口统计、照片共享等

Facebook 是迄今为止最大的社交网络服务提供商，拥有超过 16 亿的用户。腾讯 QQ 是中国第二大社交网络，拥有超过 8 亿的用户。Facebook 在中国的扩展服务包括 Email 账户、娱乐甚至一些网络业务运营。Linkedin 是一个面向企业的社交网络并提供专业性的服务，它

被广泛应用于大企业的人才招聘中。Twitter 提供了最大的短文本信息和博客服务。

例 1.1 **Facebook 平台架构和社交服务**

由于拥有全世界 16.5 亿的用户，因此 Facebook 拥有数量庞大的用户个人档案、标签和关系作为社交图。其主要的用户来自美国、巴西、印度、印度尼西亚等国家和地区。这样的社交图会被 Facebook 上众多的社交群体所共享。据报道，在 2014 年，该网站已经吸引了超过 300 万的活跃用户，并有 125 亿美元的收入。Facebook 平台拥有巨大的数据中心集合，有非常大的存储容量以及强大的智能文件系统和搜索功能。网站必须解决其所有用户的流量拥塞和冲突问题。Facebook 平台是由巨大的服务器集群所组成的。

图 1-9a 所示为 Facebook 平台的架构。所有的请求在图中显示为网页、网站和网络（从 Facebook 服务器的顶部往下）。社交引擎是应用服务器的核心。这个社交引擎处理 IS、安全性、渲染和 Facebook 集成操作。大量的 API 可供用户使用 240 多万个应用程序。Facebook 已经收购了 Instagram、WhatsApp、Qculus VR 和 PrivateCore 应用。社交引擎会执行所有的用户应用程序。开放 DSL 被用于支持应用程序的执行。

Facebook 提供博客、聊天、礼品、市场、语音 / 视频通话等功能。图 1-9b 显示了 Facebook 服务的分布。其中的社区引擎为用户提供人际网服务。大多数 Facebook 应用程序能帮助用户实现其社交目标，如改善沟通、认识自我、寻找与自己相似的人、从事社交性的游戏和交流等。在私人和个性化领域，Facebook 有更多的诉求。表 1-5 总结了 Facebook 的服务功能，其中包括了 6 个基本项目。

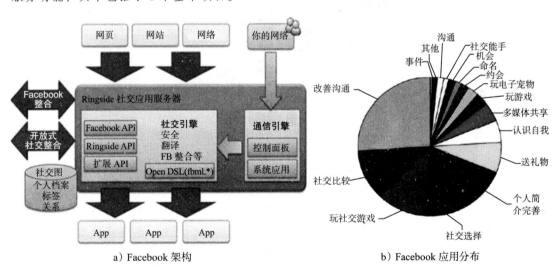

a）Facebook 架构   b）Facebook 应用分布

图 1-9　Facebook 平台提供的超过 240 万的用户应用程序

表 1-5　Facebook 平台的服务功能

功能	概述
个人主页	资料图片、个人信息、好友列表、用户活动日志、公开信息
图表遍历	通过用户好友列表访问其个人主页、访问控制
通信	收发短信、即时消息和微博
共享项目	相册内置的访问控制、个人主页的嵌入式外部视频
访问控制	级别：只有我、只有朋友、朋友的朋友、大家
特殊接口	游戏、日历、移动端等

1.2.2 移动蜂窝核心网络

蜂窝网络或移动网络是一种分布在陆地区域的被称为小区的无线网络，每个网络至少由一个固定位置的无线电收发机所服务，即小区站点或基站。在一个蜂窝网络中，每一个小区与其相邻的小区所使用的频率不同，这是为了避免干扰，并且为每个单元提供有保障的带宽。移动通信系统将通信和移动连接在一起，彻底改变了人们的通信方式。如图 1-10 所示，大范围通信的移动核心网络经历了 5 代的发展，而短距离无线通信也在数据传输速率、服务质量和应用上不断升级。

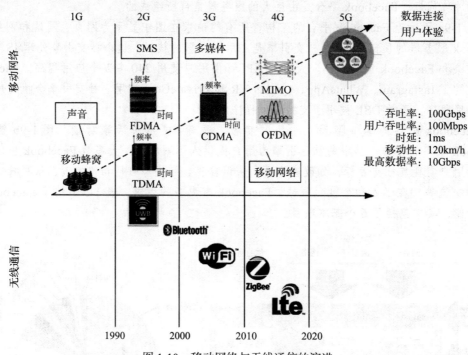

图 1-10　移动网络与无线通信的演进

无线接入技术已演化到了第四代（4G）。展望过去，无线接入技术遵循了不同的进化路径，重点都是高移动环境中的性能和效率。第一代（1G）实现了基本的移动语音通信需求；而第二代（2G）扩大了容量和覆盖范围；第三代（3G）以更高的数据探索速度真正打开了"移动宽带"体验的大门；第四代（4G）提供了大范围的电信服务，包括由移动和固定网络提供的先进的移动服务，它完全具备高流动性和高数据速率的分组交换。

随着移动通信行业从 2G 到 4G 的长期演化，5G 旨在通过连接任意事物来改变世界。不同于以前的版本，5G 的研究不仅着眼于新的频段、无线传输、蜂窝网络等，更注重性能的提高。这将会是一种智能技术，能无障碍地互连无线世界。为了满足 5G 的性能更高、速率更高、连接更多、可靠性更高、延迟更低、通用性更高以及应用领域的特定拓扑结构等需求，新的概念和设计方法是非常必要的。目前的 4G 标准化工作可能影响到 5G 系统的无线功能和网络解决方案的提出，而这些在未来是很有前景的。

新的网络体系结构超越了异构网络，并且利用了来自世界各地的研究实验室的新频谱（如毫米波）。除了网络端，人们也正在开发先进的终端和接收端以优化网络性能。控制和数据平面分离（目前 3GPP 所研究的）是 5G 的一项有趣的模式，当然，其中还包含大量的多输入输出（MIMO）、先进的天线系统、软件定义网络（SDN）、网络功能虚拟化（NFV）、物联网（IoT）和云计算。

1.2.3 移动设备和互联网边缘网络

智能手机、平板电脑、可穿戴式设备以及工业工具等促进了移动设备的发展。如图 1-11 所示，2015 年移动设备的全球用户数已经超过了 3 亿。在 20 世纪 80 年代使用的 1G 设备仅用于大多数模拟电话的语音通信。2G 移动网络始于 90 年代早期，针对语音和数据通信，数字电话出现了。正如图 1-10 所示，2G 蜂窝网络如 GSM、TDMA、FDMA 和 CDMA 等，根据不同的划分方案允许大量用户同时访问系统。基本的 2G 网络支持 9.6Kbps 的数据和电路交换。现在它的速度提高到了 115Kbps 并伴有分组无线业务。2015 年，2G 网络仍在许多发展中国家使用。

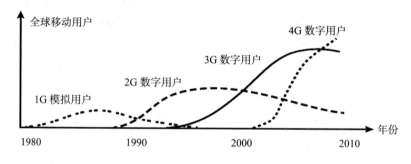

图 1-11　4 代智能手机和平板电脑的全球用户数随时间的变化

自 2000 年以来，2G 移动设备逐渐被 3G 产品所代替。3G 网络和手机具有 2Mbps 的速度，并通过蜂窝系统来满足多媒体通信的需求。4G LTE（长期演进）网络在 21 世纪面世，其目标是实现下载速度达到 100Mbps、上传速度达到 50Mbps 以及静态速度达到 1Gbps。4G 系统启用具有 MIMO 智能天线的更好的无线电技术和 OFDM 技术。3G 系统曾经得到了广泛的部署，但如今 4G 网络正在逐渐取代它。我们预计 3G 和 4G 的混合使用时间至少为 10 年。而 5G 网络可能在 2020 年之后出现，实现速度至少为 100Gbps 的目标。

移动核心网络。蜂窝无线接入网络（RAN）是异构的。移动核心网络形成了目前电信系统的骨干。在过去的 30 年间，核心网络已经经历了四代的部署。正如图 1-11 所示，1G 移动网络被用于基于电路交换技术的模拟语音通信。2G 移动网络于 20 世纪 90 年代初开始在语音和数字电信中采用分组交换电路支持数字电话的使用。比较著名的 2G 系统有欧洲开发的 GSM（全球移动通信系统）系统和美国开发的 CDMA（码分多址）系统，GSM 和 CDMA 系统都被部署于不同的国家之中。

3G 移动网络用于多媒体语音 / 数据通信和全球漫游服务中。基于 LTE 和 MIMO 无线技术的 4G 系统始于 21 世纪早期。而 5G 移动网络目前仍在发展，可能于 2020 年面世。表 1-6 总结了 5 代蜂窝移动网络所使用的技术、数据速率峰值和驱动应用程序。四代移动系统的数据速率从 1Kbps 提升到 10Kbps、10Mbps 再到 100Mbps。据预测，即将到来的 5G 系统可以实现将数据速率提高 1000 倍达到 100Gbps 甚至更高的目标。5G 系统可以搭建远程射频头（RRH）并在 CRAN 上安装虚拟基站（基于云的无线接入网络）。

表 1-6　用于蜂窝通信的移动核心网络

代	1G	2G	3G	4G	5G
无线电和网络技术	模拟手机、AMPS、TDMA	数字电话 GSM、CDMA	CDMA2000、WCDMA 和 TD-SCDMA	LTE、OFDM、MIMO、软件操纵无线电	LTE、基于云的 RAN
移动数据速率峰值	8Kbps	9.6～344Kbps	2Mbps	100Mbps	10Gbps～1Tbps
驱动应用程序	语音通信	语音/数据通信	多媒体通信	宽带通信	超高速通信

移动互联网边缘网络。目前，在各种运营范围内，大部分无线和移动网络是基于无线信号进行传输和接收的，我们称之为无线接入网络（RAN）。图 1-12 显示了如何使用各种 RAN 区域接入移动核心网络。首先，它是通过移动网络边缘将互联网骨干网和许多内部网连接起来的。其次，这样的互联网接入架构在普适计算领域也称为无线互联网或移动互联网。在下文中，我们将介绍 RAN 的种类，如 WiFi、蓝牙、WiMax 和 ZigBee 网络。通常，考虑使用以下几种短距离无线网络，例如无线局域网（WLAN）、家庭无线区域网（WHAN）、个人区域网（PAN）和体域网（BAN）等。这些无线网络在移动计算和 IoT 应用中起着关键作用。

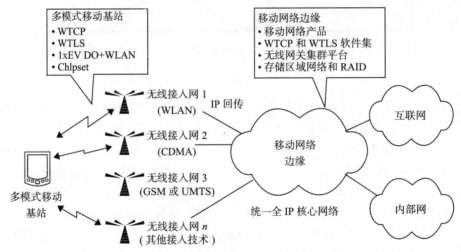

图 1-12　统一全 IP 移动核心网络、内联网和互联网中各种 RAN 的交互

蓝牙设备和网络。蓝牙是一种短距离无线技术，这个名字来源于一位丹麦国王，可以追溯到第 9 世纪。在 IEEE 802.15.1 标准中规定的蓝牙设备的工业科学医学频段为 2.45GHz，它发射全方位（360°）的对视线没有限制的信号，这意味着数据或语音能穿透非金属固体物体。在一个叫 Piconet 的 PAN 中，蓝牙能支持的设备多达 8 个（1 个主服务器和 7 个从属服务器）。蓝牙设备具有低成本和低功耗的优势。这样的设备在 10cm～10m 范围内的 Ad Hoc 网络中提供了 1Mbps 的数据速率。它也支持手机、计算机和其他可穿戴设备的语音或数据通信。从本质上讲，蓝牙无线连接代替了大多数的计算机及其外围设备，如鼠标、键盘和打印机等之间的有线电缆。

WiFi 网络。IEEE 802.11 标准中定义了 WiFi 接入点和 WiFi 网络。到目前为止，已经出现了一系列的 11.a、b、g、n 以及 ac 网络。接入点在小于 300 英尺[⊖]的半径范围内广播其信号。越接近接入点，数据速率越快。最大的数据传输速率出现在 50 ～ 175 英尺之间。WiFi 网络的峰值数据速率已经从 11b 网络的低于 11Mbps 提升到了 11g 网络的 54Mbps 和 11n 网络的 300Mbps。11n 和 11ac 网络采用了 OFDG 调制技术并采用了多输入输出（MIMO）无线电和天线来实现其高速传输。WiFi 的出现促成了接入点网络和无线路由中最快速的 WLAN 的发展。而在今天的许多地方，WiFi 使得免费访问互联网成为现实。

1.2.4 移动云计算环境

目前，移动设备正在迅速成为当今服务的主要参与者。用户对设备的偏好从传统手机和笔记本电脑过渡到智能手机和平板电脑。移动设备的便携性以及移动设备功能的巨大进步，连同广泛的 3G/4G LTE 网络和 WiFi 访问，给终端用户带来了丰富的移动应用体验。移动云计算便是一种支持无处不在的无线访问的富有弹性的存储和计算的移动设备功能模型。图 1-13 显示了一个移动设备持有者将大量任务迁移到远程云的典型移动环境。

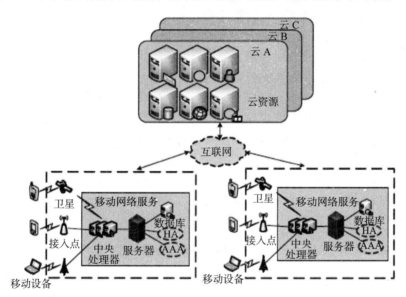

图 1-13　移动云计算环境架构

因为移动云计算（MCC）的支持，移动用户可以使用云来执行他们的应用。用户尝试通过 WiFi、蜂窝网络或卫星将计算迁移到远程云。用户端的终端设备具有有限的资源，即硬件、能量、带宽等，仅通过手机自身完成一些计算密集型任务是不可行的。因此，我们采用代替的方法将计算任务相关的数据转移到远程云。移动用户和网络之间的无线网关引入特殊的微云。这些微云用于安全地将计算或 Web 服务迁移到远程云。第 3 章将介绍有关移动云中微云的具体细节。

1.3　大数据采集、挖掘和分析

大数据分析是通过研究大量各种类型的大数据，以发现隐藏的模式、未知的相关性和其他有用的信息的过程。这些信息可以提供超越竞争对手的竞争优势，并且能引起更多的商业

⊖　1 英尺 = 0.3048 米

智能和科学发现，例如更有效的营销。大数据分析的主要目的是帮助企业做出更好的商业决策，通过数据科学家和其他用户分析大量的交易数据以改变传统的商业（BI）计划。

1.3.1 海量数据的大数据价值链

数据科学、数据挖掘、数据分析和知识发现都是密切相关的术语。在很多情况下，它们是交替使用的。这些大数据组件形成了一个大数据价值链，它是建立在统计学、机器学习、生物学和核心方法之上的。统计学涵盖线性和逻辑回归，决策树是典型的机器学习工具，生物学涉及人工神经网络、遗传算法和群体智能等，而核心方法包括支持向量机的使用。这些基本的理论和模型将在第 4、5、6 章进行研究，第 7、8、9 章将涉及它们的应用程序。

与传统的数据集相比，大数据一般包括大量的非结构化数据，需要更多的实时分析。此外，大数据在发现新的价值标准方面也给我们带来了新的机遇，它帮助我们更加深入了解隐藏的价值标准，并且给我们带来了新的挑战，例如如何有效地组织和管理数据。目前，工业界、学术界和政府机构对大数据有相当大的兴趣。近年来，伴随着人们在互联网、Web 和云服务等相关方面需求的不断增长，大数据行业正在快速成长壮大起来。

目前，数据已经成为一个重要的生产要素，它甚至可以与物质资产和人力资本相媲美。随着多媒体、社交媒体和物联网的快速发展，企业能收集到更多信息，这导致数据量呈指数增长。大数据将为企业和消费者创造巨大的价值，且潜力越来越大。大数据分析中最关键的部分是大数据的价值。我们将大数据价值链分为 4 个阶段：数据生成、数据采集、数据存储和数据分析。如果我们将数据视为原材料，数据生成和数据采集是开发流程，那么数据存储就必须使用云或数据中心，而数据分析便是一种利用原材料创造新价值的生产过程。

云计算和物联网的快速增长也引发了数据的急剧增长。云计算为数据资产提供安全保护、访问站点和渠道。在物联网模式中，世界各地的传感器都在收集和传输将在云上存储和处理的数据。拥有这样的数量和相互关系的数据将远超现有企业的信息技术架构和基础设施的能量。而且，它的实时性要求也非常强调可用的计算能力。

例 1.2 **从 2010 年到 2020 年的大数据预期增长和经济效益**

大数据集的大小是随时间变化的。表 1-7 给出了从 2010 ～ 2020 年一些有代表性的数据大小。这些数字只是给读者一个数据集大小随时间保持稳定增长的概念。根据 2015 年的标准，能被定义为大数据的数据集大小不小于 1TB。如此大的数据量带来的经济价值如表 1-7 最后两行所示。仅位置敏感的应用程序就可以在 10 年里提供 800 亿美元的收入。应用于健康监护的大数据可能为美国节省 3000 亿美元的医疗费用。这一切都意味着大数据产业将在几年内成为现实。

表 1-7　两大典型大数据应用在 2010 ～ 2020 年的大数据增长和预期经济价值

一年中观察到的大数据源的增长	数据大小
2011 年在 2 天内生成的全球数据	1.82 ZB
2014 年上传到 Facebook 的图片	7.59 亿张
2010 年美国制造业的存储能力	966 PB
2011 ～ 2020 年的射频识别标签数目	0.12 亿～ 2090 亿
计算机在 245 万小时内捕获的数据	200 TB
10 年内，个人位置数据服务可以达到 800 亿美元的水平	
在美国，医疗保健分析和治疗的储蓄可能超过 3000 亿美元	

大数据生成。生成的数据类型主要包括互联网数据和感知数据等。大数据生成是大数据的第一步。以互联网数据作为例子，大量的数据由搜索条目、互联网论坛帖子、聊天记录和微博消息产生。这些数据与人们的日常生活密切相关，具有高价值和低密度的特征。这样的互联网数据可能是没有价值的个体，但是通过对积累的大数据的开发，人们可以识别很多有用的信息，如用户习惯和爱好，甚至可以预测用户的行为和情绪。

此外，通过纵向或分布式数据源产生的数据集具有大规模、高度多样化、高复杂度等特点。这样的数据源包括传感器、视频、点击流和其他可用的数据源。目前，大数据的主要来源是企业的操作和交易信息、IoT 的物流和传感信息、人类交互信息、互联网世界的状态信息和科学研究中产生的数据等。

1.3.2 大数据的采集与预处理

预处理是大数据采集、挖掘和分析中最复杂的过程，其中包括转换、复制、清除、标准化、筛选和组织数据等操作。我们可以建立一个虚拟数据库来查询和汇总来自不同数据源的数据，但这样的数据库中不含数据。反之，它包含与实际数据相关的信息、元数据及其状态。"存储 – 读取"这种方法并不能满足数据流的高性能要求与搜索程序所提出的需求。

一般情况下，数据集成方法都伴随着流处理引擎和搜索引擎，如以下四个方面。

- 数据选择：选择要执行的数据集或数据样本的子集。
- 数据传输：通过删除不需要的变量来简化数据集。然后，分析可以用来表示数据的有用特征，当然这取决于目标或任务。
- 数据挖掘：搜寻一个特定的有代表性的模式或一组表述，如分类规则或决策树、回归、聚类等。
- 评估与学科表述：评估学科模式，并运用可视化技术将知识生动地呈现。

大数据采集。大数据采集作为第二阶段，包括数据收集、数据传输和数据预处理。在大数据采集过程中，一旦收集到原始数据，就利用一个有效的传输机制将其发送到适当的存储管理系统中，以支持不同的应用。收集的数据集有时可能包括大量的冗余或无用的数据，这会增加不必要的存储空间，并影响后续的数据分析。表 1-8 总结了主要的数据采集方法和预处理操作。

表 1-8 部分大数据采集源和主要的预处理操作

采集来源	日志、传感器、爬虫、数据包的捕获、移动设备等
预处理步骤	集成、清理和冗余消除
数据生成器	社交媒体、企业、物联网、互联网、生物医疗、政府、科学发现、环境等

举个例子，在环境监测中，传感器收集到的数据集具有高冗余度，可以使用数据压缩技术来减少冗余。因此，数据预处理操作对于确保高效的数据存储和开发是必不可少的，而数据收集是利用特殊的数据收集技术，从一个特定的数据生成环境中获取原始数据。下面分别介绍一些常见的数据收集和预处理方法。

日志文件。日志文件是由数据源系统自动生成的记录文件，以记录指定的文件格式的活动，以供后续分析。通常，日志文件被应用于几乎所有的数字设备中。例如，Web 服务器在日志文件中记录点击次数、点击率、访问和其他 Web 用户属性。为了采集网站用户的活动，Web 服务器主要包括以下三个日志文件格式：公用日志文件格式（NCSA）、扩展日志格式（W3C）和 IIS 日志格式（Microsoft）。这三种类型的日志文件都是 ASCII 文本格式。除文本文件以外的数据库有时可以用来存储日志信息，以提高海量日志存储的查询效率。但也有其他的一些基于数据收集的日志文件，例如财务应用中的股票指标以及网络监控和交通管理中运作状况的确定。

传感器。传感器在日常生活中经常被用于测量物理量，而物理量会被转换成可读的数字信号用于后续的处理（和存储）。感知数据可分为声波、声音、振动、汽车、化学、电流、天气、压力、温度等。感知到的信息将通过有线或无线网络传送到数据收集点进行存储。

获取网络数据的方法。目前，网络数据采集是通过网络爬虫、分词系统、任务系统、索引系统等的组合而完成的。网络爬虫是一个搜索引擎下用于下载和存储网页的程序。一般来说，网络爬虫从最初网页统一的资源定位器（网址）开始访问其他链接的网页，在此期间，它存储和序列化所有检索的网址。网络爬虫通过 URL 队列按优先顺序获取 URL，然后下载网页，并确定下载网页中的所有网址，再提取新的网址放在队列中。

这个过程将重复进行，直到网络爬虫停止。通过网络爬虫进行数据采集被广泛应用于基于 Web 页面的应用程序，如搜索引擎或 Web 缓存。传统的网页抽取技术存在多个有效的解决方案，随着越来越多先进的 Web 页面应用程序的出现，一些提取策略被用来应对丰富的互联网应用。当前的网络数据采集技术主要包括传统的基于 Libpcap 包捕获技术、零拷贝数据包捕获技术，以及一些专业网络监控软件，如 wireshark、SmartSniff 以及 winnetcap。

大数据存储。这是指为保证数据访问的可靠性和可用性，对大规模数据集的存储和管理。数据的爆炸式增长导致对数据存储和管理的要求越来越严格。大数据的存储是大数据科学的第三大组成部分。存储的基础设施需要可靠的存储空间来提供信息存储服务，它必须提供一个强大的访问接口，用于查询和分析大量的数据。

大数据的大量研究促进了大数据存储机制的发展。现有的大数据存储机制可分为三个自底向上的层次：文件系统、数据库和程序模型。文件系统是上层应用程序的基础。谷歌 GFS 是一个可扩展的分布式文件系统，支持大规模、分布式的数据密集型应用程序。GFS 使用低价的服务器来实现容错性，并为客户提供高性能的服务。GFS 支持大型文件应用的更频繁的读写。然而，GFS 也有一定的局限性，比如单点故障和小文件性能差。这样的限制已被 Colossus 所克服，他是 GFS 的继任者。

数据清理。根据决定的策略进行清理和预处理，数据能按要求处理丢失的域和更改数据。数据清理是一个识别不准确、不完整或不合理的数据，然后修改或删除这些数据以提高数据质量的过程。一般来说，数据清理包括五个互补的过程：定义和确定错误类型，搜索和识别错误，纠正错误，记录错误的范例和错误类型，修改数据输入程序以减少未来的错误。

在数据清理过程中，要检查数据的格式、完整性、合理性和约束性。数据清理对于数据的一致性是很重要的，而且在银行、保险、零售业、电信和交通控制等领域有着广泛的应用。在电子商务中，大多数数据是电子收集的，可能存在严重的数据质量问题。传统的数据质量问题主要来自于软件缺陷、定制错误或系统错误配置。有些人考虑使用爬虫和定期重新复制客户和账户信息的方式来对电子商务信息进行清理。

清理 RFID 数据是下一个需要考虑的问题。RFID 被广泛应用于多种应用程序中，例如库存管理和目标跟踪。然而，原始 RFID 技术的特点是数据质量低下，其中包括因为物理设计而限制和受环境噪声影响的大量异常数据。通过概率模型，可以应付在移动环境中的数据丢失问题。通过定义全局的完整性约束，可以建立一个能够自动纠正输入数据的系统。

数据集成。数据集成是现代商业信息学的基石，它涉及不同来源的数据组合，为用户提供了一个统一的数据视图。两种数据集成方法已被广泛认可：数据仓库和数据联邦。数据仓库包含一个名为 ETL（提取、转换和加载）的过程。提取包括连接源系统，选择、收集、分析和处理所需的数据；转换是一系列规则的执行，将所提取的数据转换成标准格式；加载则是将提取和转化的数据导入目标存储结构中。

1.3.3　数据质量控制、表示和数据库模型

表 1-9 总结了令人关注的影响数据质量的特性和属性，同时介绍了大数据分析的方法、架构和工具。大数据源来自业务交易、文本和多媒体内容、定性的知识数据、科学发现、社交媒体和物联网传感数据。海量数据的质量往往是很差的，不可预知的数据类型导致了数据的变化，同时，数据的准确性也缺乏可追溯性。

表 1-9　数据质量控制、表示和数据库属性

分类	属性	基本定义和问题
内在价值和情境	准确度和真实性	数据的正确性和可信度，是真的、假的还是准确的？
	诚信和声誉	偏见或公正的数据？数据源的声誉？
	相关性和价值	是否有数据相关的任务在手，是否会增值？
	数量和完整性	数据量测试，以及是否存在价值？
表示法	容易理解	数据清晰易懂、无歧义
	解释性和可视化	数据在数字、文本、图形、图像、视频、配置文件或元数据等方面的良好表示
可访问性和安全性	访问控制	数据的可用性，访问控制协议，便于检索
	安全预防措施	变更或删除导致的限制性访问或完整性控制

大数据的质量控制涉及一个循环周期的 4 个阶段：必须识别重要数据的质量属性；数据访问依赖于测量或评估数据质量水平的能力；必须分析数据质量及其主要影响因素；通过建议具体行动来提高数据质量。不过，这几个阶段性的任务都不容易实现。在表 1-9 中确定了面向数据质量控制的重要属性。在这几个有关数据质量控制的方面中，内在的属性、代表性和访问控制机制是同样重要的。

数据可以用许多不同的方式来表示。大数据主要有四个有代表性的模型：

- <键，值>模型通常用于 MapReduce 操作的分发数据（第 5 章将详细介绍），Dynamo Volldemort 是使用键值对的一个很好的例子。
- 查表法或关系数据库，如谷歌的 BigTable 和 Cassadra 软件。
- Grahic 工具，如 GraphX 用于 Spark 中的社交图分析。
- 特殊的数据库系统，如大数据团体常用的 MongoDB、CouchDB 和 SimpkleDB。在第 7 章中，我们将研究这些大数据处理语言和软件工具的使用。

1.3.4　云分析系统的发展

大数据分析是通过研究大量各种类型的大数据，以发现隐藏的模式、未知的相关性和其他有用信息的过程。这些信息可以提供超越竞争对手的竞争优势，并导致更出色的商业智能或科学发现，如更有效的营销、收入增加等。来自 Web 服务器上的日志和网络点击流数据、社交媒体的活动报道、手机通话记录以及传感器和物联网设备捕获的信息的大数据源必须得到保护。大数据分析和软件工具经常被用作先进的分析学科的一部分，如预测分析和数据挖掘。

在图 1-14 中，我们指出了目前云分析的目标和要求，云分析是从过去用于处理小数据

的基础分析中演变而来的。

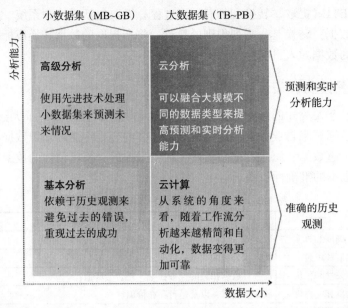

图 1-14   从小数据（MB ～ GB）的基础分析到大数据集（TB ～ PB）的复杂云分析的演变

如图 1-14 的左半部分所示，在过去，我们处理的是 MB 或 GB 级的"小数据"对象。基于 2015 年的标准，X 轴表示的大数据范围为 TB 级到 PB 级。在 Y 轴上，我们用两个自下而上的水平轴来表示分析能力：准确的历史观测与预测和实时分析能力。我们将性能空间分为 4 个子空间：

- 小数据的基本分析依赖于历史观察，这样可以避免过去的错误，重现过去的成功。
- 先进的小数据分析系统从基本的能力到使用先进技术来预测未来情况，各方面都有了改进。
- 演进到云计算后，大多数现有的云以简化和自动化的方式提供了一个更好的协调分析工作流程，但这仍然缺乏预测或实时能力。
- 对于一个理想的云分析系统，我们期望在流模式与实时预测能力下处理可扩展的大数据。

传统的数据分析方法是利用适当的统计方法，分析大量的一手数据和二手资料，聚集、提取和细化隐藏在数据中的有用数据，并确定题材的内在规律，从而最大限度地发挥数据的功能，最大限度地发挥数据的价值。数据分析在制定国家的发展计划，以及了解客户需求和预测市场趋势等方面起着巨大的指导作用。大数据分析可以被视为一种特殊的数据分析。因此，许多传统的数据分析方法仍然可以用于大数据分析。

我们建立了一个大数据计算云的分层结构，如图 1-15 所示。底层是云基础设施管理控制，它负责处理资源配置、部署协议资源以及监控整个系统的性能，并安排在云中的工作流程。从全部来源收集的所有大数据元素形成数据池。数据可以是结构化的或非结构化的，也可以是在数据流模式下的。该数据池不仅存储原始数据，而且还存储数据管理的元数据。

在中间层，我们需要视图和索引以便顺利地将数据可视化和访问数据。这其中可能包括地理数据、语言翻译机制、实体关系、图表分析和流媒体索引等。下一层是云处理引擎，包括数据挖掘、发现和分析机制，以执行机器学习、报警和数据流处理等操作。在最顶层，我们会报告或显示分析的结果。这一层包括带有仪表板和查询接口的可视化报告，并配有直方图、条形图、图表、视频等显示形式。

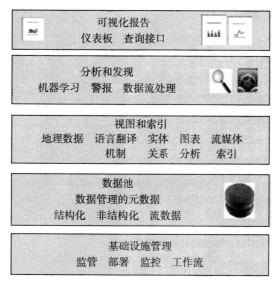

图 1-15 大数据处理和分析应用的云平台的分层开发

1.4 机器智能和大数据应用

在这一节，我们将机器智能应用到大数据应用中。机器的智能化归功于应用到物联网感知中的智慧云以及数据分析能力。本节首先介绍数据分析任务并回顾可用的软件工具，之后分析数据挖掘与机器学习之间的关系，随后概述重要的大数据应用，最后提出认知计算的关键概念及其应用。

1.4.1 数据挖掘与机器学习

我们将数据挖掘分成三类，即关联分析、分类和聚类分析。同样对于机器学习技术我们也分为三类，比如监督学习、无监督学习以及其他学习方法，其中包括增强学习、主动学习、迁移学习以及深度学习等。

数据挖掘与机器学习。数据挖掘与机器学习紧密相连。数据挖掘是在大数据中发现模式的计算过程，包括的方法涉及人工智能、机器学习、统计以及与数据库系统的交叉。数据挖掘的总体目标就是从数据集中提取信息，并将其转化成可以理解的结构以供未来使用。除了原始的分析步骤，它还包括数据库的数据管理、数据预处理、模型的建立、推理的产生、兴趣度量、复杂性考虑、可视化以及在线更新。

机器学习探究结构并研究算法，使之能够从数据中学习并做出预测。这样的算法由实例输入建造模型，目的是做出数据驱动的预测和决策，而不仅仅是严格地遵循静态程序指令。这两个术语通常会被混淆，因为二者经常利用相同的方法，并且在很大程度上有重叠。

机器学习更接近于应用和用户端。它专注于基于训练数据中学习到的已知属性做出预测。如图 1-16 所示，我们将机器学习技术分为三类：监督学习，比如回归模型，决策树等；

非监督学习，比如聚类、异常检测等；其他的学习算法，比如增强学习、迁移学习、主动学习以及深度学习等。

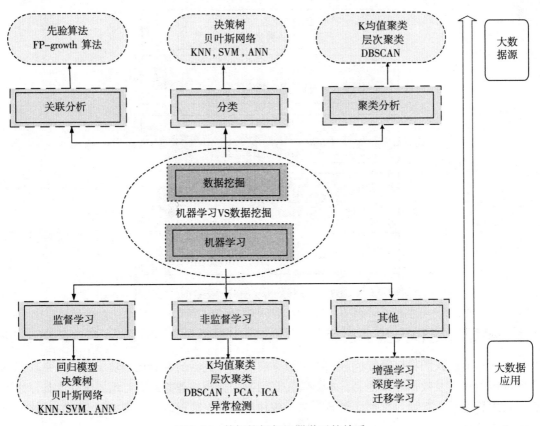

图 1-16　数据挖掘与机器学习的关系

　　数据挖掘更倾向于对数据源的分析。它专注于发现数据的未知属性，这也被认为是数据库分析步骤中的知识发现。如图 1-16 所示，经典的数据挖掘技术被分为三类：关联分析，包括 Apriori 算法、FP-growing 算法；分类算法，包括决策树、支持向量机（SVM）、K 近邻、朴素贝叶斯、贝叶斯信念网络以及人工神经网络（ANN）等；聚类算法，包括 K 均值、带有噪声的基于密度的空间聚类。

　　大数据分析目前面临着很多挑战，但是现阶段的研究只是处于开始的阶段。我们需要相当多的研究成果来提高数据表示、数据存储与数据分析的效率。研究团体需要更加严格的大数据定义。我们需要关于大数据的结构模型，大数据的形式化描述以及数据科学的理论系统等。数据质量的评价体系以及数据计算效率的评价标准也需要被及时提出。

　　很多大数据应用的解决方案声称它们能够在各个方面提高数据处理和分析能力，但是现在并不存在一个统一的评价标准和基准，无法利用严格的数学方法来平衡大数据的计算效率。性能只能由系统的实施和部署来进行评估，然而这并不能横向比较不同解决方案的优势和劣势，同样也不能比较使用大数据前后的效率来判定其优劣程度。此外，由于数据质量是数据预处理、简化和筛选的一个重要基准，那么有效的评估数据质量也是一个迫切的问题。这包括外部存储模式、数据流模式、PRAM 模式以及 MR 模式等。大数据的出现带动了算法设计的发展，如今算法的设计已经从计算密集的算法向数据密集的算法转变。数据传送已经成为大数据计算的一个主要瓶颈。因此，很多新的专门针对大数据的计算模型已经出现，更多这样的模型也即将出现。

机器智能对于解决大数据应用中的挑战性问题具有关键性作用，机器智能通过学习获得。如图 1-16 所示，我们将机器学习技术分为三类：监督学习、非监督学习以及其他学习技术，包括迁移学习和增强学习。

- 有监督机器学习。（1）回归模型，决策树，支持向量机；（2）贝叶斯分类器，隐式马尔可夫模型；（3）深度学习，将在第 8 章进行介绍。
- 无监督机器学习。（1）降维：主成分分析（PCA）；（2）聚类：在没有明确标签来表明预期分区的情况下，为观测到的数据找到一个分区。第 7 章将会详细介绍这些无监督机器学习模型。
- 其他机器学习技术。（1）增强学习：马尔可夫决策过程（MDP）提供了一个数学框架，在输出部分随机以及部分受控于决策制定者的情况下，提供决策制定模型；（2）迁移学习：通过迁移学习，消耗的时间和劳动密集的处理代价将会大幅度减少。通过迁移学习，经过一段时间的标签和验证，训练数据集就建立起来了。在大数据的各种关键技术中，机器智能是一个关键组成部分。针对大数据计算的机器学习技术将在第 3、4、5 章详细介绍。

1.4.2 大数据应用概述

表 1-10 简单给出了各种大数据应用的概况，美国国家标准与技术研究所（NIST）列举了 52 个大数据应用实例，这些实例分为 9 类。事实上，很多数据驱动的应用在过去的 20 年里已经出现。举例来说，商业智能已经成为商业应用中的流行技术，网络搜索引擎也是基于大量的数据挖掘过程。接下来，我们简单地介绍这些应用。

表 1-10 从 TB 到 PB 的大数据应用类别（NIST 2013）

种类	简介	应用实例
政府	国家档案和记录、联邦 / 国家工商总局、统计局等	CIA、FBI、警察部队等
商业	金融云、云备份、Mendeley（引文）、网页搜索、数码材料等	Netflix、Cargoing 航运、网上购物、P2P
国防和军事	传感器、图像监控、态势评估、危机控制、作战管理等	五角大楼、家庭安全局
医疗健康和生命科学	医疗记录、图表和概率分析、病理学、生物成像、基因组学、流行病学等	人体区域传感器、基因组学、情绪控制
深度学习	自驾车、大地定位图像 / 摄像机、众包、网络科学、NIST 标准数据集	机器学习、模式识别、感知等
科学发现	巡天观测、天文学和物理学、极地科学、大气、元数据、协作等领域的雷达散射	欧洲核子研究中心的大型强子对撞机、日本的百丽加速器
地球环境	地震、海洋、地球观测、冰盖雷达散射、气候模拟数据集、大气湍流识别、生物地球化学	AmeriFlux 和 FLUXNET 气体传感器、智能地球的物联网
能源研究	新能源、风电、太阳能系统、绿色计算等	智能电网项目

商业应用。最早的商业数据一般都是结构化数据，这些数据由公司从旧系统中收集，并且存储在 RDBMS（关系数据库管理系统）中。在这类系统中用到的分析技术在 20 世纪 90 年代比较流行，而且一般都很直观和简洁，比如报告、仪表板、专题查询、基于研究的商业智能、在线交易处理、交互式可视化、记分卡、预测模型以及数据挖掘等。21 世纪以来，以网络和网站为平台的在线展示以及直接跟顾客进行交易的平台的出现为其提供了难得的机

会。丰富的产品和顾客信息，包括点击流数据日志和用户的行为等，都能够从网站中获得。产品布局优化、顾客交易分析、产品建议和市场结构分析可以通过文本分析和网站挖掘技术来进行管理。在 2011 年，移动手机和平板电脑的数量第一次超过了笔记本电脑和个人电脑的数量。移动手机和基于传感器的物联网开启了创新应用的新时代，比如支持位置感测、面向人和文本操作的搜索。

网络应用。最早的网络主要提供电子邮件和网页服务。目前文本分析、数据挖掘以及网页分析已经被应用到邮件内容的挖掘与搜索引擎的建立当中。现在，大多数应用的应用领域以及设计目标都是基于网络的。网络数据在整个数据量中占有主要的比重，比如文本、图像、视频、图片以及互动内容等。而对于半结构化或者非结构化数据，则急需先进的技术来对它们进行处理。

例如，图像分析技术是从图片中提取有用的信息，比如人脸识别。多媒体分析技术可以应用到自动视频监控系统，主要用于商业、执法机关以及军队应用领域。在线社交媒体应用，比如网络论坛、在线社区、博客、社交网络服务以及社交多媒体网站等，为用户提供很多的机会来创造、上传和分享内容。不同的用户群可能会寻找每日新闻，发表他们的意见并及时反馈。

科学应用中的大数据。很多领域的科学研究通过高通量传感器和仪器来获得大量的数据，比如天体物理学、海洋学、基因组学以及环境研究。美国科学基金会 (NSF) 最近宣布了大数据研究专项计划，来促进从大量复杂的数据中提取知识和见解的研究。一些科学研究项目已经开发了大量的数据平台并且获得了有用的结果。

举例来说，在生物学领域，iPlant 应用于网络基础设施、物理计算资源、协同环境、虚拟化机器资源以及互操作的分析软件和数据服务来协助研究，使得植物科学中的教育工作者以及学生的数量不断丰富起来。iPlant 数据库在形式上拥有很多种类，包括规范或参考数据、实验数据、模拟或模型数据以及其他导出数据。大数据已经应用到了结构化数据、文本数据、网站数据、多媒体数据、网络数据以及移动数据的分析中。

企业中大数据的应用。现在，大数据主要来源于企业并且主要应用于企业中，BI 和 OLAP 可以视为大数据应用的先驱。大数据在企业中的应用可以在很多方面增强他们的生产效率和竞争力。特别是在市场方面，应用大数据的关联分析，企业可以准确地预测顾客的行为。

在销售计划中，通过大量数据的比较，企业能够优化他们的商品价格。在操作中，企业可以提高他们的操作效率和操作满意度，优化劳动力的输入，准确地预测人员配置需求，避免产能过剩，减少人工成本。在供应链中，利用大数据，企业可以进行库存优化、物流优化和供应商协调等，来缓和供需之间的差距，控制预算，提高服务质量。

例 1.3 **银行大数据在财务和电子商务中的应用**

在金融社区中，大数据的应用在最近几年里快速发展。举例来说，中国招商银行利用数据分析来确认诸如"多次积分积累"和"商店里积分兑换"这样的活动对于吸引优质客户是否有效。通过建立客户流失早期预警模型，银行可以卖给处于流失率前 20% 的客户高收益的金融产品，以此来留住他们。结果，拥有金卡和向日葵卡的客户的流失率分别减少了 15% 和 7%。

通过分析客户的交易记录，能够有效识别潜在的小型和微型企业客户。利用远程银行，云咨询平台可以帮助实施交叉销售，在最近几年里，可以看到已经有相当大的性能提升。很显然，最经典的应用领域还是电子商务。每天淘宝上都有成千上万的交易，相应的交易时间、商品价格以及购买数量都被记录下来。更重要的是，这样的信息匹配了买家和卖家的年龄、性别、地址甚至是爱好和兴趣。淘宝的数据体是基于淘宝平台的大数据应用，通过这个数据体，商家可以了解淘宝平台的宏观工业状态、品牌的市场状况和消费者的行为等，据此来制定生产和库存决策。与此同时，顾客可以以更好的价格买到他们心仪的商品。

通过大数据技术来对企业的交易数据进行分析，阿里巴巴的信贷业务可以自动分析和判断是否借贷给该企业，在整个过程中，人工干预是不允许出现的。据透露，到目前为止，阿里巴巴已经借贷出去超过 300 亿元，而坏账的比率只有 0.3%，这已经远远低于其他商业银行的比率。

健康和医疗应用。医疗数据是持续且快速增长的复杂数据，包含丰富的信息价值。大数据为医疗数据进行有效的存储、处理、查询和分析提供了无限的可能。医疗大数据的应用将会深深影响人类的健康。物联网已经使得健康监护行业发生了革命性的变化。传感器可以收集病人的数据，微控制器通过无线网对数据进行处理、分析和交流。微处理器能够确保丰富的图形用户界面。健康监控云与网关帮助分析数据，并且具有统计准确性。下面给出了简单的例子，更多的关于医疗物联网和大数据应用的部分将会在第 4、7、8、9 章进行介绍。

例 1.4 医疗行业的大数据应用

美国安泰人寿保险公司从 1000 个病人中选取了 102 个病人来完成一个实验，目的是帮助预测有代谢综合征的病人的恢复情况。在一个独立实验中，经过连续三年的时间，通过一系列的有代谢综合征的病人的检测试验结果，共计扫描了 60 万个实验测试结果和 18 万个诊断结论。此外，它将最终的结果总结成个性化的治疗方案，来评估病人的危险因素和主要的治疗计划。

以这种方式，医生可以通过开处方药来帮助病人减掉 5 磅⊖的体重，或者如果病人体内糖含量超过 20% 的话，就建议该病人通过减少体内总甘油三酸酯的含量来达到目的，这将在未来 10 年的时间内使得发病率降低 50%。美国的西奈山医学中心利用一家大数据公司 Ayasdi 的技术，来分析大肠杆菌的基因序列，这其中包括超过 100 万个的 DNA 变异，用来研究为什么菌株能够抵抗抗生素。Ayasdi 的技术采用的是拓扑数据分析，这是一种全新的数学研究方法，目的是了解数据特征。

2007 年，微软的 HealthVault 提供了一个关于医疗大数据的完美应用。它的目标是在个人和家庭医疗设备上管理个人健康信息。目前，健康信息可以由移动智能设备来输入和上传，并且由第三方机构导入个人医疗记录中。此外，它还可以利用软件开发工具包（SDK）和开放式的接口来将其整合到第三方应用中。

集体智能。随着无线通信和传感技术的快速发展，移动手机和平板电脑已经整合了越来越多的传感器，拥有了日益强大的计算和感知能力。因此，群体感知正在成为移动计算的中心舞台。在群体感知中，大量的普通用户利用移动设备作为基本的传感单元来配合移动网络

⊖ 1 磅 = 0.454 千克

进行传感任务的分配以及传感数据的收集和利用，目的是完成大规模复杂的社交感知任务。在群体感知中，参与完成复杂感知任务的人不需要有专业的技能。

以 Crowdsourcing 为代表的群体感知模式已经成功应用到地理标记的照片、定位和导航、城市道路交通传感、市场预测、观点挖掘以及其他的劳动密集型应用中。Crowdsourcing 作为一种新型的解决问题的方法，将大量的普通用户作为基础，以一种自由自愿的方式来分配任务。Crowdsourcing 对于劳动密集型的应用来说是有用的，比如图片标记、语言翻译以及语音识别。

Crowdsourcing 的主要思想就是将任务分配给普通用户来完成任务，而这些任务是用户不能单独完成的，或者用户不能通过预测来完成的。不需要特意部署传感模块和雇佣专业人士，Crowdsourcing 可以将传感系统的传感范围扩展到城市范围或者更大的范围。事实上，Crowdsourcing 在大数据出现之前就已经被公司使用了。举例来说，P&G、BMW 和 Audi 通过 Crowdsourcing 来改善他们的 R&D 和设计能力。

在大数据时代，Spatial Crowdsourcing 成为一个热门的话题。用户可以请求与特定位置相关的服务和资源，然后愿意参加到这项任务中的用户便会移动到特定位置来获得相关数据，比如视频、音频或者图片。最终，获取到的数据将会发送给服务请求者。随着移动设备使用的日益增长以及移动设备提供的功能日益复杂化，可以预测 Spatial Crowdsourcing 将会比传统 Crowdsourcing 更加流行，比如 Amazon Turk 以及 Crowdflower。

1.4.3　认知计算概述

认知计算这个术语来自于认知科学与人工智能。多年来，我们一直想建立一个能够通过训练来进行学习，从而获得某些人类的感知和智能的"计算机"。它也被称为大脑启发式的计算机或者神经计算机。这样的计算机将使用特殊的软件和硬件建造，它能够模拟基本的人脑功能，比如处理模糊信息以及执行情感的、动态的和及时的反应。比起传统的计算机，它能够处理一些模糊性的和不确定性的行为。

为此，我们希望认知机器能够模拟人类大脑并拥有认知能力，可以自动且不知疲倦地去学习、记忆，并对外部刺激进行推理和回应，这个领域也被称为神经信息学。通过设计选择来解决一类可计算的问题，认知计算硬件和应用程序可以变得更有效和更有影响力，从而使得它变得更加富有情感和更加有影响力。这样的系统不仅提供信息源，而且还提供影响、上下文和见解。IMB 描述道，这是一个以一定的规模进行学习，带着某种目的进行推理，以此来与人类进行交互的系统。

1. 认知计算的系统特征

在某种程度上，认知系统重新定义了人类与普遍存在的数字环境之间的关系。对用户而言，它们可能充当的是助理或者教练的角色，在很多情况下，它们几乎能够自动地进行行动。本质上来说，认知系统的计算结果可以是暗示性的、规范性的或者指导性的。下面列举了一些认知计算系统的特征。

- 自适应学习。随着信息的变化以及目标和需求的发展来进行学习，解决歧义并容忍不可预测性，使用实时的或者接近实时的动态数据。
- 与用户交互。用户可以定义他们的需求作为认知系统的训练师，可以与其他处理器、设备、云服务以及人进行交互。
- 迭代和状态性。如果问题的状态是模糊或者不完整的，认知系统可以通过询问问题或者通过找到额外输入来源的方式来重新定义问题。同时它们也可以记住先前交互迭代的记录。

- 环境的信息发现。认知系统可以理解、识别和提取环境因素，比如语意、语法、时间、位置、合适的域、条例、用户的属性、过程、任务和目标这些信息。它们可能利用多个信息渠道，包括所有的结构化和非结构化数字信息，还可以利用感知输入，比如视觉、手势、听觉或者传感器所提供的信息。

与当前计算机的区别。认知系统与当前计算应用的区别在于，认知系统是基于预配置规则的，并且程序能够超越预配置的能力。它们能够进行基本的计算，而且也能够基于更广泛的目标给出独到的推断和推理。认知系统利用现在的 IT 资源，并且在未来将与现在遗留的系统共存。其最终目标是使得计算更接近人类的思考，在人类事业中与人类保持合作伙伴关系。

认知科学本质上来说是跨学科的。它涵盖了心理学、人工智能、神经科学以及语言学等方面，同时也跨越了很多分析的层面，从底层的机器学习和决策机制到高层的神经元回路来建立模拟人脑的计算机。表 1-11 总结了与神经信息学和认知计算相关的领域。在第 3 章以及后续的章节，我们将进一步探究这些技术。

表 1-11 神经信息学和认知计算相关领域

学科领域	简介	技术支持
人工智能	通过研究认知现象来在计算机中实现人类的智慧	模式识别、机器人、计算机视觉、语音处理等
学习和记忆	研究人类学习和记忆的机制，以此来构建未来计算机	机器学习、数据库系统、增强记忆等
语言和语言学	研究语言学和语言是如何学习和获取的，以及怎样理解新句子	语言和语音处理、机器翻译等
知觉和行动	研究通过感官（比如视觉和听觉）来获取信息的能力，触觉、嗅觉和味觉刺激都属于这一领域	图像识别和理解、行为学、脑影像学、心理学和人类学
神经信息学	神经信息学代表了神经科学与信息科学的交叉学科	神经计算机、人工神经网络、深度学习、疾病控制等
知识工程	研究大数据分析、知识挖掘、转型和创新过程	数据挖掘、数据分析、知识发现以及系统构建

2. 认知学习的应用

目前认知计算的平台已经出现在我们的生活中，并且已实现商业应用。采纳和使用认知计算平台的组织有意开发应用来解决特定的问题，每一个应用利用的都是一些可用功能的组合。例如关于现实生活中的使用案例包括以下几种：语音理解、情感分析、人脸识别、选举的见解、自动驾驶和深度学习应用。认知系统平台提供者的博客网站上还有更多的例子，这也阐述了认知计算在现实世界应用中的可能性。

图 1-17 列举了所有重要的认知机器学习的应用。在这些任务中，目标识别、视频识别和图像检索与机器视觉应用相关。文本和文档任务包括事实提取、机器翻译以及文本理解。在音频和情感检测方面，有语音识别、自然语言处理以及情感分析任务。在医疗和健康应用中，有癌症检测、药物发现 / 毒理学、放射学以及生物信息学。在商业和金融应用中，有数字广告、欺诈检测以及市场分析中的买卖预测。很多这样的认知任务正在寻求自动化处理。一些应用中涉及大量不同语言的包含数以万计单词的文本数据、数十亿图像和视频的视觉

数据、400 天演讲的音频、用户的查询信息和市场信息以及数十亿标签组的知识和社交媒体图表。

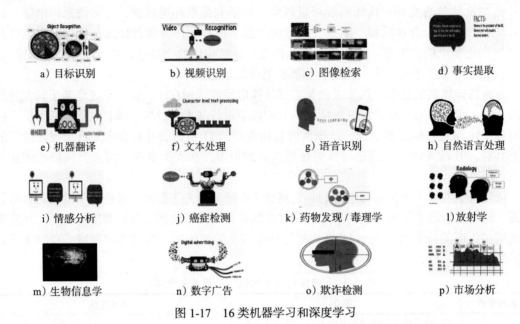

　　　a）目标识别　　　　　　b）视频识别　　　　　　c）图像检索　　　　　　d）事实提取

　　　e）机器翻译　　　　　　f）文本处理　　　　　　g）语音识别　　　　　h）自然语言处理

　　　i）情感分析　　　　　　j）癌症检测　　　　k）药物发现/毒理学　　　　　l）放射学

　　　m）生物信息学　　　　　n）数字广告　　　　　o）欺诈检测　　　　　　p）市场分析

图 1-17　16 类机器学习和深度学习

1.5　本章小结

　　本章介绍了大数据科学和认知计算的基本定义和关键概念，我们将在随后的章节中进行更深入的研究。智能云依赖于物联网传感和大数据分析。在第 3、4、9 章，我们给出了更详细的介绍。而本章我们强调的是 SMACT 技术与大数据处理的交互或融合。1.2 节介绍了云服务的社交媒体网络和移动访问，我们将在第 2、3、8 和 9 章做进一步的研究。在 1.3 节和 1.4 节中，我们介绍了数据挖掘、机器学习、数据分析和认知计算的基础知识。这些大数据主题将在随后的章节中进一步研究。

1.6　本章习题

1.1　请简要描述下列计算方法和技术的差异：云、数据中心、虚拟化、超级计算机、网络技术、Web 服务、效用计算、服务计算。

　　（a）云计算和超级计算应用。

　　（b）云与数据中心之间的相似和不同之处。

　　（c）传统的互联网与物联网。

　　（d）什么是效用计算与服务计算？

　　（e）为什么虚拟化对今天的云的崛起是至关重要的？

1.2　一个多核处理器有 4 个异构内核，分别标记为 A、B、C 和 D。假设内核 A 和 D 具有相同的速度，内核 B 的运行速度是内核 A 的 2 倍，内核 C 的运行速度是内核 A 的 3 倍。假设 4 个内核在同一时间执行一个程序，并且在所有内核操作中不会有缓存。这个应用程序分别计算一个数组中 256 个元素的平方。假设内核 A 和 D 计算一个元素的平方所需的时间为单位时间，下面给出四个内核的不同分工。

　　（a）这 4 个内核有不同的速度，一些内核可能很快完成工作然后处于空闲状态，而一些速度较慢的内核却仍忙着计算直到完成。请计算 4 核处理器并行计算 256 个元素的平方的总时间（以单位时间计算）。

（b）根据上述信息，请计算处理器利用率，即所有内核的忙碌（不空闲）总时间除以总执行时间。

1.3 本题需要你做一些研究，并写一篇更新的 SMACT 技术的评估报告，同时讨论每种技术的优势和缺点。你需要从相关产业中整理出一些相关的技术报告或白皮书，尤其是像 Facebook、AT&T、谷歌、Amazon 和 IBM 等大企业。同时，你可能还需要阅读一些发表在领先的 ACM/IEEE 杂志或会议上的论文，这会为你进行详尽和深入的评估提供依据。

1.4 请比较传统的桌面计算和以下 3 种云服务模型：IaaS、Paas 和 SaaS。资源和用户应用软件分为 5 大类：用户应用程序、虚拟机、服务器、存储和网络化。每一类的资源可以被用户和供应商控制，或在用户和供应商之间共享。明确适合这 4 种计算模型的标签，如 User、Vendor 和 Shared。试推理证明你的标签。

1.5 在仔细了解 1.2.4 节中移动云的基本概念后，请研究移动云服务主要提供商的新进展并回答以下问题。借助维基百科中的移动云或移动云计算可能有助于你找到答案，在 IEEE Mobile Cloud 会议或期刊的云计算、服务计算的特殊问题中也可以发现额外的信息。

1.6 请简要解释大数据特性的 4 个 "V"：Volume（量），Velocity（速度），Variety（多样性），Veracity（真实性）。并讨论资源需求和相关的处理要求和局限性。

1.7 请简述在数据科学中，应用领域的专业知识和数学或统计学背景的交叉领域是什么？同时，请解释编程技巧的交叉领域所需的数学或统计学背景。

1.8 炒作周期每年都会更新，你需要学习如图 1-4 所示的一直到 2015 年 7 月的炒作周期。研究维基百科中最新的炒作周期的 Gartner 报告，并将其与 2015 年的报告进行对比，简述其变化。

1.9 考虑书中提到的两种云 /IoT 服务应用，挖掘更多的关于例 1.5 的智慧城市开源框架和例 1.6 的健康监护云服务的案例。请写出你找到的关于机器学习和大数据分析在这些成功的案例中起到的作用。

1.10 请解释为什么处理云计算时，使用大数据可以比使用超级计算机更节省成本，为什么大数据科学家需要专业知识。同时，简要描述有监督和无监督的机器学习技术的差异。

1.11 这是一个开放性的研究问题，需要深入挖掘你在例 1.1 和例 1.4 的社交网络、网上购物服务或电子商务中所学到的知识。请你写出在 Facebook、Amazon 和淘宝云的数据中心架构、云以及他们提供的创新应用中的发现。

1.12 在图 1-3 中，我们认识了一些由不同公司或研究中心提供的软件工具。请了解下面的三个软件包：用于计算算法的 MATLAB 库，UCI 机器学习数据分析库，用于自然语言处理的 OpenNLP。从他们的网站或开放的文献中挖掘其功能和关于大数据计算的使用要求。

1.7　参考文献

[1]　B Baesens. Analytics in A Big Data World: The Essential Guide to Data Science and Its Applications[M]. Wiley, 2015.

[2]　L Barroso, U Holzle. The Datacenter as A Computer: An Introduction to The Design of Warehouse-Scale Machines[M]. Morgan & Claypool Publisher, 2009.

[3]　R Buyya, J Broberg, A Goscinski. Cloud Computing: Principles and Paradigms[M]. Wiley, 2011.

[4]　H Chaouchi. The Internet of Things[M]. Wiley, 2010.

[5]　M Chen. Big Data Related Technologies[J]. Springer Computer Science Series, 2014.

[6]　S Farnham. The Facebook Association Ecosystem[J]. An O'Reilly Radar Report, 2008.

[7]　J Gobbi, R Buyya, S Marusic, et al. Internet of Things (IoT): A Vision, Architectural Elements, and Future Directions[J]. Future Generation Computer Systems, 2013, 29: 1645-1660.

[8] J Han, M Kamber, J Pei. Data Mining: Concepts and Techniques[M].3rd ed.Morgan Kaufmann, 2012.

[9] U Hansmann, et al. Pervasive Computing: The Mobile World[M]. 2nd ed. Springer, 2003.

[10] T Hey. The Fourth Paradigm: Data-Intensive Scientific Discovery[J]. Microsoft Research, 2009.

[11] M Hilber, P Lopez. The World's Technological Capacity to Store[J]. Communicate and Compute Information, Science, 2011, 332(6025).

[12] Kai Hwang. Cloud Computing for Machine Learning and Cognitive Applications[M]. MIT Press, 2017.

[13] K Hwang, D Li. Trusted Cloud Computing with Secure Resources and Data Coloring[J]. IEEE Internet Computing, 2010.

[14] Kai Hwang, Min Chen. Big Data Analytics for Cloud/IoT and Cognitive Computing[M]. Wiley, 2017.

[15] R Liu. Introduction To Internet of Things[M]. Beijing: Science Press, 2011.

[16] H Karau, et al. Learning Spark: Lightning Fast Data Analysis[M]. O'Reily, 2015.

[17] M Rosenblum, T Garfinkel. Virtual Machine Monitors: Current Technology and Future Trends[J]. IEEE Computer, 2005, 5: 39-47.

[18] S Ryza, et al. Advanced Analytics with Spark[M]. O'Reily, 2015.

[19] J Smith, R Nair. Virtual Machines: Versatile Platforms for Systems and Processes[M]. Morgan Kaufmann, 2005.

[20] Hype Cycle[EB/OL]. http://www.gartner.com/newsroom/id/2819918.

[21] Mark Weiser. The Computer for the 21st Century[M]. Scientific American, 1991.

[22] Y Li, W Wang. Can Mobile Cloudlets Support Mobile Applications?[J]. IEEE INFOCOM, 2014, 4: 1060-1068.

[23] John Kelley. Computing, Cognition and The Future of Knowing[EB/OL].IBM Corp, 2015. http://www.research.ibm.com/software/IBM. Research/multipmedia/Computing_Cognition_WhitePaper.pdf.

智慧云与虚拟化技术

摘要：本章介绍云计算的基础内容，即云平台的架构、基础云模型和通用架构设计。我们回顾了虚拟化技术，其中包括超级管理程序创建的虚拟机和 Docker 容器。之后我们描述了公共云、私有云和混合云等代表性云架构，以及 IaaS 云（如 Amazon EC2/S3）、PaaS 云（如 Google AppEngine）和 SaaS 云（如 Salesforce 的云）的案例研究。最后，我们研究了基于移动云和网格云的混合云服务。本章介绍了 iCloud、Savvis 等公司在云计算方面的设计和应用经验，还介绍了 XEN、Docker 引擎、OpenStack、Eucalyptus、vSphere、Cloudlets 等技术。

2.1　云计算模型和云服务

云计算的概念是从集群、网格和效用计算中演变而来的。集群和网格计算的相同点是并行地使用多台分布于不同位置并通过网络相连的计算机，而云计算的特点是利用弹性资源来满足大量用户的需求。由于带宽网络和无线网络的普及、存储成本的下降和互联网计算软件的逐步完善，用到云计算的场景也在日益增加。

云用户可以在使用高峰期时获取更多的资源并删除不需要的容量，以达到降低成本的同时优化用户体验度的目的。云服务提供商可以通过复用、虚拟化和动态资源配置等技术来提高系统利用率。云不仅解放了用户，使他们能够专注于应用本身，而且通过把计算任务的执行外包给云提供商，为云提供商提供了无限的商机。

2.1.1　基于服务的云分类

表 2-1 总结了云计算中使用的硬件、软件和网络技术。目前，这些技术大多已经足够成熟并且可以满足用户的需求。硬件技术中，多核 CPU、内存芯片和磁盘阵列的快速发展使得建立一个具有巨大存储空间且具备高处理速度的数据中心成为可能，资源虚拟化技术使得在短时间内完成云平台的部署成为现实，同时也保证了一定的错误恢复能力。

表 2-1　云计算中使用的硬件、软件和网络技术

技术	需求和利益
快速平台部署	快速、有效和灵活的云资源部署，给用户提供动态计算环境
按需分配的虚拟集群	配置虚拟机的虚拟集群以满足用户需求，当负荷量发生变化时虚拟集群会进行重新配置
多租户技术	SaaS 将软件分发给大量的用户，用户可以同时使用软件，在需要的时候实现资源共享
海量数据处理	互联网搜索和网络服务通常需要大量的数据处理，特别是为了支持个性化的服务
网络规模通信	支持电子商务、远程教育、远程医疗、社交网络、数字化政府和数字娱乐等
分布式存储	大规模个人记录的存储和公共档案信息都需要云的分布式存储
授权和计费服务	授权管理和计费服务在效用计算方面使所有类型的云服务都能受益

SaaS、Web 2.0 标准和互联网性能方面的进步都促进了云服务的兴起。当今的云计算可用于完成多租户的海量数据任务处理，大规模分布式存储系统的出现也为云数据中心打下了扎实的硬件基础。

云计算在租用管理和自动计费技术方面也有飞速的发展。由于私有云主要运行在单个组织内部,所以其具有良好的安全性和可靠性。公共云和私有云之间没有明确的定义边界,所以未来的大多数云平台在本质上属于混合云类型。

云计算发展趋势。许多可执行的应用程序代码比它们处理的网络数据集规模要小得多,云计算在执行过程中避免了大量数据的移动,这不仅节省了大量的互联网流量,还能提高网络利用率。服务器集群节点可以分为计算节点、控制节点和网关节点,控制节点用于节点的监视与管理。云用户作业的调度要求是把工作分配给用户创建的虚拟集群。网关节点提供与外界服务接入的端口。

在物理集群中,用户期望的资源大多是静态需求。云计算旨在处理弹性数量的任务,因此需要不同大小的动态资源。数据中心和超级计算机有一些相似点和区别。对于数据中心,可扩展性是一个基本的要求。数据中心服务器集群是用低成本的服务器构建的。例如,微软在芝加哥有一个数据中心,它有 10 万个装在 50 个容器中的八核服务器。超级计算机使用单独的存储磁盘阵列,而数据中心使用安装在服务器节点中的本地磁盘。

云平台将 IT 公司从低级任务中解救出来,比如硬件(服务器)的设置和系统软件工具的管理,这给 IT 企业带来了很大的益处。云计算使用虚拟平台,通过按需配置硬件、软件和数据集,动态地将资源整合在一起。其主要思想是将桌面计算转移到一个服务型平台,该平台使用服务器集群和数据中心的大型数据库。云计算服务商给用户提供了低成本的存储和计算服务。图 2-1 为美国国家标准与技术研究院(NIST)给出的云计算架构图。

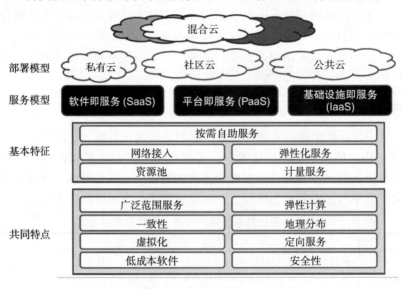

图 2-1 公共云、私有云、社区云和混合云

公共云。公共云建立在互联网上,可以被所有付费用户访问。服务提供商是公共云的拥有者,用户可以通过订阅的方式访问公共云。众所周知的公共云包括 Google App Engine(GAE)、Amazon Web Service(AWS)、Microsoft Azure、IBM Blue Cloud 和 Salesforce Sales Clouds 等,这些供应商提供可公开访问的远程接口,用户可以调用这些接口来创建和管理系统中的虚拟机实例。

社区云。这是公共云中一个正在发展的子类。作为一个共用的基础设施,它被许多组织用来分享一些共同的社交信息或商业利益、科学发现等,社区云通常在多个数据中心之间搭建。近年来，社区云在教育、商业、企业和政府部门等领域快速发展，满足了大数据应用发展的需要。

私有云。私有云建立在单个组织拥有的内联网的域内。因此，它们由客户端直接控制与管理。私有云为本地用户提供了一个灵活的基础设施，使用户在管理域内执行相关工作，私有云尽可能多地保留了用户定制化的部分。

混合云。混合云综合了所有云元素的特点。私有云支持混合云模型，通过外部公共云的计算容量补充本地基础设施。例如，RC2 为私有云的代表，RC2 连接分布在美国、欧洲和亚洲的 8 个 IBM 研究中心的计算资源，混合云提供对客户、合作伙伴网络和第三方的访问途径。

总之，公共云推动了标准化的进程，保存重要的数据结果，并为应用提供灵活性的服务。私有云试图实现用户定制化以使得系统具有更好的灵活性、安全性和私密性，然而混合云在资源共享方面做出了很大的妥协。一般情况下，私有云更易于管理，公共云更易于访问。随着云计算技术的普及，越来越多的公共云、私有云都逐渐转变为混合云。

正如图 2-1 所示，NIST 定义了四类云的一些共性，特别是在云操作方面。我们将在以后的章节介绍这些内容，这些基本特点对于所有的 HPC 或 HTC 系统都是必需的。总之，在任何云设备上对请求式自助服务的支持都应该被关注（该服务模型将在下一节介绍），同时，安全成为保障所有云类型操作的关键问题。

根据商业模式分类。表 2-2 根据不同类型的商业模式将云分成 5 类，即应用云、平台云、计算和存储云、协同定位云和网络云，并列出了一些具有代表性的云服务提供商。前面我们分别介绍了三层服务，即 SaaS、PaaS 和 IaaS，架构层次由顶至底依次是 SaaS、PaaS 和 IaaS。言下之意是，SaaS 应用必须搭建在云平台的基础之上。云平台的构建也依赖于计算和存储基础设施。然而，开发者可以租用低层云以构建更高层次的平台或应用端口。

表 2-2　5 类商业云服务和具有代表性的提供商

云分类	云服务提供商
应用云	OpenTable，KeneXa，Netsuite，RightNow，Webex，Balckbaud，Consur Cloud，Telco，Omiture，Vocus，Microsoft OWA(office 365)，Google Gmail，Yahoo!，Hotmail
平台云	Force.com，Google AppEngine，Facebook，IBM BlueClou，postini，SQL Service，Twitter，MicroSoft Azure，SGI Cyclone，亚马逊 EMR
计算和存储云	亚马逊 AWS，Rackspace，OpSource，GoGrid，MeePo，Flexiscale，惠普云，Banknorth，VMware，XenEnterprise，iCloud
协同定位云	Savvis，Internap，Digital Realty，Trust，365 Main
网络云	AboveNet，AT&T，Qwest，NTTCommunications

下面给出公共云的两个商业应用实例。不同类别中主要云类型的更多案例将在 2.4 节进行研究。

例 2.1　用 iCloud 进行存储、备份及其他个人服务

2011 年，苹果公司推出 iCloud 用于云存储和云计算服务。苹果的一个 iCloud 数据中心位于北卡罗来纳州的梅登，到 2015 年，iCloud 服务有超过 500 万的用户。iCloud 为用户提供存储文档服务，用户可以将照片和音乐备份到苹果数据中心的远程服务器上，然后将资源下载到 iOS、Macintosh 或 Windows 设备中。云分享服务可以把数据发送给其他用户，在设备丢失或被盗的情况下依然能够管理苹果设备。

iCloud 服务也提供了以无线方式直接备份 iOS 设备到 iCloud 的方法，而不是依赖于使用 iTunes 服务手动备份到主机 Mac 或 Windows 电脑。该系统还允许用户使用 AirDrop 无线服务登录移动账户即时分享照片、音乐和游戏。它也是一个电子邮件、联系人、日历、书签、笔记、提醒（待办事项列表）、iWork 文档、照片和其他数据的数据同步中心。数据同步中心直接将 iOS 设备备份到 iCloud，在苹果设备丢失或者被盗的情况下管理苹果设备，这是 iCloud 相对于之前的 iTunes 的重要改进。

存储在 iCloud 的大数据类型包括通讯录、日历、书签、邮件、笔记、分享相册、iCloud 照片库、我的照片流、iMessage、短信和彩信等。这些文件使用 iCloud.com 网站上的 iOS 和 Mac 应用程序保存。iCloud 每天都会备份这些存储在移动设备（iPhone、iPad 等）上的数据类型和设置，甚至包括购买音乐、电影、电视节目、应用程序和书籍的历史。iCloud 还提供了一个有趣的功能——找朋友，用户可以与朋友分享自己的位置。当位置服务被打开时，位置信息通过 iOS 设备上的 GPS 获取。

当用户请求其他用户位置时会产生提示信息。用户可以选择性地使用该功能，为了找到一个遗失或被盗的苹果手机，便可以使用该功能，即使手机处于静音模式也会使屏幕闪烁。用户也可以通过密码锁定把设备标识为丢失模式。人们发现丢失的手机可以直接联系失主。该系统还可以删除被盗手机上的所有敏感的记录。

例 2.2　**Savvis 公司的协同定位云服务**

协同定位服务解决了数据中心的管理问题，数据中心的设备、空间、带宽都可以出租给用户。同一地点的设施为服务器、存储器和多个云的网络设备提供了空间、电力、冷却和物理安全的保障，这些网络设备也通过电信和网络服务提供商互相交流。1996 年成立的 Savvis 公司就是这样一个公司。它们给许多数据中心的物理和网络资源提供网络托管和协同定位服务，包括云住房和电源、基础设施管理、网络和安全服务。

苹果公司是他们的第一个大客户。有了苹果电脑用户的参考和推荐，Savvis 公司终止了与其他云服务供应商的大合同。该公司在北美、欧洲和亚洲的 50 多个数据中心销售主机托管和搭配服务以及自动管理和配置系统，并提供信息技术咨询。到 2015 年，Savvis 公司拥有大约 2500 名企业和政府客户。Savvis 公司在提供协同定位云服务的时候已经定位了 19 家其他网站托管服务提供商，包括 AT&T、Rackspace、Verizon Business、Terremark 和 Sungard 等公司。

在过去，该公司的经历曲折起伏，2006 年，Savvis 的 CDN 服务开始蓬勃发展。他们与网络资产、客户合同和 Savvis 公司 CDN 使用的知识产权一起快速增长。他们从 IaaS 云管理服务中吸取了关于垃圾邮件指控和安全漏洞方面的经验，其中一项便是向垃圾邮件发送者收取费用。由于媒体的负面关注，Savvis 重新使用 Spamhaus（一个世界性的反垃圾邮件组织）来防止用户遭到垃圾邮件攻击。

2.1.2　云服务平台的多层发展

云计算有利于服务业的发展并且能推进新模式的业务计算。云计算的优势在于提供无处不在的服务能力、资源的高利用率以及应用的灵活性。用户可以从世界上的任何地方以极具性价比的成本获取和部署应用程序。

云架构主要分为三层：基础设施、平台和应用，如图 2-2 所示。这三个发展层次通过云配置的硬件和软件资源的虚拟化与标准化技术来实现。公共云、私有云和混合云的服务通过互联网和内部网传给用户。很显然，首先要部署基础设施层来支持 IaaS 类型的服务。这种基础设施层是构建云平台层支持的 PaaS 服务的基础。反过来，平台层是实现 SaaS 应用层的基础。

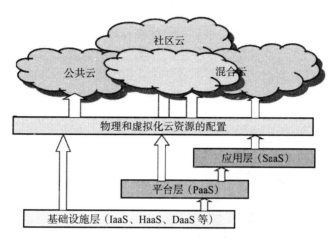

图 2-2　IaaS、PaaS、SaaS 云平台的多层架构发展

基础设施层由虚拟化计算、存储和网络资源构建。将硬件资源单独作为一层可以为用户提供更灵活的服务。在内部，虚拟化实现了资源的自动配置和基础设施管理过程的优化。应该指出的是，并非所有的云服务都被限制为单独的一层。许多应用程序可以使用混合层中的应用资源，这三层之间存在从下到上的依赖关系。

平台层体现了软件资源集合的通用性与复用性。这一层负责给用户提供独自开发应用程序、操作文本流动、监测执行结果和性能的环境。为了保障用户的使用体验，该平台应该保证系统的可扩展性、可靠性和安全保护性。在某种程度上，虚拟化云平台是云计算基础设施和应用层之间的一个"系统中间件"。

应用层是由使用 SaaS 应用所需要的软件模块集成的。这层服务的应用包括日常办公管理工作，如信息检索、文档处理以及日历和认证服务等。提供业务营销和销售、消费者关系管理、金融交易、供应链管理方面等服务的企业也大量使用应用层。

从提供商的角度来看，不同层次的服务需要提供商提供不同数量的资源管理。一般情况下，SaaS 对提供商工作的需求最大，PaaS 其次，IaaS 最少。举一个例子，Amazon EC2 不仅给用户提供虚拟化的 CPU 资源，还包括对这些配置资源的管理。应用层的服务需要囊括更多的相关工具。最好的例子是 Salesforce CRM 软件服务，其中的提供商不仅提供了底层的硬件和顶层的软件，而且还提供了用于用户应用程序开发和监测的平台和软件工具。

- 基础设施即服务（IaaS）。这种模式把用户需要的基础架构，也就是服务器、存储、网络和数据中心等结合在一起。用户可以部署和运行在多个特定应用上的客户操作系统的虚拟机，并不直接管理或控制底层的云基础设施，但是可以指定什么时候请求和释放所需要的虚拟机与数据。典型的 IaaS 例子有 AWS、GoGrid、Rackspace、Eucalyptus、flexscale、RightScale 等。
- 平台即服务（PaaS）。这种模式使用户能够将自己构建的应用程序部署到一个虚拟化的云平台中。PaaS 包括中间件、数据库、开发工具和某些运行时支持，比如 Web 2.0

和Java以及各种类型的"应用平台"功能的应用程序。平台包括由特定的编程接口集成的硬件和软件,并且该提供商提供API和软件工具(例如,使用Java、Python、Web 2.0和.NET),使用户从管理云基础设施的任务中解脱出来。PaaS为用户提供了一个编程环境来构建和管理云应用。PaaS平台著名的例子是Google AppEngine、Windows Azure和Force.com等。

- 软件即服务(SaaS)。这是指发送至数千付费云客户浏览器上的应用软件。SaaS模式适用于业务流程、行业应用、客户关系管理、企业资源规划、人力资源和协作等应用程序。在消费者方面,它不需要用户对服务器或软件许可证的前期投资。在提供商方面,与用户应用的常规主机相比,它的成本相当低。SaaS的例子包括Cloudera、Hadoop、salesforce.com、.NETService、Google Docs、Microsoft Dynamic CRM Service和SharePoint service等。

互联网云是一个根据需求使用数据中心资源来实现集体Web服务或分布式应用的公共集群。接下来我们将探讨云设计的目标。我们还将提出云架构设计背后的基本原则。

云平台设计目标。可扩展性、虚拟化、高效率和可靠性是云计算平台的四大设计目标。云平台支持Web 2.0应用程序。整个逻辑流程大致如下:云管理器接收用户请求,找到正确的资源,紧接着调用云资源的配置服务。云管理软件同时需要物理设备和虚拟设备的支持,共享资源的安全性和数据中心的共享访问也向云平台提出了另一个设计挑战。

该平台需要建立一个大规模的HPC基础设施,并与硬件和软件系统相结合,使其操作简易而高效,并使该系统的可扩展性受益于集群架构。如果一个服务需要大量的处理能力、存储容量或网络流量,那么应为其添加更多服务器和带宽。该系统的可靠性受益于这种架构。数据可以被放置到多个位置。例如,用户的电子邮件可以存放在三个磁盘中,甚至位于地理独立的不同数据中心中。在这样的情况下,即使一个数据中心崩溃仍然可以访问用户的数据。通过添加更多的服务器并相应地扩大网络连接,可以很容易地扩展云架构的规模。

通用的云架构。一个具有安全意识的云架构如图2-3所示。互联网云被设想为一个巨大的服务器集群。这些服务器根据需求使用数据中心的资源进行配置,实现了集体Web服务或分布式应用。云平台是由服务器、软件和数据库资源动态形成的。云服务器可以是物理机器或虚拟机。用户接口用来请求服务,配置工具用来开拓云系统以发送所请求的服务。

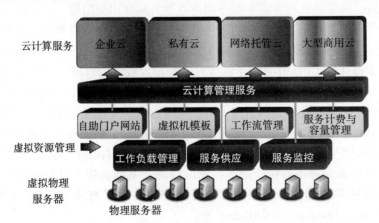

图2-3 云计算系统的通用架构,其中物理服务器在资源管理系统的控制下虚拟化为虚拟机实例

除了构建服务器集群外,云平台还需要分布式存储服务及其附带服务的支持。云计算的

资源建立在数据中心的基础上，通常由第三方供应商拥有和操作，消费者不需要了解底层技术。在云计算平台中，软件便是一种服务，云计算对从大型数据中心检索出的海量数据具有很高的信任度。与此同时，我们需要建立一个框架来处理存储在存储系统中的大规模数据。这就需要拥有一个数据库系统上的分布式文件系统。其他云资源被添加到一个云平台，包括存储区域网络、数据库系统、防火墙和安全设备。Web 服务提供商提供特殊的接口，使开发人员能够充分开发互联网云。监控和计量单元用来跟踪所供应资源的使用和性能。

虚拟机。多个虚拟机在单个物理机上按需灵活地启动和关闭以满足服务请求。根据服务请求的特定要求，会调用同一物理机资源上的不同分区。此外，多个虚拟机可以在单个物理机上不同的操作系统环境中同时运行应用程序，因为每个虚拟机在相同的物理机器上是各自独立的。在随后的 2.2 节和 2.3 节将进行更多关于虚拟机和容器的讨论。

云平台的软件基础设施必须解决所有的资源管理问题，并自动进行大部分的维护。软件必须检测每个节点的状态以及服务器的加入和离开，并相应地完成任务。云计算提供商（如谷歌和微软）在世界各地已经建成了一大批数据中心，每个数据中心都可能有成百上千的服务器。为了减少电力和散热成本，选择建立数据中心的位置也非常重要。因此，数据中心通常建在水电站附近。云物理平台的搭建关注更多的是性能 / 价格比和可靠性问题，而不是最大速度的性能。

2.1.3　支持大数据存储和处理引擎的云平台

Ian Foster 将云计算定义为：“由规模效应驱动的大型分布式计算模式，通过互联网向外部客户依需求提供抽象、虚拟、动态、可管理的计算能力、储存空间、平台和服务。”云计算提供了一种按需计算模式。图 2-4 展示了云场景与主要的云服务提供商。

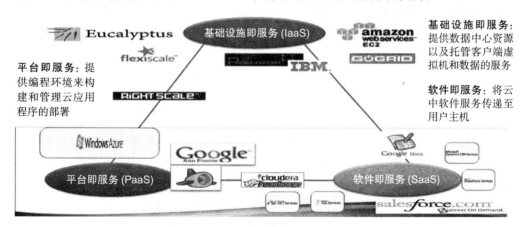

图 2-4　大多数云提供商采用的三种云服务模型

互联网云提供四种部署模式：私有云、公共云、社区云和混合云。这些模式具有不同级别的安全隐患。不同的 SLA 都认为保障安全性是所有云服务提供商、云资源消费者和第三方云计算软件供应商共同的责任。许多 IT 专家、行业领袖和计算机科学的研究者已经提出了多种云计算的优势。

云计算动态地配置硬件、软件和数据集并按需采用弹性资源的虚拟化平台。我们的想法是把桌面计算转移至面向服务的平台，该平台使用服务器集群和数据中心的大型数据库。云计算充分利用其低成本和简易性的特点使用户和提供商受益。机器虚拟化已经采用了这种低成本高效益的方式。云计算倾向于同时满足多用户应用程序的运行。必须设计出值得信赖且可靠的云生态系统。

大数据存储要求。2015 年，以各种形式存储在地球上的总数据超过 300EB，年增长率为 28%。然而，所有资源中可能发送的总数据约是每年 1900EB（http://www.martinhilbert. net/WorldInfoCapacity.html）。在过去，大多数信息都以模拟格式表示。2002 年，数码存储设备开始流行，并迅速取代了大多数模拟设备。表 2-3 显示了 2007 年只有 6%（19EB）的模拟设备和 94%（280EB）的数字设备。模拟数据主要存储在音频 / 视频磁带（94%）中。数字信息在许多不同类型的存储设备中传播，大多数（44.5%）存储在 PC/ 服务器硬盘中，包括大型数据中心。接着是 DVD 和蓝光设备（22.8%）。显然，辅助存储设备在存储谱中仍然占主导地位。

表 2-3　2007 年全球信息存储容量（以总字节为单位）

技术	存储设备	分布
模拟，19EB，占总容量的 6%	纸张、电影、录音磁带和乙烯基	6%
	模拟音频磁带	94%
数字，280EB，占总容量的 94%	便携式媒体和闪存	2%
	便携硬盘	2.4%
	CD 和迷你盘	6.8%
	数字磁带	11.8%
	DVD 和蓝光设备	22.8%
	PC/ 服务器硬盘	44.5%
	其他（记忆卡、软盘、手机、PDS、相机、音频游戏等）	＜ 1%

2.1.4　支持大数据分析的云资源

云平台正朝着大数据应用的方向发展。云计算、物联网传感、数据库和可视化技术是大数据分析必不可少的技术。这些技术在认知服务、商业智能、机器学习、人脸识别、自然语言处理等领域中起着重要的作用。多维数据矩阵被称为张量，它可以使用 TensorFlow 库处理。其他大数据管理的关键技术还包括数据挖掘、分布式文件系统、移动网络和云平台相关的基础设施。

在美国，由 DARPA 研发的拓扑数据分析程序可探索海量数据集中的基本结构。为了使用大数据分析，大多数用户更喜欢直接附加存储设备的方式，比如固态硬盘和云集群分布式磁盘。传统的存储区域网络和网络附加存储的速度太慢，无法满足大数据分析的要求。云设计师必须关注系统的性能、基础设施、成本、实时响应查询等问题。

云平台接入延迟的问题也是使用云平台时需要关注的，还有数据集的扩展问题。共享存储的优点是速度快，但缺乏可扩展性。大数据分析从业者出于可扩展性和低成本的考虑，更喜欢大型集群的分布式存储。制造业的大数据需要透明的基础设施。预测模型提供了一个对于近零停机时间、可用性和生产率这些问题都有效的解决方法。

1. 大数据云平台架构

下面列出了大数据应用的智能云设计中必须解决的关键问题。

传统的关系型数据库无法支持非结构化数据，因此，我们需要对从嘈杂的脏数据中提取的不完整数据进行 NoSQL 处理。这些数据往往缺乏精确性或者不可追溯其来源。例如许多博客或者交流信息都不易验证，需要进行数据过滤和完整性控制。

社交图表、API 和可视化工具都需要有效地处理非结构化的社交媒体数据。这需要成本效益高的云平台和分布式文件系统来聚合、存储、处理和分析大数据，需要自下而上的技术来发现未知的结构和模式。

数据分析工具对于一个大数据云是必需的。在后面的章节中，我们将讨论一些用于大数据分析的开源或商业工具，这些工具必须被整合起来，最大限度地发挥它们的效果。商业智能必须升级到归纳统计数据或支持关键决策的预测分析。

机器学习和云分析算法对监督学习、无监督学习或深度学习是必需的。这些将在第 4、5、6 章进行研究。数据科学家必须掌握足够的领域知识、数据挖掘知识、社会科学知识和编程技能。这些需要来自交叉领域的专家协同工作。

数据管理和安全需要数据保密性、完整性控制、符合 SLA、可说明性和信任管理等。必须在全球范围内部署安全控制，保持细粒度级别的访问控制水平。

2.大数据处理引擎的工作流程

在图 2-5 中，我们展示了一个典型的数据分析云的概念工作流。大数据来自顶部来源各异的数据块或数据流。云平台资源分为四个基础设施部分，主要用于存储、检索、转换和处理云核心服务器中的数据流。资源管理和安全单元控制保障了系统的稳定性。图右侧的数据流控制机制通过左侧的云引擎管理数据。此引擎将提取的或排序的数据应用到底框中的各种应用程序之上，执行各种数据转换功能，包括收集、聚合、匹配和数据挖掘。

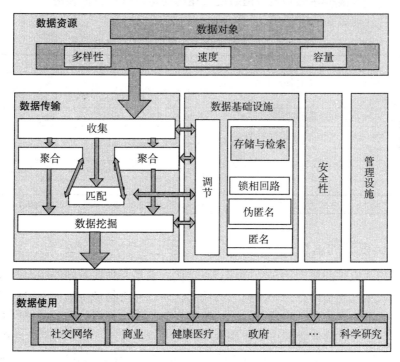

图 2-5 大数据计算应用中现代云系统的概念架构

在表 2-4 中，我们列出了在典型大数据计算应用程序中应该执行的关键要求。这些云服务在以下 5 层中执行：数据源、数据处理、访问控制、事件管理和隐私保护。显然，必须建设一个现代云分析系统来实现这些机制、政策和分析功能。特别是，数据隐私和云安全在所有 5 个处理层中是尤为重要的。

表 2-4 大数据计算的云机制、政策和分析能力

层	机制、政策和分析能力
数据源	备份、所有权、加密和可移植性
数据处理	隔离、管理、不可抵抗性、迁移和诚信
访问控制	用户访问、管理访问、大数据 API 和云际协议
事件管理	IDS、IPS、响应、记录、取证、审计、灾难恢复和生存能力
隐私保护	匿名、不泄露、数据最小化、外包和生存能力

2.2 虚拟机和 Docker 容器的创建

传统的数据中心都建有服务器的大型集群，这些集群不仅用于大型存储数据库，也用来建立快速的搜索引擎。自从引进虚拟化技术后，越来越多的数据中心簇被转换成云。谷歌、亚马逊和微软都使用这种方法建立自己的云计算平台。在本节中，我们介绍资源的虚拟化技术，以及对应的管理程序和 Docker 引擎。虚拟化可以分别在软件处理级别、主机系统级别或不同的扩展级别上实现。

表 2-5 总结了五种资源的虚拟化级别，一些有代表性的产品也列在表中。在把一个数据中心转换成操作云并同时服务于大量用户的过程中，服务器虚拟化是不可缺少的。服务器虚拟化的主要目的是提高集群的灵活性和服务器共享的利用率。桌面虚拟软件试图通过个人用户提供应用灵活性。虚拟存储和虚拟网络使云在协同定位操作方面显得更加强大，应用程序虚拟化是指软件处理级别的虚拟化。

表 2-5 资源虚拟化和代表性的软件产品

虚拟化	说明	代表性产品
服务器	服务器创建多个虚拟机来提高共享服务器的利用率	XenServer、PowerVM、Hyper-V、VMware EXS Server 等
桌面	在个人电脑和工作站提高应用的灵活性	VMware、VMware ACE、XenDesktop、Virtual PC 等
网络	虚拟专用网络（VPN）、虚拟局域网络、云的虚拟集群	OpenStack、Euclayptus 等
存储	网络存储以及针对共享簇和云应用的 NAS 虚拟化	DropBox、Apple iCloud、AWS S3、MS One Drive、IBM Datastore 等
应用	软件处理级别的虚拟化，比如容器	Docker 容器、XenApp、MS CRM、Salesforce 等

2.2.1 云平台资源的虚拟化

计算机资源虚拟化的概念始于 20 世纪 60 年代，它是一种在不同的层次上对机器资源进行逻辑提取的技术。虚拟内存是一个典型的例子，通过允许物理磁盘和虚拟地址空间之间的页面交换扩展物理内存容量。在这一节中，我们将介绍硬件虚拟化和其他类型的虚拟化的关键概念。可以看到，在没有资源虚拟化的情况下难以满足多租户操作云平台的需求。

硬件虚拟化。这是指利用特殊的软件在主机硬件的计算机上创建一个虚拟机（VM）。该虚拟机就像一台真正的有客户机操作系统的电脑。主机是虚拟机执行的机器，虚拟机和主机可以在不同的操作系统上运行。在主机硬件上创建虚拟机的软件称为管理程序或虚拟机监视器（VMM）。三种硬件虚拟化方法如下。

- 完全虚拟化。这是指对主机硬件的完整仿真或使用未修改的操作系统来对某种虚拟 CPU、虚拟内存或者虚拟磁盘进行翻译。

- 部分虚拟化。使用该技术的主机中有些选定的资源是虚拟化的，有些则不是。因此，某些客户程序必须进行修改，才可以在这样的环境中运行。
- 半虚拟化。在这种情况下，虚拟机的硬件环境并未虚拟化。客户应用程序在一个独立的区域被执行，这个区域有时候被称为软件容器。客户操作系统不再被使用，虚拟机监视器安装在用户空间以指导用户程序的执行。

在不同抽象层次的虚拟化。表 2-6 列出了五个实现虚拟机的抽象层次。在指令集架构层次，虚拟机是通过模拟另一个给定的 ISA 而创建的。这种方法由于仿真过程缓慢，因此性能最低。但是，它有非常高的应用灵活性。一些学术研究的虚拟机采用这种方法，如发电机等。

表 2-6　五个抽象层次虚拟化的相对优点

虚拟化层次	功能描述	例子	特点
指令集架构 (ISA)	通过主机来仿真指令集架构	Dynamo，Bird，Bochs，Crusoe	性能低，应用灵活性高，复杂性和隔离性适中
硬件	裸机硬件之上的虚拟化	XEN，VMware，Virtual PC	性能和复杂性高，应用灵活性适中，应用独立性好
操作系统	资源孤立的用户应用的孤立容器	Docker Engine，Jail，FVM	性能最高，应用灵活性低，独立性最好，复杂性适中
运行时库	通过运行时库的 APIhook 创建虚拟机	Wine，cCUDA，WABI，LxRun	性能适中，应用灵活性和独立性低，复杂性低
用户应用	在用户应用水平部署高级语言虚拟机	JVM，.NET CLR，Panot	性能和应用灵活性低，复杂性和应用独立性非常高

最优的虚拟机性能来自于在裸机或操作系统级别上的虚拟化。著名的虚拟机 Xen 在裸机的物理设备上创建了虚拟 CPU、虚拟内存和虚拟磁盘。然而，硬件层次的虚拟化会导致高复杂性。操作系统层次虚拟化最好的例子是 Docker 容器。运行时库和用户应用层次的虚拟化会使性能均衡化。在用户应用层次创建虚拟机能提高系统的隔离性，但是这也使得用户的实现变得非常复杂。在硬件层次创建虚拟机必须使用虚拟机管理程序，在 Linux 内核层次使用 Docker 容器。在 ISA 层、用户层或者运行时库层实现虚拟机通常是学术界采用的，而很少在工业界实现，因为它们的性能很低以至于难以接受。

大多数虚拟化都使用软件或固件来生成虚拟机。然而，也可以使用硬件辅助的方法来实现虚拟化。英特尔已经生产了 VT-x，目的是提高处理器在虚拟机环境中的效率。这就需要修改中央处理器，为虚拟化提供硬件支持。其他类型的虚拟化技术出现在桌面虚拟化、存储和内存虚拟化，以及表 2-6 介绍的不同层次的虚拟化中，甚至可以考虑数据和网络虚拟化。例如，虚拟专用网络（VPN）允许在因特网上建立一个虚拟网，虚拟化使云计算的实现成为可能。传统的网格计算和今天的云计算的主要区别在于是否使用虚拟化的资源。

2.2.2　虚拟机管理程序和虚拟机

传统的计算机被称为物理机，每个物理主机都运行自己的操作系统。相比之下，虚拟机是由虚拟化过程创建的软件定义的抽象机。在一个物理计算机上操作系统 X 只执行为 X 平台量身定做的应用程序，为另一个不同的操作系统 Y 编写的程序可能无法在 X 平台上执行。在使用虚拟机时，客户机操作系统可能与主机操作系统不同。例如，X 平台是一个苹果操作系统，而 Y 平台可能是一个基于 Windows 的计算机。虚拟机针对软件的可移植性障碍提供了良好的解决方案。

虚拟机的体系结构。传统的计算机基础架构如图 2-6a 所示，操作系统在特权系统空间管理所有的硬件资源，所有的应用程序在操作系统的控制下在用户空间运行。在本地虚拟机上，虚拟机由客户操作系统控制的用户应用程序组成。该虚拟机由安装在特权系统空间的虚拟机管理程序创建。这个虚拟机管理程序正好位于裸机的顶部，如图 2-6b 所示。多个虚拟机可以移植到一个物理计算机中。这种虚拟机的方法拓展了软件的可移植性，使其突破了平台的界限。裸机管理程序直接运行在主机的硬件上来管理操作系统。

另一个虚拟机体系结构如图 2-6c 所示，称为托管虚拟机，它是由虚拟机监控器（VMM）或由主机操作系统之上的托管虚拟机管理程序创建的。VMM 是主机操作系统和用户应用之间的中间件，它取代了本地虚拟机中使用的客户操作系统。因此 VMM 将客户操作系统从主机操作系统中抽取出来。虚拟机工作站、虚拟机玩家和虚拟容器都被称为半虚拟化的托管虚拟机。在这种情况下，VMM 直接监视用户应用程序的执行。除非另有规定，否则我们只考虑裸机管理程序产生的本地虚拟机。

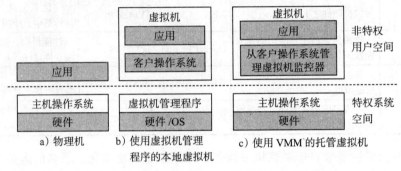

图 2-6   与传统物理机相比较的两种虚拟机架构

表 2-7 总结了四种虚拟机管理程序。Xen 是最流行的一种，用于几乎所有的 32 位操作系统的个人电脑、服务器或工作站。虚拟机管理程序创建的虚拟机往往是有利的，因为它由用户应用程序代码（可能只有几 KB）外加一个可能要求 GB 大小内存的客户操作系统组成。客户操作系统监督虚拟机上用户应用程序的执行情况。KVM 是一类基于 Linux 内核的虚拟机，微软的 Hyper-V 用于 Windows 服务器虚拟化。换句话说，KVM 大多用于 Linux 主机而 Hyper-V 用于 Windows 主机。这个虚拟机管理程序涉及最低级别的操作系统集成。恶意软件和隐匿技术可能威胁虚拟机管理程序的安全性。微软和学术界的研究人员已经开发出一些反隐匿 Hooksafe 软件用来保护系统免受恶意软件和隐匿技术的攻击。

表 2-7   产生虚拟机的管理程序或虚拟机监控器

虚拟机监视器	主机 CPU	主机操作系统	客户机操作系统	架构和应用
Xen	x86，x86-64，IA-64	NetBSD，Linux	Linux，Windows，BSD，Linux，Solaris	剑桥大学开发的本地虚拟机监控器
KVM	x86，x86-64，IA-64，S-390，PowerPC	Linux	Linux，Windows，FreeBSD，Solaris	基于半虚拟化用户空间的主机虚拟机监控器
Hyper-V	x86	Server 2003	Windows Server	基于本地虚拟机监控器的 Windows
VMware Player，Workstation，VirtualBox	x86，x86-64	AnyhostOS	Windows，Linux，Darwin-Solaris，OS/2，FreeBSD	半虚拟化架构的主机虚拟机监控器

    虚拟系统提供三种托管管理程序，这些管理程序通常被称为半虚拟化的虚拟机监控器，如表 2-7 所示。VMware 是虚拟化软件开发的先驱，最初，其工作站版本可以运行 Windows 和 Linux 操作系统的主机，属于真正的全虚拟化技术。后来，VMware 为了将虚拟化运用在 x86 服务器中而开发了 ESX 软件服务包，这个版本不需要使用主机操作系统来虚拟化资源。现在的云操作系统 vSphere 需要 VMware 的虚拟化软件包的支持。

    一般来说，一些 VMware VMM 包（玩家或 VirtualBox）并不会给所有的用户程序分配资源。它们只分配有限的资源给选定的应用程序。VMM 明确地控制分配给这些选定的特殊应用程序的资源。换句话说，VMM 和选定的处理器资源捆绑在一起。不是所有的处理器都满足 VMM 要求。具体的限制包括捕获一些特权指令的能力等，这是硬件辅助虚拟化的基本思想。

例 2.3   **Xen 虚拟机架构和资源控制**

    Xen 是一个由剑桥大学开发的开源微内核管理程序。Xen 系统管理程序实现资源控制的所有机制，由 Domain0 来执行具体的策略，例如资源控制和输入输出，如图 2-7 所示。Xen 本身不包括任何设备驱动程序，其核心组件是虚拟机管理程序、内核与应用程序部分。具有控制能力的客户操作系统被称作 Domain0，其他的被称为 DomainU，Domain0 是 Xen 的特权客户操作系统。当 Xen 没有任何文件系统驱动被加载的时候，它才会被第一次加载。

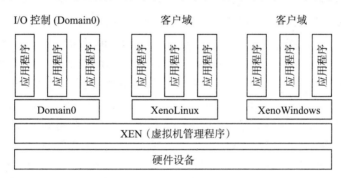

图 2-7   Xen 架构：Domain0 用于资源控制和输入输出，一些客户域（虚拟机）被创建来运行用户应用程序

    设计 Domain0 的目的是直接访问硬件和管理设备。因此，Domain0 的功能之一是分配和映射硬件资源到客户域（DomainU）。举个例子，Xen 是基于 Linux 操作系统的，具有较高的安全水平。虚拟机管理器被命名为 Domain0，具有管理相同主机上的其他虚拟机的权限。如果 Domain0 被攻破，黑客将可以控制整个系统。而 Domain0 采用了特殊的安全策略，它像一个虚拟机管理程序，允许用户对虚拟机进行创建、复制、保存、读取、修改、共享、迁移和回滚等操作。

2.2.3   Docker 引擎和应用程序容器

    Docker 提供了一个在主机上运行 Linux、Mac OS 和 Windows 的操作系统级虚拟化。本节我们介绍 Docker 引擎和 Docker 容器。之后我们比较这些技术实现的差异，探讨实现裸机管理程序创建的虚拟机和 Docker 容器之间的相对优势和劣势。大多数数据中心都是使用大规模低成本的 x86 服务器建立的，由此可以看出云建设者和提供商对可扩展用户应用的 Docker 容器的兴趣日益增长。然而，虚拟机在不同类型的应用程序中仍然是有用的，它们可能会共存一段较长的时间。

Docker 引擎。这是一个虚拟化软件，在主机操作系统、用户应用程序代码、二进制文件和库之间运行。Docker 引擎实现了一个高层次的 API 以提供轻量级容器，这个容器可以隔离运行软件的过程。Docker 虚拟化的概念如图 2-8 所示。Docker 引擎使用 Linux 内核的资源隔离功能。cgroups 和内核 namespaces 允许独立的容器运行在独立的 Linux 系统上，这些独立的容器避免了创建虚拟机的开销。

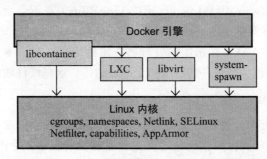

图 2-8　Docker 引擎访问 Linux 内核功能，用来隔离不同应用容器的虚拟化

运行用户应用程序不需要客户操作系统的参与。容器使用内核的功能。资源隔离包括 CPU、内存、I/O 和网络等，对于不同应用这些资源都使用单独的命名空间。Docker 使用 libcontainer 库直接使用内核的虚拟化功能。这个接口在 Docker 0.9 之后是可用的。Docker 引擎也可以通过用户接口间接访问 Linux 内核：LXC（Linux 容器）、libvirt 或 system-spawn。

Docker 容器。Docker 是一个开源项目，是将用户应用程序开发过程自动化的软件容器。Docker 容器提供了一个基于 Linux 主机平台的操作系统级虚拟化的抽象和自动化的附加层。Docker 引擎是使用 Go 语言开发的，并运行于 Linux 平台。Docker 不同于传统的虚拟机，它由应用程序加上其需要的文件和库组成。每个应用程序容器大约需要 10MB 内存。

相反，一个虚拟机管理程序生成的虚拟机可能需要几十 GB 的空间，用来满足除了应用程序代码外的托管客户操作系统的需求。Docker 容器是孤立的，但可以共享操作系统的二进制文件和库，如图 2-9c 所示。最明显的优点是轻量级容器和重型的虚拟机，每个虚拟机必须有自己的操作库。图 2-9a 和图 2-9b 对比了虚拟机和容器之间的不同，建立和使用容器花费的成本可能比创建和使用虚拟机要少。为此，Docker 容器在大部分云中取代了传统的虚拟机。Docker 是一个开源项目，开源代码存储在 GitHub 网站上，并且系统支持 Apache 2.0 的设备。

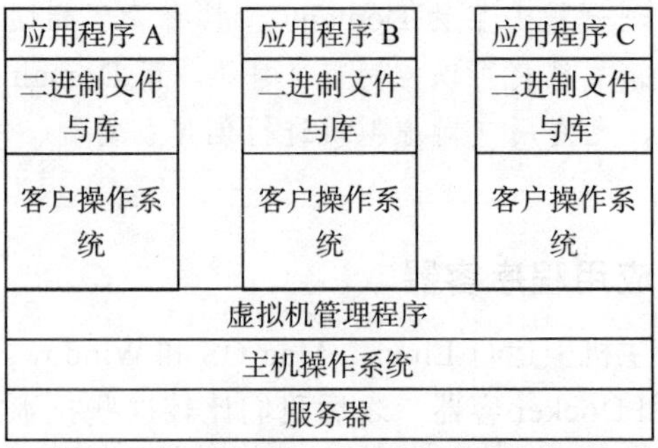

应用程序 A	应用程序 B	应用程序 C
二进制文件与库	二进制文件与库	二进制文件与库
客户操作系统	客户操作系统	客户操作系统
虚拟机管理程序		
主机操作系统		
服务器		

a）在同一硬件主机上的三个虚拟机管理程序中创建的虚拟机，每个虚拟机都负载着自己的客户操作系统以及特定的二进制文件和库

图 2-9　虚拟机管理程序与创建虚拟机和应用容器的 Docker 引擎

b）每个容器装载着私有的二进制   c）Docker 引擎创建多个隔离但是共享操
文件和库   作系统的轻量级应用容器

图 2-9 （续）

Docker 在 Linux 平台创建轻量级虚拟容器。该系统基本上是一个容器生成器和管理引擎的结合。Docker 源代码很难适应大多数的电脑，这是由于它是用 Go 语言实现的。对于客户来说，Docker 假设了一个客户 / 服务器体系结构。

2.2.4 容器和虚拟机的发展

在表 2-8 中，我们总结了几个虚拟机管理程序（Xen、KVM、Hyper-V 和 VMware）的属性，并将这些管理程序创建的虚拟机与 Docker 容器进行对比。相对于创建和使用虚拟机，创建和使用容器的成本可能更低。出于这个原因，Docker 容器在一些云中可能会取代一些传统的虚拟机。例如 AWS EC2 已经提供了 ECS 服务，这使得用户可以通过使用显著降低存储需求和复杂性的容器来实现他们的应用程序。使用容器不仅可以分离资源、限制服务，还可以在它们自己的 ID 空间、文件系统和网络接口的操作系统中进行处理。建设高度分布式系统与使用管理程序创建的虚拟机相比，应用程序容器可以显著简化创建、安全和管理等问题。

表 2-8   虚拟机管理程序创建的虚拟机和 Docker 容器的比较

虚拟机类型	优点和不足	适用的应用
虚拟机管理程序创建的虚拟机	具有较高的应用灵活性，但需要更多的内存和成本来创建和启动虚拟机	适用于没有编排的多个应用的使用，运行不同的操作系统
Docker 容器	轻量型容器，创建和运行的成本低，安全性好，在一个孤立的环境中执行	适用于编排条件下多个副本的相同应用的扩展，在云中保存操作花费

例如，一个容器在启动后需要花费 500ms 来准备应用程序，而虚拟机管理程序花费的时间大致为 20s，具体时间与操作系统相关。在一般情况下，人们可以得出结论，该轻量级容器适用于云编排的多个可拓展副本。例如，容器倾向于运行单个应用的多个副本，如 MySQL。虚拟机管理程序往往更适用于具有重型任务的限制云编排需求的应用。如果你想灵活地运行多个应用程序，虚拟机是一个不错的选择。

例 2.4   在隔离执行环境中 Docker 容器创建应用程序的过程

在图 2-10 中，我们展示了 Docker 容器的创建过程框图。客户使用 Docker 软件提交请求。守护进程是使用 Docker 服务器和引擎建立的后端单元。守护进程接受并处理客户端请求，管理所有 Docker 容器，服务器使用 Docker 引擎处理 HTTP 请求。Docker 引擎是所有 Docker 操作的核心，它同时处理多个任务的请求。注册表用于存储容器的图像。图 2-10 展示了在隔离执行环境中创建和管理 Docker 容器的 Docker 引擎框图。

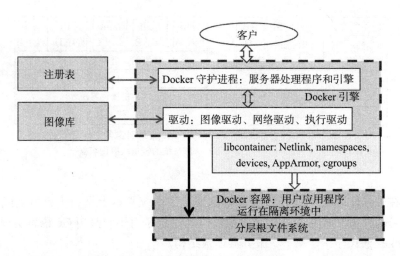

图 2-10   在隔离环境中创建和管理 Docker 容器的 Docker 引擎框图

守护进程和 Docker 引擎中的三个驱动进行交互,驱动程序控制容器执行环境的创建,图像驱动是一个容器图像管理器,它与下部框创建的容器相关联的分层根文件通信。网络驱动完成容器的部署。执行驱动负责通过 libcontainer 中的 namespaces 和 cgroups 驱动容器执行,并作为控制所有创建的容器的基础。

最后,该容器在下部框创建。Docker 使用守护进程作为管理器,libcontainer 作为产生容器的执行者。在隔离的运行环境中,容器和虚拟机在功能方面十分相似。在这个过程中,Docker 容器的创建只花费了很少的成本和最少的内存且具备了一个安全隔离性极好的内核。

2.3   云架构和虚拟资源管理

在本节中,我们首先研究面向服务的架构(SOA),用来构建公共云、私有云和混合云。之后,为了搭建在云服务中使用的虚拟集群,我们研究虚拟机和容器中用到的管理问题。为此,我们提出了三个最流行的云架构,即 AWS 云、OpenStack 和 VMware 系统。

2.3.1   三种云平台架构

今天的大多数云都遵循 SOA 准则。通常来说,云架构可以用两层资源来描述。下层是静态的基础设施、系统边界和与外部世界交互的用户界面。上层是由动态资源形成的,比如云操作系统或者控制中心管理下的容器或虚拟机。在表 2-9 中,我们比较了三种用来建立不同类型云的 SOA。AWS 云代表最流行的公共云。OpenStack 用于小企业和保护社区的私有云建设。商业 VMware 软件包用来构建企业和大型组织使用的混合云。

SOA 架构在许多方面都和传统的计算机体系结构存在差异。传统的计算机系统中的组件是紧密耦合的,这限制了应用程序的灵活性,使其难以维护系统。在 2000 年年初,IBM、HP 和微软等公司提出了 SOA 的概念。SOA 的一项关键特性就是系统服务块使用松散耦合连接,服务接口的设计是为了连接不同的服务模块,这将释放系统的耦合效应,使之具有更高的可扩展性,同时增长和维护也更加模块化。这正是一个云系统应该有的性能。亚马逊的首席执行官 Bezzop 将 SOA 思想运用于 AWS 的云计算发展中,这在所有公共云中已经被证明是成功的。

表 2-9　三种云平台架构的比较

云系统特征	亚马逊云服务 (AWS)：公共云	OpenStack 系统：私有云	VMware 系统：混合云
服务模型	IaaS，PaaS	IaaS	IaaS，PaaS
开发者 / 提供商与设计者	Amazon	Rackspace/NASA，Apache	VMware
架构包和规模	数据中心作为可用区域分布在全球各个区域	小型云系统，由 Apache 提供	私有云和公共云交互
云操作系统 / 软件支持	支持 Linux 和 Windows 机器实例，具有自动缩放和计费功能	开源，在 Aucalyptus 和 OpenNebula 的基础上开发而来	vSphere 和 vCenter，支持具有 NSX 和 vSAN 的 x86 服务器
用户频谱	公众、企业和个人用户	研究中心或小型组织	企业和大型组织

AWS 云是使用全球性的基础设施建立的，由许多位于世界不同地区的数据中心组成。例如，AWS 核心 EC2（Elastic Compute Cloud，弹性计算云）有九个分布于全世界的区域站点。在每个地区，他们将数据中心进行分组，分为 AZ（Availability Zone，可用区）。每个 AZ 都至少有 3 个数据中心，每个数据中心相距 50 公里。多数据中心的方法大大提高了 AWS 云的性能、可靠性和容错性，数量庞大的边缘数据中心可以被添加到 AWS 云操作中。AWS 云在计算和存储方面也开始提供 IaaS 服务，现在的服务已经延伸至 PaaS 层。

PaaS 服务是为了支持大数据、数据库和数据分析的操作。AWS 服务模块大量建成 IaaS 和 PaaS 平台。这些服务的细节将在 2.4.2 节中进行介绍，特殊的服务接口用于提供服务模块之间的通信功能。Microsoft Azure 和 Google 云也支持 IaaS+PaaS 组合服务。图 2-11 显示了协调整个云平台的监控、安全、计费和使用的第三方软件。在接下来的 2.4 节我们将进一步研究 AWS 云的组成。

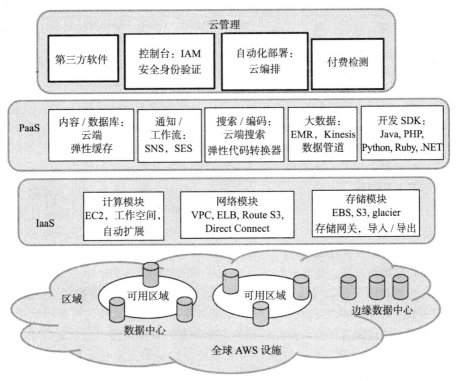

图 2-11　AWS 公共云

2.3.2　虚拟机管理和灾难恢复

云基础设施管理包括一系列内容，首先，我们考虑从独立服务中抽取的虚拟机管理，然后考虑怎样执行第三方应用。

独立服务管理。独立的服务请求设施可以执行多种无关的任务。一般来说，管理软件会提供相应的 Web 服务，开发人员可以方便地使用这些服务。在 AWS EC2 中，通过搭建 SQS（简单队列服务）来为不同提供商提供可靠通信服务。通过使用独立的服务提供商，云应用程序可以同时运行不同的服务。

运行第三方应用。云平台经常被用来执行第三方应用。由于当前的 Web 应用程序通常使用 Web 2.0 的格式，因此编程接口与运行时库中使用的程序接口不同。API 的角色相当于服务器。构建第三方应用程序的程序员使用 Web 服务应用程序引擎，Web 浏览器是最终的用户接口。

硬件虚拟化。在云系统中，虚拟机管理程序通常用于虚拟化硬件资源以创建虚拟机。系统级虚拟化要求一种特殊的软件来模拟硬件的执行，甚至运行在未经修改的操作系统中。虚拟化的服务器、存储和网络结合在一起，产生云计算平台。云开发和部署环境应该是一致的，以消除运行时产生的问题。表 2-10 列出了计算、存储和网络云中的一些虚拟化资源。虚拟机安装在一个云计算平台中，主要用于托管第三方应用。虚拟机为用户提供了灵活的运行时服务，使用户不必考虑系统环境。

表 2-10　计算、存储和网络云中的一些虚拟化资源

提供商	Amazon Web Services (AWS)	Microsoft Azure	Google Compute Engine (GCE)
虚拟集群提供的计算云资源	x86 server、Xen VM 和资源弹性，通过虚拟集群体现了可扩展性	虚拟机由声明性说明提供	使用 Python 编写的处理程序拥有自动缩放和服务器故障切换功能
虚拟存储中的存储云	EBS 和 S3，可完成自动扩展	SQL 数据服务，Azure 存储服务	MegaStore 和 BigTable 用于分布式文件管理
网络云服务	声明式拓扑，安全组，可用性区域隔离网络故障	用户的声明性描述或应用程序组成部件	固定拓扑结构适应三层网络应用结构，可以完成自动扩展和升级功能

在虚拟机中，相对于传统的计算机系统而言，高度的应用灵活性往往是虚拟机的一个优势。在虚拟机资源被很多用户共享的情况下，我们需要一种方法来最大化用户的特权，并使经过授权的虚拟机维持在一个隔离的执行环境中。传统的集群共享资源在运行前通常被设置为静态的。这种共享方式是不灵活的。用户无法自定义系统的交互应用程序，操作系统往往是软件可移植性上的障碍。虚拟化允许用户有充分的特权，同时保持他们的资源与控制权完全分离。在这个意义上，Docker 容器比使用虚拟机管理程序创建的虚拟机具有更好的独立性。在云系统中使用虚拟化技术可以实现高可用性、灾难恢复、动态负载均衡、灵活的资源配置以及提供可扩展的计算环境。

灾难恢复的虚拟机克隆。虚拟机技术需要先进的灾难恢复计划。第一个方案是由一个物理机恢复另一个物理机，第二个方案是通过一台虚拟机恢复另一台虚拟机。从图 2-12 的时间轴上可以看到，传统的从物理机到物理机的灾难恢复是相当缓慢、复杂和昂贵的。总的恢复时间主要源于硬件配置、安装和配置操作系统、安装备份代理以及重新启动物理机的时间。要恢复虚拟机平台，就需要消除操作系统和备份代理的安装和配置时间，这大约占用 40% 的恢复系统的时间。

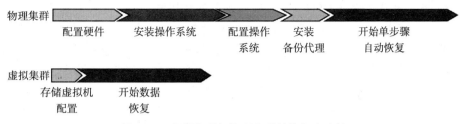

图 2-12　虚拟集群与物理集群的恢复力比较

　　虚拟机的克隆提供了一种有效的解决方案。这个想法是针对本地服务器上运行的每一个虚拟机都在远程服务器上复制一个克隆虚拟机。所有的克隆虚拟机中，只要求一个虚拟机有活性。远程虚拟机应该处于暂停模式。在原始虚拟机失败的情况下，云控制中心应该能够激活这个克隆虚拟机。利用虚拟机的快照功能，以最小时间启用实时迁移，迁移的虚拟机运行在一个共享的互联网连接上。只有更新过的数据和最新的状态能够被发送到暂停的虚拟机来更新其状态。在虚拟机的实时迁移过程中应该保证 VMS 的安全。

　　实时 VM 迁移步骤。在由主机和客户机系统的混合节点构建的集群中，当虚拟机出现故障时，如果它们都在相同的客户操作系统上运行，那么故障的虚拟机可以由不同节点上的 VM 替换。换句话说，一个物理节点可以将故障转移到虚拟机的主机上。这和传统物理集群上物理机到物理机的故障不同。它的优点是提高了故障切换的灵活性，潜在的缺点是 VM 必须停止失败的主机节点以进行恢复工作。不过，这个问题可以使用实时 VM 迁移来解决。图 2-13 显示了 VM 从主机 A 到主机 B 的实时迁移过程。这个迁移是通过从主机的存储区复制 VM 状态文件实现的。

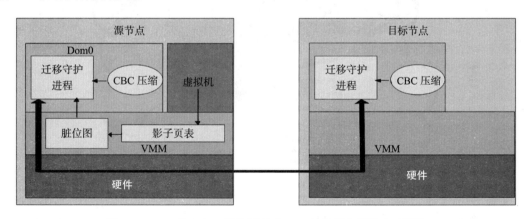

图 2-13　VM 从 Dom0 迁移到具有 Xen 的目标主机的实时迁移

例 2.5　**在两个具有 Xen 功能的主机之间的虚拟机的实时迁移**

　　Xen 支持实时迁移。允许 VM 从一个物理机转到另一个物理机对虚拟化平台来说是一种有效的特性，自然扩展且只需花费 VM 主机服务少量的停工时间。实时迁移在运行时通过网络来传送虚拟机的工作状态和内存。Xen 通过一种特殊的机制来支持 VM 迁移：远程直接内存访问（RDMA）。

　　它通过避免 TCP / IP 协议栈的处理开销而加速了 VM 迁移。RDMA 实现了一种不同的传输协议，该协议规定在转换操作减少到"单面"接口之前原始和目的 VM 缓冲器必须被注册。RDMA 数据通信不涉及 CPU、高速缓存或上下文切换。这让迁移对客户操作系统和主机应用的影响降至最小。图 2-13 显示了 VM 迁移的压缩算法的设计。

迁移进程负责执行虚拟机的迁移，VMM 层的影子页表在预拷贝阶段跟踪迁移虚拟机中内存页的改动。在脏位图中设置相应的标志。在每一轮预拷贝的开始阶段，位图发送到迁移进程中。然后位图被清除，影子页表被销毁，并在下一轮中重新创建。系统驻留在 Xen 的管理虚拟机上。位图所标记的内存页在发送到目的地之前会进行提取和压缩。

2.3.3 创建私有云的 Eucalyptus 和 OpenStack

在将服务集群或者数据中心转换至私有云的技术领域中，加州大学圣芭芭拉分校研发的 Eucalyptus 是比较领先的。Eucalyptus 是一个在大型服务器集群上建立云的开源软件，稳定版本发布于 2010 年，并提供给公众。OpenStack 是 Eucalyptus 的扩展，支持更多软件。让我们先看看 Eucalyptus 的功能。

例 2.6　Eucalyptus 私有云的虚拟网络

图 2-14 表示支持 IaaS 云的开源软件系统，该系统主要支持虚拟网络和虚拟机的管理，但是不支持虚拟存储器。它广泛应用于构建私有云的场景中，可以通过以太网或因特网与最终用户进行交互。该系统还支持与其他私有云或互联网公共云的交互。但是该系统缺乏用于通用网格或云应用的安全性和部分功能。

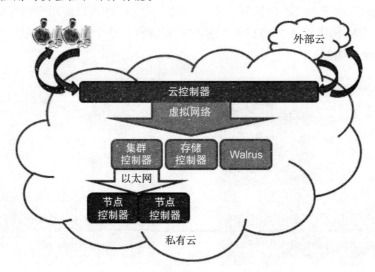

图 2-14　构建私有云的 Eucalyptus

设计师声称，Eucalyptus 代表"将你的程序连接到有效系统的弹性效用计算架构"。在功能方面，Eucalyptus 类似于 AWS 的 API。因此它与 EC2 互相影响。它提供了一个仿效 Amazon S3 API 用于存储用户数据和虚拟机镜像的存储 API。Eucalyptus 安装在基于 Linux 的平台上，它与 SOAP、REST 和 Query 服务的 EC2 和 S3 兼容，CLI 和 Web 门户服务也可以应用到 Eucalyptus 中。

表 2-11 列出了一些用于构建 IaaS 平台的开源软件包。Cloud Foundry 和 ApplScale 也支持 PaaS 云，只有 vSphere 4 是一个 VMware 专有的云 OS。大多数软件包可以在 Linux 主机上创建虚拟机。几乎所有的软件包都和 AWS 提供的 EC2 和 S3 服务兼容，它们共同使用了

Xen 和 KVM 技术。VMware 的虚拟机管理程序在 Eucalyptus、Cloud Foundry、ApplScale 和 vSphere 4 中使用。其中，我们选择 OpenStack 软件来评估云构建软件的能力。

表 2-11　开源集群管理软件系统

软件	云类型，许可	使用语言	Linux/ Windows	EC2/S3 兼容性	Xen/KVM/ VMware
Encalyptus	IaaS，Rackspace	Java，C	是 / 是	是 / 是	是 / 是 / 是
Nimbus	IaaS，Apache	Java，Python	未知	是 / 否	是 / 是 / 未知
Cloud Foundry	PaaS，Apache	Ruby，C	是 / 否	是 / 否	是 / 是 / 是
OpenStack	IaaS，Apache	Python	是 / 未知	是 / 是	是 / 是 / 未知
OpenNebua	IaaS，Apache	C，C++，Ruby，Java，lex，yacc，Shellscript	是 / 未知	是 / 未知	是 / 是 / 未知
ApplScale	PaaS，BSD	Python，Ruby，Go	未知	是 / 是	是 / 是 / 是
vSphere 4	PaaS，IaaS，SaaS，Proprietary VMware OS	G，Java，Python	是 / 是	是 / 是	是 / 是 / 是

OpenStack 于 2010 年 7 月由 Rackspace 和 NASA 提出。最终的目标是创建一个可扩展和安全的大规模云软件库。至今为止，超过 200 家企业加入了 OpenStack 项目。该项目提供免费的开源软件许可证，OpenStack 云软件是使用 Python 语言编写的，系统每六个月更新一个。

OpenStack 计算（Nova）。这是 OpenStack 计算模块。Nova 是系统的控制模块，通过创建和管理大型虚拟服务器集群来设置任何 IaaS 云的内部结构。该系统采用 KVM、Xen、VMware、Hyper-V、Linux 容器 LXC 和电脑裸机 HPC 配置，因此大多数 Nova 的交流是通过消息队列改进的。为了避免一些组件要等待其他地方的应答，当一个消息被接收时，引入延迟对象以便启用回调。AMQP 提供了这样的一个高级消息队列协议，云控制器采用 HTTP 协议和 AMQP 协议与其他 Nova 节点或 AWS S3 互动。

Nova 是使用 Python 实现的，同时利用一些外部支持的库和组件。这包括 Boto 和 Tornado，Boto 是 Python 提供的一个 Amazon 的 API，Tornado 是一个在 OpenStack 中用来实现 S3 功能的快速 HTTP 服务器。API 服务器接收来自 Boto 的 HTTP 请求，并将命令转换成 API 格式，而请求转发至云控制器。云控制器用于保证系统的全局状态稳定，当通过 LDAP 时与用户管理器交互以保证授权。Nova 系统与 S3 服务交互，用来管理参与的节点并存储节点信息。此外，Nova 集成网络组件用于管理专用网络、公共 IP 地址、VPN 连接和防火墙等规则。

OpenStack 存储（Swift）。这是一个遍布大型数据中心服务器的多个磁盘上的可扩展的冗余存储系统。Swift 的解决办法是建立许多交互的组件，包括一个代理服务器、环、对象服务器、容器服务器、账户服务器、响应器、更新程序和审计装置。代理服务器能查找到快速存储环中的账户、容器或对象的位置，并对请求进行路由。因此，任何对象都通过代理服务器流至对象服务器上或从对象服务器流出。

环表示存储在磁盘上的实体的名称和它们的物理位置之间的映射。不同的账户、容器和对象都创建了各自的环。对象以存储在文件的扩展属性中的元数据存储为二进制文件。这需要底层的文件系统选择对象服务器的支持，但往往不符合标准的 Linux 安装。为了列出对象，需要使用一个容器服务器，容器列表由账户服务器处理。冗余（容错）是通过分布式磁盘数据复制实现的。

其他 OpenStack 功能模块。块存储（Cinder）提供持久块级的存储设备，OpenStack 用它来计算 Dashboard 管理的计算案例。网络（Neutron）提供一种系统，用于管理云部署中的网络和 IP 地址，并为用户提供网络配置自助服务能力。Dashboard（Horizon）给管理员和用户提供了图形接口，用来访问、配置和使基于云的资源自动化。身份服务（Keystone）提供映射到 OpenStack 服务的用户的中央目录。它作为整个云操作系统共同的认证系统，可以和现有的后端目录（如 LDAP）集成。

2.3.4　Docker 容器调度和业务流程

如果 Docker 用户想在多个主机之间扩展大量容器，这就对集群主机提出了管理上的挑战。这需要使用 Docker 调度和协调的工具。OpenStack Magum 是一种容器工具，可以帮助管理 Docker 容器，获得可扩展的性能。业务流程是涉及容器调度、集群管理以及其他主机配置的一个广义的概念。

容器调度。Docker 容器需要被及时加载到主机以满足服务需求。调度是指 Docker 管理员将服务文件加载到主机上，以建立运行特定容器的规则。需要集群管理来控制一组主机，这包括从集群添加或移除主机。集群管理器必须首先获得关于主机及其装载容器当前状态的信息，容器调度程序必须能够访问集群中的每一台主机。主机的选择是容器调度的一个大问题，这个选择过程应该尽可能自动化，容器功能和主机工作量需要与集群中的负载平衡一致。

容器业务流程工具。集群管理软件是为了支持容器调度功能，如 OpenStack。高级调度需要容器满足分组和优化功能。管理员必须管理容器组为单一的应用程序。分组容器可以要求启动和停止时间同步。另一个问题是主机配置，这是指将一个新的主机及时且顺利地加入现有集群中。六款热门容器调度和集群管理的工具总结在表 2-12 中。Swarm 和 compose 由 Docker 团队开发，Kubernetes 由 Google 开发，用于标记、分组和设置容器组。

表 2-12　主机配置和容器调度的工具

工具名	简介
fleet	负责 CoreOS 的调度和集群管理
marathon	负责服务管理和中间件的安装
Swarm	Docker 的强大功能允许在配置的主机上调度容器
mesos	Apache mesos 提供抽象和管理集群中所有主机资源的功能
Kubernetes	可以在云基础设施上运行容器
compose	Docker 的容器允许对容器进行组织管理

OpenStack 的业务流程（Magnum）。这是由 OpenStack 容器团队开发的一个 OpenStack 的 API 服务，目的是使容器业务流程引擎（如 Docker 和 Kubernetes）可以作为第一级资源用于 OpenStack。例 2.7 说明了 Magnum 在容器业务流程中的使用。Magnum 采用 Docker Heat 来规划操作系统图像，其中包含 Docker 和 Kubernete，Magnum 在虚拟机或者集群配置的裸机上运行图像。

更多细节可以在 https://github.com/stackforge/magnum/release/tag/2015.1.0b2 找到。OpenStack 容器的综述详见 http://eavesdrop.openstack.org/irclogs/%23openstack-containers/。

例 2.7　用于容器调度和业务流程的 OpenStack Magnum

Magnum 是一个仍处于开发阶段的 OpenStack 项目。Magnum 的体系结构如图 2-15

所示。Magnum 提供 API，以便管理应用程序容器，它和 Nova 机器实例有很大的不同。Magnum API 是一个异步收费接口，与多租户实现的 keystone 软件兼容。它依赖于 OpenStack 的业务流程，并同时使用 Kubernetes 和 Docker 作为组件。

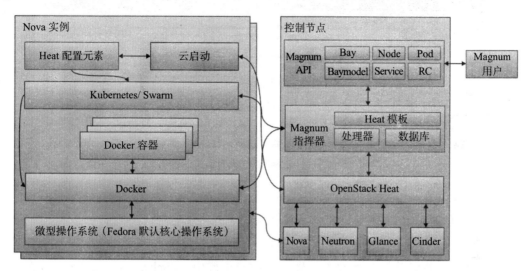

图 2-15　使用 OpenStack Magnum 在多个 Nova 实例中部署容器集群的 Docker 容器业务流程

Magnum 是专为 OpenStack 云运营商的使用而设计的。其目的是提供自助服务解决方案，提供容器给云用户作为管理托管服务。Magnum 期望创建应用容器，以在有 Nova 实例、Cinder 卷和 Trove 数据库的情况下运行。其主要的创新是扩展应用到一定数量的实例，以使该应用程序在出现故障的情况下自动重新生成一个实例，比起使用重载的 VM，将应用程序打包在一起更为有效。

多个 Nova 实例被使用，其中 Docker Heat、Kubernetes/Swarm、OpenStack Heat 和 Micro OS（Fedora Atomic，Core OS）作为组件使用。Docker Heat 不提供资源调度。对于 Docker 来说，使用 Glance 来存储容器图像是区别于其他项目的特点。分层图像由 Heat 支持，是 Magnum 中的主要元件。控制节点是 Magnum API，指挥器和 OpenStack Heat 用来控制云启动，Kubernetes/Swarm 和 Nova 实例中的 Docker 以协调的方式协同作用。

最后，值得一提的是，OpenStack 的 Magnum 试图加强多租户操作的安全性。资源（如容器、服务、Pod 和由 Magnum 开始的 Bay）只允许被拥有它的用户查看和访问。这是一个关键的安全功能，属于同一个租户的容器在相同的 Pod 和 Bay 情况下可以打包在一起，但在不同租户使用的独立 Nova 实例中运行独立的内核，使用 Magnum 提供与运行虚拟机的 Nova 相同的安全隔离级别。

2.3.5　建立混合云的 VMware 云操作系统

VMware 是第一家支持 x86 服务器虚拟化的公司，VMware 产品在企业云或混合云市场占有 80% 的份额，其云操作系统产品包括 vSphere 内核和 vCenter 接口。图 2-16 显示了支持混合结构的 VMware vRealize 管理平台。虚拟环境支持具有计算目的的 vSphere、用于 SDN（服务器域名）的 NSX 和用于分布式存储应用的 vSAN。这些虚拟环境管理业务子系统、自动化子系统、操作子系统和混合云子系统的可扩展性。大多数服务模块是建立在这些子系统内的。主要目的是构建基于 vSphere 或者 vCenter 的私有云。

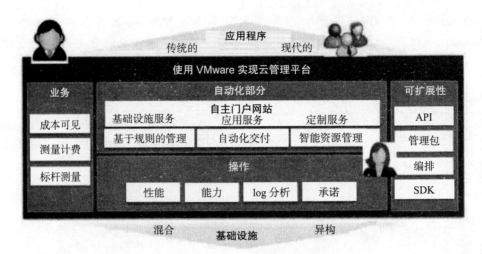

图 2-16 VMware 云平台架构。vSphere、NSX 和 vSAN 分别用于计算、SDN 和分布式存储。
这些 VMware 包可以和一些公共云联系在一起构成混合云

在下文中，我们将介绍由 VMware 发布的专有操作系统 vSphere 4 的功能。该操作系统用于创建 VM 并将其作为弹性资源聚合到虚拟集群中。vSphere 4 使用 VMware 的管理程序 ESX 和 ESXi。此外，vSphere 4 支持虚拟存储但不包括虚拟网络和保护数据。专有的 vSphere 与开源的 Eucalyptus 在表 2-13 中进行了比较。Eucalyptus 支持 Xen 和 KVM 虚拟化，主要是虚拟机或容器的虚拟网络。

表 2-13 用于云资源管理的 Eucalyptus 和 vSphere

操作系统平台	资源来源	用户 API	管理程序	云接口	特征
Eucalyptus，Linux，BSD	虚拟网络，http://www.eucalyptus.com/	EC2 WS，CLI	Xen，KVM	EC2	层次控制虚拟集群
vSphere 4，Linux，Window	数据中心虚拟化操作系统，http://www.vmware.com/products /vsphere/	CLI，GUI，Portal，WS	VMware ESX，ESXi	VMware vCloud partners	数据保护，虚拟存储，VMFS，DRM，高可用性

例 2.8 VMware vSphere 4：一个用于混合云的商业云操作系统

2009 年 4 月，VMware 开发并发布了 vSphere 4——一种硬件和软件生态系统。vSphere 扩展了早期的 VMware 虚拟化软件产品，也叫作工作站虚拟化，用于服务器虚拟化 ESX 和服务集群的虚拟基础设施。该系统通过一个接口层和用户的应用程序进行交互，这个应用程序被称为 vCenter，由 VMware 管理。vSphere 的主要应用是提供虚拟化支持和建立企业云数据中心的资源管理。VMware 声称，该系统是能够支持通用云服务的可用性、安全性和可扩展性的第一云操作系统。

vSphere 4 由两个功能软件套件组成：硬件上的基础设施服务与面向用户应用的应用服务。该套件主要用于虚拟化的目的，包括三个组件包：ESX 支持的 vCompute，ESX1，VMware 的 DRS 虚拟化库。vStorage 由 VMS 和自动精简配置库支持，vNetwork 提供分布式交换和联网功能。这些包与数据中心的硬件服务器、磁盘和网络进行交互。这些基础设施服务也与其他外部云通信。

应用程序服务也分成三组，即可用性、安全性和可扩展性。可用性支持包括 VMotion、

Storage VMotion、HA（高可用性）、容错性以及来自 VMware 的数据恢复。安全包支持 vShield Zones 与 VMsafe。可扩展性包使用 DRS 和 Hot Add 建立。有兴趣的读者可以参考 vSphere 4 网站来获得这些组件功能的更多细节。为了充分理解 vSphere 4 的使用，用户还必须学会使用 vCenter 界面，以便与现有应用程序连接或开发新的应用。

2.4　IaaS、PaaS 和 SaaS 云的案例研究

云计算提供基础设施、平台和软件（应用程序）的服务，这是一种基于订阅的服务，对于用户是一个随付随用的模型。IaaS、PaaS 和 SaaS 模型是基于云计算解决方法形成的三个支柱，然后交付给最终用户。这三种模式都允许用户通过互联网访问服务，同时完全依赖云服务提供商的基础设施。

这些模型基于的是提供者和使用者之间的各种服务级别协议（SLA）。从广义上来说，在服务可用性性能以及数据保护和安全性方面，用于云计算的 SLA 被提出。SaaS 是通过特殊的接口连接在应用端而供用户或客户使用的。在 PaaS 层，云平台必须执行计费服务、作业排队和监控服务。在 IaaS 服务的底层，数据库、计算实例、文件系统和存储必须经过配置以满足用户的需求。

IaaS 云允许用户使用虚拟化的 IT 资源，用于计算、存储和网络化功能。简而言之，该服务是由租用的云基础设施实施的。用户可以在自己所选择的操作系统环境中部署和运行应用程序。用户并不管理或控制底层的云基础设施，但是可以控制操作系统、存储、已部署的应用程序和可以选择的网络组件。该 IaaS 模型涵盖存储服务、计算实例服务和通信服务。一些代表性的 IaaS 提供商列于表 2-14。

表 2-14　IaaS 云及其基础设施和提供的服务

云名称	虚拟机实例配置	API 和使用工具
Amazon EC2	每个实例拥有 1 ～ 20 个 EC2 处理器、1.7 ～ 15 GB 内存和 160 TB 磁盘	CLI，Web Service (WS) portal
GoGrid	每个实例拥有 1 ～ 6 个 CPU、0.5 ～ 8 GB 内存和 30 ～ 480 GB 磁盘	REST，Java，PHP，Python，Ruby
Rackspace Cloud	每个实例拥有 4 核 CPU、0.25 ～ 16 GB 内存和 10 ～ 620 GB 磁盘	REST，Python，PHP，Java，C#，.NET
Flexiscale in UK	每个实例拥有 1 ～ 4 个 CPU、0.5 ～ 16 GB 内存和 20 ～ 270 GB 磁盘	Web console

2.4.1　基于分布式数据中心的 AWS 云

图 2-11 向我们展示了 AWS 的云架构，AWS 为用户提供非常高的灵活性来执行自己的应用（虚拟机）。弹性负载平衡自动在多个 Amazon EC2 实例上分配传入的应用程序流量，并允许用户拒绝非工作节点来平衡功能图像上的加载。自动缩放和弹性负载平衡是由 CloudWatch 实现的。CloudWatch 是一个 Web 服务，从 Amazon EC2 开始，提供对 AWS 云资源的监测。它为客户提供可视化的资源利用率、运行性能和整体需求模式，包括各项指标，如 CPU 利用率、磁盘读写和网络流量。

亚马逊提供带通信接口的关系数据库服务 RDS，该弹性 MapReduce 功能等同于运行在基础 EC2 上的 Hadoop。AWS 导入 / 导出允许通过物理磁盘从 EC2 运送大量数据，众所周知，这是地理距离系统之间的最高带宽连接。CloudFront 实现内容分发网络。

AmazonDevPay 是一个简单易用的在线计费和账户管理服务。

灵活支付服务（FPS）为开发者提供了一个 AWS 的商业系统，通过便捷的方式来向 Amazon 的客户收费。客户可以使用与亚马逊相同的登录凭据、送货地址和付款信息进行支付。实现 Web 服务允许商家通过一个简单的 Web 服务访问亚马逊云，在下一节中会讨论更多关于 AWS 相关的服务。

例 2.9 用于 IaaS 的 AWS 弹性云计算平台（EC2）

弹性云计算平台（EC2）的结构如图 2-17 所示。EC2 支持多种云服务。Amazon Machine Images（AMI）提供模板来创建各种类型的机器实例。公共 AMI 可以被任何用户自由使用，私有的 AMI 只为拥有者唯一创建和使用，付费 AMI 可在用户和拥有者之间共享。这些 AMI 启动循环显示在虚拟层，安全性是通过访问防火墙保证的。

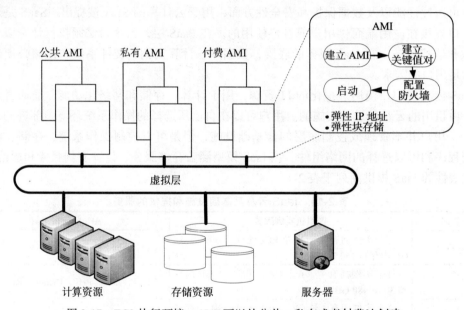

图 2-17   EC2 执行环境，AMI 可以从公共、私有或者付费池创建

EC2 中支持实例之间的自动缩放和负载平衡。配置在 EC2 集群中的机器实例根据用户的需求进行选择，集群配置应与预期的工作负载相匹配。自动缩放允许用户根据一定的阈值条件自动扩展 EC2 的大小。一个集群中 EC2 实例的数量是由工作量需求驱动的，自动缩放特别适合工作负载变化频繁的应用程序，缩放技术是由 AmazonCloudWatch 自动触发的，不存在额外收费。

2.4.2   AWS 云服务产品

以下给出三个表，总结了在三个主要服务领域中 AWS 提供的产品。表 2-15 强调计算、存储和数据库网络服务（IaaS）。表 2-16 详述了由 AWS 云提供的应用程序、移动和分析服务，它们接近 SaaS 提供的产品。表 2-17 总结了 AWS 云提供的政府、企业、安全和部署服务，它们是相关的 PaaS 产品，在服务提供方面，AWS 已经不再只是一个纯粹的 IaaS 云。

表 2-15　AWS 云中的计算、存储、数据库和网络服务

种类	提供商	服务模块简介
计算资源	EC2	AWS 云中的虚拟服务器
	Lambda	响应事件代码
	EC2 Container Service	运行和管理 Docker 容器
存储资源和内容分发	S3	AWS 云中的可扩展存储
	Elastic File System	EC2 的完全管理文件系统
	Storage Gateway	将本地 IT 设施与云存储集成
	Glacier	在 AWS 云端存档
	CloudFront	全球内容传送网络
数据库	RDS	MySQL、Postgres、Oracle、SQL server
	DynamicDB	可预测和可扩展的 NoSQL 数据存储
	ElastiCache	内存缓存
	Redshift	PB 级管理仓储服务
网络资源	VPC	虚拟私有云作为隔离的云资源
	Direct Connect	专用网络连接到 AWS
	Route S3	可扩展的 DNS 和域名注册

表 2-16　AWS 云中的应用、移动和分析服务

种类	提供商	服务模块简介
应用服务	SQS	消息队列服务
	SWF	用于协调应用程序组件的工作流服务
	AppStream	低延迟应用流
	弹性转码器	易于使用的可扩展媒体转码
	SES	电子邮件收发服务
	CloudSearch	搜索管理服务
	API 网关	构建、部署和管理 API
移动服务	Cognito	用户身份和应用数据同步
	Device Farm	在云端设备上测试 Android、Fire OS 和 iOS 应用
	移动分析	收集、验证和导出应用程序分析
	SNS	简单的推送通知服务
分析服务	EMR	管理弹性 Hadoop（MapReduce）框架
	Kinesis	实时处理流数据
	数据管道	用于数据驱动工作流程的编排
	机器学习	构建机器学习预测解决方案

表 2-17　AWS 云中的管理、安全、企业和部署服务

种类	提供商	服务模块简介
管理与安全	目录服务	AWS 云中的托管目录
	身份 / 访问管理器	访问控制和密钥管理
	Trusted Advisor	AWS 云优化模块
	Cloud Trail	追踪用户使用记录
	Configuration	负责资源配置和库存
	CloudWatch	管理资源和应用程序
	Service Catalog	AWS 资源的个性化目录

（续）

种类	提供商	服务模块简介
企业应用	Workplaces	AWS 云端的台式机
	WorkDocs（新）	安全的企业存储和共享服务
	WorkMail	安全的电子邮件和日历服务
部署与管理	Elastic Beanstalk	AWS 应用程序容器
	OpsWorks	DevOps 应用管理服务
	CloudFormation	模拟 AWS 资源创建
	CodeEeploy	自动代码部署
	CodeCommit	管理 Git 存储库
	Code Pipeline	连续交付代码

到目前为止，EC2 和 S3 是 AWS 提供的最受欢迎的 IaaS 服务。许多其他的 IaaS 云（不论私有的或公共的）也试图使他们的云系统与 EC2 和 S3 兼容。RDS 服务支持相关的 SQL 服务，动态 DB 支持在非结构化大数据上的 NoSQL 操作，网络服务支持网络资源的虚拟集群。

例 2.10 **面向块数据操作的 AWS S3 架构**

Amazon S3 提供简单的存储服务，可以在任何时间从网上的任何地方存储和检索任意数量的数据。S3 为用户提供面向对象的存储服务。用户可以通过任何浏览器使用 SOAP 协议访问他们的对象。图 2-18 显示了 S3 的执行环境，S3 的基本操作单元是一个对象。每个对象都存储在一个存放大量对象的容器中，并通过一个独特的开发人员分配的密钥检索到。

S3 提供认证机制，以确保未经授权的访问数据是安全的。对象可以是私有的或公共的，同时它还可以授予特定的用户权限。默认的下载协议使用 HTTP 协议。在同一区域内，Amazon EC2 和

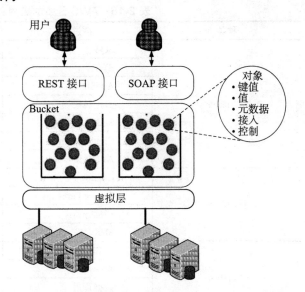

图 2-18 持有无限数量数据对象的 Amazon S3 存储服务

S3 之间没有数据传输收费。使用 S3 的步骤是：（1）在对象所在区域中创建一个容器，以优化延迟、降低成本且满足监管要求；（2）上传对象到容器中，数据则由 AmazonSLA 支持；（3）访问控制是可选的，可以授予其他人从世界上任何地方访问数据的权限。

表 2-16 列出了 AWS 提供的 15 项面向应用的服务。除了那些用户可以请求定制他们自己的服务集群来运行这些应用程序的服务，其中很多都是 SaaS 类服务。应用服务包括消息队列、实时流媒体、电子邮件发送、搜索、同步、移动和分析工作流业务流程的操作，这些都是这几年 AWS 云最新加入的功能。移动服务帮助用户实现移动数据与租用 S3 存储数据的同步，同时它还提供对这些数据的决策和响应的移动分析功能，SNS 服务主要负责处理手机和 S3 服务之间的推送通知服务。

AWS 平台支持许多较小型客户和大型企业建立自己的专用云运行他们的业务，以便从大量的互联网用户中获取利益。一个很好的例子是 DropBox，在建立他们自己的数据中心存储之前很长的一段时间，它都是使用 S3 为用户提供备份数据存储操作。分析服务是最近加入的。他们采用使用 Hadoop 或 Spark 的 EMR，除此以外还提供了实时流媒体业务流程和支持的容器。

Amazon 机器学习。Amazon 机器学习（ML）提供了一种允许数据科学家使用机器学习技术的服务。Amazon ML 提供可视化工具和向导，引导用户创建预测模型。这可以让开发者们从学习复杂的 ML 算法和软件工具中解脱出来。Amazon ML 使得预测的获得变得容易，通过使用简单的 API，用户不必实现自定义预测生成代码或管理任何基础设施。

Amazon ML 是 Amazon 使用多年的基于高度可扩展的技术。该服务通过发现用户训练数据库中的模式，采用强大的算法来创建 ML 模型。用户采用基于大数据集的预测模型产生预测结果。AWS 声称，这些服务每天可以产生数十亿的预测。这些预测具有实时和高吞吐量的特性。在 Amazon 中，大数据分析规避了前期的硬件或软件投资，用户只需简单的支付，就可以开始使用，并且在应用程序工作流增加时进行相应的扩展。

下面列出的是 AWS 提供的一些预测分析服务：欺诈检测、客户流失预测、内容的个性化营销活动、用于市场活动的个性化建模、文档分类和客户支持的自动化解决方案推荐。有兴趣的读者可以访问他们的网站获取更多细节：https://aws.amazon.com/machinbe-learng/。

在表 2-17 中，列举了 AWS 平台上有关于管理、安全、部署和企业运营的 16 个服务。这些特征对使用 AWS 平台作为商务平台的公司具有特别的吸引力。一大批大型或小型企业租用私有虚拟云，用于商业交易、市场分析和账单管理中的特殊用途。其他较小型或短暂使用云的公司则根据需要动态地租用 EC2。

2.4.3 PaaS：谷歌 AppEngine 及其他

开发、部署和管理使用配置资源的应用程序的执行需要云平台及其所需要的软件环境。这样的云平台包括操作系统和运行时库支持。这引发了 PaaS 模式的创新，让用户能够开发和部署自己的用户应用程序。表 2-18 给出了五个不同供应商所提供的云平台服务，这些 PaaS 服务供应商包括谷歌 AppEngine、微软 Azure、Force.com、亚马逊弹性 MapReduce 和澳大利亚的 Aneka。

表 2-18 提供 PaaS 服务的公共云

云名称	编程语言和开发工具	所支持的编程模块	目标应用和存储
Google AppEngine	Python，Java，Eclipse-based IDE	MapReduce，Web programming on demand	网络应用和 BigTable 存储
Salesforce.com，Force.com	Apex，Eclipse-based IDE，Web-based Wizard	Workflow，Excel-like，Web programming on demand	CRM 和商业附加应用程序开发
Microsoft Azure	.NET，Azure tools for MS Visual Studio	Dryad，Twister，.NET Framework	企业和 Web 应用程序
Amazon Elastic MapReduce	Hive，Pig，Cascading，Java，Ruby，Perl，Python，PHP，R，C++	MapReduce，Hadoop，Spark	数据处理，电子邮件，电子商务，S3，WorkDocs

平台云是一个集成的计算机系统，包括硬件和软件基础设施。用户应用程序可以在这个虚拟云平台上使用一些编程语言和软件提供商支持的工具（例如，Java、Python、.NET）。

用户并不管理底层的云基础设施，云提供商支持在明确定义的服务平台上进行用户应用程序开发和测试。这个 PaaS 模型使世界各地的用户拥有一个共同的软件开发平台，该模型还鼓励第三方提供软件管理、集成和服务监控解决方案。

谷歌应用程序引擎。 谷歌是目前最大的云应用提供商之一，但是基本的服务程序大多是私有的，用户不能使用谷歌的基础设施建立自己的服务。谷歌云计算应用程序的构建块包括用于存储大量数据的谷歌文件系统，为应用程序开发人员所使用的 MapReduce 编程框架，为分布式应用提供锁服务的 Chubby，以及作为访问结构或半结构数据的存储服务 BigTable。为了保证这些构建模块的正常运行，谷歌建立了数量众多的云应用。

著名的 GAE 应用包括谷歌搜索引擎、谷歌文档、谷歌地球、Gmail 等，这些应用程序可以同时为大量的用户提供稳定的服务。用户可以使用各应用提供的 Web 接口和谷歌应用程序进行交互。第三方应用程序供应商可以使用 AppEngine 构建云应用程序，这些应用程序都运行于谷歌的数据中心上。在每个数据中心内，可能有成千上万的服务器节点形成不同的群集。每个集群可以运行多种用途的服务，一个典型配置的集群可以运行谷歌的文件系统、MapReduce 任务以及为用于存储数据的 BigTable 服务器。

谷歌应用程序引擎在谷歌的基础架构上运行用户程序。作为运行第三方程序的平台，应用程序开发人员不必担心服务器的维修问题，可以将谷歌应用程序引擎理解为几个软件组件的组合。前端是一个应用框架，它与其他 Web 应用框架相似，如 ASP、J2EE 或 JSP。目前，谷歌 AppEngine 支持 Python 和 Java 编程环境，该应用程序只能运行类似的 Web 应用程序容器。前端作为动态 Web 服务基础设施使用，为通用技术提供完全支持。

谷歌拥有世界上最大的搜索引擎服务，他们在大规模数据处理方面拥有丰富的经验，对数据中心设计和新型编程模型有更深入的了解。谷歌在全球拥有数百个数据中心，并安装了超过 46 万台的服务器。例如，200 个数据中心都在同一时间用于多个云应用。数据项被存储在文字、图片以及视频中，并会备份数据来防止故障的产生。在这里，我们讨论了谷歌的 AppEngine（GAE），它提供了一个 PaaS 平台，支持各种云计算和 Web 应用程序。

例 2.11 **用于具有负载均衡的 PaaS 服务的谷歌 AppEngine**

谷歌利用数据中心运营大量的云应用，在 Gmail、云服务、谷歌文档、谷歌地球的云服务方面遥遥领先。这些应用程序可以同时支持大量用户，具有很高的可用性。显著的技术成果包括谷歌文件系统（GFS）、MapReduce、BigTable、Chubby 等。2008 年，谷歌公布了 GAE Web 应用平台，成为很多小的云服务提供商的共同平台。该平台专门支持可扩展（弹性）的 Web 应用程序。GAE 允许用户在大量与谷歌搜索引擎业务相关的数据中心运行他们的应用。

图 2-19 显示了谷歌云平台的主要构建模块，它已被用于提供多种云服务。GFS 用于存储大量的数据，MapReduce 用于应用程序的开发，Chubby 用于分布式应用程序锁服务，Big Table 使应用提供商可以使用 AppEngine 建立提供服务的云应用。所有应用程序都运行在数据中心中，并由谷歌工程师严格管理。在每个数据中心，都有成千上万的服务器形成不同的簇。

谷歌应用引擎支持许多 Web 应用程序。一个是用来存储谷歌基础设施中的应用程序特定的数据的存储服务。数据可以持久地存储在后端的存储服务器中，同时还提供了用于查询、排序甚至类似于传统数据库系统的事务设施。谷歌应用引擎提供谷歌的具体服务，如

Gmail 账户服务。事实上，这样的服务是登录服务，即应用程序可以直接使用 Gmail 账户。这可以消除在 Web 应用程序中建立自定义的用户管理组件的繁琐工作。因此，谷歌应用程序引擎内的 Web 应用程序可以使用 API 来认证用户，并能使用谷歌账户发送电子邮件。

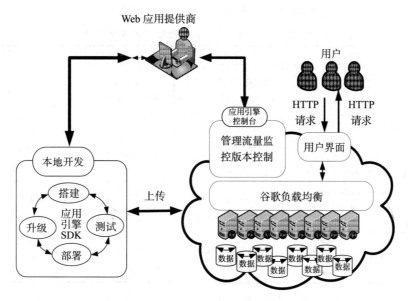

图 2-19   用于具有负载平衡的 PaaS 操作谷歌 AppEngine 平台

谷歌应用程序引擎的功能。GAE 平台由 5 大组件构建，GAE 不是一个基础平台，而是用户的应用开发平台，我们分别介绍下面的组件功能。

- 数据库提供了一个面向对象的、分布式的、基于 Big Table 技术的结构化数据存储服务。数据存储保障了数据管理操作的安全。
- 应用程序运行环境为可扩展的 Web 编程和执行提供了一个平台。它支持两种开发语言：Python 和 Java。
- 软件开发工具包（SDK）用于本地应用开发，SDK 允许用户执行本地应用程序的测试运行和上传应用程序代码。
- 管理控制台用于用户应用程序开发周期的简单管理，而不是用于物理资源管理。
- GAE Web 服务基础设施提供了特殊的接口，保证了 GAE 存储和网络资源的灵活使用和管理。

谷歌给所有的 Gmail 账户所有者提供的 GAE 服务基本上是免费的。你可以注册一个 GAE 账户或使用你的 Gmail 账户名称注册服务。该服务在配额内是免费的，如果超过了配额，页面将会指示你如何为额外的服务支付。你可以下载他们的 SDK，阅读 Python 或 Java 的新手指南来开始工作。GAE 接受 Python、Ruby 和 Java 编程语言。该模型允许用户在云基础设施上部署用户的应用程序，这是使用编程语言和谷歌支持的软件工具（例如 Java、Python）建立的。Azure 对 .NET 和 Azure 平台也如此。云供应商支持所有的应用程序开发、测试和操作。

2.4.4   SaaS：Salesforce 云

这种 SaaS 服务指拥有数以千计的云用户的浏览器启动的应用软件。PaaS 提供的服务和工具用于 IaaS 提供商提供的资源部署应用程序的建设与管理。SaaS 模式的应用软件作为一种服务提供。因此，在客户方面，在服务器或软件许可方面无需前期的投资。在供应商方面，与用户程序的传统托管相比，成本相当低。客户数据存储在云端，或由供应商专有或公开托管。表 2-19 总结了四个 SaaS 云平台及其服务产品。

表 2-19　四种 SaaS 云平台和他们的服务产品

模型	支持平台	使用者	安全特性	API 和编程语言
Amazon AWS	AWS EC2、S3、EMR、SNS	GAE、GFS、BigTable、MapReduce	Azure、.NET service、Dynamic CRM，	Salesforce.com、Force.com、Online CRM、Gifttag
Google AppEngine	Elastic Beanstalk、Code-Deploy、OpsWorks、Code-Commit、Code Pipeline、Mobile Analytics	Gmail、Docs、YouTube、WhatsApp	Live、SQL、Office 365 (OWA)、Hotmail	Sales、Service、Market、Data、Collboration、Analytics
Microsoft Azure	ClouWatch、Trusted Advisor、Identity/Access Control	Chubby locks for security enforcement	Replicated Data、Rule-based access control	Adm./Record security、Use Metadata API
Salesforce	API Gateway、LatinPig	Web-based Adm. Console、Python	Azure portal、.NET Framework	Apex、Visualforce、AppExchange、SOSL、SOQL

SaaS 服务最好的例子包括谷歌 Gmail 和 Google 文档、微软 SharePoint 和 Salesforce.com 的 CRM 软件。他们都成功地推广了自己的业务，数以千计的小型企业每天都使用这些服务。谷歌和微软提供集成的 IaaS 和 PaaS 服务，而 Amazon 和 GoGrid 只提供 IaaS 服务，第三方供应商 Manjrasoft 提供商业云之上的应用开发和部署服务。另一个著名的 SaaS 云是 Outlook Web Access（OWA），或者称为 Office 365，由云托管 Email 服务的微软提供。

为了通过 DNA 序列分析新的药物，Eli Lily 公司使用了亚马逊的 EC2 和 S3 平台设置的服务器和存储集群。目标是在不使用昂贵的超级计算机的情况下，进行高性能的生物序列分析。该 IaaS 应用程序的好处是更少的药物部署时间和更低的成本。另一个例子是《纽约时报》，它采用 Amazon、EC2 和 S3 服务，从数百万存档文章和新闻论文中快速检索出有用的图像信息。纽约时报在完成工作任务时，显著减少了他们的时间和成本。许多云计算公司给类似 AWS 的出租平台提供一些 SaaS 服务。

以下是 Salesforce.com 提供的 SaaS 和 PaaS 服务的概述。该公司成立于 1999 年，给 SaaS 提供在线解决方案，主要应用于 CRM。最初，他们使用第三方云平台来运行软件服务。渐渐地，该公司推出了自己的 Force.com 作为 PaaS 平台，执行多个 SaaS 应用程序或帮助用户开发 PaaS 支持的插件应用。

例 2.12　Salesforce 的 Force.com 作为自定义的 PaaS 云

Force.com 云架构的概念如图 2-20 所示。该平台为外部开发人员提供了创建附加应用程序的服务，这些应用程序可以集成到 Salesforce 托管的主要应用程序中。他们的目标是企业用户的业务计算。Salesforce.com 为它的客户关系管理（CRM）服务开创了 SaaS 模型。此外，他们为 Force.com 平台提供 Apex（一种专有的类似 Java 的编程语言），提供集成开发环境 VisualForce，用于简化业务的开发周期。除此以外还提供了一个共享的资源池 AppExchange，让多用户轻松地进行交互和执行协调工作，应用服务主要是 CRM 数据库以及应用开发和定制。

Force.com 服务给 SaaS 用户提供多租户技术、元数据和安全服务。在安全领域，Salesforce 不仅提供了一些机制来保证数据的完整性，也提供了一些访问控制机制，保证管理安全和安全记录。在 2010 年 6 月，他们推出 Chatter 并称其为"用于企业的 Facebook"。这是一个实时的协作平台，包装服务以帮助用户发布他们的创新应用。

用户可以自定义在 Force.com 平台中的 CRM 应用。该系统处理联系人、报表和账户的制表符。每个报表通过添加用户自定义字段来包含相关的信息。用户还可以根据特定功能给财务和人力资源应用添加自定义/新标签。此外，Force.com 平台还提供了 SOAP 的 Web 服务 API，并为智能手机用户提供移动支持。Salesforce SaaS 和 PaaS 服务可以处理十几种国际语言。

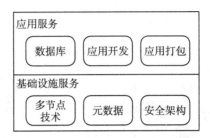

图 2-20　支持 PaaS 和 SaaS 应用的 Salesforce Force.com 云平台

例 2.13　**Salesforce 公司提供的 SaaS 云服务**

最近，Salesforce 将 CRM 服务细分为七类：销售云、服务云、数据云、市场云、协作云、分析云和自定义云，如图 2-21 所示。其中，除了 PaaS 自定义云，所有云都提供 SaaS 应用，也叫作 Force.com。

我们简要介绍其功能如下：

- 销售云：CRM SaaS 应用程序用于管理客户档案、机会跟踪、优化活动等。
- 服务云：基于云的 SaaS 客户服务，允许公司创建、跟踪和路由服务案例，包括社交媒体网络服务。
- 市场云：提供社会营销的 SaaS 应用，允许公司从社交媒体中识别销售线索、发现推荐人等。

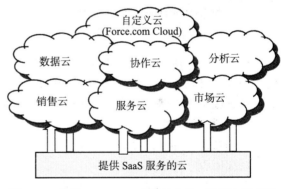

图 2-21　七种 Salesforce 云服务产品。除了自定义云用于 PaaS 应用，其他都用于 SaaS 应用

- 数据云：用于获取和管理 CRM 记录。
- 协作云：用于商业协作。
- 分析云：用于基于机器学习的销售业绩分析。
- 自定义云：用于在标准 CRM 应用程序之上创建附加应用程序的 PaaS 平台。

2.5　移动云与云间的混搭服务

本节讨论移动云的状态及其应用，涉及移动设备、无线互联网和物联网传感器等技术。

2.5.1　微云网关的移动云

如图 2-22 所示，携带移动设备的用户在异构的移动计算环境中活动，例如蜂窝网络、Ad Hoc 移动网络、人体局域网、车载网络等。然而，由于移动设备资源受限的原因，尤其是电池寿命有限，这些限制条件已经成为用户享受移动应用和服务的绊脚石。特殊的微云是移动用户和网络之间的无线网关。这些云团可以用来卸载计算或 Web 服务以保证远程云的安全。

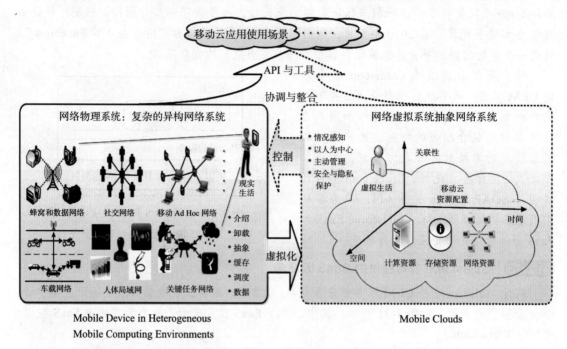

图 2-22　移动设备的能力是由在异构移动计算环境中的移动云加强的

　　移动通信和移动云的结合为许多有用的应用铺平了道路。也就是说，由小移动设备发起的重型计算可以被大的云平台执行。在我们所举的例子中，用户在物理世界中移动。同时物联网传感收集用户移动数据。这些传感信号必须被引导至存储数据的云中。在云中为用户创建一个虚拟化的数据对象。利用云平台的丰富资源，数据挖掘和机器学习算法常用于分析移动用户的情况，并采取及时的行动。在图 2-22 的底部部署了网络物理系统（CPS），用于执行移动应用程序的集成。

　　在表 2-20 中，我们总结了物联网和云应用中的移动性支持、数据保护、安全基础设施和信任管理。其目的是在一个固定的或移动的分布式计算环境中维护这些云计算服务。其流动性支持包括特殊的空中接口和移动 API 设计以及用于移动访问云平台的无线 PKI 的使用。虚拟专用网（VPN）也可用于云安全平台。

表 2-20　物联网和云应用的移动和安全支持

物联网服务等级	移动支持和数据保护方法	硬件和软件云安全措施
数据传感和网络支持	• 特殊接口	• 硬件 / 软件权限信任
	• 移动 API 设计	• 安全配置虚拟机
	• 文件 / 日志访问控制	• 软件水印
	• 数据控制	• 基于主机的防火墙和 IDS
支持云平台处理感知数据	• 使用无线 PKI	• 基于网络的防火墙和 IDS
	• 用户认证	• 信任覆盖网络
	• 版权保护	• 名誉系统
	• 虚拟私人网络	• 操作系统补丁管理

最近，卡内基－梅隆大学、微软、AT&T 和兰开斯特大学的研究人员，提出了一个低成本的基础设施，能够使用移动设备实现云计算，这种基础设施叫作微云。它提供了一个用于升级移动设备资源的方法，具有认知能力，能访问远程云，如图 2-23 所示。结合虚拟机开发位置感知的云应用，该方法也可以应用于快速的信息处理与智能决策的制定。微云可以使移动设备在有效移动服务计算中很容易地访问互联网的云。

使用微云进行移动云计算的原理如图 2-23 所示。移动设备和中心云或数据中心在支持移动计算方面有缺点。手机使用有几个问题：有限的 CPU 功率、存储容量和网络带宽，移动设备不能用于处理大型数据集。另一方面，互联网上的远程云面临着广域网延迟的问题，云必须解决当太多（数百万）客户同时登录到云的碰撞问题。

解决这两方面问题的方法是在公共场所（如咖啡店、书店）部署微云并通过 WiFi 服务接入因特网。广泛部署的云平台使分布式云计算和扩展的资源分布在便利店、教室，甚至可以跟着用户移动。我们的想法是使用微云作为一个灵活的网关或访问远程云的网关。这片云可以在个人电脑、工作站或低成本服务器上实现。主要的创新点在于使用基于虚拟机的灵活性处理来自不同移动设备的请求。

微云虚拟机的快速合成。名为 Kimberley 的微云的原型建立在 CMU 上。这个原型合成一个微云主机上的虚拟机，快速虚拟机的搭建时间小于 100s。换句话说，他们创建的 VM 覆盖在短暂的微云上，用来绑定远距离的云资源以满足用户需要。图 2-24 显示了 Kimberley 动态虚拟机合成的时间轴。移动设备将一个小的虚拟机集群交付给微云，这个微云如今已经拥有一个基础的虚拟机。我们使用虚拟机集群加上基础虚拟机来创建一个特殊的运行环境，移动设备通过微云门户来部署云应用。

数据保护包括文件／日志访问控制、数据处理和版权保护。同样，灾难恢复也是需要的，以确保丢失的硬件／软件故障的安全性。云安全可以通过建立信任用户目录来保护虚拟机配置过程，软件水印以及在主机和网络级别使用防火墙和 IDS 来加强。最近，信任覆盖网络和信誉系统在云计算数据中心使用得较为频繁。

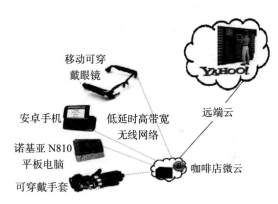

图 2-23　用于移动云计算应用的基于微云的虚拟机

微云网格的体系结构如图 2-25 所示。所有的微云都有 WiFi 功能，每个微云服务器都有一个嵌入式 WiFi 接入点，每一片云在无线范围内可以连接多个移动设备。微云由无线链路互连来构成网格，所有的微云操作基本上都是在互联网边缘网络的网关上。接下来我们使用网格中的多个微云实现以下目标。首先，我们扩大无线覆盖范围，以服务更多

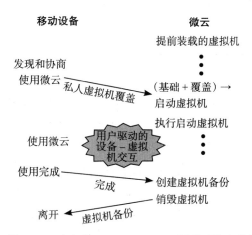

图 2-24　建立在 CMU Kimberley 原型系统上的快速虚拟机

的移动设备。其次，建议使用协同防御技术，利用微云来建立防护系统以阻止入侵者攻击。最后，实施缓存和负载平衡等技术，在多任务卸载到远层云的过程中升级 QoS 和吞吐量。

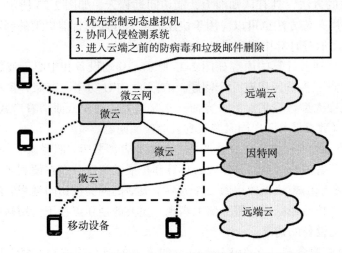

图 2-25   用于安全移动云计算的微云网格架构

移动设备容易受病毒或网络骇客攻击。对于移动设备，由于其有限的计算能力和能源消耗的限制，加密可能不是最佳解决方案。一些特殊的软件工具可抵御病毒或骇客对移动设备的攻击。这可能涉及身份验证、网址检查和垃圾邮件过滤这些问题。具有大存储和备份服务的移动用户可以卸载这些任务到云。表 2-21 列出了保护移动云网关可能面临的一些威胁和对策。

表 2-21   保护移动云计算的威胁和防御问题

威胁与防范	移动设备	微云网	远端云
加密数据保护	移动设备上的加密成本较高	加密以确保远程云的访问	完全支持加密，保护用户数据不丢失
病毒、蠕虫或恶意软件攻击	检测恶意软件的隐私和成本较高	通过验证文件和内容来保护移动设备	在云上执行分析以检测新的恶意软件
身份盗窃和认证	卸载到云端之前的用户身份验证	需要对所有三方进行认证	认证即服务（AaaS）
云卸载和文件传输	在微云网格中卸载任务	云端数据缓存以提高性能	高等待延时卸载可能会造成 QoS 问题
数据完整性和存储保护	使用安全存储外包协议	云端存储的数据容易受到攻击	云可能会通过钓鱼网站攻击危害用户数据
URL、IP 和垃圾邮件过滤	检查 IP 的黑名单地址和网址	提醒出现了侵入云端的移动设备	执行预测分析并提供数据库更新

2.5.2   跨云平台的混搭服务

云混搭是由多种具有共享数据集和综合功能的服务组成的。例如，亚马逊的网络服务（AWS）是由 Facebook 提供的身份验证和授权服务与谷歌提供的 MapReduce 服务混搭而设计的。为了得到合格的服务，我们将它们使用 QoS 组合起来，提出了一个集成的 Skyline 查询处理方法，用来建立云混搭应用程序。

这种混搭方式在日益增加的云网站中效果极佳。虚拟机搭建时间的减少、数据集共享和资源整合，确保了多个云计算的服务质量。我们在 6 个 QoS 维度、10000 个 Web 服务中建立 QWS 基准，通过块消除、数据空间划分和服务相似性处理，将结果与两个当前最新的方法相比，Skyline 的用时约为其他方法的 1/3。

云混搭在 Web 2.0、面向服务的架构以及大数据管理的引领下迅速发展。面临着个性化的 Web／云服务，混搭应用的需求不断增加，许多公共或商业云提供商竞相满足混搭服务的要求。组件服务的最优选择是一个 NP 困难问题，只可以产生一些次优组合服务。

为此，人们提出了 Skyline 运营商和 MapReduce 的范式，以支持云间混搭的选择和组合。以往的研究集成了上述两个强大的工具，以加快服务组合过程并实现高 QoS，目标是提升云混搭服务和推广大数据分析的应用。Skyline 的方法很有吸引力，特别是发现在多属性决策过程中的合格 Web 服务。在云混搭中组成 Web 服务的质量可以通过更快的 MapReduce Skyline 查询处理，速率将得到极大的提高。

云平台混搭建立在多供应商网络、云计算和大数据顶端服务的基础上。该术语是指一个复合云应用程序从超过一个数据源或者供应商处收集和整合数据集的功能，目的是提供更多应用程序的灵活性和可扩展性。其设计目标是，结合几个云服务与相关的社交网络和移动平台提供的 Web 服务来提供综合服务。例如，一个混搭云平台通过整合来组成数据流，共同使用亚马逊的 AWS、Dropbox、Twitter 和 Facebook 等服务。通过选择特定的 API 以及所需的服务功能，便建立了云混搭服务。

例 2.14 医疗应用的多个云服务的混搭

假设每个任务由部署在一个单独云的疗养院服务处理。五种云服务进行混搭，提供作为工作流的集成服务，由有向无环图 2-26 所示。当一个组合服务请求发送到混搭云时，会实时定制在线医疗保健计划。

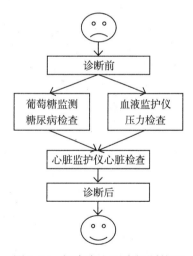

图 2-26　解决病人医疗问题的五个云服务的混搭工作流

每个任务都可以由一个或多个基于 Web／云的平台提供的服务完成。每一个候选服务都是从不同云功能所支持的众多大型服务空间中选择的。例如，一些医院服务部署在一个云中，具有快速的响应时间和满意的诊断结果，随之而来的结果是成本变得更高。类似症状的患者需要选择这五种疗养服务的组合，考虑五个任务总的等待时间和成本。

在现实生活中的应用，困难在于可用云服务池的规模非常巨大。更糟糕的是，和五个任务相比，医疗检查可能涉及更多的任务。如果多个病人选择同一个云服务提供商的相同服务，等待列表将变得更加漫长。与之相对应的是，等待时间和成本变得不可预测。因此，应该开发一个更有效的方式，帮助用户选择一个混搭的云服务工作流程，从而保证服务质量。

云际应用中复合 Web 服务的质量可以通过快速和优化的 Skyline 查询处理大大增强。图 2-27 从三个方面阐述了这一想法：Skyline 的选择、相似性测试和服务组合。我们基于消除数据空间块分区选择 Skyline 服务。Skyline 可能会产生大量的候选服务。为了找出每个 Skyline 子空间的最佳选择，Skyline 松弛法可以作为每个子空间的代表，达到加快后续的 QoS 保证服务组合的目的。

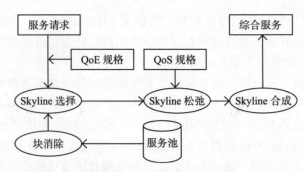

图 2-27　用于云际混搭服务的 Skyline 开发和组成过程，由 QoS 和 QoE 实行相似度测试

这三个组件服务类组成一个复合云服务。为了减少组成时间，兼容的 Skyline 选择之间的相似性测试可以被用于不同的 Skyline 部门。其目的是使用 Skyline 的代表删除冗余。最后，我们构建混搭服务为用户集成封装。QoS 和 QoE 强调混搭服务中性能的两个标志。

混搭服务质量（QoMS）。 QoS 为直接评估复合混搭服务的不同性能的度量属性。以"网上医疗保健计划者"为例，对每个任务可以考虑等待时间、服务时间、成本、声誉、可靠性和可用性。响应时间是 QoS 的一个主要因素，当一个用户访问服务时，需要占据流量，并且对服务质量有一定的影响。注册会计师计算出的组合服务期限既不是最优的，也不是实际持续时间，但是是至今为止组成过程中最好的一个评估方法。综合业务、等待时间、服务时间和成本不仅依赖于它的基本任务，还有两者之间的操作；而信誉、可靠性和可用性是来自其基本属性。

体验质量（QoE）。 客户对组合服务提供的解决方案的满意度是对 QoE 的一个关键评估因素。例如，规划者所做的整个医疗计划是复合服务的解决方案，医疗计划的质量取决于每个任务 t_i 的解决方案，也就是说，取决于医疗应用、云服务提供商等。人们可能会认为，"口碑"可用于评估用户满意的程度，但它是在服务方面，而不是在解决方案方面。

疏忽的原因之一是部分组成服务不提供"解决方案"。我们出于这个原因考虑 QoE。首先，越来越多的实际应用落入解决方案相关的类型。其次，更多的概率和客户的评分都是可得到的。最后，可以启用更多的交互方式，一个客户可以在该组合过程中评价组合服务的不同部分。

我们将 QoE 的标准定义为服务解决方案的满意度百分比。作为节点标记，每种解决方案被赋予一个得分，表示客户指定解决方案的质量。评价解决方案质量的方法分为两类：基于统计的或基于利益的。基于统计的方法可以根据用户投票或者审查评论进行评分。基于利益的方法动态估计客户的满意度，例如两两进行比较，并保持用户特定的配置文件。还可使用二者结合的方法，标签服务分数可以脱机或联机提供，分数可以预先设置或在该组合过程中动态产生。

2.5.3　混搭服务 Skyline 的发现

给定一个 d 维 QoS 空间的集合数据点 Q，每一维代表一种性能的属性值，按照正序排序。假设较低值点优于高值点。如果在所有维度 P_i 都比 P_j 优或者相等，那么数据点 P_j 由 P_i 控制。此外，在至少一个维度，P_i 一定比 P_j 优。所有不被其他子集控制的数据点组成的子集都被称为 Skyline。例如，让我们选择两个对偶维度点（10，20）和（20，10）。因为两点都不占主导地位，所以这两个点是 Skyline 的一部分。

在 d 维空间，Skyline 实际上是最接近协调空间的原点。直观地说，所有 Skyline 上的点比所有关闭 Skyline 的数据点更可取。Skyline 选择所有维度中最佳或最有趣的点。有几个采取 MapReduce 技术来提升大型 Skyline 查询处理过程中可扩展的计算效率的方法。我们的方法是基于一种新的块消除方法。此外，我们提出了 MapReduce 方法的一个变种技术，在 Map 和 Reduce 之间加入处理过程。这个想法在图 2-28 中用三个步骤说明。

- Map 过程。服务数据点是由主服务器（如 UDDI）分成多个基于 QoS 需求的数据块，之后将数据块发送到并行处理的服务器上进行并行处理。
- 局部 Skyline 计算。在这个过程中，每一个从属服务器从服务数据点中在自己的细分数据块上产生局部 Skyline。
- Reduce 过程。将所有从属服务器产生的局部 Skyline 合并，整合成一个全局的 Skyline，应用于被评价的所有服务。

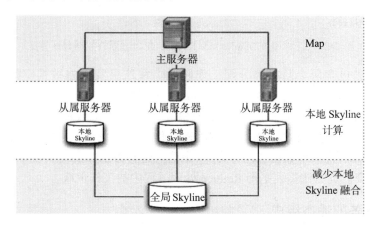

图 2-28　用于选择 Skyline 服务优化 QoS 的 MapReduce 模型

所选择的 Skyline 服务的质量取决于局部 Skyline 计算的效率和集成过程的性能。因此，MapReduce Skyline 过程的效率和质量主要取决于如何设计分布式并行过程来加速 Map 阶段。

映射的效率取决于数据空间的划分。服务数据点被划分为几块区域，目标是实现负载均衡，以适应本地内存，并在旧数据被删除且新服务被添加时避免重复计算。在 Reduce 过程之前，我们介绍了一个中间过程——局部 Skyline 计算。原因是如果候选服务的数量非常大，计算 Skyline 服务的开销是非常昂贵的。通过引入中间过程，只有局部的 Skyline 服务被传递到 Reduce 过程。这将在很大程度上减少在 Reduce 阶段进行处理的服务数量。

MapReduce 在加速 Skyline 查询处理过程方面有很直观的效果。我们对成对的并行服务进行了比较。使用 MapReduce 技术时，新的服务首先被映射到一个组中，之后再添加局部 Skyline 计算。然后所有局部 Skyline 在 Reduce 阶段整合到全局 Skyline。我们采用了 Skyline 方法来解决两个早期方案中的服务质量问题。我们评估了基于三种不同数据空间划分方案的 BNLskyline 算法的三个版本。

考虑在 QoMS 空间 Q 的两个服务数据点 S_1 和 S_2。如果服务 S_1 在所有属性维度 Q 都比服务 S_2 好，或者和 S_2 相等，那么 S_1 控制 S_2。此外，S_1 至少在一个属性维度比 S_2 好。如果所有 Skyline 上的服务点都比所有属性维度的其他服务好或者相等，那么服务的子集 S 组成空间 Q 中的 Skyline。换句话说，所有 Skyline 服务都没有被 Q 空间中的任何服务控制。我们评估三种 MapReduce Skyline 方法，表示为 MR-grid、MR-angular 和 MR-block，而 MR

在所有数字标签和文本体中代表 MapReduce。三种基于三个数据分区计划的 MapReduce 算法如图 2-29 所示。X 轴和 Y 轴是两个偏向于低值的属性维度。

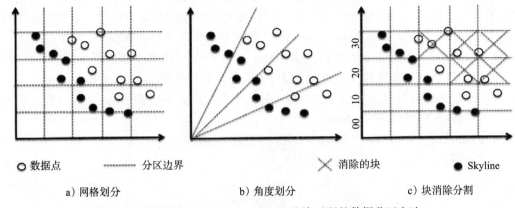

○ 数据点   ------ 分区边界   ✕ 消除的块   ● Skyline

a）网格划分   b）角度划分   c）块消除分割

图 2-29   三种用于 MapReduce Skyline 查询过程的数据分区方法

MR 网格算法包含两个阶段：分配工作阶段，在这里我们将数据空间划分成若干不相交的子空间，计算每个子空间的局部 Skyline；合并工作，在这里我们合并所有局部的 Skyline，计算全局 Skyline。根据经验，在网格算法中的分区的数量被设置为节点数的 2 倍。在 MR-grid 中，所有维度的 QoS 参数值被用来当作分区。例如，根据图 2-29a 中的每个服务的响应时间，我们将二维数据空间分为 16 个块。这种方法很容易实现，而在这种方法中存在许多冗余计算。此方法需要平衡 Reduce 处理过程中的工作负载。

2.5.4　混搭服务的动态组成

整个服务空间首先被划分成 N 个不相交的部分。一个分区内的点被发送至一个 Map 任务，每个 Map 任务可以处理一个或多个分区。Map 任务输出分区号作为键值，并将某个特定分区的局部 Skyline 列表作为一个值。在 Reduce 阶段，所有局部的 Skyline 是通过 Reduce 任务处理的，因此产生全局 Skyline。角度分区方法最初是由 DK 设计提出的。考虑到给定的资源和成本的限制，我们强调 Skyline 组合选定服务，以达到优化 QoMS 的目的。

块消除算法是根据网格分区算法改进的。考虑一个平方的对角线列表，左下网格单元内的服务支配其右上网格单元内的服务。以图 2-29c 为例。单元（1，2）有两个点，因此，沿对角线的所有的其余点，例如单元（2，3）和单元（3，4），在没有进一步处理的情况下可以消除。算法检查所有的单元，都有至少一个坐标值等于零。基于块的消除方法减少了几个块，而其他两种方法（角度和网格）不减少任何块。点的减少率（PPR）测量如下：在总点数上，滚动到局部聚集的 Skyline 点的数量。块还原速率（BRR）被定义为包含跳转到局部轮廓点的块。在图 2-30 中，我们基于随机分布的数据密度选择了三组数据。

我们将 Skyline Ratio（CR）定义为在总对数上成对比较的所有块的对的数量。所有的三个性能指标都偏向于较低的值，并产生缩小点集进行下一步的分析。比如，100P / 立方代表每个空间的高密度，即每个小分区内有约 100 点。图 2-30 为四维空间随机分布的数据结果。评价各种 MapReduce Skyline 选择方法的效率时，我们使用处理时间的基本度量，其中包括 Reduce 时间和 Map 时间。总之，一个非常大的 10000 个数据点的服务基数超过 10 个属性，我们的 MR-block 方法优于 MR-grid 和 MR-angular 方法大约 1.5 ～ 3 倍。

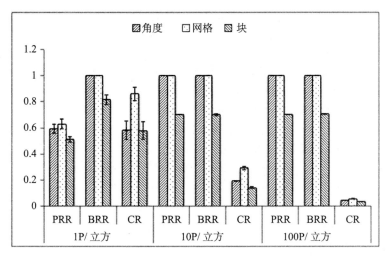

图 2-30 用于云混搭性能的三种 MapReduce 方法的相对性能

2.6 本章小结

本章主要研究了云体系架构，云既可以应用到大数据存储，也可以在分析应用的处理中使用。我们在 2.2 节和 2.3 节介绍了虚拟化技术、虚拟化概念、虚拟机管理程序与 Docker 容器，其中 Docker 容器为云架构和弹性管理提供了扎实的基础。AWS、GAE 和 Salesforce 云的案例研究在 2.4 节进行介绍。最后我们介绍了近年来云混搭服务和软件工具在应用方面的进展。

随着越来越多公共云的出现，云混搭服务预计将在未来的十年中得到迅速发展。我们介绍了 Skyline 的发现和云混搭服务组合。在一般情况下，高性能会促进云的生产力，云的服务质量将基于用户的喜好。如果要了解各种云的基准和云性能建模，读者可以参考《 Cloud Computing for Big Data Applications: A Hadoop, Spark and TensorFlow Approach 》（ by Hwang，Fox and Dongarra，2017 ）的第 2 版。

2.7 本章习题

2.1 从下面的备选中选择三种 IaaS 云系统：Amazon AWS、GoGrid、OpSource Cloud、Rackspace、惠普云、Banknorth 和 fleiscale。对你在书中读到的知识进行深入研究，你需要通过访问供应商的网站或通过谷歌搜索、维基百科和任何开放的文献挖掘出有用的技术信息。其目的是报告在云技术、服务产品、软件应用开发、应用的商业模式以及成功 / 失败的经验教训的最新进展。

2.2 在下面的 PaaS 云中选择三种进行深入了解：谷歌计算引擎、Force.com、Postini、MS Azure、NetSuite、IBM RC2、IBM 的蓝云、SGINCyclone 和亚马逊弹性 MapReduce。对你在书中读到的知识进行深入研究。你需要通过访问供应商的网站或通过谷歌搜索、维基百科和任何开放的文献挖掘出有用的技术信息。其目的是报告在云技术、服务产品、软件应用开发、应用的商业模式以及成功 / 失败的经验教训的最新进展。确保你的学习报告内容足够丰富。

2.3 从下面的备选中选择三个 SaaS 云系统进行深入研究：Consur、RightNow、Salesforce、Kenexa、Webex、Blackbaud、Netsuite、Omniture、Kenexa and Vocus、Google 和 Microsoft Azure。对你在书中读到的知识进行深入研究。你需要通过访问供应商的网站或通过谷歌搜索、维基百科和任何开放的文献挖掘出有用的技术信息。其目的是报告在云技术、服务产品、软件应用开发、应用的商业模式以及成功 / 失败的经验教训的最新进展。

2.4 从下面的备选中选择两个位置云服务进行深入研究：Savvis、Internap、NTTCommunications、

Digital Realty、Trust 和 365 main。对你在书中读到的知识进行深入研究。你需要通过访问供应商的网站或通过谷歌搜索、维基百科和任何开放的文献挖掘出有用的技术信息。其目的是报告在云技术、服务产品、软件应用开发、应用的商业模式以及成功 / 失败的经验教训的最新进展。

2.5　查看 AWS 云网站。分别使用弹性计算云（EC2）、简单存储服务（S3）或简单队列服务（SQS）计划一个真实的计算应用。你必须指定所请求的资源，并计算亚马逊收取的费用。在 AWS 平台上执行 EC2、S3 和 SQS 实验，报告和分析性能测试结果。

2.6　在例 2.9 和例 2.10 中，你知道了 AWS 是怎么提供 EC2 和 S3 服务的。访问网站 https://www.aws.com，获得 AWS 的最新服务和产品。挖掘 AWS 提供的附加服务的功能和应用。你的报告应该尽可能有技术性。不要推测，报告中的一切都必须要有确切的证据。

(a) AWS 云上的简单的通知服务（SNS）是什么？解释它是如何工作的以及用于 SNS 的用户接口如何使用手机在 S3 上发送和存储照片流。

(b) AWS 上的 ElasticMapReduce（EMR）是什么？它是如何实现的？使用 EMR 需要什么语言？它怎么在 Hadoop 系统上工作？

2.7　一个新的 AWS 服务可用于虚拟化中，使用 Docker 引擎创建应用软件容器。该服务被称为 Amazon EC2 Container Service（ECS）。解释它是如何在 AWS 云上实施的。报告 ECS 系统的适用性，讨论在 EC2 实例上使用容器和 VM 实例的经验。

2.8　VM 或编排的容器集群管理是云提供商和云客户端之间的热门话题。从下面的备选中选择一个或多个虚拟机 / 容器调度和协调工具：CorOS fleet、Mesosphere Marathon、Docker Swarm、Apache mesos、Google Kubernetes 和 Docker compose。你挑选的工具应该在 VM/ 容器集群管理和编排中相互支持。通过访问公司网站，挖掘他们使用这些软件工具的经验，进行深入研究。根据你的研究成果写一个简短的技术报告。

2.9　例 2.8 介绍的 vSphere 4 是一个固定的云操作系统，来自 VMware。从公开文献中挖掘各种信息，这些公开文献报告了其移植和应用经验，并由它的客户或用户组测量性能。写一个简短的技术报告来总结你的研究成果。

2.10　访问 iCloud 的网站 https://www.icloud.com 或维基百科，了解 Applei Cloud 提供的功能和应用服务。特别是回答 iCloud 的下列问题：

(a) 简单叙述 iCloud 提供的主要服务。它目前有多少用户？

(b) iCloud 处理哪些数据类型或信息项？

(c) 解释使用 iCloud 上的 Find My Friend service 找到一个老朋友的过程。

(d) 解释使用 iCloud 上的 Find My Friend service 定位丢失或者被偷的手机的过程。

2.11　比较由裸机管理程序创建的 VM 和由 Linux 主机上的 Docker 引擎创建的应用容器的优势、劣势和适合的应用。你应该从以下几个方面进行比较：资源需求、创建开销、执行模式、实现复杂性和执行环境、应用程序隔离、OS 灵活性和主机平台。

2.12　从下面的备选中选择两种 NaaS：Owest、AT&T 和 Abovenet。对你在书中阅读到的知识进入深入研究。你可以通过访问提供商的网站或通过谷歌搜索、维基百科和任何公开文献挖掘出有用的技术信息。其目的是报告在云技术、服务提供、应用软件开发、应用的商业模式以及成功 / 失败的经验教训的最新进展。

2.13　从三个参数方面考虑服务器群集的系统可用性：平均故障时间（MTTF）、平均修复时间（MTTR）和定期维护时间（RMT）。MTTF 反映了两个相邻的自然平均无故障工作时间。MTTR 指由于自然故障的停机时间。RMT 指硬件 / 软件维护或更新计划的停机时间。

(a) 给定一个云系统，可用性要求 $A = 98\%$。如果 MTTF 已知是 2 年（$365 \times 24 \times 2 = 17\ 520$ 小时），MTTR 已知是 24 小时。那么对于这个系统你每个月可以安排的 RMT 值是多少？

(b) 考虑具有 3 台服务器的一个云集群。如果至少 k 台服务器是可以正常操作的，$k \le 3$，该集群被认为是可用的（或者以一个令人满意的性能水平被接受）。得出一个公式来计算总群集的可用性 A（即集群可以令人满意的可能性）。注意，A 是 k 和 p 的函数。

(c) 由于每个服务器都有一个可用性 $p = 0.98$。实现总集群可用性 A，服务数量的最小值最高能取到多少？其中 A 高于 96%。你必须检查（b）中 k 的所有可能值以正确地回答这个问题。

2.14 我们研究了 AWS 和 Salesforce 云服务。访问它们的网站以挖掘下列 AWS、Google、Saleforce、Savvis 和 Apple icloud 提供的服务的详细功能和服务特征。

(a) AWS Glacier, CloudFront, RDS, VPC, Direct Coonect, SQS, Elastic Transcoder, Cloud Search, API Gateway, Mobile Analytics, Data Pipeline, Kinesis, Machine Learning, Trusted Advisor, CloudWatch, WorkMail, Elastic Beanstalk, CodeCommit, Code Pipline。

(b) Salsforce cloud services: Sales, Data, Market, Service, Collaborator, Anlytics, the custom cloud。

2.15 了解 AWS 容器服务并运行亚马逊的 ECS 样本容器代码。你需要采取一些截图来证明你已经正确做到了这一点。报告你在这项测试运行中学到了什么。

第 1 步。了解 Amazon EC2 的容器服务，在这里观看视频：https://aws.amazon.com/ecs/。开发者指南：http://docs.aws.amazon.com/AmazonECS/latest/developerguide/Welcome.html。

第 2 步。使用服务前，设置 Amazon ECS 的执行环境：http://docs.aws.amazon.com/Amazon-ECS/latest/developerguide/get-set-up-for-amazon-ecs.html。

第 3 步。开始 Amazon EC2 容器服务，创建任务定义、调度任务，通过下面链接配置 ECS 控制台的集群：http://docs.aws.amazon.com/AmazonECS/latest/developerguide/ECS_GetStarted.html。

第 4 步。关闭容器及其 EC2 主机实例：http://docs.aws.amazon.com/AmazonECS/latest/developerguide/ECS_CleaningUp.html。

2.16 Magnum 是一个很好的软件项目，实现了容器协调和 OpenStack Nova 机器实例上的主机群集。浏览 OpenStack 的网站，跟进 Magnum 源代码的最新发布。写一个简短的技术报告来总结你的研究成果。

2.17 Eucalyptus 正在持续升级，以支持 IaaS 云资源的有效管理。浏览 Eucalyptus 网站了解他们的最新发展以及由注册用户群发布的移植经验。写一个简短的技术报告来总结你的研究成果。

2.18 这个问题让你练习将照片上传到 Amazon S3。探索 AWS 上的一些 SDK 工具，使用 iOS 手机或 Android 手机来将照片存储在 Amazon S3 云上，并通知使用 SNS 服务的 AWS 用户。报告存储 / 通知服务功能，包括测试结果和应用体验。访问网站以查找 Android SDK 工具：http://aws.amazon.com/sdkforandroid/。你可以通过 /sdk-for-ios/ 和 /sdk-for-android/ 查找 iOS 和 Android SDK 工具。同样，遵循以下三个步骤进行实验：

1）从源 URL 下载 Android 或 iOS 的 AWS SDK。

2）检查在 aws-android-sdk-1.6/samples/S3_Uploader 给出的示例代码，它创建了一个简单的应用程序，允许用户从手机上传图片到用户账户的 S3 桶。

3）这些图像可以通过用户共享的 URL 被任何人访问。

如果你使用 Android 手机，那么需要执行以下操作并通过快照或选择显示的任何性能指标来报告结果。对于使用苹果手机的学生来说也是一样的要求。

1）尝试将选择的数据（图像）上传到 AWS S3 中，使用为用户提供的访问密钥和安全密钥凭据。

2）如果 S3 桶存在同名，那么就创建桶，并把图像中的 S3 存储到桶。

3）在浏览器中显示图像。

4）确保图像在网络浏览器中被当成图像文件。

5）在桶中为图像创建一个 URL，这样就可以共享以供其他人观看。

6）实验过后对扩展的应用进行评价。

2.19 解释以下两种机器回收计划的差异。对它们实施条件、优点和缺点以及应用前景进行评论。

(a) 通过另一台物理机恢复一台物理机的故障。

（b）通过其他虚拟机恢复一个虚拟机的故障。

（c）提出一个方法，能够从失败的物理机恢复虚拟机的故障。

2.8　参考文献

[1]　B Baesens. Analytics in A Big Data World: The Essential Guide to Data Science and Its Applications[M]. Wiley, 2015.

[2]　L Barroso，U Holzle. The Datacenter as A Computer: An Introduction to The Design of Warehouse-Scale Machines[M]. Morgan Claypool Publisher, 2009.

[3]　R Buyya, J Broberg. Cloud Computing: Principles and Paradigms[M]. Wiley, 2011.

[4]　H Chaouchi. The Internet of Things[M]. Wiley, 2010.

[5]　M Chen. Big Data Related Technologies[J]. Springer Computer Science Series, 2014.

[6]　S Farnham. The Facebook Association Ecosystem[J]. An O'Reilly Radar Report, 2008.

[7]　J Han, M Kamber, J Pei. Data Mining: Concepts and Techniques[M]. 3rd ed. Morgan Kaufmann, 2012.

[8]　U Hansmann, et al. Pervasive Computing: The Mobile World. 2nd ed. Springer, 2003.

[9]　T Hey, Tansley. The Fourth Paradigm : Data-Intensive Scientific Discovery[J]. Microsoft Research, 2009.

[10]　M Hilber, P Lopez. The World's Technological Capacity to Store, Communicate and Compute Information[J]. Science, 2011: 332(6025).

[11]　Kai Hwang. Cloud Computing for Machine Learning and Cognitive Applications[M]. MIT Press, 2017.

[12]　K Hwang, X Bai, Y Shi, et al. Cloud Performance Modeling with Benchmark Evaluation of Elastic Scaling Strategies[J]. IEEE Trans. on Parallel and Distributed Systems, 2016, 1.

[13]　Hwang K, Yue Shi, X Bai. Scale-Out and Scale-Up Techniques for Cloud Performance and Produtivity[C]. IEEE Cloud Computing Science, Technology and Applications, 2014. Workshop on Emerging Issues in Clouds, 2014.

[14]　M Rosenblum, T Garfinkel. Virtual Machine Monitors: Current Technology and Future Trends[J]. IEEE Computer, 2005, 5: 39-47.

[15]　S Ryza, et al. Advanced Analytics with Spark[M]. O'Reily, 2015.

[16]　J Cao, K Hwang, K Li, et al. Optimal Multiserver Configuration for Profit Maximization in Cloud Computing[J]. IEEE Trans, Parallel and Distributed Systems, 2013, 7.

[17]　M Satyanarayanan, P Bahl, R Caceres, et al. The Case for VM-Based Cloudlets in Mobile Computing[J]. IEEE Pervasive Computing, 2009, 8(4): 14-23.

[18]　Y Shi, S Abhilash, K Hwang. Cloudlet Mesh for Securing Mobile Clouds from Intrusions and Network Attacks[C]. The Third IEEE Int'l Conf. on Mobile Cloud Computing, (MobileCloud), 2015, 4:109-118.

[19]　Yigitbasi N, Iosup A, Epema D, et al. C-Meter: A Framework for Performance Analysis of Computing Clouds[J]. IEEE/ACM Proc. of 9th Int'l Symp. on Cluster Computing and the Grid, (CCGrid), 2009.

[20]　F Zhang, K Hwang, S Khan, et al. Skyline Discovery and Composition of Multi-Cloud Mashup Services[J]. IEEE Trans. Service Computing, 2016.

物联网的传感、移动和认知系统

摘要： 物联网（IoT）是一个由一系列相连的传感器、执行器、移动电话、机器人和智能设备组成的动态信息网络。现如今物联网已经成为互联网不可分割的一部分。在下一代互联网的升级浪潮中，大大小小的物联网平台正逐渐出现在公众的视线中。本章介绍了这些物联网平台的固有属性以及具有机器智能的认知设备。同时，我们也介绍了 RFID 技术、物联网感知技术、无线网络技术、全球定位技术、移动云平台、定位传感系统以及认知设备。本章还着重讨论了用于物联网感知和认知计算的尖端技术与系统架构。

3.1 物联网感知与关键技术

数字世界与真实世界相融合是物联网的终极目标，也被认为是信息工业的第三次革命。首先，为了连接现实世界中的海量物体，网络范围将变得非常大。其次，随着移动设备和车载设备的普遍应用，网络将具有很强的移动性。再次，随着各式各样的设备接入互联网，异构网络融合研究逐渐火热起来。进一步来说，移动网络、云计算、大数据、软件定义网络以及 5G 技术都将共同影响物联网的发展。

3.1.1 物联网感知技术

随着电子技术、电机技术以及纳米技术的飞速发展，无处不在的设备数量越来越多，体积越来越小。在物联网的背景下，这样的物体叫作事物，例如计算机、传感器、人类、执行器、电冰箱、电视、车辆、移动电话、衣服、食物、药物、书籍、护照和行李。它们将成为商业活动、信息流通和社会建设的积极参与者。无论有或没有直接人工干预，这些参与者都可以通过触发动作和创建服务自动地对"现实/物理世界"事件产生影响。有很多传感器设备主要应用于对象遥感和信息收集，传感、通信和本地信息处理这些功能被整合到了这些节点上。

无线射频识别（RFID）技术。搭建智能服务的第一步就是采集环境、事物和感兴趣的对象的相关信息。传感器可用于持续不断地监视用户的身体状态和行为信息，例如健康状态和行为模式；RFID 技术可用于收集至关重要的个人信息并且将它们存储在附在用户身上的价格便宜的芯片中。RFID 是一种射频（RF）电子技术，可以用来在各种各样的部署设置中识别和定位物体、人和动物。在过去的十年，RFID 系统已经并入宽泛的工业和商业系统中，包括大工厂生产和物流、零售、轨迹追踪、库存监视、资产管理、防盗、电子支付、反腐、交通售票系统、供应链管理等。

典型的 RFID 应用包括 RFID 标签、RFID 读取器和后台系统。只需一个简单的射频芯片和一个天线，RFID 标签就能够存储它所依附物体的身份信息。现今一共有三种 RFID 标签：被动式标签、主动式标签、半主动式标签。被动式标签只能在靠近 RFID 阅读器时从 RF 信号中获得能量。主动式标签是由嵌入在其中的电池提供能量的，当然它也能提供更大的记忆空间和更多的功能。半主动式标签与 RFID 读取器的通信方式就像被动式标签，额外的模式能够通过内置的电池提供能量。当它在 RFID 读取器附近时，存储在标签里的信息就转换到阅读器中，接着后台的计算机就对这些信息进行分析和处理，最终达到控制子系统操作的目的。

传感器、传感器网络以及无线传感器网络。在最近的十年，大家都将目光转向部署了大量以分布式为合作模式的微型传感器上，用于信息的收集和处理。人们都希望传感器节点的价格便宜并且能部署在不同的环境中。无线传感器网络（WSN）是由分布在空间各处的自动化传感器组成的。这些传感器可以监视身体和环境状态，如温度、声音、压力等，最终通过网络将信息汇聚到一处。这些传感器节点形成了一个多级的 Ad Hoc 无线网络。无线传感器网络和蜂窝网络最大的不同就是 WSN 不需要搭建基站，同时每个传感器节点都可以作为发送器和接收器。由于每个传感器节点的资源有限，如何在 WSN 网络中用最小的能量消耗进行数据传输是一个具有挑战的课题。

WSN 是由一组配有基础通信装置的传感器组成的，用来监视和记录在不同地点的情景状态。监视的参数通常有温度、湿度、压力、风向、光照强度、振动强度、声强、电源电压、化学浓度、污染物水平以及至关重要的身体状态信息。WSN 由无数个叫作传感节点的监测站组成，每一个节点都具有小、轻、方便携带的特点。每个传感器节点配备都有转换器、微型计算机、收发器和电源，转换器会基于感知数据产生电信号。

感知处理器在处理输入信号的同时将其存储或者转发出去。收发器可以通过有线或无线连接。每个传感器节点的电力都是从发电厂或者电池获取的。一个感知节点的体积大到一个鞋盒或者小到一粒灰尘。每个节点的花费也从数百美元到几个便士不等，当然这取决于传感网络的规模和工业传感节点的复杂度。传感节点的体积和花费总是由电量、存储容量、计算速度和传感器所用的带宽决定的。

现在按照 IEEE 802.15.4 标准制造的 ZigBee 设备采用了广泛使用的传感器技术。ZigBee 使用无线射频实现了低数据传输速率、更长的电池寿命以及更安全的网络。它们主要应用在监视和远程控制物联网或者移动应用。许多超市、百货商场和医院都安装了 ZigBee 网络。数据传输速率的范围是 20 ～ 250 Kbps。这个装置的工作范围约 100 米，但是 ZigBee 中的设备能够和其他设备一起工作以覆盖更大的区域。ZigBee 网络具有高度的可扩展性，现在已经被运用到无线家域网中（WHAN）。与蓝牙或者 WiFi 通信技术相比，ZigBee 技术具有易用性和经济性的特点。表 3-1 展示了物联网无线技术的频谱。

表 3-1　物联网的几种典型无线网络需求

网络类型	Wireless WAN	WMAN	WLAN	WPAN	
市场命名标准	GSM/GPRS CDMA/1XRTT	WiMaX 802.15.6	Wi-Fi 802.11n	ZigBee 802.15.4	Bluetooth 802.15.1
应用焦点	广域语音和数据	数据和传输带宽	Web、Email 和视频	监测和控制	取代电缆
存储（MB）	18 +	8 +	1 +	0.004 ～ 0.032	0.25+
电池（天）	1 ～ 7	1 ～ 7	0.5 ～ 5	100 ～ 1000+	1 ～ 7
网络大小	1	1	32	2^{64} +	7
带宽（KB）	64 ～ 128+	75000	54000+	20 ～ 250	720
范围（km）	1000 +	40 ～ 100	1 ～ 100	1 ～ 100 +	1 ～ 10 +
度量标准	覆盖范围	速度	灵活性	功率、成本	低成本

随着移动在线用户的增加，如何将一个移动设备高速接入互联网变成了一个至关重要的问题。正如表 3-1 所示，我们把无线覆盖范围和传输范围的递减顺序作为划分依据，将无线

网络划分成无线广域网（WAN）、无线城域网（WMAN）、无线局域网（WLAN）和无线个人区域网（WPAN）。这四类无线网络在不同的环境中使用并相互合作，以给设备提供方便的网络接入，所以它们是实现物联网的重要基础设施。

无线广域网包括现有的移动通信网络及其进化技术（3G、4G等），这些技术能提供连续的网络访问服务。WMAN包括WiMAX技术，它们提供了在大城市区域中数据的高速传输（100km/月）。WLAN包括现在流行的WiFi，WiFi给在楼房或者室内环境的用户提供网络接入服务，例如在家、学校、餐厅、飞机场等。WPAN包括蓝牙、ZigBee、NFC等通信协议。WPAN具有低功耗、低传输速率和短距离（一般来说小于10m）的特点，所以它们被广泛用于物联网传感器和个人设备的相互连接。

3.1.2 物联网关键技术

在图3-1中，我们定义了许多在不同应用场景下物联网基础设施应用的技术。这些支持技术中包括很多使能技术，它建立了物联网技术的基础。在使能技术中，射频识别（RFID）、传感器网络和GPS系统起着重要的作用，协同技术则扮演着辅助者的角色。例如，生物统计学可以广泛运用于统计人类、机器和实物之间的联系。人工智能、机器视觉、机器人学和思科网真可以使我们的未来生活更加智能化。

图 3-1　物联网关键技术

在2005年，物联网这个概念成为众人关注的焦点。人们都认为物联网设计理念应该是用一种感知的方式去连接世界。实现它的方式应该是通过给物体附上能够被RFID识别的标签，接着使用传感器和无线网络去感知这些事物，最终通过建立一个能与人类活动交互的嵌入式系统来分析这些事物的数据与信息。物联网不仅在研究机构而且在工业领域（如IBM或者Google）成为主要的研究潮流。物联网可以从很多相关技术中获得帮助。在这里仅仅列举一些：普适计算、社交媒体云、无线传感器网络、云计算、大数据、机器之间的交互系统以及可穿戴式计算设备等。

2008年美国国家情报委员会发布了一篇名为"颠覆性的民用技术"的报告，这也确定了直到2025年物联网都会作为与美国利益相关的关键技术。定量地说，物联网需要编码50～100万亿的物体。更进一步的发展是，物联网应该能跟随这些物体的移动。在世界人口已达60亿的今天，每个人每天都会被1000～5000个物体所包围，想象一下物联网通过改善我们和周围事物的交互，会在未来的日子里给我们带来多大的便利。

实现技术与协同技术。在之后的25年里，物联网能够比今天的物联网更加成熟和复杂。当我们迈向2020年的时候，无处不在的定位技术将会进入现实生活。除此之外，现实世界网络的出现将带我们进入物联网的最终形态。当然，物联网的最终目的就是实现人的能力、社会成果、国家生产力和生活质量的巨大改善与提高。

随着移动设备数量的不断增加，最终一定会带来移动流量的爆炸性增长，当大量移动设备互相连接来改变世界的时候，5G网络需要各种技术的进步来实现巨大数据流量的高效传输。然而，移动设备因为有限的计算能力、内存容量、存储空间和电量，限制了它的通信和计算水平。除了5G的宽带带宽支持，移动设备可以使用云计算平台获得几乎无限的动态计算、存储和其他的服务资源，这样就能克服智能移动设备的限制。因此，5G 技术和云计算的结合给其他有前景的应用铺平了道路。

有了移动云计算（MCC）的支持，移动用户便多了一个选择去处理其应用的计算需求，那就是将其交给云端。这时，一个主要的问题就是在何种情况下用户需要将计算任务上传给云端。当用户处于有 WiFi 热点的情况下时，计算任务将会上传到远处的云端。当用户的手持终端只有有限的硬件、电量、带宽资源的时候，手机就不能处理一些计算密集型的任务。当然，此时将有关计算任务的相关数据通过 WiFi 和其他高带宽频道上传给云端，无疑是个更好的选择。

3.2 物联网体系结构和交互框架

本节我们将会介绍物联网的基础体系结构，其中涉及的网络需求包括无线、有线和移动核心网络。接着，我们将讨论本地和全球定位技术以及后续可能用于 5 G 移动系统的基于云的无线接入网络。最后，我们将分别介绍 4 种物联网交互框架。

3.2.1 物联网体系结构

物联网基础体系结构分为感知层、网络层和应用层，其本质是一个事件驱动型的体系结构。图 3-2 给出了物联网的三层体系结构示意图。顶层是由一系列的智能应用（如商品追踪、环境保护、智能搜索、远程医疗、智能交通和智能家庭等）构成的应用层。底层是由各种传感器（如 ZigBee 设备、RFID 标签以及 GPS 导航仪等）和自动信息收集装置组成的感知层。传感器是在本地工作并远程连接到 Internet（如 RFID 网络和 GPS 系统等）中的。检测装置将收集的信息通过云计算平台传输给应用程序。

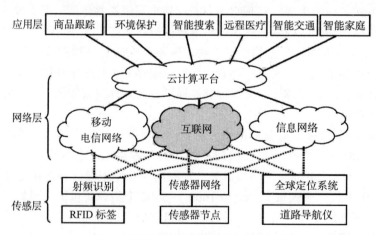

图 3-2　物联网（IoT）架构及其底层技术

信号处理云是由移动网络、骨干网和各种信息网络构建而成的。在物联网中，传感事件的不确定性非常强。但我们可以采用面向服务的体系结构为传感事件设计一个通用模型。我们采用大量的传感器和过滤器采集原始信息，使用各式各样的具有计算和存储功能的云平台和网络处理这些信息并且将原始数据转化为可用的信息模式。最终，传感信息将会汇集在一个面向智能应用的决策系统中。信息网络也可以被当作一个语意网，其中的一些元素（如服务、组件等）都是能够自我学习的。

3.2.2 本地定位技术与全球定位技术

如今，人们对网络世界与现实世界相融合的需求变得越来越迫切，定位成为互联网络世界和现实世界的桥梁。以 WSN 为例，有了位置信息，数据感知就会变得有意义。例如，在一个名为 ZebraNet 的真实 WSN 工程中，生物学家想要追踪和研究动物，如果没有定位，我们连追踪动物都无法做到，更无法进行进一步的研究。又比如在为用户提供个性化服务的应用中，区分各种场景的位置是至关重要的一环。

根据不同硬件设备的功能，我们将测量技术分为六类（从细粒度到粗粒度划分）：位置、距离、角度、区域、跳跃总数和邻近关系。其中，最强大的物理测量就是不采用任何计算而直接获得位置信息。GPS 就是这样一种基础设施。在本章中，我们将讨论其他五种测量技术及其基本原理。与距离相关的信息一般可以通过无线电信号强度或无线电传播时间来获得，角度信息可通过天线阵列获得，而面积、跳跃总数以及情景信息等无线信号一般只存在于传感器节点附近。本地定位系统依赖于超密基站部署，但是这对大多数资源有限的 Ad Hoc 无线网络来说是一个沉重的负担。此外，本地定位技术通过手动测量来确定设备的位置，而这在大规模部署或移动系统中显然是不可行的。而对于全球定位系统来说，尽管 GPS 是目前非常流行的系统，但其缺点是不适合用于室内环境中的定位，同时 GPS 的硬件成本也很高。

这些现有定位系统的限制激励定位领域专家设计出了一种新颖的网络定位方案，即一些特殊的传感器节点（也称为锚或信标）通过测量本地邻近节点的地理信息从而知道它们在全球的位置，同时确定它们的其他传感信息。该定位方案中多次提到的反射无线网络也被描述为"协助者""Ad Hoc""网络定位"或者"自定位"。

各节点相互合作并通过信息共享来确定彼此的位置。其中，"已知"和"未知"节点是指那些各自知道 / 不知道自己的状态和知道 / 不知道自己的位置的节点。在某一特定的定位过程中，一个未知节点可根据一些已知节点提供的信息确定自己的位置。这样的未知节点也被称为目标节点或需要被定位的节点，已知节点称为参考节点。

本地定位技术的解决方案包括两个基本阶段：通过地面网络部署的传感器节点测量实时地理信息；根据测量到的数据计算节点的位置。地理信息包括一系列的几何关系，从粗粒度的邻居关系到细粒度的节点排列（例如距离和角度）。通过对物理量的测量，定位算法解决了如何通过广泛分布的信标节点获取位置信息的技术难点。

具体来说，定位算法依赖于各种各样的因素，包括资源可用性、精确度要求、部署限制等，因此不存在适用于所有情况的单一算法。由于硬件方面的限制，传输距离并不符合我们对无线设备的需求。在这种情况下，"无须测距"是一种较为合适的替代方法。在该方法中，节点仅需要知道它们的邻近节点信息。下面，我们将介绍两种无须测距的方法。

如果不直接测量距离长度，两个节点之间的距离可用路由跳数和临近距离描述。基于跳数定位的基本思想就是使用信息的逐段传递去计算节点到各转折点的跳数。而跳数信息进一步可转换为对距离的估计。最后，每个节点采用三边测量或其他方法根据之前估计的距离来确定自己的位置。另一种方法是研究相对临近的节点。事实上，当长测距不可用时，采用目标节点的临近节点用于辅助定位处理这一思想是可行的。

基于卫星的全球定位技术。全球定位是由许多部署在外太空的卫星实现的，每颗卫星不断地传送信息，包括传输时间和卫星的位置。GPS 接收器通过计算每个卫星发出信号到接收器接收所花费的时间来确定其位置。接收器使用它接收到的消息确定传输时间，同时使用光速计算到每颗卫星的距离。这些距离和卫星的位置信息形成了一个球体信号。接收器则位于来自多个卫星的球体信号的交叉点。

例 3.1 GPS 系统在美国的发展

美国的 GPS 是由三部分构成的。太空部分由处于外太空环绕地球的卫星所构成。用户部分包括任何移动或静止的物体，如飞机、船舶和在地球表面的移动车辆。控制部分包括一些地面天线和遍布全球表面有着控制和监控功能的检测站。在图 3-3 为我们展示了一些上行和下行数据类型。计算信号的传播时间用来确定接收器的位置，许多 GPS 应用中都使用这个低成本但准确度极高的时间信息，包括传输时间、交通信号时序和同步手机基站。

在大多数情况中，我们需要 4 颗卫星才能确定地球表面的一个信号点的位置。图 3-3 展示了在美国部署的全球定位系统。美国全球定位系统是由 24 颗距地球上空约 11000 英里 [⊖] 的卫星构成的。坐落在全世界各个位置的地面站不断地监测这些卫星。最初在 1975 年开发的 GPS 系统被用于军事用途，而现在的这个系统在严格的规章制度下已经对公众开放共享，成为民用和商用系统，主要用于车辆跟踪和导航等方面的服务。

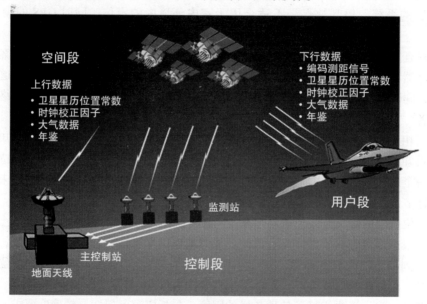

图 3-3 美国全球定位系统

3.2.3 传统物联网系统与以云为中心的物联网应用

现如今，传统的独立物联网系统更适用于一些新的应用，以改善我们生活的环境，如家庭环境、旅行环境、生理和心理疾病状态、工作环境、健身运动状态等。这些环境中装备的传感器只能采集原始数据，大多数时候没有任何通信能力。给这些对象相互通信的能力和感知环境详尽信息的能力意味着在不同的环境中可以部署各式各样的应用。这些应用可以涉及以下几大领域：运输和物流领域、医疗保健领域、智能环境（家庭、办公室、工厂）领域、个人和社会领域。在这些可能的应用领域中，我们可以区分直接适用或接近我们当前的生活

⊖ 1 英里 = 1609.344 米

习惯的应用，以及那些由于技术和社会的不成熟导致我们现在只能想象的未来应用。下面，我们简要介绍刚才提及的几种应用以及一系列未来应用。

例 3.2　物联网支持的智能电网

　　智能电网是跟踪网络中所有电流的智能监控系统。其中，智能电表和传感器实际上是一个升级版的数字化通用电流表。因为智能电网能够实时跟踪能源的使用情况，所以客户和公司可以随时知道任意时间的能量消耗量。能耗与用电时间是相对应的，这意味着在高峰时期的用电将会花费更多的成本。图 3-4 展示了物联网支持的智能电网架构图。

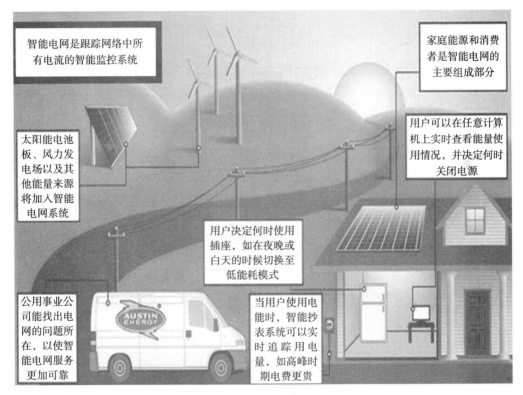

图 3-4　智能电网示意图

　　举个例子，在用电低峰时期（即每度电费最便宜的时候），用户可以让智能电网开启指定的家电（如洗衣机），也可以运行工厂的流水线。而在高峰时期可以选择关闭部分电器以减少用电量。当然，也会有更多的用户选择使用智能电表远程监控电量的使用情况，同时对能源消耗事件进行实时决策。例如，当居民不在家时可以远程关闭冰箱或空调系统。

　　随着 WSN 以及低功耗嵌入式系统和云计算的发展，云计算支持的物联网系统正逐渐成熟并支持智能应用，这其中还包括大量计算密集型的物联网应用。家庭物联网应用程序可以在新兴的云计算环境中升级。这种具有伸缩性和弹性的云协助框架可以将计算和存储转移到网络中从而降低运营和维护成本。

　　基于云计算设计的物联网应用在不同的领域（如智能电网和医疗）通常都很难理解和操作云服务中的计算机。而有了语义模型的支持，基于本体论的方法能够用于信息交互并且可以在具备云端协助的家庭物联网中进行信息分享，如图 3-5 所示，云平台在不同的应用场景（如健康医疗、能耗管理、便利出行和休闲娱乐等）都能提供不同的服务，独立的云系统之间可以进行相互操作，服务器网关采取了不同的技术、协议、标准和服务使得通信变得多样化同时还能整合设备。现在，大多数服务器网关采用了明确定义的软件模式和系统，例如Jini、UPnP 和 OSGi。此外，在物联网中异构对象通信是一个重要的问题，其难点在于不同的对象以不同的格式、不同的目的提供不同的信息。在这一层面上，我们或许能运用语义网技术和模型辅助解决这一问题。此外，语义网技术还可以应用于增强家庭物联网应用之间的通信。

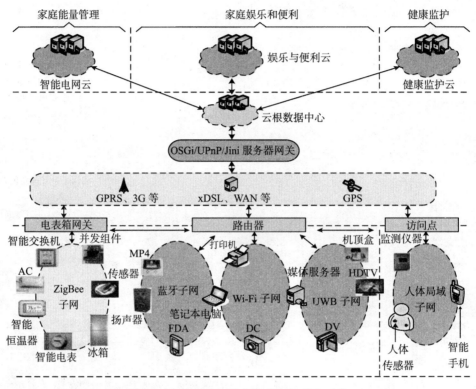

图 3-5　面向家庭环境的物联网云平台系统

近些年，在协助云技术用于不同的目标时，云计算为我们提供了新颖的视角。一个协助云通信系统可包括多个不同的云系统，它们以不同的策略工作在一起并共享资源。在此基础上，即使在计算时出现了大范围的波动，端对端的用户体验也不会下降。显然，单个云系统是做不到这一点的。我们都知道先前的物联网架构中并没有考虑协助云平台的能力，然而，这是实现物联网功能完整性的重要一环。因此，相比之前的文献研究，我们提出了一个物联网云平台体系结构。下面的例子演示了英特尔和中国移动为 5G 移动核心网络的发展所做的努力。

例 3.3　**面向 5G 移动通信系统的基于云的无线接入网络（CRAN）**

目前，我们在世界范围内部署了大量的基站用于支持 3G 或 4G 移动核心网络。但这些基站面临一系列的技术挑战——庞大的物理体积、低传输速率、传输单元耗损，还需要保证功率感知以支持不中断运转等。CRAN 是由英特尔和中国移动发起的联合工程，目标是有效地解决上述难点。图 3-6 详细解读了上述技术挑战。

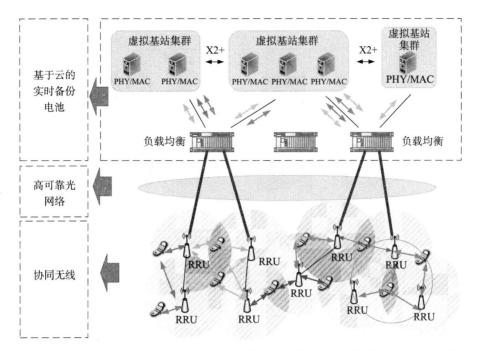

图 3-6   基于云的无线接入网（CRAN）架构（支持快速、移动、绿色节能的 5G 移动通信服务）

传统基站采用的笨重的天线塔将会被大量体积微小的远程无线头（RRH）所取代，这些 RRH 工作时只消耗很少的能量（太阳能就足够提供其所需的能量），此外，也更容易在人口密集的地区进行部署。控制基站和操作基站将会被虚拟基站（VBS）代替。虚拟基站处在基于云的交换中心的层次结构池中。为了平衡 RRH 和 VBS 的负载，我们使用了高速光传输网络、交换机和光纤电缆以及微波连接等设备和技术。

CRAN 的优点可以总结为四个方面：（1）集中式处理资源池可以高效支持 10 ～ 1000 个单元的运作；（2）协作广播在多单元联合中起着调度和处理的作用，解决挥发损失和交接问题；（3）CRAN 能为开放的 IT 平台提供实时服务，如资源整合、灵活的多标准操作和数据迁移等；（4）逐步实现的资源消耗更少的清洁能源和绿色移动通信，将花费更少的操作费用，并实施更加快速的系统迭代。目前，许多公司也建立了类似的 CRAN 系统，如思科和韩国电信等。

3.2.4 物联网与环境交互框架

作为一种新型“网络”，物联网不仅连接着手机、电脑等智能设备终端，而且也连接着日常生活中“不联网的事物”或“惰性对象”。我们首先介绍物联网的四层基础架构（图 3-7）。

物体传感和信息收集。建立智能设备的第一步就是收集关于环境、事物以及目标物体的信息。例如，传感器用于持续不断地监测人的生理活动和行为，如健康状态和行为模式。RFID 技术用于收集重要的个人信息，同时将其存储在一个低消耗的能随身携带的芯片中。

信息传递。目前我们拥有的各种无线技术都可以用于信息传递，例如无线传感器网络（WSN）、人体局域网（BAN）、WiFi、蓝牙、ZigBee、GPRS、GSM、蜂窝技术和 3G 等。这些不同的通信技术可以使系统容纳更多的应用。

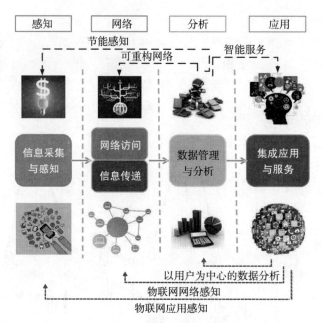

图 3-7　物联网感知、移动监测和云分析之间的交互

信息处理。智能机器需要以更加自动化和智能化的方式去处理信息，这样才能随时随地给人们提供智能服务。例如根据用户的兴趣过滤社交网络中无意义的信息。

智能应用和服务。物联网传感可以和许多其他网络系统进行交互，如图 3-7 所示。例如，我们可以根据用户的具体需要个性化地分析其性能数据。传感数据文件和网络策略可以基于特定的应用程序需求进行调整。基于数据分析获得的情报以及传感层和分析层之间的交互能产生高能效的传感行为。数据分析同样有助于智能设备。至于网络层，其管理功能（网络功能虚拟化和软件定义网络）即使在分析层也能满足运营商严格的服务协议水平，准确地监测和控制网络流量，减少运营费用。

通过与 WSN 相连，M2M（机器对机器）系统中的传感器可以收集到广泛的信息。因此，除了 M2M 通信，机器也可以通过与 WSN 整合以收集信息然后做出决策。有了做决策的能力和自动控制的能力，M2M 系统就可以升级为 CPS（信息物理系统）。因此在物联网的体系结构中，CPS 是 M2M 引入了更多智能和交互操作之后的升级系统。对于不同类型的应用，物联网有不同的表现形式，如 WSN、M2M、BAN 和 CPS。

在表 3-2 中，我们用 × 的不同个数区分不同物联网框架的相关特性。× 的个数越多表示该物联网框架对于某特性的需求越高，得益于大量无线网络和智能设备，CPS 应用可以提供基于智能信息（从周围环境中获取的）的智能服务。可以看到，WSN 是物联网一个基础的方案。它被当作 M2M 的补充和 CPS 的基础。在智能信息处理方面，CPS 是 M2M 的进化产物。

接下来，我们将详细说明四种无线物联网应用框架，分别是 WSN、M2M、BAN 和 CPS。

- WSN。它由自主监控物理或环境条

表 3-2　四种物联网架构的性能需求对比分析

架构	WSN	M2M	BAN	CPS
感知需求	× × × ×	× ×	× × ×	× × ×
网络需求	× ×	× × × ×	× ×	× × × ×
分析复杂度	× ×	× ×	× × ×	× × × ×
应用产业化	× × × ×	× × ×	× ×	×
安全需求	×	× ×	× × ×	× × × ×

件的空间分布式传感器构成。传感器之间的相互合作能将数据通过网络传递给目标位置。WSN 主要通过各种传感器节点采集的信息来感知物联网的基本情况。

- M2M。典型的 M2M 指的是在不需要或只需要有限人为干预的情况下，不同终端设备（如电脑、嵌入式处理器、智能传感器 / 执行器和移动设备等）之间的信息传递。M2M 通信背后的基本原理依赖于三个观察值：（1）联网的机器比单独的机器更有价值；（2）多个机器相互连接，可以实现更自主的应用程序；（3）无处不在的智能服务可以通过机械化设备随时随地与其他设备进行沟通。
- BAN。一种继承了传感器网络的新型网络体系结构，使用了最新的轻量化、小型化、低功耗和具有智能监视功能的可穿戴传感器。这种传感器能够持续不断地监测人类的生理活动和身体状态信号，如健康指标和行为模式等。
- CPS。它是一个协作系统，即计算元素控制的物理实体。

3.3 RFID

RFID 是一种非接触式信息传输模式，利用空间耦合（交变磁场或电磁场）最终通过射频信号进行识别，实现了通过转换信息达到自动识别的目的。在 20 世纪 90 年代末，麻省理工研究团体提出了物联网这个术语，RFID 的进步则推动了物联网的发展，美国自动识别中心首先提出了自动识别跟踪的概念，成为最早的物联网部署形式。2008 年，美国国家情报委员会发布了一份名为"颠覆性民用技术"的报告，其中确定了物联网作为国家关键技术的地位。

3.3.1 射频识别技术和标签设备

射频识别设备具有不同的大小、功率需求和操作频率，包括大量可重写的和非易失性的存储以及智能软件。其覆盖范围从几厘米到几百米不等。然而，大型远距离射频识别设备的操作依赖于内部电源；相反，小型设备则不需要借助任何电源。射频识别是三个功能组件的组合，即 RFID 标签、射频识别读取器和读取器天线。

RFID 标签。它由一个微小的硅芯片和一个小天线组成。标签由塑料、硅或玻璃进行封装。数据存储在微芯片中等待读取器进行读写。通常情况下，标签中的天线从 RFID 读取器接收到电磁能量，利用阅读器的电磁场收集功率，然后将无线电信号返回到读取器。读取器读到标签的无线电信号，并将频率转译成有意义的数据。

RFID 标签分三类，即有源、半有源和无源 RFID 标签。有源 RFID 标签包含电池，可以自主传输信号。无源 RFID 标签不具备电池，需要外部源发起信号传输。半有源 RFID 标签实际上是有电池辅助的无源 RFID 标签。不过只有当半有源 RFID 标签的 RFID 读取器发送激励信号时，其电池才能被激活。基于不同无源 RFID 标签所使用的无线电频率，我们将其分为低频（LF）域、高频（HF）域和超高频（UHF）域。

RFID 读取器和天线。它是与标签对话的设备站。读取器可以支持一个或多个天线。相比条形码，RFID 具有一个重要的优势，即读取器设备可以利用视觉检测到对象。一些 RFID 读取器可以同时识别多个物体。天线发射能量，然后捕获从标签返回的信号。天线可以被集成到手持式读取器设备之上或通过导线连接到读取器。RFID 读取器天线可以检测类似于雷达照射目标的 RFID 标签。但是，RFID 只能工作在较短的范围内。

例 3.4 **RFID 技术用于商品标记或电子标签**

电子标签或 RFID 标签可用于商品或者运输箱上。电子标签由以聚乙烯包裹的小 IC 芯片制成,印刷电路通过铜线圈天线驱动。标签本身不带电源,而是从读取器天线收到的广播信号波中获得电能。图 3-8 展示了 6 个事件序列。事件 1～3 展示了读取器和标签之间的通信和握手。事件 4～6 展示了天线如何读取标签上的数据,然后传送到后端计算机进行处理。

计算机发送基于事件的更新数据,然后存储在标签上,以便将来使用。该 RFID 识别过程的中间部分由后端计算机执行以完成读取和更新处理。当然,RFID 也可以服务于其他远程识别。例如,RFID 标签可以运用在百货、超市、库存查询、航运业等。

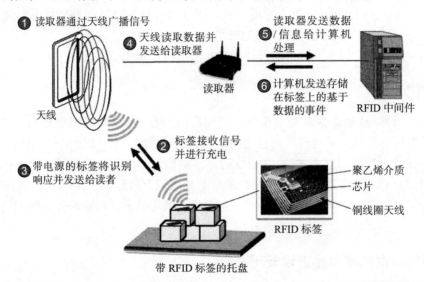

图 3-8 使用 RFID 读取器检索包装盒上的 RFID 标签存储的产品数据

3.3.2 RFID 系统架构

从 1980 年开始,RFID 技术和产品进入了商业应用中。现在,RFID 产品种类增加了不少,各种标签都有了很大的发展,成本不断减少,大规模的行业应用已经开始发展起来。RFID 具有类似于雷达的操作原理。首先,读取器通过天线发送电子信号,标签接收到信号后,在内部存储识别到的信息,读取器接收并识别通过天线从识别标签发回的信息,最后读取器发送标识结果给主机。

典型的 RFID 系统包括 RFID 标签、RFID 读取器和一个后端系统。用一个简单的 RF 芯片和天线以及 RFID 标签便可以存储连接对象的信息。当 RFID 标签接近 RFID 读取器时,存储在标签中的信息被传送到读取器和后端系统,然后可以使用计算机处理该信息,并控制其他子系统中的操作。

例 3.5 **基于规则搜索处理的汽车超速监控 RFID 系统**

当携带 RFID 标签的车辆在高速公路上超速行驶,并通过装有 RFID 读取器的检验点时,车辆的识别数据将被发送到 RFID 读取器和后端系统。在后端数据库中能检索到车辆的 ID。系统检查数据库,同时发出传票。在图 3-9a 中,车辆被相机监测以检查它的速度。如果超过限速,基于交通监察规则,某些动作将被触发,例如发出传票给驾驶员。另外,车辆可以由警车追捕,以避免干扰其他司机的路面驾驶。

在图 3-9b 中，规则搜索处理由一个超速校验 RFID 系统执行。规则的基本格式包括简单的条件语句等一系列动作代码：如果 { 条件（环境参数），然后 {＜动作（参数 1）＞，＜动作（参数 2）＞，其中环境参数（如温度或湿度）被用于确定一个规则的条件是否得到满足。动作表示该系统可对运行车辆进行的某一操作。例如，规则搜索的结果可能是：如果 { 速度 >120 公里 / 小时 }{ 然后通知警方（）}。

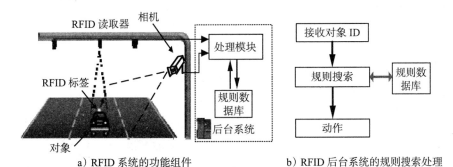

a）RFID 系统的功能组件　　　　　　b）RFID 后台系统的规则搜索处理

图 3-9　RFID 系统在汽车超速检测中的应用实例

3.3.3　物联网支持的供应链管理

RFID 技术在商业领域和市场中扮演着重要的角色。许多工业、政府和社区服务可以从其应用中获益。这些应用有助于社会、城市和政府更好地发展。典型的 RFID 物联网应用包括零售及物流服务和供应链管理。

零售及物流服务。RFID 应用兴起于零售商、物流组织和包裹递送公司。特别是，零售商可能为了解决同时存在的一些问题而去标记单个对象，从而做到精确盘点和损失控制，并支持无人值守的销售点终端（这可以在加快结账速度的同时降低入店行窃的机会、减少劳动力成本）。冷藏链的审计和鉴证可能要求用温度敏感的材料或电子元件标注食品和药品。为了保证或监测易腐材料的完好，此类 RFID 应用需要考虑事物之间的通信需求、制冷系统、自动数据记录系统和相关的技术人员。

例如你在杂货店买一盒牛奶。牛奶的包装上贴有存储牛奶的到期日和价格信息的 RFID 标签。当你从货架上拿起牛奶时，货架可能会显示牛奶的具体截止日期，或者信息能够以无线方式发送到你的个人助理或手机。当你离开商店时，你穿过的门具有嵌入式标签阅读器。这个阅读器以表格形式列出你的购物车中所有项目的费用，并将购物账单发送到你的银行。产品制造商知道你买的所有东西，实体店的电脑知道到底有多少产品需要重新上架。

到家后，你把带有标签阅读器的牛奶放入冰箱。这种智能冰箱能够跟踪所有存储在其中的货物。它可以跟踪你的食物，以及你多久需要补足冰箱。这可以让你知道牛奶等食物什么时候变质。被扔进垃圾桶或回收站的产品也将被跟踪。根据你所购买的产品，你的杂货店可以知道你的个性化喜好。因此你就不会收到一般的每周特价商品信息，你可能会收到一个只为你创建的个性化购物推荐单。

供应链管理。可以通过 RFID 系统来协助供应链管理。我们的想法是利用 RFID 系统管理有关的企业或一个产品的制造所涉及的整个大网络，去跟踪终端用户完成交付和服务的任务。在任何时候，市场动力可能需要从供应商、物流供应商、地点和客户的变化以及在供应链中一些专门的参与者中获得。这种可变性对供应链的基础设施、对建立贸易伙伴之间的电子通信的基础层以及更复杂的配置过程等都具有重大的影响。同时，工作流程的安排对于快速生产过程至关重要。

供应线包含了这些过程、方法、工具和交付选项，以指导合作伙伴有序、高效、快速工作。该合作公司必须在快速状态下工作，原因在于供应链复杂性的增加和供应链的增长、价格快速波动的影响、石油价格的上涨、产品生命周期短、专业化的扩大以及人才的短缺。供应链是一种有效的网络设施，用来完成获得材料、将材料转换为成品、再将成品销售给客户这个过程。下面的例子可以解释物联网支持的供应链如何促进企业效益快速增长。

例 3.6　通过物联网的辅助供应链管理

公司采用供应链管理以确保他们的供应链是高效且具有成本效益的。图 3-10 所示为生产和销售电子产品供应链。供应链涉及材料或部件供应商、配送中心、通信链路、云数据中心、大量的零售商店、公司总部（如沃尔玛）和银行支付等，这些都是通过卫星、互联网、有线和无线网络、卡车、火车、船、电子银行以及云服务供应商等业务合作伙伴联系的。

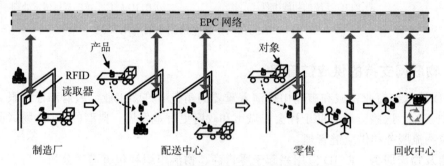

图 3-10　多合作伙伴业务管道中的供应链管理

传感器、RFID 标签和 GPS 设备在供应链上无处不在。其整体想法是推动在线业务、电子商务和移动交易。供应链管理是由产品运营的五大阶段组成的：

- 规划和协调：为解决"货物或服务如何满足客户的需求"所指定的计划或战略。
- 材料和设备供应：此阶段包括建立与原料供应商之间的牢固关系，也包括计划运输、交货和付款方式。
- 制造和测试：产品的测试、制造和按期交货。
- 产品的交付：客户订单被接收的同时需满足按期交货。
- 售后服务和退换货政策：在这个阶段，客户可能会退回有缺陷的产品，公司需要满足客户的售后需求。许多企业使用供应链软件进行高效的供应链管理。

3.4　传感器、无线传感器网络和全球定位系统

随着电路设计、信号处理以及微电子机械系统（MEMS）的发展，各种传感器都被生产出来，从简单的光学传感器和温度传感器到更复杂的传感器，如二氧化碳传感器等。我们所使用的传感器的类型通常是由特定应用的需求来确定的。在一般情况下，处理器通过模拟信号或数字信号与传感器相互作用。基于模拟信号传感器输出物理测量的模拟量，如电压等。模拟量必须在使用前进行数字化处理。因此，这些传感器还需要外部的模数转换器以及额外的校准技术的协助。在基于数字信号的传感器的传感过程中，处理器和传感器之间的相互作用被简化，因为数字量直接由传感器提供。

3.4.1 传感器的硬件和操作系统

传感器使物理世界与电子系统相互融合。传感器通过发送给即时处理节点的模拟或数字化信号得到转换的数据。然而，无论是作为传感器节点实现算法的一部分，或者作为中间硬件组件的一部分（大多数情况下前者更加流行），某些专用形式的预处理或过滤操作也可以预先发生。

我们分析了两种类型的传感器：用于环境监测的传感器和用于生理数据的传感器。环境监测传感器用于收集环境信息。部署 BAN 传感器用于收集重要的身体数据。如表 3-3 所示，典型的环境监测传感器包括可见光传感器、温度传感器、湿度传感器、压力传感器、磁传感器、加速度传感器、陀螺仪、声音传感器、烟雾传感器、无源 RF- 光传感器、光结构传感器、土壤水分传感器和二氧化碳气体传感器等。

表 3-3 环境监测传感器的特性

制造商	传感器	电压（V）	电流	采样时间
Taos	可见光传感器	2.7～5.5	1.9mA	330μs
Dallas Semiconductor	温度传感器	2.5～5.5	1mA	400ms
Sensirion	湿度传感器	2.4～5.5	550μA	300ms
Intersema	压力传感器	2.2～3.6	1mA	35ms
Honeywell	磁传感器	—	4mA	30μs
Analog Devices	加速度传感器	2.5～3.3	2mA	10ms
Panasonic	声音传感器	2～10	0.5mA	1ms
Motorola	烟雾传感器	6～12	5μA	—
Melixis	射频光学传感器	—	0mA	1ms
Li-Cor	光结构传感器	—	0mA	1ms
Ech2o	土壤水分传感器	2～5	2mA	10ms

惯性运动传感器。在这个类别中，加速度计和陀螺仪是目前采用的估算和监测身体动作以及人体运动模式的最常见设备。此功能对于许多类型的应用是必不可少的，尤其是在医疗保健、体育和游戏机领域。为此，加速度计测量引力和倾斜角，而陀螺仪测量角位移。一般情况下，两者结合使用能产生方位信息和多样化的用户运动模式信息。

生物电传感器。这类特定的传感器用来测量在用户 / 患者的皮肤表面的电变化。这些电信号直接或间接与身体器官的当前活动或病症有关。心电图传感器是一个典型的例子，通常采取围绕人体躯干和四肢的一小块圆形区域监测心脏活动（ECG），还可用放置在皮肤传感器上的骨骼肌（EMG）的电活动来测量，以帮助神经和肌肉病症的诊断。

人体传感器。生理信号传感器和多个身体传感器都可以连接到的无线平台。人体传感器的一般功能是收集对应于人的生理活动或身体动作的模拟信号。这样的模拟信号可以由相应的装备（如具有无线电模式的电路板）以有线方式进行收集，其中该模拟信号会被转化为数字信号。最后，数字信号由无线电收发器进行转发。市面上出售的人体传感器的类型情况如下。

- 电化学传感器。这类传感器输出的电信号是由传感器的化学试剂和身体物质之间的微小化学反应驱动的。例如血液葡萄糖传感器，它测量葡萄糖在血液中循环的量。另一例子是监测二氧化碳在人体呼吸产生的气体中的浓度水平。
- 光学传感器。那些发出和接收可见光与红外线外光谱的装置常常作为非侵入式监测方法，意在测量人体血液循环的血氧饱和度。当光通过用户 / 病人的血管和动脉时，脉搏血氧计就会测量光吸收的程度。

- 温度传感器。这种流行的传感器类型被放置在人体的各区域皮肤表面上，并且有规律地在患者生理评估期间使用。

在智能物联网环境下，我们可以监测和探索物质世界的极限。例如，人不能承受超过 100℃ 的温度，也不能区分温度的细微变化。因此，物联网环境保护对使用耐热传感器进行的大范围温度测量提出了更高的需求。我们的日常生活中广泛使用了传感器，例如空调中的温度和湿度传感器、热水器中的温度控制器、走廊照明灯中的声音控制器以及电视机的遥控器等。

此外，传感器还广泛应用于环境保护、医疗卫生、工业、农业、军事和国防等领域。传感器是一种能够感测指定测量量并且按照一定的规则转换为可使用的输出信号的仪器或设备，且通常由感测元件、转导元件和基本的电路构成。感测元件是传感器的一部分，能够直接检测物理量；转导元件可以将测量参数转换成电参数（如电压和电感）并输出；基本电路将电参数转换成电路参数。

传感器的结构设计。 图 3-11a 为一个带有传感器模块、无线电模块和内存模块的传感器节点。传感器模块包括一个传感器、一个滤波器和一个模 – 数转换器（ADC）。传感器将某种形式的能量转换成模拟电信号，接着使用带通滤波和 ADC 数字化进一步处理。传感器与其他几个概念很容易混淆，如传感器节点、无线传感器节点和无线传感器网络。传感器通常是将物理信号转换成模拟信号的模块。

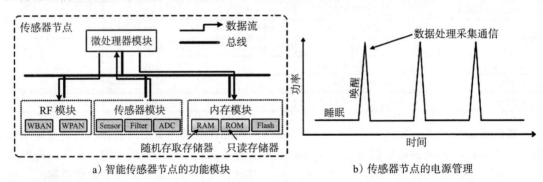

a）智能传感器节点的功能模块   b）传感器节点的电源管理

图 3-11 典型传感器操作中的电源管理

我们通常所说的传感器节点是指传感器加上微处理器，它的功能是将模拟信号进一步转换为数字信号。无线传感器节点进一步在传统传感器节点的基础上集成了无线通信码片等其他芯片，例如，微操作系统 TinyOS 和 Contiki 中装有一些嵌入式程序来分析和处理感测到的信息，并通过网络发送。如果多个这样的无线传感器节点相互连接，并形成一个自组织网络，这样的网络就被称为传感器网络或无线传感器网络。

功耗。 无线传感器节点通常部署在露天状态下，所以无法通过电线为它们供电。因此，我们必须将节能降耗作为重要的硬件设计目标。例如，在正常操作模式下，传感器处理器的功率在 3 ~ 15 mW 之间。传感器周期性功率管理如图 3-11b 所示。睡眠、唤醒和处理峰值之间进行周期性循环，同时在固定的时间间隔内进行重复。在大部分时间内，该传感器处于睡眠模式中。设备周期性地被唤醒。传感器能耗大多发生在数据采集和通信操作上。有时，还会在检测到触发事件的同时激活传感器设备，但这不是频繁发生的。传感器的寿命可以跨越几个月至数年，这取决于该设备是否由太阳能或其他持久的能量来源供电。

价格和规模。 一般来说，规模较大的网络需要部署数量较多的传感器节点，以完成复杂的任务。在固定的预算价格和传感器节点的数目之间需要做出权衡。因此，传感器的硬件设计必须考虑到价格方面的因素。通常情况下，无线传感器节点应该是便于携带和部署的。所以，我们必须把微型化作为硬件设计目标。然而，节点的微型化也限制着传感器节点的功能。

灵活性和可扩展性。传感器节点适用于各种不同的应用，这使得它们的硬件和软件设计必须具有灵活性和可扩展性。此外，这两种特性也为实现传感器网络的大规模部署提供了重要保障。节点的硬件设计应符合一定的标准接口规范。例如，节点和传感器模板的接口统一，有利于在节点上安装不同功能的传感器。

此外，软件设计必须是可裁剪的，并能根据不同的应用需求安装具有不同功能的软件模块。同时，软件的设计还必须考虑系统时域的可扩展性。例如，传感器网络应能够连续添加新的节点，且在该过程中不影响网络的现有性能。例如，节点软件应该能够通过网络自动更新程序，而不是在已部署的节点收回并销毁后，再在每个节点上重新部署软件。

表 3-4 显示了传感器平台的各项功能以及支持的操作系统、无线标准和数据速率等。我们主要对不同传感器节点支持的操作系统、使用的无线标准、最高数据传输速率、户外的使用范围和功率水平方面进行比较。这些系统功能揭示了在一般应用程序设计中传感器的主要特点。可以看到，所有的传感器都实现了低功耗，但其数据传输速率都较低（38.4 ～ 720 Kbps），这并不能支持大型人体传感器网络或应用所涉及的多媒体数据业务，如视频流等。我们看到在 IEEE 802.15.4 的 ZigBee 传感器上运行的数据包已被广泛采用。蓝牙具有较少的能量消耗，但是整体效率不高。共享 2.4GHz 的 ISM 波段中，来自其他无线设备的干扰也许会在使用这些传感器去构建一个体域网的时候产生其他问题。

表 3-4　典型传感器节点的特性比较

名称	OS 类型	无线标准	数据率	室外覆盖范围（m）
BAN node	TinyOS	IEEE 802.15.4	250（Kbps）	50
BTNode	TinyOS	Bluetooth	24（Mbps）	100
eyesIFX	TinyOS	TDA5250	64（Kbps）	—
iMote	TinyOS	Bluetooth	720（Kbps）	30
iMote2	TinyOS or .NET	IEEE 802.15.4	250（Kbps）	30
IRIS	TinyOS	IEEE 802.15.4	250（Kbps）	300
Micaz	TinyOS	IEEE 802.15.4	250（Kbps）	75 ～ 100
Mica2	TinyOS	IEEE 802.15.4	38.4（Kbps）	> 100
Mulle	TCP/IP or TinyOS	Any	250（Kbps）	> 10
TelOS	TinyOS	Bluetooth or IEEE 802.15.4	250（Kbps）	75 ～ 100
ZigBit	ZDK	IEEE 802.15.4	250（Kbps）	3700

鲁棒性。鲁棒性是实现传感器网络长期部署的重要保障。对于一般的电脑，一旦系统崩溃，人们可以重新启动以恢复系统。然而，这并不适合传感器节点。因此，节点方案设计必须满足鲁棒性的要求，以保证该节点可以长时间正常工作。例如，如果硬件价格允许，我们可以采用不同形式的传感器，当一种传感器失灵时，系统可以启用备选的另一传感器。在设计软件时，我们通常需要把函数模块化。而在部署系统之前，需要对各功能模块进行总测试。本节聚焦于讨论传感器模块的设计和应用需求，以选择硬件部件、通信接口、电源和操作系统。

能量供给装置。通常情况下，传感器节点是由电池供电的，这使得节点更容易部署。一般来说，具有 2000mAh 容量的电池，可连续输出 10mA 的恒定电流，理论上可使用 200 小时。但实际上，由于各种因素，例如电压变化和环境变化，该电池的电量无法被完全利用。除了电池供电，节点也可以使用可再生能源，如太阳能、风能等。例如，在阳光直射的情况下，1 平方英寸[⊖]的太阳能电池板能提供 10mW 的电能。而在室内灯光照射的情况下，1 平方英寸的太阳能电池板只能提供 10 ～ 100μW 电能。

因此，在白天收集的电能可以供节点在夜间使用。基于可再生能源的关键技术及其储存能量的基本原理，目前有两种技术被广泛使用。一种是使用可充电电池，其主要优点是有相对较少的自放电以及更高的电能利用率，主要缺点是充电效率相对较低且充电次数有限。另一个相对较新的技术是使用超电容器，其主要优点在于充电效率高，充电次数可以达到 100 万次，且不容易受到温度和振动的影响。

微处理器。微处理器是无线传感节点的计算核心。现代微处理器芯片还整合了内部存储器、闪存、模块转换器和数字 I/O 等。深度整合相关组件的特性使配备有现代微处理器芯片的传感器节点真正适合在无线传感网络中使用。

通信芯片。通信芯片是无线传感节点的重要组成部分。通信芯片的能耗具有两个特点。一是通信芯片的能量消耗占整个无线传感节点的能量消耗比例最大。例如，在目前频繁使用的 TelosB 节点中，正常情况下 CPU 的电流只有 500μA，而通信芯片发送和接收数据时，几乎达到了 20mA 的电流。

另一个特点是，当低功耗通信芯片发送和接收数据时，其能耗差别不大。这意味着，只要通信芯片是开启的，它们是否发送和接收数据所消耗的能量几乎相同。通常，通信芯片的传输距离是我们选择传感节点的一个重要指标。但传感器的传输距离取决于芯片的发射功率。

例 3.7　**基于传感器网络的环境保护应用**

无线传感器网络可以支持许多重要的环保计划。图 3-12 展示了四个自然环境保护方案：地震震后损坏评估；交通污染控制；通过监测海洋微生物进行海洋污染治理；通过传感器监测生态系统进行生物复杂性分析。这些环保方案需要使用大量的微型传感器、车载处理技术和小规模可行的无线接口（决定了可监视对象的距离远近）。这些方案使得传感器能够在空间和时间密集的环境中进行监测。大规模分布式嵌入传感器可以感知一些不能预先观察到的现象。

a）地震结构响应　　　　　　　　　　b）海洋微生物

c）污染物运输　　　　　　　　　　d）生态系统生物复杂性

图 3-12　物联网在环保规划中的应用

⊖　1 平方英寸 = 6.452 × 10⁻⁴ 平方米

传感器节点的核心是软件系统、上层应用程序与硬件驱动器、资源管理、任务调度和编程接口等，不同于传统的操作系统，节点操作系统最主要的特点是其硬件平台的资源实在有限。典型的传感器节点操作系统包括 TinyOS 和 MOS 等，TinyOS 是在无线传感网络中使用最广泛的。这些传感器共同的特点是 OS 极其小型化。

3.4.2 基于智能手机的传感

目前，物联网传感正在发生多样性的变化，即智能手机逐渐集成了各种传感器去感知物理世界。正如图 3-13 所示，越来越多的智能手机都配备了传感设备，如 GPS 接收器、照相机、录音机、温度计、高度计和气压计等。由于人们是在移动环境中连接到互联网，智能手机的内在能力使传感器设备具备迁移到另一个全局用户组的能力，因此，智能手机不仅建立了传感设备与互联网之间的桥梁，也在现实世界和网络世界中将人们连接起来，并成为物联网的重要组成部分。

表 3-5 展示了智能手机收集数据的几个实例。这些传感器建立了现代智能手机采集的各种信息的集合，如体育活动、地点、流动模式、社交（如使用近程传感器）和心率等。此外，智能手机的使用模式和趋势也可以提供非常有价值的情景信息。这些数据包括浏览历史、沟通习惯（如电话和短信等）、社交网络活动和 App 使用情况。

图 3-13　2016 智能手机传感器设备的内置传感器

表 3-5　智能手机配备的传感器及其用途

传感器 / 数据名	类型	采样周期
存储器、CPU 负载、CPU 利用率、电池、网络流量、连接状态	系统	1s
地理位置	传感器	10s
加速计、磁强计、陀螺仪	传感器	100ms
距离、压力、光、湿度、温度	传感器	1s
手机活动、SMS、MMS	用户行为	1s
屏幕状态、蓝牙、WiFi	用户行为	3min

例 3.8　智能移动设备在医疗和健康领域的应用

用户的健康状况评估是时下健康物联网领域中一个热门的研究课题。日常生活中有各种可评估的因素，如情绪、社交互动、睡眠习惯、活动量、生活满意水平等。然而，在此之前的调查需要调查员与调查对象之间进行面对面的交互，因此限制了地理范围和这些课题研究的规模。

各种感知设备，如加速计、GPS、短信、相机、录音机、温度计、高度计和气压计等，可提供额外的情景信息，使我们根据调查的结果了解趋势和异常值（如在家庭、工作场所和度假地调查人的情绪时，人们提交的答复可能不同）。而此时智能手机更容易长时间收集感知数据。

随着医疗信息的数字化和智能设备的迅速发展，目前，基于智能设备的医疗保健服务正在积极规划和发展。到 2015 年为止，500 万智能手机用户使用了移动健康应用，尤其是对运动、饮食和慢性病的管理。与其他慢性疾病不同的是，糖尿病可由患者自己进行管理，因此智能移动设备因其高渗透性和多功能性可作为糖尿病患者进行自我管理的工具。

在 Android 操作系统上的移动医疗护理应用程序可以提供自我糖尿病管理。该应用程序由糖尿病管理、体重管理、心脑血管风险评估、压力和抑郁评估及运动管理组成。有了智能手机或智能手表的支持，各种医疗保健相关的数据可以被有效收集，如心率、呼吸频率、皮肤温度、睡眠持续时间、活动水平（如静态、散步和跑步）和面部表情视频等数据。

3.4.3 无线传感器网络和体域网

无线传感器网络在过去的 30 年中共演进了三代（表 3-6）。在第一代中使用的传感器主要是车辆传感器或监测空气数据的单一传感器。它们体积像鞋盒一样庞大，并且重达几千克。这一代传感器网络只有星形或 P2P 的拓扑结构，并配备大容量电池，可以持续供电几个小时或几天。在第二代中，传感器变得像扑克牌一样小，只有几克重，用 AA 电池就可以使它们工作几天到几周。它们出现在客户机 – 服务器或 P2P 配置中。目前第三代传感器的体积就如同尘埃颗粒，重量几乎可忽略不计，它们嵌入在 P2P 网络中，同时支持远程应用程序。

表 3-6   三代 WSN 的比较

WSN 的特点	第一代（20 世纪 90 年代）	第二代（21 世纪 00 年代）	第三代（21 世纪 10 年代）
制造商	定制构造，如 TRSS	Crossbow Technology, Sensoria, Ember	Dust 等
物理尺寸	大鞋盒大小	卡包到鞋盒大小	尘埃粒子大小
重量	千克	克	可以忽略不计
节点架构	分离传感、处理和通信	集成传感、处理与通信	集成传感、处理与通信
拓扑结构	点到点，星形结构	端到端的客户端服务器	对等网络
寿命	超大电池，以小时、天计算	AA 电池，几天到几周	太阳能，数月到数年
部署	车辆放置或空投单传感器	手工放置	嵌入式、抛洒

无线 Ad Hoc 传感器网络应用大量的（大多数是静止的）传感器，如部署在海洋表面上的传感器或是在军事行动中使用的移动机器人传感器。通常，智能传感器网络中的大多数节点都是固定的。在未来，我们甚至可以在网络中部署 10 000 甚至 100 000 个节点。节点的可扩展性逐渐成为我们的需求。现代传感器被设计为低功耗设备。因为在许多应用中，传感器节点将被放置在遥远的地区，所以给每一个节点实时提供服务是不太可能的。在这种情况下，节点的生存期由电池寿命决定，因此我们需要减少能量消耗或使用太阳能设备供电。

在无线通信技术中，如穿戴式传感器和植入生物式传感器，嵌入式计算领域的最新发展使这些技术得以实现，同时这些技术也被应用在体域网中。这一类网络为部署创新医疗监控应用铺平了道路。BAN 和无线传感器网络之间的区别如下。

- 传感器的部署和部署密度。由用户部署的传感器 / 执行器的节点数量取决于不同的因素。通常，BAN 节点策略性地放置在人体皮肤表面或隐藏在衣服下。此外，BAN 不使用冗余节点来应对不同类型的故障。这是一个常见的提供常规 WSN 设计的思路。因此，BAN 并不是节点密集型的网络。然而，WSN 通常部署在操作者可能无法到达的地方，所以需要部署更多的节点，以减少节点故障给系统带来的麻烦。
- 数据传输速率。无线传感器网络大部分用于基于事件的监控，其中事件是不定期发生的。而 BAN 多用于记录人的生理活动和行为模式，这些监测行为以周期性的方式发生，致使应用程序中的数据流呈现出比较稳定的速率。

- 延迟。此需求是由应用类型决定的，并且可以通过一定的延迟换取更好的可靠性和更少的能耗。虽然更换 BAN 节点的电池比更换 WSN 节点的电池要容易，但节省能量仍然是有益的，因为人们很难到达 WSN 节点部署的地点。因此，以更高的延迟为代价来最大限度地延长 WSN 的电池寿命是很有必要的。
- 移动性。BAN 用户可以到处走动。因此，不同于通常认为的静止无线传感器网络节点，BAN 节点采用共享流动模式。BAN 通常被视为一项良好的技术，且用于各种应用中，包括健康监测和健身监测、应急响应和设备控制。固态电子技术的最新突破，为创造低功耗、轻薄型的设备提供了支持，我们可以将这些设备进行模块化互联来使传感器节点组成一个或多个传感器设备。例如，无线电收发器的 MCU 不需要电线就能与节点进行通信，并能将收集到的数据传输出去。而 BAN 仅仅处于起步阶段。图 3-14 展示了基于 BAN 的健康监测系统的总体架构。

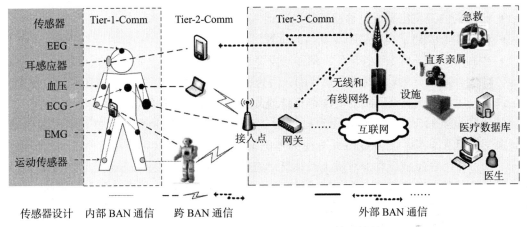

图 3-14 基于 BAN 通信系统的三层体系结构

在其最基本的形式中，传感设备将低层硬件接口（能够从实际传感器设备获取信息）中的二进制程序加载在 MCU 中进行操作。程序所包含的必要指令能让传感器设备在特定时间周期收集一个或多个读数。原始传感器数据可以被转换为有意义的信息，以便由无线电芯片传送到外部设备或系统以进行进一步的分析。正如 BAN 的名字所暗示的，其传感器节点是戴在或植入到人体的一种传感设备。

此外，在一个传感器附近的两个或更多的传感器装置可以建立无线链路，以协调 BAN 的同时操作，从而创造一个网络系统。因此，现有的文献常常提到的 BAN 实际上是无线 BAN（WBAN）或无线体域传感器网络（WBASN）。

BAN 系统监测心电图（ECG）、脑电图（EEG）和肌电图（EMG）。运动传感器和血压传感器将数据发送到人体附近的个人服务器（PS）设备。然后，通过蓝牙 / WLAN 连接，这些数据将从远程传输到医生的位置以便即时进行诊断。如果数据被发送到医疗数据库，那么这些资料将会被保存或者发送给警报设备。我们将 BAN 通信架构分为三个部分：Tier-1-Comm 设计（即内部 BAN 通信）、Tier-2-Comm 设计（即跨 BAN 通信）和 Tier-3-Comm 设计（即外部 BAN 通讯）。这些组件包括多个方面，例如从低层向高层的设计等一系列问题。通过定制每个部分的设计，例如成本、覆盖范围、效率、带宽、服务质量等，具体要求可以根据具体应用情况和市场需求来实现。

3.4.4 全球定位系统

基于位置的服务（LBS）是物联网应用的关键技术。大多数物联网领域的事物是通过各种无线通信网络进行互连的。当通过 IoT 传感技术收集传感数据并发送到云平台时，这些传感数据的相关位置信息是很重要的。没有位置信息，就不能得到有关的情景信息和用户的基本信息，这会导致物联网应用的失效。因此，应用的本地化是一个关键过程。

确定设备位置的普遍方法是使用全球定位系统（GPS）。活跃的 GPS（AGPS）接收器可以接收卫星信号和发送位置信息到 AGPS 控制中心。辅助全球定位系统正在成为那些监测车辆以及其他重型装备公司的标准。实时 GPS 跟踪可以获取大量车辆或物体的即时信息和详细追踪信息。这可能是为众多客户提供汽车租赁业务的一个好方法。车辆实时跟踪过程分为以下 4 个步骤：

- 每个 GPS 接收机接收来自卫星网络的信号。
- 收集到的卫星信息通过移动网络发送到 AGPS 中心。
- 控制中心收到了全球地图计算出的位置信息。
- 控制中心发送指令给各单位，例如触发警报、停止引擎、改变方向或一些个人信息等。
  GPS 接收机自主定位是至关重要的，因为地理位置使得传感信息变得有意义起来。

许多应用程序和无线网络的服务都直接或间接地依赖于位置信息。对于物联网应用，本地化是非常重要的，当没有位置信息提供给基于位置的服务时，大量通过物联网的传感信息将会变得毫无意义。使用 GPS 是一个简单的解决方案，但对实际应用有两方面的局限性。首先，GPS 信号在室内或动态环境下是高度动态的、不稳定的，这会导致定位精度较差。其次，给每个传感器节点装备一个 GPS 接收器，对这种大规模的 IoT 系统是很昂贵的。此时，使用 GPS 和网络定位是一个不错的方案。

全球定位系统是如何工作的？GPS 由三部分组成：空间段、控制段和用户段。美国空军开发和维护操作空间段和控制段，在大约 20200 千米的高空卫星轨道上部署了 24 颗卫星。GPS 卫星广播从太空接收信号，其中每个 GPS 接收机计算自己的三维位置（纬度、经度和高度）并加上当前的时间信号。空间部分由在地球轨道中的 24 颗卫星组成，还包括帮助其发射到轨道的助推器。全球定位系统卫星在非常精确的轨道上每天环绕地球两次，并向地球发射信号。在地面上的全球定位系统设备会接收这些信号，并使用三角测量方法来计算用户的确切位置。

每颗卫星都只能对地球表面某些特定位置上的 GPS 接收器可见。在不同的时间，三个接收器只能看到卫星的一个子集（约 6 个），只有卫星数量为 4 颗时能够准确定位接收器位置。在不同的时间，不同的卫星子集将对接收器可见。如图 3-15 所示，控制部分由主控制站和地面天线监测站组成。用户部分由成千上万安全且精确的 GPS 定位服务的军事用户组成。从本质上讲，GPS 接收机会对卫星发送信号的时间和信号被接收的时间进行比较，计算得到时间差并告诉 GPS 接收器其距离卫星的距离。通过几个卫星测得的距离，接收器可以确定用户的位

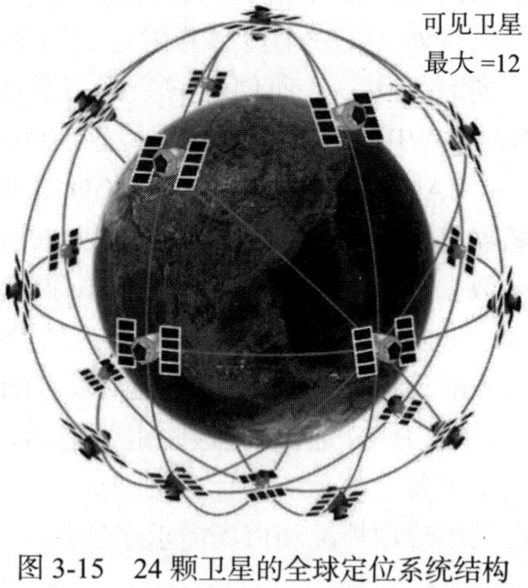

图 3-15 24 颗卫星的全球定位系统结构

置，并将其显示在该单元的电子地图上。

数以千万计的民用、商业和科学用户只允许使用 GPS 的一个降级功能，即所谓的标准定位服务，而不能将其用于敌对攻击的目的。

被动 GPS 与主动 GPS。GPS 跟踪装置使人们有可能在地球的任意位置跟踪人、车辆和其他资产。目前一共有两种类型的 GPS 跟踪系统：被动与主动。在被动跟踪中，GPS 只是一个接收器，而不是一个发射机。被动的 GPS 跟踪设备缺乏发送车辆 GPS 数据的传输能力。因此，被动的 GPS 也被称为数据记录器，主要用作记录设备。主动的 GPS 跟踪单元包含从车辆处发送用户信息的功能。虽然卫星的上行链路数据是可用的，但蜂窝数据通信仍是最常见和最具成本效益的方式。自动增量更新提供了在整个记录期间进行跟踪的连续数据源，它记录了当前以及历史位置。

被动的 GPS 跟踪设备将 GPS 位置数据存储在它们的内部存储器中，这些数据可以被下载到一台计算机上留待以后观察。而主动的 GPS 跟踪系统在有规律的时间间隔内发送数据，即实时发送数据。当我们不那么需要实时数据时，被动的 GPS 跟踪设备往往会受到更多的个人消费者的青睐，原因是它们具有简化性、便利性和可承受性。关心孩子的家长可以在孩子驾驶的交通工具的任意位置安装 GPS 跟踪装置，用于监控孩子的驾驶习惯，且可以知道他们的目的地。现在，很多执法官员都会使用被动式 GPS 跟踪装置，他们会在被假释的犯罪嫌疑人身上安装电子监视器，这样就可以实时监测嫌疑人的位置信息和环境信息。被动的 GPS 跟踪单元也作为一种盗窃预防和检索服务被添加给消费者和商业车辆。

GPS 的工作原理。知道从接收器到一个固定位置的卫星的距离意味着接收器是在一个被卫星环绕的球体的表面上。根据任意 4 颗卫星的数据，可以检测出接收器的位置存在于 4 个卫星表面的交点。两个卫星的横断面一般是一个圆。如果两个卫星仅仅在它们的表面上接触，那么这个圆可以减小到一个单一的点。若假设我们已经发现了两个相交的卫星，则可开始考虑如何将这个圆与第三个卫星相交。一个圆和一个卫星的交点可能是 0 个、1 个或 2 个。由于接收器在地球的表面上，因此接收器需要从两个交点中选择距离自己最近的点。

显然，当我们用最小误差缩小到只有一个点时，上述三角测量方法可能会导致一些错误。为了准确地定位这一点，接收器近乎精确地使用了第四颗卫星。第四个卫星球非常接近三个卫星最后的两个相交点。最终接收器的位置由最后两个点计算出的最接近第四颗卫星的点决定。在没有错误的情况下，接收器能被精确定位。当然会有一些偏移，即距离精确位置大概 10 米，可能是由误差导致的。为了进一步减少错误，可能需要更多的卫星参与，但其成本相当昂贵。

每个卫星能不断地发送信息，其中包括发送信息的时间、精确的轨道信息（星历）以及系统的总体健康和粗粒度的 GPS 卫星轨道（年鉴）。GPS 接收器通过远高于地球的 GPS 卫星发出的信号来精确地计算出自己的位置。而且，GPS 接收器必须锁定至少三颗卫星的信号才能计算一个二维位置（经度和经度）和轨道运动。如果有四个或更多的卫星，接收器就可以确定用户的 3D 位置（纬度、经度和高度）。

一旦用户的位置被确定，GPS 单元就可以计算出其他的信息，如速度、方位、轨道、出行距离、到目的地的距离、日出和日落时间以及更多的信息。接收器利用它接收到的消息，确定每个消息的传输时间，并计算到每个卫星的距离。这些距离以及卫星的位置被用来计算接收器的位置。该位置可能显示一个移动地图或显示纬度、经度和海拔信息。许多 GPS 单元给出了由位置变化计算得到的方向和速度等衍生信息。

　　三角定位计算。这种位置计算方法如图 3-16 所示。接收器使用从四个卫星接收到的消息，以确定卫星的位置和发送时间。x、y 和 z 组件的位置和发送的时间被指定为 $[x_i, y_i, z_i, t_i]$，其中的索引 $i=$ 1，2，3，4 分别指代不同的卫星。当知道接收信息的时间为 t_{ri} 时，接收器计算信息的传送时间为 $t_{ri}-t_i$。假设信息传输的速度为光速 c，由公式 $d_i =(t_{ri}-t_i)\times c$ 可计算得到出行距离。

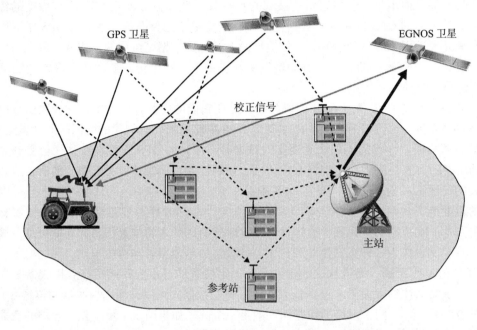

图 3-16　地面 GPS 接收器基于卫星计算的三维位置

　　我们已经讨论了球体表面是如何相交的，下面我们将给出在错误情况下的方程。b 表示时钟误差或偏差，即接收器时钟关闭的数量。接收器有四个未知数，GPS 接收器的三个组成部分的位置和时钟偏差为 $[x, y, z, b]$。卫星方程表述如下：

$$(x-x_i)^2+(y-y_i)^2+(z-z_i)^2=([t_{ri}+b-t_i]c)^2 \quad i = 1, 2, 3, 4$$

　　我们可以使用多维求根方法（如牛顿迭代法）进行求解。该方法线性化了近似解，即 $[x^{(k)}, y^{(k)}, z^{(k)}, b^{(k)}]$，且 k 循环。然后求解来自上述二次方程的四个线性方程组，在 $k+1$ 的时间实例中获得相应的值。牛顿迭代法的收敛速度比其他位置方法快。当我们拥有超过四颗卫星时，计算结果可以在图 3-17 所示的四个结果中进行选择。位置计算的误差对时钟误差非常敏感。因此，在基于卫星的导航系统中，时钟同步是非常重要的，这样可以尽量减少位置误差。

　　三颗卫星对于定位接收器的位置是足够的，因为空间是三维的并且地球表面附近的位置总是假定的。然而，即使是一个非常小的时钟误差，若乘以卫星信号的光速，就可能会导致一个大的位置误差。因此，大多数接收器使用四个或更多的卫星来求解接收器的位置和时间。时间计算往往隐藏在 GPS 应用程序中，通常只使用位置信息。一些专门的应用程序也直接使用传输时间、交通信号以及手机基站同步的时间。

　　虽然正常运算所需的卫星数量是四颗，但如果一个维度的变量是已知的，则接收器只通过三颗卫星就可以确定自身的位置。举个例子，一艘船或飞机有已知的海拔，当拥有少于四颗卫星时，一些 GPS 接收器可能会使用额外的线索或假设（如重复使用已知高度、推算、惯性导航或包括来自车载计算机的信息），以提供一个不太准确（降维）的位置信息。

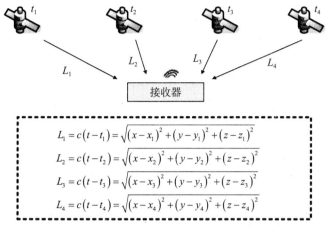

图 3-17　计算 4 颗卫星延迟位置信号的三角测量方法

全球部署状态。表 3-7 总结了当前的四个全球定位系统。目前，美国所开发的 GPS 是许多国家的民用领域应用正在采用的开放式定位系统。除了 GPS，俄罗斯专门出于其军事用途部署了 GLONASS（全球导航卫星系统），欧盟部署了 Galileo 定位系统。在 2015 年年底，中国累积发射了 20 颗卫星，而其目标是在 2020 年底部署一个拥有 31 颗卫星的完整系统。

表 3-7　美国、欧盟、俄罗斯和中国的四个全球定位系统

定位系统	GPS	GLONASS	Beidou	Galileo
国家	美国	俄罗斯	中国	欧盟
编码	CDMA	FDMA/CDMA	CDMA	CDMA
轨道高度	20180km	19130km	21150km	23220km
时间	11.97h	11.26h	12.63h	12.63h
卫星数	至少 24 个	31 个（24 个可运行）	5GEO，30MEO 卫星	22 个可运行

3.5　认知计算技术与原型系统

本节致力于认知计算技术和原型系统的研究。我们介绍了 IBM Almaden 研究中心、谷歌大脑团队，以及中国科学院的三个试验性认知系统的发展过程。最后，我们展示了物联网环境是如何有助于认知服务，以及当前物联网背景下的认知和认知设备，如 AR 眼镜和 VR 耳机。

3.5.1　认知科学和神经信息学

认知科学是一门跨学科的学科。它涵盖了心理学、人工智能、神经科学和语言学等领域。它跨越了许多层次的分析，从低层次的机器学习和决策机制，到高层次的神经电路，以及最终建立脑模型的计算机。2008 年，Paul Thagrad 提出了一个认知科学的基本概念："最好的理解是在头脑中的表象结构和操作这些结构的计算程序方面。"一般情况下，认知计算采用以下三种方法：

- 针对机器学习和神经信息学研究，在云或超级计算机中应用软件库。

- 用表述和算法将人工神经计算机的输入和输出关联起来。
- 针对机器学习和人工智能，用神经芯片实现人脑计算机。

神经信息学结合了情报学研究和脑建模科学，并试图同时受益于这些科学领域。传统的以计算机为基础的信息学有助于大脑数据的加工和处理。通过硬件和软件技术，我们可以在脑研究中管理数据库、建模和通信。反过来说，在神经科学领域的发现可能会引领新模型的发展，如人脑计算机。

人工智能研究的一个主要问题是了解人类对学习、记忆、语言、感知、行动和知识发现是如何进行处理的。我们希望应用机器智能来帮助人类决策或使我们的日常生活活动更安全、有效、高效和舒适。

例 3.9　学术界和 IBM 实验室的认知科学和神经信息学

McCulloch 和 Pitts 最早提出人工神经网络（ANN）模型，其灵感来自于生物神经网络的结构。认知科学实验的第一个实例是麻省理工学院社会心理学系使用计算机记忆作为人类认知的模型。美国国家健康研究所为支持认知科学研究做出了很多努力。

2005 年 5 月，IBM 启动了蓝脑项目。该项目是由 IBM 建造的一个拥有 8000 个处理器的蓝色基因 /L 超级计算机所开展的。在当时，这是世界上最快的超级计算机之一。蓝脑项目的任务是通过详细的模拟来了解哺乳动物的大脑功能和功能障碍。IBM 的项目包括以下内容：

- 数据库：3D 重建神经元、突触、突触通路、微统计、神经元计算机模型和虚拟神经元。
- 可视化：微电路生成器和仿真结果可视化，2D、3D 和身临其境的可视化系统正在开发中。
- 仿真环境：IBM 的蓝色基因超级计算机的形态复杂的神经元的大型模拟仿真环境。
- 仿真实验：大型模拟大脑皮层微电路和实验的重复。

追溯到更早之前，IBM 沃森中心有一个深蓝项目，该项目在 1997 年国际象棋比赛中击败了国际象棋世界冠军卡斯帕罗夫。这是世界上第一个使用传统计算机硬件工作的认知系统。最近，IBM 公司宣布，他们将将认知服务作为在未来十年里努力的主要方向。其目标是发展一个认知产业，为人类社会服务，促进全球经济发展。在 3.5.2 节中，我们将介绍 IBM 突触芯片开发的人脑计算机。在 3.5.3 节中，我们将介绍谷歌大脑团队的成果以及云和物联网技术在这些产业转型中的重要作用。

3.5.2　脑启发计算芯片和系统

在这一节中，我们介绍一些新的处理器芯片、非冯诺依曼体系结构和 IBM、英特尔、NVIDIA 的生态系统发展，以及中国的认知计算技术研究所。即使这些项目仍然处于研究阶段，但它们仍代表了新兴的技术，这些技术结合了计算与认知，增强了人类的能力，帮助我们了解周围的各种环境。

1. IBM 突触程序

IBM 的突触研究计划致力于发展应用于认知计算的新型硬件和软件。该项目由美国的 DARPA（国防高级研究计划局）所支持。2014 年，IBM 在科学杂志上公布了一项神经计算机芯片设计，称之为 TrueNorth 处理器，如图 3-18 所示。该处理器可以模拟人脑的计算方式并有广泛的应用，如协助视力受损的人在道路中安全通行。

这个芯片可以将超级计算机的能力集成到一个邮票大小的微处理器上。它不是蛮力地数学计算，而是通过了解环境、模糊性处理以及在其情景中实时地采取行动来解决问题。据估计，人类的大脑平均有 1000 亿个神经元和 100M 到 150M 个突触。模仿人类大脑后，TrueNorth 芯片集成了 54 亿个晶体管，这是 IBM 有史以来在一个芯片中集成最多的案例。该芯片具有 100 万个可编程神经元和 2 亿 5600 万个可编程突触。

图 3-18　建立在 IBM Almaden 研究中心的神经计算系统原型

有人推测，这种突触芯片可以应用到很多领域，比如小功率的救援机器人，或者会议声音的自动区分，并为每个发言者创建准确的文本记录。它不仅可以发出海啸警报，也可以做油溢出监测，或执行运输车道规则。令人惊讶的是，该芯片只需消耗 70mW 的功率就能完成上述功能，等同于助听器消耗的功率。不过，该芯片仍处于原型阶段。

IBM 在某会议上宣布将斥资 30 亿美元来推动这样的电脑芯片并探讨其认知服务潜力。它不需要繁重的计算去完成所需的复杂操作，例如在生物认知系统的情景中，如果系统核心是一个使用传统微处理器的机器人，那该系统的能力将取决于机器人的图像处理能力和巨大的计算资源需求。相比之下，使用突触芯片的机器人将避开危险且敏感的系统核心，很像一个人用很少的功耗做一件事。

专家认为，这种创新性的突触 TrueNorth 芯片可以帮助我们克服冯·诺依曼结构性能的限制，自 1948 起，冯·诺依曼结构几乎是每一台电脑的数学核心系统。美国能源部下属的伯克利实验室主任和计算机科学专家 Horst Simon 评价该芯片为"这是在可扩展性和低功耗方面的卓越成就"。IBM 预计通过该芯片开发视觉、听觉和多感官的应用有助于改变科学、技术、商业、政府和社会领域。这可能是在人脑模型的基础上设计未来计算机的第一步。

2. 中国的寒武纪科技项目

这个项目开始于中国科学院计算技术研究所的陈天石博士和法国国家信息与自动化研究所的 Oliver Tenam 教授之间的一个联合研究计划。这个联合研究小组开发了一系列的硬件加速器，称为 Cambricon，是神经网络和深度学习的应用。该芯片作为一个突触处理器用于加强在机器学习操作中的人工神经网络计算。Cambricon 脱离了经典的冯诺依曼体系结构，目的是更好地匹配人工神经网络计算所需的特殊操作。

从嵌入式系统到数据中心的各个领域，机器学习的使用越来越普遍。例如，深度学习算法采用卷积和深度神经网络，在传统计算机上通过较长的学习周期来训练才能使算法变得可用。Cambricon 加速器的设计专注于大型 CNN 和 DNN 的训练。联合 ICT-INRIAL 团队证明，他们建立的 Cambricon 加速器具备高吞吐量，且有 452GOP/s 的良好表现（突触权重相乘中关键的神经网络运算）。

该芯片的体积只占用了 3.02mm²，采用了 485MW 的硅技术。为了更有效地使用这样的人脑处理器，团队还制定了一个新的指令集架构（ISA）。ISA 是专为神经网络或认知计算量身定做的。与一个 128 位 2GHz 的 SIMD GPU 加速器相比，该加速器芯片的速度快了 117 倍，功耗减少为原来的 1/21。该团队也向我们表明了扩展的 64 个芯片的机器学习架构比 GPU 阵列快 450 倍，而其功率却减少为原来的 1/150。

通过多个国家的共同努力，以人为本的认知计算更加接近现实。我们期待开发出基于多核或多处理器芯片专用的突触处理器以及使用这些芯片来构建未来的认知超级计算机。在第 4 ～ 6 章中，我们将学习机器学习和深度学习算法。在第 7 ～ 9 章中，我们将介绍目前机器学习和深度学习算法在云或服务器集群中的应用。除了这些应用，这些算法也可以有针对性地指导未来认知计算系统的设计。

3.5.3　谷歌大脑团队项目

在研究和工业中，语音识别一直占有巨大的市场需求。它是一个很好的智能录音机，可以听人的演讲，并产生记录的文本报告。同样，联合国需要有自动的语言翻译系统，不仅可以在文本文档之间进行翻译，也需要在不同语言的演讲之间和书面报告之间进行翻译。

例 3.10　谷歌大脑项目开发了新的机器学习 / 深度学习产品

谷歌大脑项目开始于 2011 年，是 Jeff Dean、Greg Corrado 和 Andrew Ng 联合项目。Andrew Ng 感兴趣的是使用深度学习技术来解决人工智能问题。他们建立了一个大型的深度学习软件系统，称为基于谷歌的云计算架构的 DistBelief。2012 年，纽约时报报道了用 16000 个计算机集群来模仿人类大脑某些方面的活动，实验从 YouTube 视频中截取了 1000 万张数字图片，该技术通过训练成功地辨认出了猫。

2013 年，深度学习领域的领先者 Geoffrey Hinton 加盟谷歌。随后，谷歌融合了 DeepMind 技术并发布了 TensorFlow。大脑团队开发的著名的谷歌产品包括 Android 语音识别系统、谷歌图片搜索和 YouTube 视频推荐。图 3-19 列出了谷歌开发的一部分服务产品。该团队还致力于开发面向安卓和 iOS 服务的移动和嵌入式机器智能应用。大脑研究小组曾与谷歌 X 和美国宇航局的量子人工智能实验室一起参与联合太空计划。谷歌方面提供了一个深度学习与深层递归神经网络（DRNN）的解决方案。

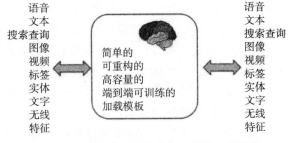

图 3-19　深度学习在谷歌大脑项目上的前景

2016 年 5 月，谷歌宣布他们专门为机器学习和 TensorFlow 编程量身定做了一个 ASIC（专用集成电路）芯片。他们在数据中心内部安装了 TPU，时间超过一年，并发现在机器学习操作中它们每瓦传递一个数量级的性能。TPU 是一个小电路板，它插入到硬盘驱动器之中，与谷歌服务器相连接。TPU 是一个预训练芯片，支持用 TensorFlow 计算高容量低精度（如 8 位）算法。TPU 是可编程的，它随着 TensorFlow 程序的变化而变化。TPU 很可能是由两个最大的芯片制造厂制造的：台湾半导体制造厂和 GlobalFountries。TensorFlow 为深入学习应用提供了一个软件平台，促进了 TensorFlow 支持的 TensorFlow computations.android 在移动执行方面的可用性，而它对于 iOS 的支持也将很快实现。英特尔还为神经计算优化了他们的高端服务器处理器。

可以说，深度神经网络在理解语音、图像、语言和视觉应用中发挥了至关重要的作用。预训练模型或 API 必须具有较低的开销和易于在机器学习系统开发中使用的特点。在下文中，我们探讨了一些谷歌大脑团队开发的深度学习系统，及其各种大数据应用，如图 3-20 所示。其中，我们看到了深度学习在 Android 应用程序、药物发现、Gmail、图像理解、地

图、自然语言理解、照片、机器人研究、YouTube 以及其他众多领域的应用。在谷歌的 50
个内部产品开发团队中，使用深度学习的兴趣能通过包含模型描述文件的独特的项目目录的
数量来衡量，这个数字从 2013 年的 150 个增加到的 2015 年的 1200 个。

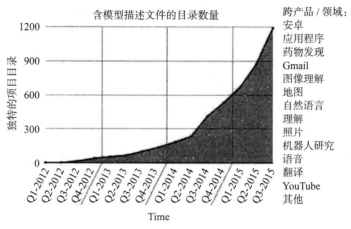

图 3-20　深度学习在谷歌团队中的应用不断增多

在一般情况下，认知计算应用程序会采用下面三种方法：（1）在机器学习和神经信息学
研究中，设计云或超级计算机使用的软件库；（2）使用描述和算法将人工神经计算机的输
入和输出联系起来；（3）设计硬件神经芯片来实现具有机器学习和智能的人脑计算机。在
图 3-21 中，我们论证了构建深度递归神经网络的谷歌语音识别系统的想法（DRNN）。

图 3-21　用深度递归神经网络建立谷歌语音识别系统

在这里，语音信号作为系统输入，通过网络系统的不断学习，系统自动识别语音，并生
成文本输出："外面有多冷？"苹果的 Siri 系统也具有这样的会话能力。若应用于此目的，深
度卷积神经网络也被证明是非常有用的。此外，对象识别和检测也是同等重要的。这是传统
模式识别和图像处理领域的一部分。更深层次的卷积和可扩展的对象检测提供了可行的方法
来解决现代云的问题。

机器翻译可以通过结合神经网络的序列学习来实现。谷歌已经实现了神经网络机器翻
译。语言建模也完成了十亿字的标准检查程序，其方法就是衡量统计语言建模的进展。另一
个令人兴奋的领域是自动分析语法。人工神经网络的主要目的是从数据中学习一个复杂的功
能。至少在未来的 30 年之内，人工神经网络都将成为一个热门的研究领域。

例 3.11　谷歌 ImageNet 在图像理解中的使用

人工神经网络模型，特别是深度卷积神经网络（DCNN）已经进入了一个轮回的生命周
期。它提供了一个简单的、可训练的数学函数集合，这对于许多变种的机器学习都是兼容
的，图 3-22 展示了使用 DCNN 从数以百万计的照片中辨认"猫"或"海洋"的过程。图像
字幕在谷歌搜索请求中占有很高的需求。

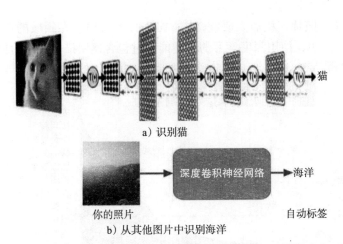

a）识别猫

b）从其他图片中识别海洋

图 3-22　使用深度卷积神经网络从数以百万计的图像中识别特定的图像

搜索无标签的个人照片是相当于从 1000 个不同类别的图像中确定一个图像的任务。谷歌在这项工作中使用了 ImageNet。另一个 GoogleNet 的项目在起始区域使用了一个更深的卷积方法。神经网络在图像识别领域迅速发展起来。ImageNet 项目挑战了很多不同种类的任务。在 2014 年，使用 GoogleNet 的图像识别误差仅为 6.66%。

另一个有趣的领域是结合视觉与翻译或者结合视觉与机器人的智能。换言之，我们希望机器人通过一个深度学习过程来进行大规模的互动。其中最典型的是自动汽车驾驶项目，这是谷歌、百度和其他研究中心积极推进的项目。例如，我们希望机器人通过车上的深度学习系统来学习手眼协调。该研究在美国和中国正在进行中的项目中已经取得了一些进展。

3.5.4　物联网环境下的认知服务

在实际应用中，认知服务的部署依赖于不同的环境，例如互联网提供的服务所使用的位置信息，这给用户提供了定制的位置感知服务。一旦移动设备（手机和平板电脑）成为日常生活中受欢迎且不可分割的一部分，使用传感器内置的设备（如加速度计、陀螺仪、重力、GPS、加速度计、旋转矢量、方向、磁场、距离、光、压力、温度和湿度等）收集的环境信息将为我们提供情景感知功能。例如，通过内置的传感器来确定用户活动、环境监测、位置等。

今天的环境信息是通过使用社交网络服务的移动设备（如脸谱网、聚友网、推特和微信等）收集到的。我们开发一些情景感知的应用程序用于活动预测、建议和个性化帮助等。例如，一个移动应用程序可以从手机中检索到位置信息，从而为用户推荐附近可能会喜欢的餐馆。另一个例子是连接互联网的冰箱，用户可以远程查看冰箱里的食物，并在回家的路上决定买什么。

当用户离开办公室时，应用程序自主地进行购物，并引导用户到一个特定的购物市场，这样用户就可以挑选已订购的商品。为了执行这样的任务，应用程序必须融合位置数据、用户偏好、活动预测、用户的日程安排、通过冰箱检索的信息（即购物清单）以及更多的信息。很明显，在上述例子中，收集、处理和融合信息的复杂性随着时间的推移增加。采集信息量也使得决策有了明显的提高。

在物联网时代，有大量的传感器连接到日常物品。这些对象将产生大量的感官数据，这需要我们进行收集、分析、融合和解释。由一个单一的传感器产生的感官数据无法提供必要的可以用于充分了解情况的信息。因此，从多个传感器收集到的数据必须融合在一起。为了实现传感器数据融合，环境信息需要用处理和理解后的感官数据进行标记。由此可以看出，环境标注在情景感知计算研究中起着重要的作用。

物联网环境。情景感知技术为物联网方案的性能评估提供了一种方法。我们主要从以下三个环境感知的特征进行评估，即情景感知的选择、情景感知的执行和情景感知标签。不过，我们也通过识别上述三个特征的特点来丰富评估体系。在表 3-8 中，我们给出了评估智慧城市应用领域的物联网方案的案例。

表 3-8　智慧城市应用中有代表性的物联网情境

物联网项目、创建者以及网站	主要内容	次要内容	呈现形式	用户交互	实时印刷	通知机制	学习能力	通知执行
废品管理，Evevo，(enevo.com)	废品填充水平	捡废品的有效途径	W	M	RT, A	N, R	ML, UD	E
室内定位，Estimote，(estimote.com)	蓝牙信号强度，Beacon ID	位置、距离	M	M	RT	N, R	UD	T, S, E
停车场管理，ParkSight(streetline.com)	声音级别、路面温度	免费停车场的路线	M, W	M	RT, A	N, R	ML, UD	T, S, E
街道照明，Tvilight，(tvilight.com)	光、仪表、天气、事件	能源使用、图案、灯等	W	M	RT, A	N, A	ML, UD	T, S, E
运动分析，Scene Tap，(scenetap.com)	GPS、影像	按位置分析	M, W, D	M	RT	N, A	ML	T, S
步行交通监控，(scanalyticsinc.com)	地面高度	热图跟踪运动	W	T, M	RT, A	N	ML, UD	S, E
人群分析，Livehoods，(livehoods.org)	广场签到云服务	社会动态、大城市	W	M	RT, A	—	ML	E

M：移动电话，W：web 服务，D：基于台式机，O：面向对象，T：触摸技术，S：IoT 感知，G：手势，V：声音，RT：实时，N：通知公告，A：档案，ML：机器学习，UD：用户设备

由物联网方案所捕获的主要情景数据如下：M 表示移动电话，W 表示 Web 服务，D 表示基于台式机，O 表示面向对象。我们定义了触摸（T）、手势（G）、声音（V）作为三个通用机制。M 意味着通过一台电脑或智能手机进行交互。RT 表示物联网方案在实时地处理数据，而 A 则表示物联网正在处理档案数据。

表 3-8 中的其他符号：S 表示 IoT 感知，E 表示能量，UD 表示用户设备，R 表示无线电技术，N 表示通知公告。我们在最左列介绍了物联网项目的名称，而网页链接则是一个给定的物联网方案的最可靠的参考指标。这样的链接能够让读者更深入、更有意义地探讨物联网技术。

3.5.5　增强和虚拟现实应用

虚拟现实（VR）是一种计算机技术，再造了一个真实或想象的环境，通过模拟一个用户的物理存在，使得用户能与环境更加真实地交互。虚拟现实人为地创造了感官体验，包括视觉、触觉、听觉和嗅觉。为了创造一个逼真的身临其境的体验，将构造一个类似于现实世界的环境，例如，模拟飞行员的战斗训练，或者创造一个不同于现实的世界，比如虚拟现实游戏。

增强现实（AR）是为物理和现实环境提供一个鲜活的视角，它的元素是输入计算机生成的感觉，如声音、视频、图形或 GPS 数据。它涉及一个更普遍的概念，称为调和现实。因此，这项技术依赖于对现实的感知能力。相比之下，虚拟现实则是以一个模拟的世界取代了

现实世界。增强通常是实时的，同时具有语义语境和环境元素。混合现实存在于虚拟连续极值之间的任何地方，扩展了现实，我们通过增强现实技术将一个虚拟环境和增强的虚拟环境混合起来。

虚拟和媒介轴上的四个点表示增强现实、增强虚拟性、调和现实以及调和虚拟性。这其中包括降低现实（例如计算机焊接头盔，过滤和减少一个场景的某些部分）、加速度计、陀螺仪、邻居传感器、VR 耳机内置的光传感器，包括 HTC Vive、公用电话 VR 和三星 Gear VR 等新的技术产品（图 3-23）。

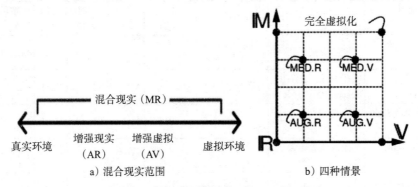

图 3-23 从现实世界到 AP、AV 和 VR

教育与培训。虚拟现实技术在教育领域取得了重大进展，但仍有许多事情要做。虚拟现实为教育带来了无穷无尽的可能，它给各个年龄段的学生都带来了许多好处。现如今，随着娱乐业的发展，很少有可用于教育目的的创造性内容，但许多人已经了解和意识到了教育和虚拟现实的未来和重要性。另外，美国海军人员使用了一个虚拟跳伞训练模拟器，从培训的角度来看，虚拟现实的使用可用于专业人员的培训，在一个虚拟的环境中，他们可以利用虚拟现实技术提升技能。

视频游戏。在视频游戏中，图形、声音和输入技术可以被纳入虚拟现实中。如今已经有几个虚拟现实头戴式显示器（HMD）应用于游戏之中，包括任天堂开发的 Virtual Boy 和 Virtual I-O 开发的 IGlasses。有几家公司正在研究新一代虚拟现实游戏，Oculus Rift 是一个头戴式显示器的游戏，它在 2014 年被脸谱网收购。它有很多竞争对手，其中一个是索尼的 PlayStation VR（代号 Morpheus）。Valve Corporation 公司宣布他们将和 HTC Vive 成为合作伙伴，推出一款虚拟现实耳机，能够跟踪用户的精确位置。在表 3-9 中还列出了其他的 AR/VR 产品。

表 3-9 近期高科技公司开发的 AR/VR 产品

公司	产品	介绍
微软	HoloLens	这是一款混合式真人头戴式智能眼镜，使得全息透镜得到普及，并成为第一个运行 Windows 全息平台的计算机
谷歌	Google Cardboard	这是一个谷歌的虚拟现实平台，用于智能手机的头部装置。因其折叠式插页卡片阅读器而得名，它是一个低成本的系统，用以鼓励虚拟现实应用
Facebook	Oculus Rift	Oculus Rift 开发了一个虚拟现实耳机，并由 Oculus VR 制造，于 2016 年 3 月 28 日发布
三星	Gear VR	三星 Gear VR 是由三星电子开发的移动虚拟现实耳机，与 Oculus 协同开发，并由三星制造

(续)

公司	产品	介绍
索尼	PlayStation VR	在开发过程中被称为 Project Morpheus，是一个由索尼互动娱乐开发的虚拟现实游戏头盔显示器，并由索尼制造
HTC	HTC VIVE	在 2016 年，由 HTC 和 Valve Corporation 公司联合开发的虚拟现实耳机，利用"房间规模"技术，通过传感器把一个房间变成三维空间
华为	Huawei VR	华为荣耀 VR 在 2016 年 5 月 10 日发布，用于匹配荣耀 V8 智能手机
阿里巴巴	Buy+ Plan	Buy+ 程序使用虚拟现实技术，通过计算机图形系统和辅助传感器产生交互式三维购物环境

3.6　本章小结

物联网的迅速崛起影响了我们的日常生活。其最终的目标是建立一个世界性的物理网络，将一切事物联系在一起。物联网促进了智能化的教室、医院、市场、百货公司、街道、公路、城市和地球的诞生。换句话说，我们希望把机器智能应用到任意地方，以帮助和促进人类的安全度、舒适度、便利度和生产力。同时，认知科学和服务也发展起来，增强现实（AR）和虚拟现实（VR）技术可以被用于商业设备，以提升在游戏、休闲放松和创造力等方面的用户体验。

本章介绍了传感器、标签和 GPS 等关键技术的现状及进展。同时，我们也展示了如何在云计算与大数据中应用物联网的传感能力。IBM 研究实验室和中国科学院计算技术研究所共同开发了基于神经网络的 CPU 芯片。在未来，使用神经元模型计算机去实现机器学习和深度学习将不再只是梦想。涉及物联网传感和机器认知的创新性应用将指日可待。

3.7　本章习题

3.1　回答以下两个关于近年来物联网发展的问题。

(a) 早期的物联网技术包括 4 个 T，即 Telemetry、Telemetering、Telenet 以及 Telematcis。试对物联网的最新进展进行文献调查，并针对你的发现作报告。

(b) 请简述下列用于物联网传感的设备或技术（传感器、智能手机、RFID 标签 / 阅读器、条码、二维码、智能手表）是如何进行数据采集和传感的。

3.2　请回答下述关于 GPS 技术最新评估，以及美国、俄罗斯、欧盟和中国的四个系统的相关问题。

(a) 在民用和军事应用领域的 GPS 的差异是什么？

(b) 试列举几个有趣的民用领域的 GPS 服务。

(c) GPS 潜在的军事应用的功能是什么？

3.3　如何利用物联网、传感器、无线传感器网络、无线设备、可穿戴式设备、生理信号等各方面知识设计一个实时医疗健康监测系统，以实现人们对自身疾病的预防，尽早发现慢性病？该系统应具备以下几个功能：实时监测、疾病预测和慢性病早期检测，并能优化医疗资源的分布，促进数据共享。

3.4　近几年，智能视频分析技术成为安防企业争相追逐的热点和亮点。究其原因，要回溯到安防的本质。安防的本质是为了保障人身和财产的安全。传统的安防技术更多地强调事件过程中的响应实时性或事后查证的有效性。所以，高清、无损和无延时代表了过去几年安防行业的主要发展方向。

随着高清的普及，摄像机设备也越来越多，如何有效利用这些资源成为关键问题。我们城市中有大量的监控摄像设备，由于时空地域的间隔，追踪罪犯需要大量人工分析不同设备所拍摄的视频样本，确定到目标的地点及路线。如何利用人工智能、机器学习的技术来分析海量视频样本。根据目标的特征、时间等信息来自动追踪目标并给出目标的移动路径？

3.5 帕金森病（PD）是一种由基底神经节功能障碍引起的中枢神经系统的慢性进行性运动障碍。步态通常是用于识别和评估帕金森病进展的重要指标。为了以一种连续且自然的方式来评估患有帕金森病老人的步态变化，我们更多地关注他们行走时脚的压力，并试图获得不同的压力中心（CoP）模式。为了调查行走过程中帕金森病患者的CoP轨迹与正常人的差距，以下说法正确的是（   ）

    A. 将压力传感器置于实验者的脚底

    B. 将压力传感器置于实验地面

    C. 记录足底前中后三个部分的压力从而得出CoP轨迹

    D. 测量实验者静止站立和行走时的压力数据

3.6 现在青年人中白血病的发病率越来越高，要想治疗必须进行干细胞移植。移植后，病人需要待在家里12～24个月，并按时将他们的健康状况报告给负责病后护理与治疗的医疗团队。但这种报告过程是冗长无趣的，为了增加病人参与康复治疗的积极性，某机构研发了一个视频形式的沟通工具。病人通过智能手机、平板电脑或台式电脑向医疗小组报告他们的数据，通过新开发的Web系统访问这些数据。这样做的目的是，通过将远程数据输入系统嵌入游戏环境，从而降低每天报告数据的沉闷性，以此来保持病人的积极情绪。有了获得更真实和更实时的健康数据，医疗团队会针对病人的健康状况提出更有针对性的观点，提供更准确的治疗步骤。

（1）关于视频游戏系统原理，下列说法正确的是（   ）

    A. 数据需要高度灵活的框架，以适应关于定制健康参数的要求。

    B. 外部数据源是通过管道e-Health服务总线传到数据库中的。

    C. 数据只能硬定义，不能软定义。

    D. 游戏以智能手机和平板电脑开发为主，但也可以在一个Web浏览器上进行。

（2）视频游戏系统工作流程包括三个步骤：数据定义、创建配置文件和计划游戏任务。当我们给患者分配小游戏时，游戏任务会给患者指定一组物理治疗练习，医疗团队将根据患者的健康状况进行评估。请根据上述三个步骤写出自己的想法。

3.7 请设计一种基于物联网相关技术的智能车辆管理系统，实现缴费无人化、信息透明化和实时化、减少缴费时间、缓解交通压力、节省人力和财力，最终实现交通管理智能化。具体方式为：过往车辆通过道口时无须停车，即能够实现自动收费。车辆在通过收费站时，通过车载设备实现车辆识别、信息写入（入口）并自动从预先绑定的IC卡或银行账户上扣除相应资金（出口），使用该系统，车主只要在车窗上安装感应卡并预存费用，通过收费站时便不用人工缴费，也无须停车，高速费将从卡中自动扣除。

3.8 传统农业正在向现代农业转化，绿色农业、精准农业、智能农业随科技进步而生，特别是物联网的广泛应用促进了其发展。

（1）"智慧农业系统"的主要功能有（   ）

    A. 实时采集农业种养殖场所（如温室大棚、水养殖场等）里的温度、湿度、光照、土壤温度、土壤水分、含氧量等环境参数

    B. 根据农作物生长需要进行实时智能决策，并自动开启或者关闭指定的环境调节设备。通过该系统的部署实施，可以为农业生态信息自动监测、设施自动控制和智能化管理提供科学依据和有效手段

    C. 系统通过可在大棚内灵活部署的各类无线传感器和网络传输设备，对农作物温室内的温度、湿度、光照、土壤温度、土壤含水量、CO_2浓度等与农作物生长密切相关的环境参数进行实时采集

    D. 在数据服务器上对实时监测数据进行存储和智能分析与决策，并自动开启或者关闭指定设备，如远程控制浇灌、开关卷帘、加氧或CO_2等

（2）关于智慧农业系统解决方案，说法正确的是（   ）

A. "智慧农业系统"采用无线传感网技术实现对数据的采集和控制，可以采用 ZigBee 协议组建无线传感网络，采用 Linux 的嵌入式技术实现远程访问与控制功能

B. 每个智能农业大棚内部署无线传感器，用来监测大棚内空气温湿度、土壤温度、土壤水分、光照度、CO_2 浓度等环境参数

C. 通过部署的无线网络传输设备，覆盖整个智慧农业园区的所有农业大棚，传输园区内各农业大棚的传感器数据、设备控制指令数据等到管理平台服务器。在每个需要智能控制功能的大棚内安装智能控制设备，用来接受监控

D. 实现大棚内的电动卷帘、智能喷水、智能通风等功能

3.9 我们已经探讨了许多物联网应用研究。请再做一些调查，并寻找另一个有意义的物联网应用，提交类似书中示例深度的研究报告，挖掘尽可能多的技术信息。你可以从公开文献或信息来源中进行查找，发掘有趣的物联网功能、硬件和软件的进步以及应用交互模型，并提供性能分析结果。请不要做一个纯叙述性的报告，你报告的一切都必须以证据和分析加以证实。

3.8 参考文献

[1] P Abouzar, K Shafiee, D Michelson, et al. Action-based scheduling technique for 802.15.4/ZigBee wireless body area networks[J]. IEEE PIMRC, Toronto, 2011.

[2] Bluetooth Low Energy Specification, Bluetooth Special Interest Group[EB/OL]. http://www. bluetooth.com.

[3] H Cao, H Li, L Stocco, et al. Wireless Three-pad ECG System: Challenges, Design and Evaluations[J]. Journal of Communications and Networks, 2011, 4(13): 113-124.

[4] Chen K, Ran D. C-RAN: The Road Towards Green RAN[R]. White Paper, China Mobile Research Instiute, Beijing, China, 2011.

[5] M Chen, S Gonzalez, A Vasilakos, et al. Body Area Networks: A Survey[J]. ACM/Springer Mobile Networks and Applications (MONET), 2010, 4(16): 171-193.

[6] T Chen, Zidong Du, et al. DianNao: A Small-Footprint High-Throughput Accelerator for Ubiquitous Machine-Learning[C]. In Proceedings of 19th International Conference on Architectural Support for Programming Languages and Operating Systems (ASPLOS'14), 2014.

[7] Jeffrey Dean. Large Scale Deep Learning for Intelligent Computer Systems[R]. Slide Presentation, 2016.

[8] Daniel Gardner, Gordon M Shepherd. A gateway to the future of Neuroinformatics[J]. Neuroinformatics, 2004, 2 (3): 271–274.

[9] E Farella, A Pieracci, L Benini, et al. Interfacing Human and Computer with Wireless Body Area Sensor Networks: The WiMoCA Solution[J]. Multimedia Tools and Applications, 2008, 38(3): 337-363.

[10] J Gubbi, R Buyya, S Marusic, et al. Internet of Things: A Vision, Architectural Elements and Future Direction[J]. Future Genration of Computer Systems, 2013, 29: 1645 – 1660.

[11] S González-Valenzuela, M Chen, V C M Leung. Mobility Support for Health Monitoring at Home Using Wearable Sensors[J]. IEEE Trans. Information Technology in BioMedicine, 2011, 15(4): 539-549.

[12] I Jantunen, et al. Smart Sensor Architecture for Mobile-Terminal-Centric Ambient Intelligence[J]. Sensors and Actuators A: Physical, 2004, 142(1): 352–60.

[13] E A Lee. Cyber Physical Systems: Design Challenges[J]. IEEE Int'l Symp. On Object Oriented Real Time Distributed Computing, 2008, 5: 363 -369.

[14] G Lo, A Suresh, S Gonzalez-Valenzuela, et al. A Wireless Sensor System for Motion Analysis of Parkinson's Disease Patients[C]. Proc. IEEE PerCom, Seattle, WA, 2011.

[15] H Li, J Tan. Heartbeat Driven Medium Access Control for Body Sensor Networks[C]. Proc. of ACM SIGMOBILE , San Juan, Puerto Rico, 2007.

[16] S Liu, T Chen, et al. Cambricon: An Instruction Set Architecture for Neural Networks[C]. In Proceedings of the 43rd ACM/IEEE International Symposium on Computer Architecture (ISCA'16), 2016.

[17] Miller G A. The cognitive revolution: a historical perspective[J]. Trends in Cognitive Sciences, 2003,7: 141–144.

[18] A Milenkovic, C Otto, E Jovanov. Wireless sensor networks for personal health monitoring: Issues and an implementation[J]. Computer Communications, 2006, 29(13-14): 2521-2533.

[19] P Merolla, et al. A Million Spiking Neuron Integrated Circuit with a Scalable Network and Interface[J]. Science, 2014, 345.

[20] S Pentland. Healthwear: Medical Technology Becomes Wearable[J]. IEEE Computer, 2004, 37(5): 42-49.

[21] C Perera, A Zaslavsky, P Christen, et al. Context aware computing for the Internet of Things: A survey[J]. IEEE Commun. Surveys Tutorials, 2013, 16(1): 414-454.

[22] TinyOS Website[EB/OL].http://tinyos.net/, 2011.

[23] Terdiman, Daniel. IBM's TrueNorth processor mimics the human brain[EB/OL]. http://www.cnet.com/news/ibms-truenorth-processor-mimics-the-human-brain/.

[24] N Torabi, V C M Leung. Robust License-free Body Area Network Access for Reliable Public m-Health Services[J]. Proc. IEEE HealthCom, Columbia, MO, 2011.

[25] A Zaslavsky, C Perera, D Georgakopoulos. Sensing as a service and big data[J]. Proc. Int. Conf. Advanced. Cloud Computing (ACC), Bangalore, India, 2012: 21-29.

[26] ZigBee Specification, ZigBee Alliance[EB/OL]. http://www.zigbee.org.

[27] Kai Hwang, Min Chen. Big Data Analytics for Cloud/IoT and Cognitive Computing[M]. Wiley, 2017.

[28] Kai Hwang. Cloud Computing for Machine Learning and Cognitive Applications[M]. MIT Press, 2017.

NB-IoT 技术与架构

摘要：本章介绍了 NB-IoT（窄带物联网）的背景和热点问题。首先，我们简要地介绍了 NB-IoT 的发展历史和标准化进程。随后，依据国内外研究现状和 NB-IoT 特性，我们总结出 NB-IoT 的基础理论和关键技术，如连接数分析理论、延迟分析理论、覆盖增强机制、超低功耗技术以及信令与数据耦合关系等。我们还将 NB-IoT 与其他几种无线和移动通信技术进行了对比，分析了它们在时延、安全性、可用性、数据传输速率、能耗、频谱效率和覆盖能力等方面的性能。最后，我们介绍了 NB-IoT 的五大智能应用，即智慧城市、智能建筑、智能环境监测、智能用户服务和智能电表，并总结了 NB-IoT 在实际应用中的安全需求。

4.1 NB-IoT 概述

4.1.1 NB-IoT 的背景

近几年，随着物联网技术的飞速发展，万物互联逐渐成为现实。从传输速率的角度来看，IoT 服务包括低速率服务（如抄表服务）和高速率服务（如视频服务）。据不完全统计，低速率服务已经超过 IoT 服务总量的 67%，然而却没有强大的蜂窝网技术来支撑这些服务，这也意味着低速率 WAN 技术还有广阔的需求空间。

随着 IoT 的不断发展，IoT 通信技术也日趋成熟。从传输距离来看，IoT 通信技术可以分为短距离通信技术和 WAN 通信技术。前者以 ZigBee、WiFi、Bluetooth、Z-wave 等技术为代表，典型应用是智能家居。而 WAN 通信技术主要服务于低速率服务，通常被定义为 LPWAN（低功耗广域网），典型应用是智能泊车。

其中以 WAN 通信技术的发展尤为明显。根据工作频带是否授权，WAN 通信技术可以分为两种。一种工作于非授权频带，比如 LoRa、SigFox 等，这一类技术通常是非标准、自定义执行的。而工作于授权频带的一般是相对更成熟的 2G/3G 蜂窝网技术，比如 GSM、CDMA、WCDMA 等，或者是 LTE 技术和演进型 LTE 技术——这两类技术应用也正在部署，能支持不同类别的终端接入。这些技术的标准化定义通常由国际标准组织制定，如 3GPP 制定了 GSM、WCDMA、LTE 及演进型 LTE 等技术相关标准，3GPP2 制定了 CDMA 相关技术标准。

NB-IoT（窄带物联网）是 3GPP 为传感感知、数据采集（如智能抄表、环境监测等应用场景）而提出的大规模低功耗广域（LPWA）技术。它以大规模连接、超低功耗、广域覆盖、深度覆盖、信令数据双向触发为技术特征，同时还有强大的通信网络为支撑，因此有广阔的发展前景。

4.1.2 NB-IoT 发展简史与标准化进程

长时间以来，蜂窝移动通信以用户语音服务、移动宽带服务为主。然而从 2005 年开始，3GPP 逐渐开始研究蜂窝网（如 GSM、UMTS 和 LTE）承载机器类通信服务的可行性和改进措施，以使其成为 5G 网络一个重要组件，如表 4-1 所示。依据 MTC 部署的经验教训，

3GPP 早期工作主要集中于数据信令面过载拥塞、大规模设备同时接入的计数和可寻址资源短缺等问题。经过进一步细化及明确 MTC 服务的特征和要求，3GPP R12 文件列出了 GSM 接入网增强特性、低成本 MTC 终端设计思路、安全相关设计要求和网络体系架构增强特性。受非 3GPP LPWA 技术（如 LoRa 和 Sigfox）的影响，3GPP R13 针对 MTC 设定了增强室内覆盖、支持大规模小数据终端、更低终端复杂度和成本、更高功效以及支持多种延迟特性 5 个技术目标，同时也定义了三种全新的窄带空口，包括兼容 GSM 的 EC-GSM-IoT、兼容 LTE 的 eMTC 和新 NB-IoT 技术。其中，NB-IoT 技术由中国华为公司主导。相比非 3GPP LPWA 技术，3GPP LPWA 技术一般通过软件升级和核心网复用部署于授权频带，预计到 2017 年逐渐实现 NB-IoT 终端芯片的成本缩减和商业推广。自 2015 年 2 月中国 IMT2020 工作组提出相关概念以来，相关的技术方案完善工作也正在进行，工作组在原理样机和终端芯片上投入了大量的研究工作。然而受发布时间影响，R13 只为 NB-IoT 的长期发展提供了初步框架，进一步的工作只能在 R14 中进一步完善。3GPP R14 依据典型应用场景和服务特性差异将 MTC 服务进一步分为两类：mMTC 和 uRLLC。基于 R13 提出的五个目标，R14 提出了支持定位、多播、移动性、高速率和链路自适应等功能要求以使蜂窝网 IoT 技术有更广的适用范围。3GPP 采取两步走策略来应对 MTC 服务的技术挑战。第一步为过渡策略，即充分利用和优化现有网络和技术来承载 MTC 服务；第二步为长期策略，即引入新的空口技术来保证 MTC 服务，以维持相对其他非 3GPP LPWA 技术的核心竞争力。

表 4-1 NB-IoT 发展简史与标准化进程

文档编号	开始时间	冻结时间	版本	重点关注的技术领域
22.868	2005	2008	R8	计费、寻址、安全、通信模式、海量用户
33.812	2007	2009	R9	远程订阅管理、安全需求、安全架构增强
22.368	2009	2015	R10	通用与专属的业务需求
23.888	2009	2012		网络体系结构增强、核心网信令拥塞与拥塞控制
37.868	2010	2012	R11	业务特性与建模、接入网增强与拥塞控制
43.868	2010	2014		业务特性与建模、GERAN 增强（如资源分配、过载与拥塞控制、寻址格式、节能模式）
22.988	2011	2015		编号与寻址
36.888	2011	2014		业务特性与建模、覆盖增强、低成本 MTC 终端设计思路（如单射频链路、半双工、更低的带宽、更低的峰值速率、更低的发射功率、更少的工作模式）
22.888	2012	2014	R12	网络体系架构、定位与 IMS 增强
23.887	2012	2014		小数据与终端触发增强（SDDTE）、监测增强（MONTE）、终端功耗优化设计（UEPCOP）、组特性增强（GROUP）
33.868	2012	2014		安全需求、安全架构增强
33.187	2013	2015		
37.869	2013	2014		信令剪辑、UEPCOP
33.889	2014	2015		GROUP、MONTE、服务能力开放
23.769	2014	2015		GROUP
23.789	2014	2015		MONTE
23.770	2015	2015	R13	扩展的非连续接收（eDRX）
43.869	2014	2015		典型用例与业务模型、GERAN UEPCOP 增强
45.820	2014	2016		室内覆盖增强、支持海量小数据终端、更低的终端复杂度与成本、更高的功率利用率、时延特性、与现有系统的兼容性、网络体系架构（NB-IoT 雏形）
22.861	2016		R14	大规模机器类通信（mMTC）的典型用例与业务需求
22.862	2016			低时延高可靠通信（uRLLC）的典型用例与业务需求

4.2 NB-IoT 的特性与关键技术

4.2.1 NB-IoT 的特性

本节介绍 NB-IoT 的主要特征，如图 4-1 所示。

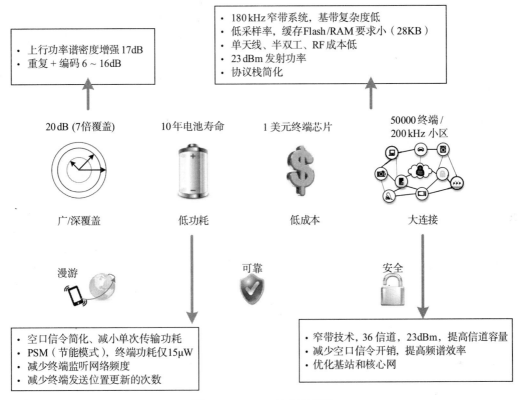

图 4-1 NB-IoT 的主要特性

1. 低功耗

借助 PSM 和 eDRX 技术，NB-IoT 可以实现更长时间的待机。其中，PSM 技术是 R12 中新加入的功能。在这个模式下，终端仍然注册在线，但是信令已无法到达终端，以使终端进入更长时间的深度睡眠状态来达到节能目的。eDRX 则是 R13 中加入的功能，它进一步延长了终端在空闲模式下的睡眠周期，并减少了接收单元不必要的启动。相比 PSM，它大幅提高了终端的下行可达性。图 4-2 展示了 PSM 和 eDRX 节能机制。

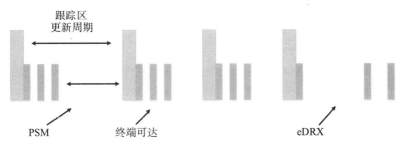

图 4-2 PSM 和 eDRX 节能机制

NB-IoT 主要面向典型的低速低频服务模型。相比其他技术，终端在相同电池容量的情况下，服务寿命可超过 10 年。如 TR45.820 的仿真数据，在 164dB 耦合损耗且同时部署 PSM 和 eDRX 技术的情况下，倘若终端每天只发送一次 200 字节大小的数据包，则 5W·h 的电池使用寿命可达 12.8 年，如表 4-2 所示。

表 4-2　集成 PA 的电池寿命估算

报文大小 / 报告间隔	电池寿命 / 年		
	耦合损耗 =144dB	耦合损耗 =154dB	耦合损耗 =164dB
50 字节 /2 小时	22.4	11.0	2.5
200 字节 /2 小时	18.2	5.9	1.5
50 字节 /1 天	36.0	31.6	17.5
200 字节 /1 天	34.9	26.2	12.8

2. 覆盖增强和低延迟敏感

根据 TR45.820 的仿真数据，可以看到 NB-IoT 独立部署模式下的覆盖功率可达 164dB。带内部署和保护带部署模式下的仿真实验需要在将来进行。为了增强覆盖范围，NB-IoT 采取了重传（可达 200 次）和低阶调制等覆盖增强机制。目前，NB-IoT 是否真的支持 164QAM 还需进一步讨论。当然，在 164dB 耦合损耗下，若保证可靠数据传输，延迟也会由于重传而相应提高。TR45.820 还进行了异常报告服务场景下的仿真实验，仿真测试了保证 99% 的数据传输可靠性时，在不同耦合损耗下的延迟情况。仿真结果展示在表 4-3 中。在目前的 3GPP IoT 愿景中，可容许的延迟时间为 10s，而实际往往还能提供更低的时延，在最大耦合损耗下大约为 6s。更多的细节可以参阅 TR45.820 关于 NB-CIoT 的仿真结果。

表 4-3　异常报告服务场景中，保证 99% 可靠性下的不同耦合耗损环境的时延

处理时间	发送报告无头压缩（100 字节负荷）			发送报告有头压缩（65 字节负荷）		
	耦合损耗 /dB			耦合损耗 /dB		
	144	154	164	144	154	164
Tsync/ms	500	500	1125	500	500	1125
TPSI/ms	550	550	550	550	550	550
TPRACH/ms	142	142	142	142	142	142
T 上行分配 /ms	908	921	976	908	921	976
T 上行数据 /ms	152	549	2755	93	382	1964
T 上行 ACK/ms	933	393	632	958	540	154
T 下行分配 /ms	908	921	976	908	921	976
T 下行数据 /ms	152	549	2755	93	382	1964
总时间 /ms	4236	4525	9911	4152	4338	7851

3. 传输模式

如表 4-4 所示，NB-IoT 在 LTE 基础上发展而来。它沿用了 LTE 的相关技术，但根据自身特性做出了相应调整。NB-IoT 的物理层射频带宽为 200kHz。下行链路采用 QPSK 和 OFDMA 技术，子载波间隔为 15kHz，而上行链路采用 BPSK/QPSK 调制和 SC-FDMA 技术，有单子载波和多子载波两种。其中子载波间隔为 3.75kHz 和 15kHz 的单子载波可用于超低速率、超低功耗 IoT 终端。

表 4-4   NB-IoT 的主要技术特点

层级		技术特点
物理层	上行	BPSK 或 QPSK 调制
		SC-FDMA：单子载波，子载波间隔为 3.75kHz 和 15kHz，传输速率为 16Kbps ~ 200Kbps
		多子载波，子载波间隔为 15kHz，传输速率为 16Kbps ~ 250Kbps
	下行	QPSK 调制
		OFDMA，子载波间隔为 15kHz，传输速率为 16Kbps ~ 250Kbps
物理层以上层		基于 LTE 的协议
核心网		基于 S1 接口

注：BPSK：二进制相移键控　　　　NB-IoT：窄带物联网　　　　QPSK：正交相移键控
　　LTE：长期演进　　　　　　　　OFDMA：正交频分多址　　　SC-FDMA：单载波频分多址

若子载波间隔为 15kHz，则可将频带划分出 12 个连续的子载波。同理，对于 3.75kHz 的子载波间隔，则可划分 48 个连续的子载波。多子载波传输模式支持 15kHz 的子载波间隔，并划分出 12 个连续的子载波。这些子载波可以组合成 3 个、6 个或 12 个连续的子载波。由于 3.75kHz 子载波功率谱密度更高，所以在相同 TBS 情况下它的覆盖能力高于 12kHz 子载波。应用 15kHz 子载波的小区容量是 3.75kHz 的 92%，但是它的调度效率和复杂度要优于后者。由于 NPRACH 必须使用 3.75kHz 单子载波传输模式，所以目前大部分设备的上行链路都支持 3.75kHz 单子载波传输模式。但随着 15kHz 单子载波传输和多子载波传输逐渐被采用，未来设备将依据信道质量自适应地选择传输模式。NPDSCH 传输的最小调度单元是 RB，NPUSCH 传输的最小调度单元为 RU。对单子载波传输，3.75kHz 载波间隔下调度单元时长 32ms，15kHz 载波间隔下调度单元时长则为 8ms。对多子载波传输，当子载波包含 3 个载波间隔时，调度单元时长为 4ms；当子载波包含 6 个载波间隔时，调度单元时长为 2ms；当子载波包含 12 个载波间隔时，调度单元时长为 1ms。

NB-IoT 的高层协议（包括物理层）是基于 LTE 标准制定的，为满足多连接、低功耗和少数据特性而做了部分修改。设备可通过 S1 接口接入 NB-IoT 核心网。

4. 频谱资源

在未来通信服务市场里，物联网将是吸引用户群的核心业务之一，因此 NB-IoT 的发展也受到中国四大电信运营商的支持。这四大运营商也各自为 NB-IoT 分配了频谱资源，如表 4-5 所示。其中中国联通已经开始运营 NB-IoT 的商用网络。

表 4-5   各运营商的 NB-IoT 频谱划分

运营商	上行频段 /MHz	下行频段 /MHz	频宽 /MHz
联通	909 ~ 915	954 ~ 960	6
	1745 ~ 1765	1840 ~ 1860	20
电信	825 ~ 840	970 ~ 885	15
移动	890 ~ 900	934 ~ 944	10
	1725 ~ 1735	1820 ~ 1830	10
广电	700	700	未分配

5. NB-IoT 的工作模式

根据 NB-IoT RP-151621 文件规定，NB-IoT 目前仅支持 FDD 传输模式，带宽为 180kHz，支持三种部署场景，如图 4-3 所示。

- 独立部署，即 Stand-alone 模式，工作于独立频带，与 LTE 频带不重叠。
- 保护带部署，即 Guard-band 模式，工作于 LTE 频带的边缘。
- 带内部署，即 In-band 模式，工作于 LTE 频带，占用 1 个 PRB。

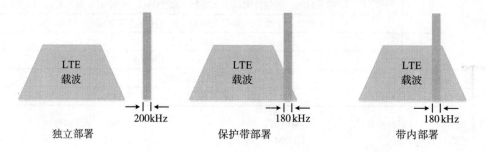

图 4-3　NB-IoT 支持的 3 种部署方式

6. 帧结构

NB-IoT eNodeB 的下行链路支持以太无线帧结构 1（FS1），如图 4-4 所示。上行链路仅在子载波间隔为 15kHz 的情况下支持 FS1。而在子载波间隔为 3.75kHz 时，则支持新定义的帧结构，如图 4-5 所示。

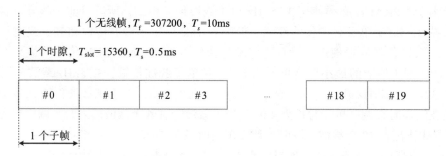

图 4-4　NB-IoT 帧结构（上行、下行 15kHz 子载波间隔）

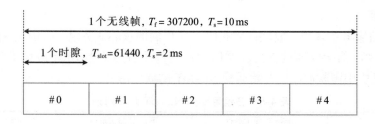

图 4-5　NB-IoT 帧结构（上行 3.75kHz 子载波间隔）

7. NB-IoT 的组网

NB-IoT 网络主要分成 5 个部分，如图 4-6 所示。
- NB-IoT 终端：NB-IoT 支持所有行业的 IoT 设备接入，只要设备上安装了相应的 SIM 卡。
- NB-IoT 基站：NB-IoT 基站主要指那些已经被电信运营商部署的 LTE 基站，支持上述三种部署模式。
- NB-IoT 核心网：NB-IoT 基站通过 NB-IoT 核心网连接到 NB-IoT 云。
- NB-IoT 云平台：NB-IoT 云可以对不同服务进行处理，并将结果转发到垂直行业中心或者 NB-IoT 终端。

- 垂直行业中心：垂直行业中心既可以获取 NB-IoT 的服务数据，同时也能对 NB-IoT 终端进行控制。

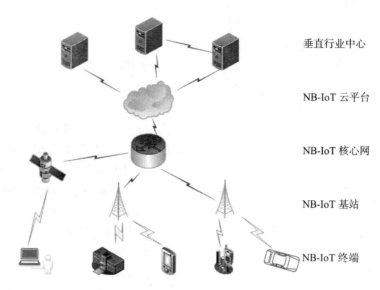

垂直行业中心

NB-IoT 云平台

NB-IoT 核心网

NB-IoT 基站

NB-IoT 终端

图 4-6　NB-IoT 组网

8. 半静态链路自适应

NB-IoT 面向的服务场景大多数是小数据包传输。一般来说，NB-IoT 没有条件提供长时间持续的信道变化检测，因此 NB-IoT 没有设计动态链路自适应方案。取而代之，NB-IoT 提出依据终端所处覆盖等级来选择相应的调制编码模式和数据重传次数，即半静态链路自适应。覆盖等级分为三种，即常规覆盖（normal coverage）、增强覆盖（robust coverage）和极远覆盖（extreme coverage），相应的最小耦合损耗（MCL）分别为 144dB、154dB 和 164dB，如图 4-7 所示。NB-IoT 基站支持一个 RSRP 列表配置，其中包括两个 RSRP 阈值，用于区分不同的覆盖等级。

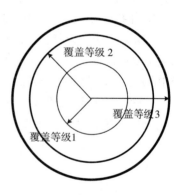

图 4-7　NB-IoT 的三种覆盖等级

9. 数据重传

NB-IoT 引入数据重复传输来获取时分收益，并采用低阶调制来增强解调性能和覆盖能力。一般来说，所有信道都能对数据进行重复传输，3GPP 规定了数据重传次数和相应的调制模式，如表 4-6 所示。

表 4-6　各信道可支持的重复传输次数

	物理信号 / 物理信道名称	重传次数	调制方式
下行	NPBCH（窄带物理广播信道）	固定 64 次	QPSK
	NPDCCH（窄带物理下行控制信道）	{1,2,4,8,32,64,128,256,512,1024,2048}	QPSK
	NPDSCH（窄带物理下行共享信道）	{1,2,4,8,32,64,128,192,256,384,512,768,1024,1536,2048}	QPSK
上行	NPRACH（窄带物理随机接入信道）	{1,2,4,8,32,64,128}	—
	NPUSCH（窄带物理上行共享信道）	{1,2,4,8,32,64,128}	ST: $\pi/4$-QPSK 和 $\pi/2$-QPSK MT: QPSK

4.2.2　NB-IoT 的基础理论与关键技术

1. 连接数分析理论

3GPP 通过系统仿真分析了在支持终端周期性报告服务（MAR service）和网络触发报告服务时 NB-IoT 的连接数。假定服务在一天内均匀分布，则 NB-IoT 各蜂窝小区能支持的连接数为 52547。但均匀分布的假设太过理想，几乎完全忽略了 NB-IoT 服务的突发性，因而难以推广到其他应用场景。目前，只有少量工作研究 NB-IoT 服务的突发性，但 LTE-M 或者 eMTC 的相关研究结果仍有借鉴意义。为了解决 LTE 接入网在大规模 MTC 终端同时接入时面临的过载问题，研究者们将研究重点放在了 LTE RACH 的承载压力和过载控制机制上，比如分类受控接入、专属 RACH 资源、RACH 资源动态分配、专属退避机制、分时接入、主动寻呼机制等。上述研究一般将服务到达过程设定为齐次/复合泊松过程或独立同分布的伯努利过程，并以某一时隙内重传用户数、队首分组重传次数和多信道状态（忙碌/空闲）为状态变量，在完成多信道 S-ALOHA 稳态性能的前提下，得出稳态设计方案。这一方案可用于 LTE RACH 的优化设计。然而，当大规模 MTC 终端同步接入时，若它们响应了同一个事件或者执行相关的事件监测，则大量 MTC 终端可能会同时向承载网发送短促的会话请求。这一特性很难用经典的齐次/复合泊松过程来描述，使得基于稳态假设的网络性能分析难以直接应用。因此，完善多信道 S-ALOHA 暂态性能分析方法非常急切。但由于缺少实际应用场景推动，少有研究会关注 S-ALOHA 暂态分析。Cheng 等人通过计算机仿真首次给出了单信道 ALOHA 受脉冲负载激励时的暂态性能，并以积压下降时间（backlog fall time）作为性能评价指标。Xin 等人则通过扩散近似法（diffusion approximation）研究了单信道 ALOHA 受伯努利过程激励时的积压用户数暂态性能。在 3GPP MTC 参考服务模型（即类 Beta 分布服务模型）基础上，Raychaudhuri、Ren 和 Wei 等人以第 i 个随机接入时隙（RA slot）内第 j 次进行随机接入的用户数（$M_i(j)$）为状态变量，给出了多信道 S-ALOHA 的暂态性能分析办法，并给出了 LTE RACH 吞吐量、时延、重传次数等的分析方法。后续研究表明，LTE 承载 MTC 服务的上行链路瓶颈并不局限于 RACH，也在于资源稀疏的 PDCCH。在 PDCCH/AGCH 受限时，LTE/GSM RACH 的承载压力已经分别通过数值仿真和排队论得到验证。Nielsen 和 Osti 等人基于瓮模型完整地分析了 PDCCH 受限时 LTE RACH 的四步接入过程，并给出了均值意义下吞吐量的计算方法。受解析解复杂度限制，PDCCH 受限时的 RACH 性能分析多为基于泊松假设的稳态解，少部分基于类 Beta 分布服务模型，因此，上述研究方法和结论仍需进一步完善。为完善 NB-IoT 容量分析理论，研究人员开始研究任意随机接入强度（含 3GPP Beta 服务模型）激励、总带宽受限以及 NPRACH、NPDCCH、NPDSCH、NPUSCH 相互制约时，NB-IoT RACH 可支持的最大连接数及最佳资源分配比例。

2. 时延分析理论

除连接数分析外，3GPP 也同时指出了当 NB-IoT 承载周期性和突发性 MAR 服务时上行接入时延理论计算模型的必要性。上行接入时延包括系统同步时延、广播信息读取时延、随机接入时延、资源分配时延、数据传输和反馈应答时延等。其中部分时延为确定性处理时延，而部分则与信号监测有关，还有部分随机接入时延则与服务行为有关。现有工作主要研究随机接入时延的均值和方差，只有少部分工作研究随机接入时延的概率密度函数。Rivero-Angles 和 C.H.Wei 等人以用户积压数和信道状态为状态变量，基于马尔可夫过程导出了随机接入时延 PDF 的概率生成函数（MGF）。然而，它的计算复杂度实在太高，在用户数目过大时几乎无解。L. Wei 等人在假设服务请求到达间隔和退避时间均服从负指数分布的情况下导出了随机接入时延的 PDF。A. Laya 和 G. Y. Lin 等假定重传次数为定值或者服从几何分布，导出了随机接入时延的概率分布函数（CDF）。但上述工作只研究了均匀、指数和几何退避机制，而没有考虑最大重传次数的限制，这并不符合实际协议，仅 Y. Y 和 P. C. Lin 等考虑了这个问题。此外，这些研究均假定服务模型为齐次泊松或伯努利过程，结论难以推广到 NB-IoT 的各个应用场景。基于 Beta 服务模型，R. G. Cheng 等通过均值手段估计了成功接入设备的最大重传次数，并给出了随机接入时延 CDF 的近似形式。L. Dai 等通过分段线性函数近似 Beta 分布的方法，在不考虑最大重传次数影响的情况下，导出了随机接入时延的下界。但总体来看，目前随机接入时延的理论计算模型依旧需要进一步完善，即使是面对最简单的泊松服务模型和均匀退避机制情况。因此，越来越多的工作开始关注在任意随机接入强度情况下 NB-IoT 随机接入时延的静态特性，其中 PDCCH 受限或者 PDCCH 不受限的情况需分别考虑，以完善 NB-IoT 时延分析理论。

3. 覆盖增强机制

NB-IoT 的窄带调制和 sub-GHz 部署机制可在一定程度上增强 NB-IoT 的接收敏感度以增强其覆盖能力。除此之外，NB-IoT 还提出了基于覆盖等级的增强机制。究其根源，这一机制其实就是一种特殊的链路自适应技术，即终端根据通信环境来确定其覆盖等级，进而实现相应的覆盖机制（如盲重传、TTI bundling）。然而，3GPP 并没有给出覆盖等级的判别和升级机制，性能分析也止步于基于最大耦合损耗（MCL）的静态分析，上述机制的动态运行过程也难以描述。因此，研究者们转而借鉴自适应调制编码领域的研究思想和方法，对基于覆盖等级的增强机制进行性能分析和优化设计，以形成基于动态统计复用的覆盖等级判别升级机制和覆盖增强机制。这一过程分为三步：1）依据接收信号强度（RSSI）或信干噪比（SINR）确定覆盖等级的最优判别阈值，其中接收信号强度（RSSI）或信干噪比（SINR）由建筑穿透损耗（BPL）决定；2）根据物理层 HARQ 时间或 MAC 层 ACK/NAK 时间对覆盖等级进行动态调整；3）根据当前状态和各指标长期统计规律完成覆盖增强，确定最优传输机会、重传次数和重传功率，完成性能分析并确定系统参数的最优取值范围。

4. 超低功耗技术

为了实现 NB-IoT 超低功耗目标，3GPP 引入了 PSM 和扩展非连续接收（eDRX）技术。然而，3GPP 的仿真分析结果显示，如果终端每天只进行一次数据传输，5W·h 电池的使用寿命才可达 10 年。因此，需进一步研究和改进 3GPP 的能效机制，这也是 3GPP R14 的主要工作之一。针对 DRX 能耗模型的研究工作多数还停留在研究单设备的能耗水平，建模关键在于控制信令和设备工作模式切换之间的关系。这一问题的解决方法通常为通过获取马尔可夫链不同状态下的稳态概率与持续时间进而推导能耗效率及其与时延的权衡关系。以上模型多数基于 HTC（Human Type Communications）服务，如 VoIP、网页浏览和视频等移动互联网服务，而几乎不考虑控制信令和 NB-IoT 应用背景间的关系，即大量 NB-IoT 终端响应同一事件或执行相关事件监测产生的相关性。换句话说，单个 NB-IoT 终端的能耗水平不只受本身工作模式切换的影响，还受相关的其他 NB-IoT 终端工作模式切换的影响。因此，NB-IoT 研究人员也在尝试研究 NB-IoT 应用场景的时空相关性及其对 NB-IoT 工作模式的影响，并据此分析 NB-IoT 终端的群体能耗水平，再分析 NB-IoT 终端的个体能耗水平，最终完成 NB-IoT 系统及终端的能耗优化设计方法。除此之外，处于空闲状态的 IoT 终端只能通过随机接入完成一次完整数据传输，在强服务突发性情况下，随机接入过程中的终端退避次数会显著增加。由于随机接入过程多数采用带攀升机制的功率控制策略，相应功耗会显著增加，因此，对于 NB-IoT 而言，评估带功率攀升机制的随机接入过程的能耗水平尤为重要。在这个问题上，现有的大部分工作根据链路损耗和捕获效应来确定终端传输功率，再依据传输功率对终端进行分类，并通过求解泊松假设下的稳态方程完成多种功率终端激励下带功率攀升机制的 ALOHA 功耗分析和优化设计，较少考虑 ALOHA 的暂态过程。因此，除了连接数和时延分析理论，任意随机接入强度下 NB-IoT 随机接入过程的能耗模型和优化设计方法也值得深入研究，以全面地评估 NB-IoT 的能效水平和改进策略。

5. 信令与数据耦合关系

华为成都研究所测试部曾提出，目前在测试大规模设备同步接入承载网时，大部分测试设备和仿真工具的信令面和数据面都是分离的。这虽然给信令面和数据面的独立压力测试带来一定方便，但它无法实现信令面和数据面的双向触发，尤其无法实现用户触发信令服务。因此，难以仿真现有网络的真实负载情况，也难以重现现有网络的过载问题，因此，我们迫切需要一个可以描述信令和数据耦合关系的模型来实现信令面和数据面的耦合仿真。大多数商用软件和工具基于用户行为对一些特定的协议和场景进行了仿真，但几乎都没有关注信令与数据的相关性。现有工作大部分都只是给出了信令开销的简要计算，仍然缺乏对信令和数据的相关性的深入研究。另一方面，描述这种相关性对于实现 NB-IoT 信令面的优化也尤为重要，可以减少大规模终端入网时的信令开销。因此，研究者们需要更深入地研究 NB-IoT 物理层和 MAC 层的主要处理过程，以建立动态信令开销模型来描述信令和数据或服务模型之间的相关性。同时也需要结合样本路径理论（sampling path theory）与遍历理论（ergodic theory）完成性能评估，以为信令面与数据面的联合压力测试和拥塞避免提供理论指导。

4.3 NB-IoT 与几种技术的对比

4.3.1 NB-IoT 与 eMTC 技术的对比

1. 3GPP MTC 技术的发展

在 NB-IoT 技术被提出之前，未来物联网万物互联的趋势已经得到工业界的一致认同。3GPP 也将 M2M 通信视为标准生态发展的重要机遇。在万物互联的时代，具有低成本、低功耗、广覆盖和低速率特征的 LPWAN 技术将扮演重要角色。因此，3GPP 也一直在推动相关 MTC 技术的发展，主要体现在以下两个方向。

方向一：推动 GSM 进一步演进以及研究全新接入技术以应对非 3GPP 技术的挑战。长时间以来，3GPP 系统多依赖低成本的 GPRS 模块来提供 IoT 服务，然而由于 Lora、Sigfox 等新技术的出现，GPRS 模块在成本、功耗和覆盖能力方面的优势将荡然无存，因此，3GPP 在 2014 年 3 月的 GERAN#62 会议上提出新的 SI（StudyItem，研究项目）"FS_IoT_LC"，该项目旨在研究演进 GERAN 系统和新接入系统的可行性，以支持更低复杂度、更低成本、更低功耗、更强覆盖等。

方向二：研究未来可替代 IoT 模块的技术以及低成本演进型 LTE-MTC 技术。在进入 LTE 及其演进技术部署阶段后，3GPP 也定义了适用不同 IoT 服务需求模型的终端类别。Rel-8 定义了不同速率的终端类别 1 ～ 5。此后的类别定义中，类别 6 和 9 支持更高带宽和传输速率，相反，类别 0 则支持更低成本和更低功耗（在 Rel-12）。在类别 0 的基础上，3GPP 在 2014 年 9 月的 RAN#65 会议中提出了新的 SI "LTE_MTCe2_L1"，旨在进一步研究更低成本、更低功耗、更强覆盖的 LTE-MTC 技术。

NB-IoT 则是方向一中全新接入技术研究的产物。除了以上两个方向，3GPP 也一直在研究实现更低功耗的节能技术以及系统架构与网络侧的同步更新，以支持相关演进技术。

2. eMTC 的起源与发展

eMTC（增强机器类通信）是 IoT 的一个应用场景，它保证了超高可靠性和低时延，重点关注物体之间的通信需求。

万物互联是一个必然趋势，未来物联网将应用于生活的方方面面，如宠物跟踪、老人看护、智能旅行，或者应用于垂直行业，如工业制造、智能物流等。这些应用往往需要物联网有更广更深的覆盖能力，甚至能覆盖地下室、远郊等场景。同时往往还有更低功耗的要求，比如抄表业务，电池服务寿命应该至少在 10 年以上。另外，也要求能支持大规模连接数和更低成本，如 LPWAN 技术。但目前的蜂窝网络还难以满足 LPWAN 技术要求，原因在于覆盖能力、功耗、成本上的不足，因此，eMTC 技术应运而生。

eMTC 是物联网技术的一个重要分支，从 LTE 协议演进而来，但对相关协议进行了修剪优化以适应物与物之间的通信需求并进一步降低成本。eMTC 依托蜂窝网络部署，只要支持 1.4MHz 射频和基带带宽，它的设备便可以直接接入现有 LTE 网络。eMTC 支持的上下行链路峰值为 1Mbps，同时支持丰富的 IoT 应用，如车联网、智慧医疗、智能家居，这些应用都远超人与人之间的通信需求，是运营商实现大连接的重要战略方向。eMTC 作为 IoT 领域的新兴技术，将广泛支持低功耗设备在广域蜂窝网络内的物理连接。2016 年 3 月，3GPP 正式宣布 R13 已添加 eMTC 相关内容，并正式发布相关标准，未来也会随着 LTE 协议的演进共同发展。

eMTC 也具有四个独立特性：高速率，移动性，可定位，支持语音。eMTC 支持的上下行链路最大峰值速率为 1Mbps，远远超过了现有 IoT 技术的传输速率，如 GPRS 和 ZigBee。eMTC 的高速率特性使得其能支持更丰富的 IoT 应用，诸如低比特率视频和语言。而在移动性上，eMTC 支持连接态移动性，用户可以无缝切换，保证了用户体验。另外，基于 TDD 的 eMTC 可以通过基站侧的 PRS 测量来实现定位，而不需要增加新的 GPS 芯片。低成本的定位技术使得 eMTC 更容易推广到物流跟踪、货物跟踪等应用场景。由于 eMTC 是从 LTE 协议演进而来，所以它支持 VoLTE 语音，将来可应用于可穿戴设备。

eMTC 可依托现有 LTE 网络进行直接升级和部署，因此它与现有 LTE 网络共享站址和天线反馈器。低成本和快速部署的优势将帮助运营商抢占物联网市场先机，拓展商业边界，也可助力第三方垂直行业释放更多的行业需求。

3. NB-IoT 与 eMTC 的区别

覆盖能力。NB-IoT 的设计目标是在 GSM 覆盖能力基础上增强 20dB。下行链路主要通过增大信道最大重传次数来增强覆盖（GSM 最大耦合路损为 144dB，NB-IoT 最大耦合路损为 164dB）。上行链路虽然发射功率较 GSM 小了 10dBm（GSM 为 33dBm，NB-IoT 为 23dBm），但通过传输带宽缩减和最大重传次数增加，上行链路最大耦合路损仍能达到 164dB。

而 NB-IoT 的设计目标是在 LTE 基础（LTE 最大耦合路损为 150dB）上增强 15dB，主要依赖信道重复实现。总而言之，NB-IoT 的覆盖半径为 GSM/LTE 的 4 倍左右，而 eMTC 则为 GSM/LTE 的 3 倍左右。NB-IoT 的覆盖半径比 eMTC 长 30%。NB-IoT 和 eMTC 的覆盖增强特性可用于提高设备的深度覆盖能力，以增加网络覆盖率，或者减少基站密度以降低成本。

功耗。对大多数 IoT 应用而言，一个很大的问题就是由于地理位置或成本的原因，难以对设备进行更新。因此，功耗对 IoT 终端能否在特殊场景下实现商用起到了重要作用。

在 3GPP 标准中，NB-IoT 对终端服务寿命的设计目标是 10 年。实际设计中，引入了 eDRX 与 PSM 以降低功耗。NB-IoT 通过降低峰均比来提高功率放大器（PA）效率、减少周期性测量或者支持单线程来提高电池效率，以达到设计目标。然而，在实际使用中，电池的服务寿命还与特定服务模型和覆盖区域密切相关。

对于 eMTC 而言，理想情况下，终端服务寿命也能达到 10 年，同样，它也引入了 eDRX 与 PSM 技术以降低功耗。然而，实际性能还需在不同场景下做进一步验证。

模块成本。NB-IoT 采用了更简单的调制解调编码方式以降低对存储器及处理器的要求。除此之外，NB-IoT 还采用了一系列措施来降低成本，如半双工方式、无双工器、带外缩减及阻塞指示器等。在目前的市场规模下，模块成本在 5 美元左右。将来，随着市场规模增大，模块成本也会相应下降，但具体下降数量和时间还需依据行业发展速度。

连接数。连接数是 IoT 大规模应用的关键因素。

NB-IoT 初步设计目标是每个小区支持 50000 个设备连接。据估计，目前已满足基本需求，然而，实际目标最终能否实现还取决于小区内每个 NB-IoT 终端的服务模型，这还需进一步的测试评估。

而 eMTC 并没有特别针对 IoT 进行连接优化，目前预计它所支持的连接数小于 NB-IoT 技术，对特定性能的评估还需进一步测试和评估。

还需加强的功能。这些功能主要包括以下三个方面。

- *定位功能*。为了节省功耗，NB-IoT R13 并未设计 PRS 和 SRS。因此，NB-IoT 只能通过基站侧 E-CID 进行定位，定位精度较低。未来还需研究增强定位精度的特性和设计方案。

- *多播*。在 IoT 服务中，基站是有可能同时向大量设备发送相同的数据包的。然而 NB-IoT R13 并没有相应的多播服务，这将导致大量系统资源的浪费，整体数据传输时间也就相应拉长了。R14 可能会考虑多播特性并提高相关性能。

- *移动 / 业务连续性增强*。NB-IoT R13 主要考虑了静态或低速用户，并不支持邻区测量与报告。因而无法支持连接态下的小区切换，而只支持空闲态下的小区重选。R14 将增强 UE 测量和报告，并支持连接态下的小区切换。

语音支持。标清和高清 VoIP 语音速率分别为 12.2Kbps 和 23.85Kbps，即只有当全网至少提供 10.6Kbps 与 17.7Kbps 的应用层速率时，方可支持标清和高清 VoIP 语言服务。

NB-IoT 的上下行吞吐速率峰值分别 67Kbps 与 30Kbps，不支持语音服务。

而 eMTC 在 FDD 模式下，上下行速率基本符合语音服务要求。然而，从行业角度来看，目前它所支持的情况非常有限。而 eMTC 在 TDD 模式下，由于上行链路资源数有限，因此支持语音服务的能力弱于 FDD 模式的情况。

移动性管理。NB-IoT R13 不能实现连接态的小区切换或重定向，而只能支持空闲态的小区重选。接下来的发展极有可能针对一些垂直行业要求提出连接态的移动性管理要求。

由于 eMTC 技术是在 LTE 基础上优化设计而来，故而可支持连接态的小区切换。

网络部署对现网影响。对运营商而言，网络部署决策过程中要考虑的最主要的问题就是网络部署的复杂度和组网成本。

对于那些还没有部署 LTE FDD 的运营商而言，部署 NB-IoT 类似于部署一个新网络，这将包括无线网和核心网的新建或改造以及对传输结构的调整。此时，如果还没有空闲频谱资源，则需要对现有网络的频谱（通常为 GSM）进行调整（Standalone 模式），部署成本将会更高。然而，对于那些已经部署了 LTE FDD 的运营商而言，部署过程可在很大程度上利用现有设备和频谱资源，因此部署起来会更简单。然而，无论如何，核心网的独立部署以及对现网设备的更新都是必要的。

而对于 eMTC 网络的部署，如果部署基于现有的 4G 网络，则其无线网可直接基于现有 4G 网络进行软件升级，同样的方法也可用于核心网部署。

服务模式。NB-IoT 在覆盖能力、功耗、成本和连接数等方面的性能更为优越，但不能满足移动性、中等速率和语音服务要求，所以它更适合低速率和低移动性要求的 LPWA 应用。

而目前 eMTC 在覆盖能力和模块成本上的性能是弱于 NB-IoT 的，但是在峰值速率、移动性和语音容量上的性能却是更优的，故而它更适用于要求中等吞吐率、移动性或对语音服务要求较高的物联网应用场景。因此，现在有一种观点认为 eMTC 下的应用场景更加丰富，应用和人之间的关系也更加直接（即 ARPU 值更高）。

综合性能。总体来说，二者各有优劣，具体比较如表 4-7 所示。

表 4-7　NB-IoT 与 eMTC 的对比

技术指标		NB-IoT	LTE FDD eMTC	LTE TDD eMTC（3∶1）
载波带宽		200kHz	1.4MHz	1.4MHz
峰值速率	上行	66.7Kbps	375Kbps（半双工）1Mbps（全双工）	200Kbps
	下行	32.4Kbps	FD:800Kbps，HD:300Kbps	750Kbps
覆盖（与 GSM 相比）		好 20dB	好 11dB	
功耗		约 10 年	约 10 年	
模组成本		初期小于 5 美元	初期小于 10 美元	
连接数		约 5 万 / 小区	未做针对性优化，预计能力弱于 NB-IoT	
移动性		空闲态小区重选	连接态小区切换	

4.3.2　NB-IoT 与其他无线通信技术的对比

随着 IoT 逐渐向智能化发展，LPWAN 技术也越来越受到欢迎，市场份额也在逐步增加。如表 4-8 所示，到 2020 年，智能 IoT 服务类型可根据传输速率要求分为三类。

- 高数据传输速率。这一类服务的数据传输速率将超过 100Mbps，可用技术包括 3G、4G 和 WiFi。它们主要用于电视直播、电子医疗、车载导航系统和车载娱乐系统等。这一类 IoT 应用的市场份额将超过 10%。

- 中数据传输速率。这一类服务的数据传输速率低于 1Mbps，可用技术包括 2G 和 MTC/eMTC。应用包括 POS 机、智能家居和 M2M 回程链路等。这一类 IoT 应用的市场份额将达到 30%。然而，2G M2M 将逐渐被 MTC/eMTC 技术取代。

- 低数据传输速率。这一类服务的数据传输速率将远低于 100Kbps，可用技术包括 NB-IoT、SigFox、LoRa、短距离无线通信（如 ZigBee）。它们主要用于 LPWAN 技术领域，包括传感器、智能电表、商品跟踪、物流、泊车、智慧农业等。这一类应用的市场份额将高达 60%。然而，目前市场仍有许多空白，因此 NB-IoT 有广阔的前景。

表 4-8　2020 年智能物联网连接技术分布

2020 年全球 M2M/IoT 连接分布		网络连接技术	市场机遇（细粒度）
10%	高数据传输速率（＞ 10Mbps）CCTV、eHealth	• 3G：HSPA/EVDL/TDS • 4G：LTE/LTE-A • WiFi 802.11 技术	汽车导航 / 娱乐系统的大利润空间

（续）

2020 年全球 M2M/IoT 连接分布		网络连接技术	市场机遇（细粒度）
30%	中数据传输速率（＜ 1Mbps） POS、智能家居、M2M 回程	• 2G：GPRS|CDMA2K1X • MTC/eMTC	2G M2M 将逐步被 MTC/eMTC 技术取代
60%	低数据传输速率（＜ 100Kbps） 传感器、电表、追踪、物流、智能停车、智能建筑	• NB-IoT • SigFox • LoRa • 短距无线连接（如 ZigBee）	多种应用实例 LPWA 主流市场 市场急需

图 4-8 从不同角度对比了以 NB-IoT 为代表的 LPWAN 技术与其他无线通信模式的差异。图 4-8a 从覆盖范围和数据传输速率角度进行了对比。短距离、高带宽通信技术（如 WiFi）的最大覆盖范围可达 100m，数据传输速率最高可达 100Mbps，这种通信技术满足短距离、高带宽的应用需求。短距离、低数据传输速率通信技术（如蓝牙、ZigBee）的最大覆盖范围可达 100m，数据传输速率最高可达 100Kbps。而对于 GSM 技术，最大覆盖范围可达 10km，数据传输速率为 100Kbps。长距离、低数据传输速率通信技术（即 LPWAN）的覆盖范围可达 10km，数据传输速率最高为 100Kbps。

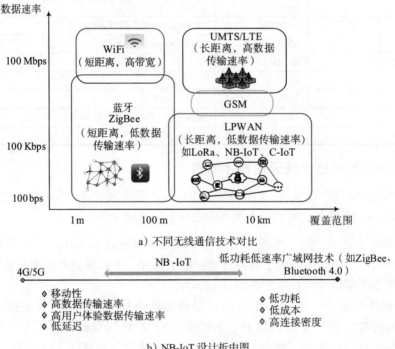

a）不同无线通信技术对比

b）NB-IoT 设计折中图

图 4-8　NB-IoT 与其他无线通信技术对比

图 4-8b 展示了 NB-IoT 技术设计的折中。NB-IoT 吸收了 4G/5G 技术在移动性、峰值速率和用户体验数据传输速率方面的优势，同时也借鉴了包含 ZigBee 技术在内的低功耗无线通信技术低延时、低成本方面的优势。NB-IoT 试图通过窄带技术实现低功耗广域无线通信。

除此之外，我们还对比了 NB-IoT、短距离通信技术（如 WiFi）和私有通信技术（如 LoRa）在价格、时延、安全性、可用性、数据传输速率、能耗、频谱效率、覆盖范围这 8 个方面的性能，如图 4-9 所示。短距离通信技术和私有通信技术都有各自的优势和劣势。然而 NB-IoT 在各方面表现都相当优秀。比如，在时延、高安全性、高可用性、高数据传输速率、高频频谱效率以及高覆盖范围等方面，NB-IoT 都要相对更优一些。而在低价格和低功耗上，也只是介于其他两种通信技术之间。总而言之，NB-IoT 相比其他两种技术要更为优异。

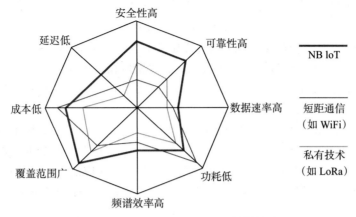

图 4-9　NB-IoT、WiFi 和 LoRa 的性能对比

在 WAN 通信技术中，我们简单地对比了 NB-IoT 和 LoRa 技术，如表 4-9 所示。

表 4-9　NB-IoT 与 LoRa 的简单对比

项目	对比
功耗	都按低功耗来设计可以满足智能电表的要求，都是 10 年左右的寿命
成本	目前 LoRa 方案实施的成本要低于 NB-IoT
安全	NB-IoT 技术可以达到电信级的安全指数，采用 3GPP 授权频谱避免干扰问题；而 LoRa 则采用多层加密的方式，ISM 免授权频谱，会存在干扰的问题
准确率	两种技术的链路预算都在 155dB 以上，对于准确率和灵敏度完全没问题
覆盖	NB-IoT < 25km, LoRa < 11km；在信号不好时 NB-IoT 支持重传
部署	NB-IoT 可以基于 LTE FDD 或 GSM 的升级进行新建，比 LoRa 便利

表 4-9 显示出 NB-IoT 在运营商级网络中的广阔前景，NB-IoT 未来也将为我们带来更多广覆盖、高连接密度和低成本的网络解决方案。而另一方面，LoRa 由于敏捷部署特性，将被更多地应用于智慧城市以及行业和企业专属网。二者在未来的商业应用中将互补共存。

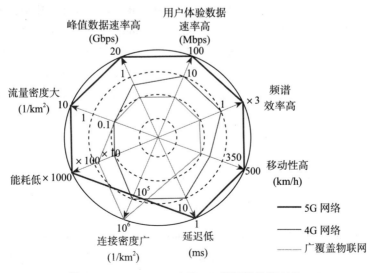

图 4-10　LPWAN、4G 和 5G 的网络性能对比

从移动通信技术的演进出发，我们比较了 LPWAN 和移动通信网络（如 4G/5G）在峰值速率、用户体验数据率、频谱效率、移动性、时延、连接密度、能效、流量密度这 8 个方面的性能差异。如图 4-10 所示，LPWAN 在连接密度上明显优于 4G/5G 网络，但在其他方面，5G 网络优势明显。LPWAN 的能效优于 4G 网络但不如 5G 网络。图 4-10 表明了未来 LPWAN 会更多地应用于那些要求低功耗、低数据传输率但是支持大规模连接的应用中。LPWAN 还有一个未在图表中注明的优势，即低成本。因此，以 NB-IoT 为代表的 LPWAN 在未来 IoT 领域将有广阔前景。

再以 LTE IoT 技术为例，LTE-M（LTE Machine to Machine）性能相比 1G、2G 和 3G 技术已经得到巨大提升，LTE-M 将只占用 1MHz 带宽。NB-IoT 表现更佳，甚至只占 200KHz 带宽。相比过去，这两者都已经大幅度减少频带占有率，相应的，它们的数据传输速率也有所下降，从 1Mbps 下降到 200Kbps。但频带占有率降低的好处在于 NB-IoT 的部署和推广都更加方便。

另外，NB-IoT 技术也实现了低功耗和广覆盖。它的覆盖范围目前可达 20km，这一目标一般通过工作 1GHz 的频带实现，如 700MHz、800MHz、900MHz 等。当然，我们必须注意到，覆盖能力不仅指距离，也包括穿透能力。NB-IoT 相比 2G GSM 有更强的穿透能力，信号强度将增加 20dB。所以，即使是在室内也能享受到高质量的通信服务。

至于成本，华为认为 NB-IoT 芯片组的价格大约为 1 美元，而由芯片组构成的模块价格约在 3～5 美元之间。出于功耗要求，电池使用寿命也将持续 10 年。

在基站服务能力上，目前的技术设定是一个 LTE 基站应能支持 100000 个终端接入，或者至少 50000 个。5G 也有相同的技术设定。目前的规定是每平方公里支持 1000000 个终端，即每平方米可能有一个设备。相比之下，NB-IoT 仍处于初级阶段。

除此之外，不同技术的应用场景也有所不同。3GPP R12 制定的 Category 0 主要用于可穿戴电子设备和能量管理，具体来说就是健康监测智能手环和居家用电控制。然而，有 1MHz 频带的 LTE-M 则将更多地用于物品追踪（比如宠物失踪、自行车丢失等）、公共抄表、在线健康诊断和监测以及市政基础设施建设（如自动停车记录、路灯管理）。而 NB-IoT 则更偏向诸如环境监测和智慧建筑等之类的工业应用。

事实上，NB-IoT 与现有或未来通信技术之间的竞争一直都存在。比如，各芯片商制定和推动的 sub-1GHz 传输方案，再比如应用基于 NAN（Neighborhood Area Network）定位的 ZigBee 技术的智能电网和电动车充电站方案，以及 IEEE 802.11ah、Wi-SUN、Wireless M-Bus 等。

IEEE 802.11ah 目前设定的信道带宽为 1/2/4/8/16MHz，与 LTE-M 相似。一般来说，ZigBee 要求 2～5MHz 的信道带宽。仅欧洲地区的 868MHz 使用 800kHz 频宽，但依然不如 NB-IoT 的频带占有率。另外，IEEE 802.11ah 的实际传输距离还需进一步测试，目前已知的传输距离为 1km，根本无法与 NB-IoT 相比。

4.4 NB-IoT 的智能应用

4.4.1 NB-IoT 的应用场景

根据 NB-IoT 的特性可知，它能满足低数据传输速率服务的相关要求，如低功耗、长待机时间、广覆盖和高容量。但难以支持高移动性，因此 NB-IoT 更适合低时延敏感的静态或非连续移动服务场景，如以下服务类别。

- 自动异常报告服务类型。包括烟雾报警、智能电表等。这一类服务的上行链路数据规模一般非常小（十字节量级），传输周期多以年或月为单位。
- 自主周期报告业务类型。包括智能公用事业（煤气／水／电）测量报告、智能农业、智能环境等。这一类服务的上行链路数据规模相对较小（百字节量级），传输周期多以年或月为单位。
- 网络指令业务类型。包括开启／关闭、上行链路报告发送、抄表请求等。这一类服务的下行链路数据规模非常小（十字节量级），传输周期通常以天或小时为单位。
- 软件更新业务类型。以软件补丁和更新为例，它的上下行链路数据规模都相对较大（千字节量级），传输周期通常以天或小时为单位。

如图 4-11 所示，NB-IoT 的具体应用场景可概括为智慧城市、智能建筑、智能环境监测、智能用户服务、智能电表等。其中，智能用户服务包括可穿戴设备、智能家居、智能垃圾箱、智能追踪等。智能环境监测包括智慧农业、污染监测、水质监测、土壤检测等。

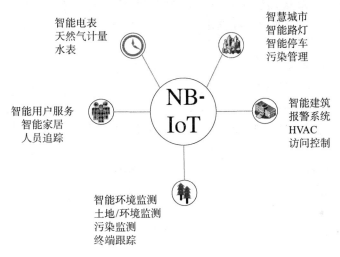

图 4-11　NB-IoT 的智能应用

智慧城市旨在建立公共设施之间的互联，如车辆、道路、路灯、停车位、井盖、垃圾桶、电表、水表、燃气表、热表等，以实现市政智能管理（如水、电、燃气等基础设施）和交通智能管理（如车流控制、路况分析、紧急疏散和智能泊车）等。实现智慧城市最关键的地方在于 IoT 网络的通信覆盖能力。NB-IoT 标准逐渐建立后，运营商在全国建设大型网络的经验使得规模效应很容易形成。NB-IoT 的一个重要特征就是深度和广域覆盖，即使是地下室停车位也能在覆盖范围内，有了这个特性，过去业内的各种问题也就随之解决了。目前 NB-IoT 主要的挑战是匹配和重建运营商的流量运营模式。

4.4.2　NB-IoT 的应用范例

华为联合全球各大运营商在中国、德国、西班牙、阿联酋等国对基于 NB-IoT 技术的智能电表、智能泊车以及智能垃圾桶服务进行了功能验证。2015 年年底沃达丰和华为在西班牙完成了 NB-IoT 预标准的第一个商用试验，成功将 NB-IoT 技术整合进沃达丰现有移动网络架构中。这一试验将 NB-IoT 消息发送到水表的 IoT 模块。通常来说，水表一般安装在隐蔽环境（比如橱柜），并且难以连接到电源，从而带来覆盖难和充电难等问题，但 NB-IoT 的增强覆盖和低功耗特性恰好能解决上述问题。

华为和中国联通 / 移动的商用测试和合作已经展开。其中，在 2015 年的 MWC 上，华为和上海联通基于商用网络部署了第一个实验应用——智能泊车。由于 NB-IoT 还没有完成标准化，所以目前所有的试商用服务都包含非标准方案，但与将来的标准 NB-IoT 服务的差异不大。以下是 NB-IoT 的几个实际应用。

- 华为与中国电信的 NB-IoT 智能泊车解决方案。基于华为的 NB-IoT 模块，这一智能泊车系统可以实现停车位预订转租等功能。NB-IoT 的低功耗和高穿透力的特性使得该方案具备可行性。目前，这一停车系统已经在上海迪士尼试用。
- 中兴通信和中国移动的智能井盖。此方案可以全方位监控井盖状态，不管井盖是打开或被移动，都能被实时监控到。这一应用基于 NB-IoT 的低成本、广覆盖、低功率、大规模连接等特性，它能有效增大智能井盖监控系统的覆盖范围，消除覆盖死角，降低部署和维护成本。
- 中国移动 / 爱立信 / 英特尔的环境监控应用。通过英特尔最新的 NB-IoT 芯片（XMM7115），可以实时监控 PM 值、温度、湿度、光感亮度等环境参数。

4.5 NB-IoT 的安全需求

NB-IoT 的安全需求与传统 IoT 相似，如图 4-12 所示，但也有不同之处，如低功耗物联网的硬件设备，网络通信模式和与设备相关的实际服务需求。比如，一般来说，传统 IoT 终端系统具有强大的计算能力和复杂的网络传输协议，并采用更严格的安全加强措施，功耗高，需要频繁充电。而低功耗物联网设备一般功耗更低，计算能力更弱，但可以长时间不充电。这往往也意味着，相似的安全问题可能会对 NB-IoT 产生巨大威胁，而并不危及传统 IoT，甚至简单的资源消耗也会导致设备进入 QoS/DDoS 状态。此外，在实际部署过程中，低功耗设备的数量远远大于传统 IoT。由于设备嵌入式系统更加简单、轻量级，也使得攻击者能更轻易地获取系统完整信息，因此任何小的安全漏洞都有可能造成严重的安全事故。

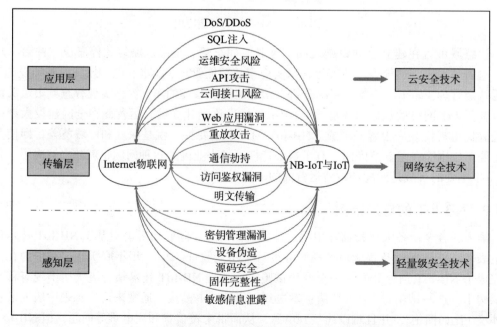

图 4-12 NB-IoT 与传统的物联网对安全需求的相似之处

接下来的内容将根据三层架构（感知层、传输层和应用层）来分析和反映 NB-IoT 的安全需求。

4.5.1 感知层

感知层是 NB-IoT 的最底层，也是上层架构及服务的基础。与传统 IoT 感知层一样，NB-IoT 感知层也容易受到被动或主动攻击。被动攻击是指攻击者仅仅窃取信息而不对信息进行修改，主要方式包括窃听和流量分析等。由于 NB-IoT 传输依赖于开放无线环境，攻击者可以通过偷窃链路数据、分析流量特性等手段来获取 NB-IoT 终端信息以进行一系列后续攻击。

与被动攻击不同，主动攻击包括信息完整性破化和信息伪造。因此，它所带来的损害远大于被动攻击。目前，主动攻击的主要方式包括节点复制攻击、节点捕获攻击、消息篡改攻击等。以 NB-IoT 典型应用智能电表为例，如果攻击者捕捉到一个用户的 NB-IoT 终端，则可任意修改和伪造抄表信息，这将直接影响用户的切身利益。

上述攻击可通过数据加密、身份认证、完整性校验等密码算法来防止，常用的密码学机制包括随机密钥预分配机制、确定性密钥预分配机制、基于身份的密码机制。NB-IoT 设备的电池服务寿命理论上可达 10 年。由于单节点感知数据吞吐率较小，在安全性得到保证的情况下，感知层应尽可能地部署流密码、分组密码等轻量级密码来减少终端计算负载，以延长电池使用寿命。

与传统 IoT 的感知层不同，NB-IoT 感知层节点可以直接与小区基站互连，以避免潜在的路由安全问题。同时，NB-IoT 感知层节点和小区基站之间的身份验证应该是双向的，即 NB-IoT 感知层节点连接到基站需要进行接入授权，基站到节点也同样需要进行接入授权操作，以防止伪基站危害。

4.5.2 传输层

与传统 IoT 传输层相比，NB-IoT 改变了以往复杂的网络部署方式，即中继网关先收集信息再反馈给基站。这样做的好处在于解决了多网组网、高成本和电池容量等问题，全城一网也更方便维护和管理，同时它还与物业服务分离，寻址和安装也更加方便。然而，新的安全威胁也随之出现。

- 高容量 NB-IoT 终端接入。一个 NB-IoT 扇区能支持的终端数大约为 10000 个，怎么为这些大规模实时高容量连接进行有效的身份验证和接入控制以避免恶意节点注入错误信息，成为一个值得研究的问题。
- 开放网络环境。NB-IoT 感知层和传输层的通信完全通过无线信道实现。无线网络的固有弱点将为系统带来潜在的风险，攻击者可能会传输干扰信号导致通信故障。除此之外，由于一个扇区有大量节点，攻击者可能会利用其控制的节点发起拒绝服务攻击，以影响网络性能。

上述问题的解决方案是引入端到端的授权机制和密钥协商机制，以保证 NB-IoT 数据传输的机密性和完整性。同时也需要验证信息的合法性。当前，计算机网络和 LTE 移动网络都有相关的传输层安全标准，如 IPSEC、SSL 和 AKA。然而，如何通过有效优化在 NB-IoT 系统中部署这些技术仍然是一个值得研究的问题。

另一方面，我们也需要建立完善的入侵检测和防护机制来防止恶意节点注入非法信息。

具体来说，首先，我们需要为一类特定节点建立一系列的行为特征配置。这一配置信息理应确切地描述相应节点在正常运行状态下的行为特征。若一个 NB-IoT 节点当前行为和过往行为特征的差异超过配置信息中的阈值项，则此当前行为会被视为异常或者一次入侵行为。此时系统将及时进行拦截和纠正，避免各种入侵或攻击给网络性能造成负面影响。

4.5.3 应用层

NB-IoT 应用层的核心目的是有效地存储、分析和管理数据。大量数据在经过感知层和传输层后最终汇聚到应用层，并形成大规模资源，为各种应用提供数据支持。与传统 IoT 应用层相比，NB-IoT 将承载更大规模的数据。以下是几个主要的安全需求。

- 大规模异构数据的识别和处理。NB-IoT 应用的多样性往往使得汇聚到应用层的数据也具备多样性，导致数据处理复杂度上升。怎样利用现有计算资源对数据进行识别和管理成为 NB-IoT 应用层的核心问题。此外，实时容灾、容错与备份也是值得考虑的问题。应尽可能在各种极端情况下保证 NB-IoT 服务的有效执行。
- 数据完整性和认证。汇聚到应用层的数据来自于感知层和传输层，一旦中间环节发生异常，数据完整性将受到不同程度的损伤。除此之外，内部人员对数据的非法操作也有损于数据的完整性，从而影响到应用层的数据使用。解决这个问题的关键在于建立有效的数据完整性验证和同步机制，同时利用重复数据删除技术、数据自毁技术、数据流程审计技术等，全面保护数据存储和传输过程中的安全。
- 数据接入控制。NB-IoT 中存在大量用户组，不同用户具有的数据接入和操作权限都应是不同的。因此需要建立用户级别和数据访问权限之间的映射关系，以实现用户间的受控数据分析。目前，数据访问控制机制主要包括强制访问控制机制、自主访问控制机制、基于角色的访问控制机制、基于属性的访问控制机制等，我们应根据不同应用场景的私密程度来采取不同类型的访问控制措施。

4.6 本章小结

本章介绍了 NB-IoT 技术架构方面的问题。4.1 节简单介绍了 NB-IoT 的发展和标准化进程。4.2 节介绍了 NB-IoT 的特性和关键技术，总结了 NB-IoT 领域当前的研究工作与动向，并在随后的 4.3 节中与其他的通信技术进行了比较，进一步分析了 NB-IoT 的优势和前景。4.4 节分析了 NB-IoT 的应用场景，并介绍了几个实际应用案例。最后，4.5 节总结了 NB-IoT 实际应用中不同架构层面临的不同安全性问题。NB-IoT 面临的科学问题还需投入更多的研究工作。

4.7 本章习题

4.1 移动通信正在从人与人的连接向人与物以及物与物的连接迈进，万物互联是必然趋势。为实现万物互联，人们急需一种低功耗、广覆盖的通信技术，在此背景下，NB-IoT 初露锋芒，逐渐为人们所知。请根据本章内容和相关资料简述 NB-IoT 的发展历程。

4.2 在 4G、5G、WiFi 等多种通信方式共存的情况下，为什么 NB-IoT 能够脱颖而出，成为众多物联网首选的通信方案？请简述 NB-IoT 的特点，并将其与 4G、5G、WiFi 等通信技术进行对比，理解 NB-IoT 的侧重点。

4.3 NB-IoT 作为一种新兴的通信技术而广泛应用于各种物联网解决方案，NB-IoT 的应用场景与前景非常广阔，请介绍 NB-IoT 的几大应用场景，并说明在相应的场景中采用 NB-IoT 的优势与必要性。

4.4 虽然 NB-IoT 的发展势头很猛，但是离它的大规模商业化还有一段时间。NB-IoT 还存在一些问题，其中，信息安全是人们比较重视的问题之一，请简述 NB-IoT 通信中可能存在的问题，并给出可能的解决方案。

4.5 NB-IoT 作为低功耗广域网的通信技术，它的兴起给其他的 LPWAN 技术造成了威胁，目前，市场上就有一种评论说，NB-IoT 将"消灭"SigFox 和 LoRa 等 LPWAN 技术，那么，NB-IoT 会"消灭"SigFox 和 LoRa 吗？请根据本章内容并查阅相关资料进行回答。

4.6 本章介绍了 NB-IoT 的几大特性，如低功耗、广覆盖、大连接等。试从网络仿真角度出发，利用 Matlab、NS2 或 OPNET 等网络仿真工具，采用 3GPP R13 提供的 NB-IoT 初步框架（物理层链路参数、空口高层优化设置、接入网和核心网部署方式等），搭建 NB-IoT 模型，并就网络能耗、延时、数据传输率、终端连接数等性能与 LTE、WiFi、ZigBee 等无线通信技术进行对比。

4.7 本章简要介绍了 NB-IoT 的应用前景，试通过对问题 4.4 的解答和学习，利用问题 4.6 完成基础 NB-IoT 网络模型，选择一个应用场景进行搭建，开发过程中需注意特定场景的特定需求，有选择地针对 NB-IoT 的某一特性进行改进。

4.8 本章介绍了 3GPP R13 提供的 NB-IoT 初步标准，请结合本章所述内容查阅资料，回答以下两个问题：

（a）NB-IoT 是否支持 FDD LTE 与 TDD LTE？请说明原因。

（b）NB-IoT 是否支持基站定位？若支持，请描述其基站定位算法；若不支持，请制定私有方案，并详细解释此方案的算法设想和参数设置。

4.8 参考文献

[1] 3GPP TR 45.820. Cellular system support for ultra-low complexity and low throughput cellular internet of things [S]. 2015.

[2] 3GPP TS 36.211. E-UTRA Physical channels and modulation- Chap.10 Narrowband IoT [S]. 2016.

[3] 3GPP. Standardization of NB-IoT completed [EB/OL]. 2016. http://www.3gpp.org/news-events/3gpp-news/1785-nb_iot_complete.

[4] Alberto Rico-Alvariño, Madhavan Vajapeyam, Hao Xu. An overview of 3GPP enhancements on machine to machine communications [J]. IEEE Communications Magazine, 2016, 54(6): 14-21.

[5] Christian Hoymann, David Astely, Magnus Stattin. LTE release 14 outlook [J]. IEEE Communications Magazine, 2016, 54(6): 44-49.

[6] Philippe Reininger (Chairman of 3GPP RAN WG 3, Huawei). 3GPP Standards for the Internet-of-Things [R]. 2016.

[7] 3GPP. Standards for the IoT [EB/OL]. 2016. http://www.3gpp.org/news-events/3gpp-news/1805-iot_r14.

[8] Ericsson. Cellular networks for Massive IoT [R]. 2016.

[9] RIoT. Low Power networks hold the key to Internet of Things [R]. 2015.

[10] IMT2020 (5G) 推进组 . 5G 无线技术架构 [R]. 2015.

[11] 华为 . NB-IoT 解决方案介绍 [R]. 2016.

[12] 大唐 . NB-IoT 及物联网相关案例 [R]. 2016.

[13] 3GPP. Standardization of Machine-type Communications [S]. 2014.

[14] 3GPP TR 22.861. Feasibility Study on New Services and Markets Technology Enablers for Massive Internet of Things [S]. 2016.

[15]   3GPP TR 22.862. Feasibility Study on New Services and Markets Technology Enablers - Critical Communications [S]. 2016.

[16]   简鑫, 曾孝平. 机器类通信流量建模与接入控制研究进展 [J]. 电信科学, 2015.

[17]   中华人民共和国科学技术部. 关于组织 "新一代宽带无线移动通信网" 国家科技重大专项 2016 年度课题申报的通知 [EB/OL]. 2015. http://www.most.gov.cn/tztg/201508/t20150803_120898.htm.

[18]   中华人民共和国科学技术部. 关于组织 "新一代宽带无线移动通信网" 国家科技重大专项 2017 年度课题申报的通知 [EB/OL]. 2016, http://www.miit.gov.cn/n1146290/n4388791/c5356011/content.html

[19]   3GPP RP-161006 (Huawei, HiSilicon). Discussion on Rel-13 NB-IoT evaluations [R]. 2016.

[20]   Laya Andres, Luis Alonso, Jesus Alonso-Zarate. Is the random access channel of LTE and LTE-A suitable for M2M communications: a survey of alternatives [J]. IEEE Communications Surveys & Tutorials, 2014, 16(1): 4-16.

[21]   Tauhidul Islam M, Taha A E M, Akl S. A survey of access management techniques in machine type communications [J]. IEEE Communications Magazine, 2014, 52(4): 74-81.

[22]   Mario E, Rivero-Angeles. Domingo Lara-Rodríguez, Felipe A. Cruz-Pérez. Access delay analysis of adaptive traffic load - type protocols for S-ALOHA and CSMA in EDGE [J]. IEEE Wireless Communications and Networking Conference, New Orleans, USA, 2003: 1722-1727.

[23]   Yang Yang, Tak-Shing Peter Yum. Delay distributions of slotted ALOHA and CSMA [J]. IEEE Transactions on Communications, 2003, 51(11): 1846-1857.

[24]   Ping Zhou, Honglin Hu, Haifeng Wang, et al. An efficient random access scheme for OFDMA systems with implicit message transmission [J]. IEEE Transactions on Wireless Communications, 2008, 7(7): 2790-2797.

[25]   Abdulmohsen Mutairi, Sumit Roy, Ganguk Hwang. Delay analysis of OFDMA-ALOHA [J]. IEEE Transactions on Wireless Communications, 2013, 12(1): 89-99.

[26]   Revak R Tyagi, Frank Aurzada, Ki-Dong Lee, et al. Connection establishment in LTE-A networks justification of Poisson process modeling [J]. IEEE Systems Journal, 2015.

[27]   Fouad A Tobagi. Distributions of packet delay and inter-departure time in slotted ALOHA and CSMA [J]. Journal of the Assentation for Computing Machinery, 1982, 29(4): 907-927.

[28]   Jun-Bae Seo and Victor C M. Design and analysis of backoff algorithms for random access channels in UMTS-LTE and IEEE 802.16 systems [J]. IEEE Transactions on Vehicular Technology, 2011, 60(8): 3975-3989.

[29]   Lin Dai. Stability and delay analysis of buffered ALOHA networks [J]. IEEE Transactions on Wireless Communications, 2012, 11(8): 2707-2719.

[30]   3GPP TR 23.887. Study on MTC and other mobile data applications communications enhancements [R]. 2013.

[31]   3GPP TS 22.101. Service aspects and Service principles [S]. 2015.

[32]   Cheng R G, Wei C H, Tsao S L, et al. RACH collision probability for machine type communications [C]. IEEE Vehicular Technology Conference, Yokohama, 2012: 1-5.

[33]   简鑫, 曾孝平, 谭晓衡. 改进的多信道 S_ALOHA 暂态性能分析办法及其应用 [J]. 电子与信息学报, 2016, 38(8): 1894-1900.

[34]   Raychaudhuri Dipankar, Harman, James. Dynamic performance of ALOHA-type VSAT channels a simulation study [J]. IEEE Transactions on Communications, 1990, 38(2): 251-259.

[35]   Q Ren, H Kobayashi. Transient analysis of media access protocols by diffusion approximation [C]. IEEE International Symposium on Information Theory, Whistler, 1995, 107.

[36]   Chia-Hung Wei, Ray-Guang Cheng, Shiao-Li Tsao. Modeling and estimation of one-shot RA for

finite-user multichannel S-ALOHA Systems [J]. IEEE Communications Letters, 2012, 16(8): 1196-1199.

[37] Chia-Hung Wei, Ray-Guang Cheng, Shiao-Li Tsao. Performance analysis of group paging for MTC in LTE networks [J]. IEEE Transactions on Vehicular Technology, 2013, 62(7): 3371-3382.

[38] Chia-Hung Wei, Giuseppe Bianchi, Ray-Guang Cheng. Modeling and Analysis of Random Access Channels With Bursty Arrivals in OFDMA Wireless Networks [J]. IEEE Transactions on Wireless Communications, 2015, 14(4): 1940-1953.

[39] 3GPP GP-100895 (Ericsson). Bottleneck Capacity Comparison for MTC [R]. 2010.

[40] 3GPP GP-100893 (Ericsson). Downlink CCCH Capacity Evaluation for MTC [R]. 2010.

[41] 3GPP R2-104663 (ZTE). LTE MTC LTE simulations [R]. 2010.

[42] B Yang, G Zhu, W Wu. M2M access performance in LTE-A system [J]. Transactions on Emerging Telecommunications Technologies, 2014, 25(1): 3-10.

[43] G C Madueno, C Stefanovic, P Popovski. Reengineering GSM/GPRS towards a dedicated network for massive smart metering [C]. IEEE International Conference on Smart Grid Communications, 2014:338-343.

[44] M Centenaro, L Vangelista. Study on M2M traffic and its impact on cellular networks [C]. IEEE World Forum on Internet of Things, 2015: 154-159.

[45] J J Nielsen, D M Kim, G C Madueno. A Tractable Model of the LTE Access Reservation Procedure for Machine-Type Communications [C]. IEEE Global Communications Conference, 2015: 1-6.

[46] P Osti, P Lassila, S Aalto. Analysis of PDCCH Performance for M2M Traffic in LTE [J]. IEEE Transactions on Vehicular Technology, 2014, 63(9): 4357-4371.

[47] G Y Lin, S R Chang, H Y Wei. Estimation and Adaptation for Bursty LTE Random Access [J]. IEEE Transactions on Vehicular Technology, 2015, 65(4): 2560 - 2577.

[48] Mario E. Rivero-Angeles, Domingo Lara-Rodríguez, Felipe A. Cruz-Pérez. Gaussian approximations for the PMF of the access delay for different backoff policies in S-ALOHA [J]. IEEE Communications Letters, 2006, 10(10): 731-733.

[49] Mehmet Koseoglu. Lower bounds on the LTE-A average random access delay under massive M2M arrivals [J]. IEEE Transactions on Communications, 2016, 64(5): 2104-2115.

[50] 张力. 低成本 MTC 室内覆盖增强技术研究 [D]. 重庆大学. 2014.

[51] 秦新涛. 基于 LTE_Advanced 的 M2M 通信覆盖增强和资源分配研究 [D]. 北京交通大学. 2015.

[52] G Naddafzadeh-Shirazi, L Lampe, G Vos. Coverage enhancement techniques for machine-to-machine communications over LTE [J]. IEEE Communications Magazine, 2015, 53(7): 192-200.

[53] 卢斌. NB_IoT 物联网覆盖增强技术探讨 [J]. 移动通信, 2016, 40(19): 55-59.

[54] Goldsmith A J. Wireless Communications [M]. New York: Cambridge University Press, 2005.

[55] 杨凡, 曾孝平, 简鑫. 快时变信道下非数据辅助的误差矢量幅度自适应调制算法 [J]. 通信学报, 2017.

[56] S R Yang, Y B Lin. Modeling UMTS discontinuous reception mechanism [J]. IEEE Transactions on Wireless Communications, 2005, 4(1): 312-319.

[57] S Jin, D Qiao. Numerical Analysis of the Power Saving in 3GPP LTE Advanced Wireless Networks [J]. IEEE Transactions on Vehicular Technology, 2012, 61(4): 1779-1785.

[58] A T Koc, S C Jha, R Vannithamby. Device Power Saving and Latency Optimization in LTE-A Networks Through DRX Configuration [J]. IEEE Transactions on Wireless Communications, 2014, 13(5): 2614-2625.

[59] C Tseng, H Wang, F Kuo. Delay and Power Consumption in LTE LTE-A DRX Mechanism with

Mixed Short and Long Cycles [J]. IEEE Transactions on Vehicular Technology, 2015, 65(3): 1721-1734.

[60] H Ramazanali, A Vinel. Performance Evaluation of LTE/LTE-A DRX: A Markovian Approach [J]. IEEE Internet of Things Journal, 2016, 3(3): 386-397.

[61] K Zhou, N Nikaein, T Spyropoulos. LTE/LTE-A Discontinuous Reception Modeling for Machine Type Communications [J]. IEEE Wireless Communication Letters, 2013, 2(1): 102-105.

[62] T Tirronen, A Larmo, J Sachs. Machine to machine communication with long-term evolution with reduced device energy consumption [J]. Transactions on Emerging Telecommunications Technologies, 2013, 24(4): 413-426.

[63] N M Balasubramanya, L Lampe, G Vos. DRX with Quick Sleeping: A Novel Mechanism for Energy-Efficient IoT Using LTE/LTE-A [J]. IEEE Internet of Things Journal, 2016, 3(3): 398-407.

[64] A Chockalingam, M Zorzi. Energy efficiency of media access protocols for mobile data networks [J]. IEEE Transactions on Communications, 1998, 46(11): 1418-1421.

[65] Y Yang, T SP Yum. Analysis of power ramping schemes for UTRA-FDD random access channel [J]. IEEE Transactions on Wireless Communications, 2005, 4(6): 2688-2693.

[66] H S Dhillon, H C Huang, H Viswanathan. Power-Efficient System Design for Cellular-Based Machine-to-Machine Communications [J]. IEEE Transactions on Wireless Communications, 2013, 12(11): 5740-5753.

[67] G Zhang, A Li, K Yang. Optimal Power Control for Delay-Constraint Machine Type Communications Over Cellular Uplinks [J]. IEEE Communications Letters, 2016, 20(6): 1168-1171.

[68] 华为 (成研所). 物联网垂直行业场景建模和体验评估 [R]. 2016.

[69] F Francois, O H Abdelrahman, E Gelenbe. Impact of Signaling Storms on Energy Consumption and Latency of LTE User Equipment [C]. IEEE International Conference on High Performance Computing & Communications, 2015:1248-1255.

[70] G Gorbil, O H Abdelrahman, M Pavloski. Modeling and Analysis of RRC-Based Signalling Storms in 3G Networks [J]. IEEE Transactions on Emerging Topics in Computing, 2016, 4(1): 113-127.

[71] U Phuyal, A T Koc, M H Fong. Controlling access overload and signaling congestion in M2M networks [C]. Signals, Systems & Computers, 2012: 591-595.

[72] Feller, William. An Introduction to Probability Theory and Its Applications [M]. Wiley, 1973.

[73] O C Ibe. Markov Processes For Stochastic Modeling [M]. Chapman & Hall, 2008.

[74] 陈默 . 802.11 无线局域网的自适应链路控制研究 [D]. 重庆大学 , 2015.

[75] Vere-Jones. An Introduction to the Theory of Point Processes [M]. Springer, 2003.

[76] M El-Taha, S S Jr. Sample-Path Analysis of Queueing Systems [M]. Springer, 2000.

[77] 简鑫 . 机器类通信的队列模型与过载控制研究 [D]. 重庆大学 , 2014.

[78] Min Chen, Yiming Miao, Yixue Hao, Kai Hwang. Narrow Band Internet of Things[J]. IEEE Access, Vol. 5, pp. 20557 - 20577, 2017.

有监督的机器学习

摘要：机器学习（ML）是让机器去识别实际的事物或者发现数据中的规律，然后预测未知的事物或者将已知的事物进行归类。首先，我们简单地介绍机器学习的一些概念以及机器学习算法，然后详细介绍具有代表性的监督学习算法，包括回归分析、决策树、朴素贝叶斯、随机森林和支持向量机。本章的主要的目的是帮助读者更好地理解第 7 章的深度学习及其具体应用，关于无监督学习算法以及如何选择一种合适的算法将会在第 6 章介绍。

5.1 机器学习简介

机器学习是一门可操作的学科，从认知科学以及人工智能领域扩展而来。在构建 AI 和专家系统时，机器学习和统计决策以及数据挖掘有着高度的相关性。机器学习的主要思想是让机器从数据中学习，对于繁琐和非结构化的数据，机器往往会比人类做出更好、更公正的决定。为了实现这一目的，我们需要编写一个基于特定模型的计算机程序，从给定的数据对象中学习，从而得到未知数据对象的类别或者预测未知数据。从上述机器学习的定义中可以看出，机器学习是一个可操作性的术语，而不是一个认知性的术语。

为了实现机器学习的任务，我们需要设计算法来学习数据，从而根据数据之间的特征、相似性做出预测和分类。机器学习算法根据输入数据的不同而建立不同的决策模型，模型的输出是由数据驱动来决定的。在 5.1.1 节，我们根据学习方式对机器学习算法进行分类，可以分为有监督的学习方式、无监督的学习方式以及半监督的学习方式，其中监督学习和无监督学习这两种学习方式在现实生活中有着广泛的应用；在 5.1.2 节，我们根据算法功能对其分类。

5.1.1 学习方式简介

在解决实际问题过程中，可根据不同的学习方式对机器学习进行分类。模型的学习方式取决于模型是怎么和输入数据交互的，也就是说，数据交互方式决定了可以建立什么类型的机器学习模型。因此，用户必须了解输入数据类型以及模型在创建过程中所扮演的角色。机器学习的目标是选择最合适的模型去解决实际问题，这有时候和数据挖掘的目标是重合的。在图 5-1 中，展示了三种不同学习方式的机器学习算法：监督学习、半监督学习和无监督学习。至于采用哪种学习方式则取决于我们输入了什么类型的数据。

监督学习　　　　　　无监督学习　　　　　　半监督学习

图 5-1　根据学习方式分类机器学习算法

- 监督学习。机器学习中大部分的问题都属于监督学习的范畴。在这类问题中，给定训练样本，每个样本的输入 x 都对应一个确定的结果 y，我们需要训练出一个模型（数学上看是一个 $x \to y$ 的映射关系 f），在未知的样本 x' 给定后，能对结果 y' 做出预测。
- 无监督学习。机器学习中有另外一类问题，就是给定一系列的样本，但这些样本并没有给出标签或者标准答案。而我们需要做的事情是，在这些样本中抽取出通用的规则，这就叫作无监督学习，关联规则和聚类算法在内的一系列机器学习算法都属于这个范畴。我们将在第 5 章研究该类问题。
- 半监督学习。这类问题给出的训练数据，有一部分有标签，有一部分没有标签。我们想学习出数据组织结构的同时，也能做相应的预测。此类问题相对应的机器学习算法有自训练（self-training）、直推学习（transductive learning）、生成式模型（generative model）等。

5.1.2 主要算法简介

机器学习算法也可以根据测试函数的不同来进行分类，例如，基于树的分类方法是利用决策树来进行分类的，而神经网络则是通过神经元连接在一起形成的。根据不同的数据集特性，我们可以选择一个最合适的机器学习方法来解决问题。下面将简单介绍 12 种机器学习算法，对应的概念图如图 5-2 所示。

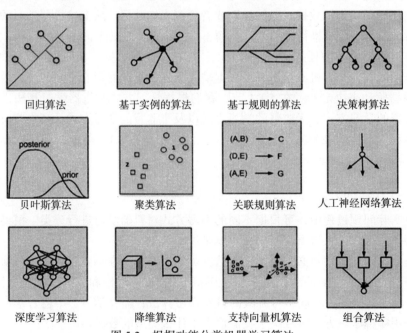

图 5-2 根据功能分类机器学习算法

一些机器学习算法需要带类标签的数据，包括回归分析、决策树、贝叶斯网络和支持向量机。其他的无监督学习算法可以是无标签的数据，这些算法试图探索隐藏在数据之间的结构和数据之间的关系，这些算法包括聚类、关联分析、降维和人工神经网络等。

- 回归分析。回归算法是一种通过最小化预测值与实际结果值之间的差距，来得到输入特征之间的最佳组合方式的一类算法。对于连续值的预测有线性回归算法，而对于离散值或者类别预测有逻辑回归算法，这里也可以把逻辑回归视作回归算法的一种。

- **基于实例的学习**。这里所谓的基于实例的算法，指的是最后建成的模型，但是它对原始数据样本依旧有很强的依赖性。这类算法在做预测决策时，一般都是使用某类相似度准则，去比对待预测的样本和原始样本的相近度，再给出相应的预测结果。
- **基于规则的算法**。这种分类方法是对回归分析的一种扩展，对于有的问题可以起到很好的效果。
- **决策树**。决策树分类算法会基于原始数据特征，构建一棵包含很多决策路径的树。预测阶段选择路径进行决策。
- **贝叶斯**。这里说的贝叶斯类算法，指的是在分类和回归问题中，隐含使用了贝叶斯原理的算法。
- **聚类分析**。聚类算法做的事情是，把输入样本聚成围绕一些中心的数据团，以发现数据分布结构的规律。
- **关联规则**。关联规则算法试图抽取出最能解释观察到的训练样本之间关联关系的规则，也就是获取一个事件和其他事件之间依赖或关联的知识。
- **人工神经网络**。这是受人脑神经元工作方式启发而构造的一类算法。需要提到的一点是，我们把深度学习单独列出来了，这里说的人工神经网络偏向于更传统的感知算法。
- **深度学习**。深度学习是近年来非常火的机器学习领域，相对于上面列的人工神经网络算法，它通常有着更深的层次和更复杂的结构。
- **降维**。从某种程度上说，降维算法和聚类其实有点类似，因为它也在试图发现原始训练数据的固有结构，但是降维算法试图用更少的信息（更低维的信息）总结和描述出原始信息的大部分内容。
- **支持向量机**。通常用于有监督的学习，将一个低维空间中的数据投影到高维空间，使得低维不可分数据变成高维可分数据，从而解决分类问题。
- **组合方法**。严格意义上来说，这不算是一种机器学习算法，而更像是一种优化手段或者策略，它通常是结合多个简单的弱机器学习算法，去做更可靠的决策。以分类问题为例，直观的理解就是单个分类器的分类是可能出错的、不可靠的，但是如果多个分类器投票，那可靠度就会高很多。

表 5-1 总结了 6 种机器学习算法。多项式回归（polynomial regression）是拟合函数为多项式的回归方法，逐步回归（stepwise）的基本思想是将变量逐个引入模型，每引入一个解释变量后都要进行 F 检验以确定是否将该变量加入到模型中。

表 5-1 按照功能分类机器学习算法

类别	简介
回归	线性的，多项式的，逻辑的，逐步的，指数的，多元自适应回归样条
基于案例	K 近邻，近邻，学习向量化网络，自组织映射，局部加权学习
贝叶斯网络	贝叶斯，高斯，多项式，平均依赖估计，贝叶斯信念，贝叶斯网络
聚类	聚类分析，K 均值，层次聚类，基于密度的聚类，基于网格的聚类
降维	主成分分析，多维尺度分析，奇异值分解，主成分回归，偏最小二乘回归
组合	神经网络，装袋，提升，随机森林

学习向量化网络 LVQ（Learning Vector Quantization）是一种基于模型的神经网络方法。自组织神经网络 SOM（Self-Organizing Map）方法的思想是：一个神经网络接受外界输入模

式时，将会分为不同的对应区域，各区域对输入模式有不同的响应特征，这个过程是自动完成的。

高斯贝叶斯（Gaussian Bayesin）是各属性连续且服从高斯分布的贝叶斯分类器。多项式贝叶斯（multinomial Bayesin）是一种利用多项式分布计算概率的特殊朴素贝叶斯；平均依赖估计 AODE（Average One-Dependent Estimator）是一种概率分类学习方法，它主要用来解决朴素贝叶斯分类器的属性独立性问题。

基于网格的聚类算法首先将对象空间划分为有限个单元以构成网格结构，然后利用网格结构完成聚类，由于易于增量实现和进行高维数据处理而被广泛应用于聚类算法中。COBWEB 是一个常用的且简单的基于模型的增量式聚类方法。

多维标度 MDS（Multi-Dimensional Scaling）算法利用成对样本间的相似性去构建合适的低维空间，相似样本在此空间的距离和在高维空间中的样本间的相似性尽可能保持一致。奇异值分解 SVD（Singular Value Decomposition）算法是一种利用矩阵奇异值分解技术降低样本空间维数的方法。

装袋（Bagging（Bootstrap Aggregating））算法是一种通过给定组合投票的方式（弱分类器），获得最优解（类标签）以提高分类准确率的算法。自适应增强 Adaboost（Adaptive Boosting）算法是一种迭代算法，其核心思想是针对同一个训练集训练不同的分类器（弱分类器），然后把这些弱分类器集合起来，构成一个更强的最终分类器（强分类器）。

5.1.3　监督学习和无监督学习

在监督学习系统中，机器从一对 { 输入，输出 } 数据集中学习。输入数据有着固定的格式，例如借贷人信用报告；输出数据可能是离散的，如 "yes" "no" 表示是否可以借贷，也可能是连续的，如还款时间的概率分布。我们的主要目标是构建一个合适的模型，该模型对于新的输入能够给出正确的输出。机器学习系统像一个可以微调的函数，而学习系统是建立该函数系数的过程。输入一个表示借贷人信用的数据，系统可以给出是否给予借贷的正确答案。

表 5-2 中给出了 4 种主要的有监督机器学习算法，我们将在后面的小节分别介绍。在分类中，数据被分为两类或者更多的类，学习模型需要判断出新的输入属于哪一类。一个典型的监督学习例子是垃圾邮件过滤，输入数据是邮件内容，而类标签是垃圾邮件或者不是垃圾邮件。回归分析也是一种监督学习，但是其输出是连续的而不是离散的。决策树是一种预测模型，根据属性的不同取值决定下一步的行动。支持向量机也是一种有监督的学习方法，经常用于分类和预测。贝叶斯网络是一种统计决策模型，表示一组随机变量和变量之间的条件独立性，例如，根据相关特征，贝叶斯网络可以计算患某种疾病的概率，是医疗领域一种很有效的诊断疾病的方法。

表 5-2　有监督的机器学习算法

类别	简介
回归	线性的，多项式的，逻辑的，逐步的，指数的，多元自适应回归样条
分类	K 近邻，近邻，决策树，贝叶斯，支持向量机，学习矢量量化，自组织映射，局部加权学习
决策树	决策树，随机森林，分类和回归数，ID3，卡方自动交互检测
贝叶斯网络	贝叶斯，高斯，多项式，平均依赖估计，贝叶斯信念，贝叶斯网络

然而，大多数无监督的学习算法都用于发现数据之间的内在联系，在训练过程中使用一些没有标签的数据。无监督的学习算法不给出数据的类标签，而是探索数据的内在联系和潜

在关系。表 5-3 给出了一些无监督的机器学习算法，例如，关联规则可以根据输入的社交网络数据产生人物关系网。

表 5-3 一些无监督的学习算法

类别	简介
关联分析	Apriori，关联规则，Eclat，FP-Growth
聚类	聚类分析，K 均值，层次聚类，基于密度的聚类，基于网格的聚类
降维	主成分分析，多维尺度分析，奇异值分解，主成分回归，偏最小二乘回归
人工神经网络	感知器，后向传播，径向基函数网络

在聚类分析中，输入数据集被划分到不同的组，不像有监督的分类，不同的组提前是不知道的。基于密度的聚类解决输入数据的分布情况，降维是将高维空间中的数据投影到低维空间，而 ANN 多用于感知和反馈系统。

5.1.4 机器学习主要流派

让我们首先从一个简单的问题开始，知识到底是从哪里来的？ Pedro Domingos 认为，知识来源于进化、经验、文化和计算机。对于知识和计算机的关系，Facebook 人工智能实验室负责人 Yann LeCun 说过："将来，世界上的大部分知识将由机器提取出来，并且将长驻于机器中。"那么，计算机如何发现新的知识？有如下五种主要的途径：

- 填充现存知识的空白
- 对大脑进行仿真
- 对进化进行模拟
- 系统性地减少不确定性
- 注意新旧知识之间的相似点

因此，可以将机器学习分为五大流派，分别是符号主义、联结主义、进化主义、贝叶斯派和行为类推主义，如表 5-4 所示。

表 5-4 机器学习五大流派

流派	学科	主要方法	代表人物	主要算法
符号主义	逻辑学、哲学	逆向演绎	Mitchell, Muggleton, Quilan	逆演绎算法
联结主义	神经科学	后向传播	LeCun, Hinton, Bengio	神经网络
进化主义	进化生物学	遗传编码	Koda, Holland, Lipson	遗传算法
贝叶斯派	统计学	概率推理	Heckerman, Pearl Jordan	贝叶斯算法
行为类推主义	心理学	机器内核	Vapnik	支持向量机

每个学派都有一套核心理念，以及一个它最关心的特定问题。他们针对这个特定的问题，基于其相关领域的科学概念，找到一个适合的解决方案，并且拥有一个主要的演算法，以适度体现它的机器学习行为。

对于符号主义来说，所有的智慧都可以被简化成操纵符号，就像数学家求解方程式的过程，是通过用其他表达式来替换表达式的方法。符号理论学派明白，你不能从头学起，你需要一些初步的知识，并与数据资料相配合。符号理论学派已经掌握了如何将先前存在的知识纳入学习，以及如何快速地将不同的知识进行结合，以解决新的问题。他们的主要演算法是逆向演绎法（inverse deduction），通过这种演算法可以找出哪些知识是欠缺的，以便做出逻辑的演绎推论，然后使其尽可能地被通则应用。

对于联结主义来说，学习就是人类大脑所做的事情，所以我们需要做的，就是对大脑进行反向工程。大脑的学习是通过调整神经元之间的连结强度来进行的，而关键的问题是找出哪些神经元的连接必须对哪些错误负责，并依此来改变它们。类神经网络学派的主要演算法是倒传递理论演算法（back propagation），它会比较系统的输出与期望的输出，然后依次改变一层又一层的神经元连结，以便使得输出结果可以更接近于它应该呈现的结果。

进化主义则认为，所有学习之母就是物竞天择。如果物竞天择可以造就我们，那么它就可以造就任何事情，而我们所需要做的，就是在电脑上模拟它。演化论学派所解决的关键性问题就是学习的结构，不只是调整参数而已，就像倒传递理论演算法所做的，可以创建一种能够让这些调整进行微调的大脑。

贝叶斯派最关注的课题就是不确定性。这门学派主张所有学到的知识都是不确定的，而且学习本身就是一种不确定的推理形式。那么这个问题就变成如何处理不完整以及相互矛盾的信息，而不会造成混乱。解决的办法就是概率推理，而主要的演算法是贝叶斯定理与其衍生物。贝叶斯定理告诉我们如何把新证据转化为信念，而概率推理演算法则尽可能有效地做到这一点。

对于行为类推主义而言，学习的关键是认识各种情况之间的相似之处，从而推断其他情境的相似。如果两位患者有相似的症状，也许他们患有相同的疾病，问题的关键是要判断两件事情之间是如何相似的。行为类推主义的主要演算法就是支持向量机（Support Vector Machine，SVM），它可以找出哪些经验是需要记住的，以及如何结合这些经验做出新的预测。

5.2　回归分析

下面主要介绍回归分析，它是机器学习中一个基本的类别。首先，我们呈现其基本概念和一般性假设；然后，我们详细介绍线性回归和逻辑回归方法，这两种方法在机器学习领域应用广泛；最后，为了阐述回归思想和回归分析的学习过程，我们给出了算法的数学模型和具体案例。

5.2.1　简介

在机器学习领域，回归分析利用数理统计的方法建立自变量和因变量之间的关系，该过程中会执行一系列的参数和非参数估计。换言之，该方法探索输入和输出变量之间的因果关系。通常，根据经验选用一个预先知道的或者观察可视化数据得到的函数作为回归函数。我们的目标是使用误差准则估计回归函数的系数，此外，回归分析也可以通过预测数据的类标签对数据分类。

自变量作为回归过程的输入，也被称作解释变量，因变量是回归过程的输出。回归分析的目标是确定当每一个自变量变化而其他自变量不变时因变量的值。因此，回归分析估计因变量的平均值，该估计值是自变量的函数，称为回归函数（regression function）。

在机器学习中，回归分析多用于预测，可揭示自变量和因变量之间的因果关系。对于利用回归分析做出的预测，使用时必须非常小心，因为这种因果关系有可能会误导使用者。大多数回归函数是含参的且自变量具有一定的维数限制，在本书中，我们不介绍无限维空间的非参数回归分析。与大多数机器学习算法类似，结果的准确率取决于数据集的质量，同时也和数据的处理过程以及基本假设有关。回归分析对离散变量的估计可以达到更高的准确率，不过它也提供了对连续因变量的估计。

为了公式化回归过程，定义向量 $\boldsymbol{\beta}$ 为未知参数，$\boldsymbol{X}$ 和 $\boldsymbol{Y}$ 分别表示自变量和因变量，它们都是多维向量。可以建立变量 $\boldsymbol{X}$、$\boldsymbol{\beta}$ 和 $\boldsymbol{Y}$ 之间的关系：

$$Y \approx f(X, \beta)$$

函数 $f(X, \beta)$ 通常用其近似函数 $E(Y \mid X)$ 代替，回归函数 f 是根据 $\boldsymbol{X}$ 和 $\boldsymbol{Y}$ 之间的关系决定的，如果不知道该关系，可以根据散点图估计其关系。

考虑未知参数向量 $\boldsymbol{\beta}$，假设其是 k 维的，我们有如下三种模型决定输入和输出，取决于观察到的形如 $(\boldsymbol{X}, \boldsymbol{Y})$ 的样本空间点以及样本空间的维数 k。

- 当 $N < k$ 时，大多数典型的回归方法是不能使用的。因为此时回归函数是不确定的，没有足够的数据去求解未知参数 $\boldsymbol{\beta}$。
- 当 $N = k$，且回归函数是线性时，等式 $Y = f(X, \beta)$ 可以被精确地求解，因为 N 个等式可以求解参数 $\boldsymbol{\beta}$ 中的 N 个未知数。只要 $\boldsymbol{X}$ 线性无关，等式的解就唯一。如果回归函数是非线性的，解的情况视具体情况而定。
- 常见的情形是 $N > k$，此时，有足够的信息估计未知参数 $\boldsymbol{\beta}$，通常我们使用最小二乘法估计 $\boldsymbol{\beta}$ 的具体值。

例 5.1　**独立测试集上的回归分析**

这个案例可帮助我们理解在运用回归分析时自变量线性无关的重要性。考虑有四个未知参数 β_0、β_1、β_2 和 β_3 的回归模型，假设某个实验者在自变量取值为 $X = (X_1, X_2, X_3, X_4)$ 的地方观察 10 次，此时的回归模型不能给出未知参数 β_0、β_1、β_2 和 β_3 的估计值，因为这 10 个观测值都是线性相关的。换言之，实验者没有足够的信息执行回归分析。

在这种情况下，最好的做法是计算一个平均值作为因变量在该点的取值。相似地，观测两个不同点的值可以预测两个未知量的回归模型，但是不能预测三个或者更多未知量的模型。如果实验者在四个不同的点处观测 $\boldsymbol{Y}$ 的值，那么该回归模型将可以估计 4 个未知参数 β_0、β_1、β_2 和 β_3 的值。

在 $N > k$ 和观测误差服从正态分布的情形下，此时 $N-k$ 个信息是多余的，成为回归模型的自由度。下面列出了回归分析的三个基本假设：

- 样本数据可以代表数据空间，而且误差是一个均值为 0 的随机变量。
- 被观测的因变量没有误差，观测点线性无关。
- 误差是不相关的且其方差是一个常数，否则可以使用最小加权二乘法。

5.2.2　线性回归

回归分析是确定两种或两种以上变量间相互依赖的定量关系的一种统计分析方法，分为线性回归和非线性回归。如果在回归分析中只包括一个自变量和一个因变量，且二者的关系可用一条直线近似表示，则称为一元线性回归分析；如果回归分析中包括两个或两个以上的自变量，且因变量和自变量之间是线性关系，则称为多元线性回归分析。在非线性回归分析中，常见的模型有 Logistic 回归分析等，其数学形式为：

$$y = f(x)$$

其中 x 为自变量，是多维向量；y 为因变量，是一维变量。

线性回归的一般过程如图 5-3 所示。

观察数据，画出散点图	利用最小二乘法进行拟合	得到函数关系 f(x)，对其进行检验	预测未知数据，得出结论
步骤 1	步骤 2	步骤 3	步骤 4

图 5-3   线性回归的一般过程

1. 一元线性回归

设二维数据点集为 (x_1, y_1), (x_2, y_2), $\cdots$, (x_n, y_n)，绘制出该数据集的散点图，如果所有的点近似的在一条直线上，则可以用如下结构描述：

$$y = ax + b + \varepsilon$$

其中 x 为解释变量，y 为被解释变量，a 和 b 为相应的系数，ε 为随机误差项，是独立同分布、同方差的正态分布。对上述结构求期望，可得到如下一元线性回归方程（用 y 代替 $E(y)$）：

$$y = ax + b$$

图 5-4 展示了一元回归模型的残差。回归分析的主要任务就是通过 n 组样本观测值对系数 a 和 b 进行估计，常用的方法是最小二乘法，其目标为

$$\min Q\left(\hat{a}, \hat{b}\right) = \sum_{i=1}^{n}\left[y_i - E(y_i)\right]^2 = \sum_{i=1}^{n}\left(y_i - ax_i - b\right)^2$$

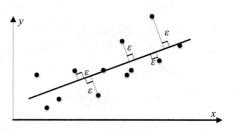

图 5-4   一元线性回归分析

为使上述离差平方和达到极小，对 $\hat{a}$ 和 $\hat{b}$ 求偏导数，并令其等于 0：

$$\begin{cases} \dfrac{\partial Q}{\partial \hat{b}} = \sum_{i=1}^{n}\left(y_i - \hat{a}x_i - \hat{b}\right) = 0 \\ \dfrac{\partial Q}{\partial \hat{a}} = \sum_{i=1}^{n}\left(y_i - \hat{a}x_i - \hat{b}\right)x_i = 0 \end{cases} \rightarrow \begin{cases} \hat{a} = \dfrac{\sum_{i=1}^{n}\left(x_i - \overline{x}\right)\left(y_i - \overline{y}\right)}{\sum_{i=1}^{n}\left(x_i - \overline{x}\right)^2} \\ \hat{b} = \overline{y} - \hat{a}\overline{x} \end{cases}$$

其中 $\overline{x}$ 和 $\overline{y}$ 分别为自变量和因变量的均值。这样就可以求出一元线性回归方法的具体表达式：

$$y = \hat{a}x + \hat{b}$$

求出模型的具体表达式后，我们想知道该表达式对数据集的拟合程度如何，能否很好地表达两个变量之间的关系，以及能否用于实际预测，因此我们需要对模型进行显著性检验。显著性检验一般使用判定系数，R^2 用来衡量拟合优度，R^2 越接近 1，拟合程度越好，反之越差。

$$R^2 = 1 - \frac{\sum_{i=1}^{n}\left(y_i - \hat{y}_i\right)^2}{\sum_{i=1}^{n}\left(y_i - \overline{y}_i\right)^2}, \quad 0 \leqslant R^2 \leqslant 1$$

需要注意的是：线性回归不仅可以用来预测，也可以用来分类，但是只能针对二分类问题。当我们求出回归方程 $y = \hat{a}x + \hat{b}$ 时，可以对每一个训练数据集样本求出其因变量的估计值，公式如下：

$$\hat{y} = \hat{a}x + \hat{b}$$

这样可以利用如下规则将其分为两类：

$$\begin{cases} 1 & y_i > \hat{y}_i \\ 0 & y_i < \hat{y}_i \end{cases} \quad i = 1, 2, \cdots, n$$

则当有新的数据 (x_0, y_0) 需要归类时，我们可以先根据其因变量 x_0 的值求出它的 $\hat{y}_0$，再比较 y_0 和 $\hat{y}_0$ 的大小，从而确定该数据属于哪一类，接下来所述的多元线性回归也可以利用该思想对数据集分类。

2. 多元线性回归

在解决实际问题的过程中，我们往往会遇到很多变量。例如：学生的学习成绩可能与上课认真听讲程度、课前预习情况以及课后复习情况等因素有关；人的健康不仅受环境的影响，还和个人平时的饮食习惯有关。这些都表明一元线性回归模型在很多情况下并不适合，对其加以改进便得到多元线性回归模型，结构如下：

$$\begin{cases} y = \beta_0 + \beta_1 x_1 + \cdots + \beta_m x_m + \varepsilon \\ \varepsilon \sim N(0, \sigma^2) \end{cases}$$

其中，β_0，β_1，$\cdots$，β_m，σ^2 都是未知参数，而 ε 服从均值为 0、方差为 σ^2 的正态分布。对上述结构求期望，得到如下多元线性回归方程（用 y 代替 $E(y)$）：

$$y = \beta_0 + \beta_1 x_1 + \cdots + \beta_m x_m$$

写成矩阵的形式如下：$y = X\boldsymbol{\beta}$ 其中 $X = (1, x_1, \cdots, x_m)$，$\boldsymbol{\beta} = (\beta_0, \beta_1, \cdots, \beta_m)^T$。同样，我们需要估计参数 $\boldsymbol{\beta}$，还是利用最小二乘法求 $\hat{\boldsymbol{\beta}}$，其目标为

$$\min Q = \sum_{i=1}^{n} \varepsilon_i^2 = \sum_{i=1}^{n} (y_i - \beta_0 - \beta_1 x_{i1} - \cdots - \beta_m x_{im})^2$$

为使上述离差平方和达到极小，对 $\boldsymbol{\beta}$ 求偏导数，并令其等于 0，得

$$\frac{\partial Q}{\partial \beta_j} = 0, \qquad j = 0, 1, 2, \cdots, n$$

即

$$\begin{cases} \dfrac{\partial Q}{\partial \beta_0} = -2 \sum_{i=1}^{n} (y_i - \beta_0 - \beta_1 x_{i1} - \cdots - \beta_m x_{im}) = 0 \\ \dfrac{\partial Q}{\partial \beta_j} = -2 \sum_{i=1}^{n} (y_i - \beta_0 - \beta_1 x_{i1} - \cdots - \beta_m x_{im}) x_{ij} = 0, \quad j = 1, 2, \cdots, m \end{cases}$$

求解上述方程，可以得到最终多元回归方程为

$$y = X\hat{\boldsymbol{\beta}} = \beta_0 + \beta_1 x_1 + \cdots + \beta_m x_m$$

其实，多元回归是对一元回归的拓展和延伸，其本质是相同的，只是适用的范围不同。一元回归针对一个自变量和一个因变量，而多元回归适用于多个自变量和一个因变量。

例 5.2　利用线性回归分析医疗健康数据

如今，医疗已经成为一个热点话题。随着经济水平的提高，越来越多的人开始重视自己的身体健康。在医学上，肥胖一般用体重指数来反映，肥胖的人更容易患高血压。在此，我们利用线性回归来预测肥胖和高血压的具体关系，并给出预测自己是否患有高血压的方法。

表 5-5 是武汉市某二甲医院的体检数据中体重指数和血压的数据集合。试初步判断体重指数为 24 的人血压为多少。

表 5-5　体重指数和血压数据表

ID	体重指数	血压	ID	体重指数	血压
1	20.9	123	8	21.4	126
2	21.5	123	9	21.4	124
3	19.6	123	10	25.3	129
4	26	130	11	22.4	124
5	16.8	119	12	26.1	133
6	25.9	131	13	23	129
7	21.6	127	14	16	118

　　这是两个变量的预测模型，可以考虑利用一元线性回归模型。首先确定数据点的分布情况，利用 MATLAB 软件画出体重指数－血压的散点图，如图 5-5a 所示。

　　观察图 5-4，可以发现各数据点几乎在一条直线的上下，呈现出线性分布的特点，因此可以利用一元线性回归模型对其进行拟合。利用最小二乘法，求得

$$\begin{cases} \hat{a} = 1.32 \\ \hat{b} = 96.58 \end{cases}$$

　　因此可以得到回归方程：$y = 1.32x + 96.58$。在利用回归方法进行预测时需要进行模型显著性检验，以检验模型是否能够很好地拟合现有数据，然后再进行预测。计算得模型的平均残差和判定系数为

$$\begin{cases} \text{avrerr} = 1.17 \\ R^2 = 0.90 \end{cases}$$

　　平均残差远小于血压的平均值 125.6，而且判定系数接近 1，因此我们可以说该回归方程是显著的，可以很好地拟合数据集，并可以在此基础上预测未知数据。

　　图 5-5b 直观地展示了模型的回归效果。

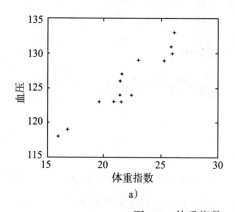

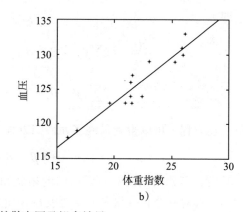

图 5-5　体重指数－血压的散点图及拟合效果

　　利用得到的模型和给定的体重指数，可以判定某个人的血压值，代入 $x = 24$，得出血压为

$$y = 1.32 \times 24 + 96.58 = 128$$

5.2.3　逻辑回归

　　逻辑回归又称 Logistic 回归分析，是一种广义的线性回归分析模型，Logistic 回归可用

于预测和分类，常用于数据挖掘、疾病自动诊断、经济预测等领域。但是需要注意的是，Logistic 模型只能用来解决二分类问题。

Logistic 分类简称 LR 分类器，其原理是利用 Logistic 函数对样本数据进行分类，Logistic 函数一般称为 sigmoid 函数，其表达式如下：

$$f(x) = \frac{1}{1 + e^{-z}}$$

该函数定义域为（$-\infty$, $+\infty$），值域为（0, 1），因此我们可以将 sigmoid 函数看成样本数据的概率密度函数。其函数图像如图 5-6 所示。

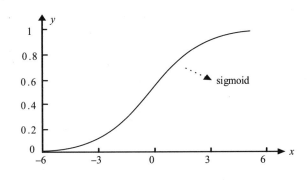

图 5-6 sigmoid 函数图像

从图像上可以看出在 $z = 0$ 时图像敏感，而在 $z \ll 0$ 和 $z \gg 0$ 时不敏感，因此可以通过样本的中间特征 z 将样本数据集中在 sigmoid 函数的两端，从而将其分为两类，这就是逻辑回归的基本思想。

考虑具有 m 个独立变量的向量 $\boldsymbol{x} = (x_1, x_2, x_3, \cdots, x_m)$，$\boldsymbol{x}$ 的每一维代表样本数据（训练数据）的一个属性（特征）。在逻辑回归中，利用线性函数将样本数据的多个特征合并为一个特征，其公式如下：

$$z = \beta_0 + \beta_1 x_1 + \beta_2 x_2 + \cdots + \beta_m x_m$$

然后再求该特征在指定数据下的概率，即利用 sigmoid 函数作用在该特征上，这样就可以得到逻辑回归模型的表达式，如下所示。图示如图 5-7 所示。

$$\begin{cases} P(Y = 1 | x) = \pi(x) = \dfrac{1}{1 + e^{-z}} \\ z = \beta_0 + \beta_1 x_1 + \beta_2 x_2 + \cdots + \beta_m x_m \end{cases} \rightarrow \begin{cases} x \in 1, \text{如果 } P(Y = 1 | x) > 0.5 \\ x \in 0, \text{如果 } P(Y = 0 | x) < 0.5 \end{cases}$$

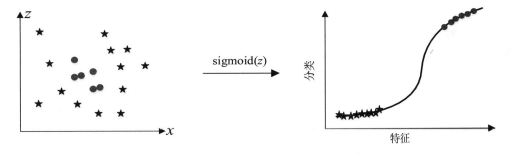

图 5-7 逻辑回归分类原理

在将多个特征合并成一个特征的过程中，我们利用了线性函数，但是我们并不知道线性函数的系数，即样本数据的特征权重，因此需要确定权重。通常使用极大似然估计将其转化为优化问题，通过优化方法确定系数。逻辑回归的一般步骤如图 5-8 所示。

图 5-8　逻辑回归的一般步骤

5.3　有监督的分类算法

分类算法又称为监督式学习，输入数据被称为训练数据，每组训练数据有一个明确的标识或结果，如垃圾邮件系统中"垃圾邮件""非垃圾邮件"，手写数字识别中的"1""2""3""4"等。在建立预测模型的时候，监督式学习建立一个学习过程，将预测结果与训练数据的实际结果进行比较，不断调整预测模型，直到模型的预测结果达到预期的准确率。

图 5-9 中展示了建立一个两分类模型的三个主要步骤。首先，将样本数据分为两个子集（正和负），然后在此基础上建立分类模型，最后通过计算模型的似然概率得到模型的准确率。本章我们将介绍 4 种有监督的学习方法：最近邻分类、决策树、基于规则的分类和支持向量机。

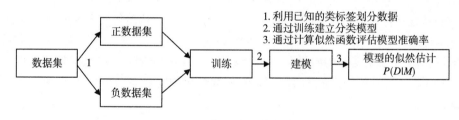

图 5-9　建立分类模型的三个主要步骤

5.3.1　最近邻分类

一般的分类算法有了训练数据集就开始学习，建立一个从输入属性到类标号的映射模型，我们称这种学习方法为积极学习方法。相反，有些算法会推迟对训练数据集的建模，直到测试数据集可用时再进行建模，我们称这种学习方法为消极学习方法。

Rote 分类器就是消极学习方法的一种，其工作原理是：当测试数据实例和某个训练集实例完全匹配时才对其分类。该方法存在明显的缺点：大部分测试集实例由于没有任何训练集实例与之匹配而没法进行分类。因此，一种改进的模型是最近邻分类器，下面将对该模型进行详细描述。

所谓最近邻分类器，就是找出与测试样例属性相对较近的所有训练数据集实例，这些训练数据集实例的集合称为该测试样例的最近邻，然后根据这些实例来确定测试样例的类标号。因此，最近邻分类器把每个样例都看成是 d（属性总个数）维空间的点，通过给定两点之间的距离公式以及距离阈值来确定测试样例的最近邻，最常用的是欧式距离：

$$d(x, y) = \sum_{k=1}^{n} |x_k - y_k|$$

以上三种最近邻的实例如图 5-10 所示。

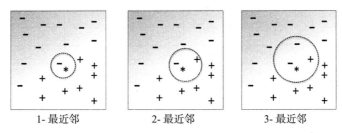

1- 最近邻   2- 最近邻   3- 最近邻

图 5-10   三种最近邻实例

选择合适的距离阈值 k 非常重要。如果 k 太小，则最近邻分类器容易受到由于训练数据中的噪声而产生的过分拟合的影响；如果 k 太大，最近邻分类器由于包含远离其近邻的数据点而可能会误分类测试样例。

当确定了测试样例的最近邻时，我们可以根据最近邻中的类标号来确定测试样例的类标号。当最近邻类标号不一致时，以最近邻中占据多数的类标号作为测试样例的类标号。如果某些最近邻样本比较重要（比如距离较小的最近邻），则可以采用赋予权重系数的方式进行类标号投票。这两种选择测试样例类标号的方式分别称为多数表决和距离加权表决。其数学公式分别为

$$y = \arg\max_{v} \sum_{(x_i, y_i) \in D_z} I(v = y_i)$$

$$y = \arg\max_{v} \sum_{(x_i, y_i) \in D_z} w_i \times I(v = y_i)$$

其中 v 是类标号，D_z 是测试样例的最近邻，y_i 是一个最近邻的类标号，$I(\cdot)$ 是指示函数，定义如下：

$$I(y_i) = \begin{cases} 1 & y_i = v \\ 0 & y_i \neq v \end{cases}$$

综上所述，最近邻算法的流程图如图 5-11 所示，变量 k、D、z 分别表示距离阈值、训练数据集和测试实例。首先，输入变量 k、D、z，然后计算测试实例与训练数据集样本之间的距离 $d(z, D)$。记 $d(z, D) < k$ 的训练数据样本集合为 D_z，统计集合 D_z 中的类标号。最后，利用多数表决策略确定测试实例类标号。

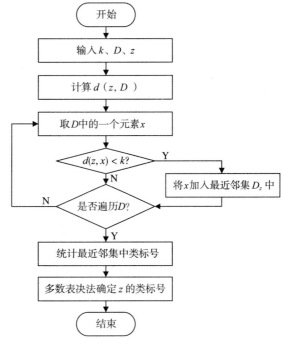

图 5-11   最近邻算法流程图

例 5.3   利用最近邻算法预测高血脂

表 5-6 是武汉市某二甲医院的体检数据中甘油三酯、总胆固醇含量以及是否患有高血脂病（Yes，No）的数据集合。试初步判断甘油三酯为 1.33、总胆固醇为 4.32 的人是否患有高

血脂。

表 5-6　某医院部分体检数据

ID	甘油三酯	总胆固醇	是否患有高血脂	ID	甘油三酯	总胆固醇	是否患有高血脂
1	1.33	4.19	No	6	1.30	4.36	No
2	1.31	4.32	No	7	2.04	4.42	Yes
3	1.95	5.02	Yes	8	1.45	4.68	No
4	1.86	5.17	Yes	9	1.35	4.41	Yes
5	1.30	5.37	Yes				

根据题意，我们可以利用最近邻分类器对其进行分类，测试样例为（1.33，4.32）。在此案例中我们设定阈值为 0.2。则：

对于 ID = 1 的训练数据集样本有：

$$\sqrt{(1.33-1.33)^2+(4.32-4.19)^2}=0.13<0.2$$

则将该训练数据集样本加入 D_z 中。

对于 ID = 2 的训练集样本有：

$$\sqrt{(1.33-1.31)^2+(4.32-4.32)^2}=0.02<0.2$$

则将该训练数据集样本加入 D_z 中。

对于 ID = 3 的训练集样本有：

$$\sqrt{(1.33-1.95)^2+(4.32-5.02)^2}=0.94>0.2$$

则将该训练数据集样本舍弃。

依次类推，我们可以得到最近邻集合为 D_z：

$$D_z = \{x|\text{ID} = 1, 2, 6, 9\}$$

统计最近邻集合中的类标记，有 Yes 和 No 两类。

最后利用多数表决法对上述类标签进行得票统计，ID = 1，2，6 的属于 No 类，而 ID = 9 的属于 Yes 类，因此得票结果为：Yes = 1，No = 3。故甘油三酯为 1.33、总胆固醇为 4.32 的人不是高血脂患者。

5.3.2　决策树

决策树是一种类似于流程图的树结构。例如，银行可以使用决策树决定是否给用户贷款，如图 5-12 所示。其中数据集包含三个属性：年龄、工资收入和婚姻状况。内部节点用矩形表示，而树叶节点用椭圆表示，每个内部节点（非树叶节点）表示在一个属性上的测试，每个分枝表示该测试的一个输出，每个树叶节点存放一个类标号。

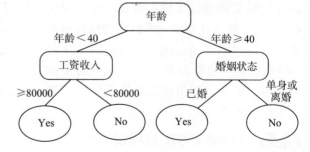

图 5-12　银行借贷决策树

例 5.4　**银行借贷决策树案例**

图 5-12 表示银行是否给用户贷款的决策树，每个内部（非树叶）节点表示在一个属性上

的测试，每个树叶节点代表一个类（Yes 表示银行可以给用户贷款，No 表示银行不可以给用户贷款）。

那么如何构造决策树呢？一般使用属性选择度量来构造决策树，属性选择度量是一种选择分裂的准则，即将给定的具有类标号的训练样本以最佳方式划分成几个单独的类，这意味着落在一个给定分区的所有训练样本都属于相同的类。在构造该决策树时，用年龄作为一个分类属性，将训练样本划分为两个类别：大于等于 40 岁和小于 40 岁；对年龄小于 40 岁的训练样本再使用年收入属性，将子训练样本划分为同意贷款和拒绝贷款两个类别；年龄大于等于 40 岁的使用婚姻状况作为属性划分，同理将子训练样本划分为同意贷款和拒绝贷款两个类别。

常见的构造决策树的方法有 ID3 算法、C4.5 算法和 CART 算法。这些决策树算法都采用自顶向下的方法，从训练样本集和他们相关联的类标号开始构造决策树。随着树的构造，训练样本集递归地划分为较小的子集。

ID3 算法的核心思想就是以属性的信息增益作为度量，选择分裂后信息增益最大的属性进行分类，使得每个分枝上的输出分区尽可能都属于同一类。信息增益的度量标准是熵，它刻画了任意样例集的纯度（purity）。给定包含关于某个目标概念的正反样例的训练样本 S，那么 S 相对这个布尔型分类的熵的定义为

$$\text{Entropy}(S) = -p_+ \log_2^{p_+} - p_- \log_2^{p_-}$$

上述公式中，p_+ 代表正样例，而 p_- 则代表反样例。如果目标属性具有 m 个不同的值，那么 S 相对于 m 个状态的分类的熵定义为

$$\text{Entropy}(S) = \sum_{i=1}^{m} -p_i \log_2^{p_i}$$

熵是用来衡量训练样例集合的纯度标准，用熵来定义属性分类后训练数据效力的度量标准，这个标准称为"信息增益"（information gain）。一个属性的信息增益就是由于使用这个属性分割样例而导致的期望熵降低，更精确地讲，一个属性 A 相对样例集合 S 的信息增益 $\text{Gain}(S, A)$ 定义为

$$\text{Gain}(S, A) = \text{Entropy}(S) - \sum_{v \in V(A)} \frac{|S_v|}{S} \text{Entropy}(S_v)$$

其中 $v(A)$ 是属性 A 的值域，S 是样本集合，S_v 是 S 中在属性 A 上值等于 v 的样本集合。

例 5.5　使用 ID3 算法的决策树预测模型

给定一个具有 500 个样本的训练集 D，其中数据格式如表 5-7 所示，类标号属性是否借贷有两个不同值（{Yes，No}），因此有两个不同的类（即 $m=2$）。设类 C1 对应于 Yes，而类 C2 对应于 No；类 Yes 有 300 个元组，类 No 有 200 个元组。为 D 中的元组创建（根）结点 N，为了找到这些元组的分裂准则，必须计算每个属性的信息增益。首先使用熵公式，计算对 D 中元组分类所需的期望信息：

$$\text{Entropy}(D) = -\frac{2}{5} \log_2 \frac{2}{5} - \frac{3}{5} \log_2 \frac{3}{5} = 0.971$$

表 5-7　银行借贷数据

ID	年收入	年龄	婚姻状况	是否借贷	ID	年收入	年龄	婚姻状况	是否借贷
1	70000	18	单身	No	3	120000	28	已婚	Yes
2	230000	35	离婚	Yes	4	200000	30	已婚	Yes

下一步需要计算每个属性的期望信息需求。对于收入大于等于 80000，有 250 个 Yes 元组，100 个 No 元组。对于收入小于 80000，有 50 个 Yes 元组，100 个 No 元组。使用信息增益，如果元组根据年收入划分，则对 D 中的元组进行分类所需要的期望信息为

$$\text{Entropy}_{\text{income}}(D) = \frac{2}{10} \times \left(-\frac{5}{7}\log_2\frac{5}{7} - \frac{2}{7}\log_2\frac{2}{7} \right) + \frac{3}{10} \times \left(-\frac{1}{3}\log_2\frac{1}{3} - \frac{2}{3}\log_2\frac{2}{3} \right) = 0.8797$$

因此，这种划分的信息增益为

$$\text{Gain}(D, \text{income}) = \text{Entropy}(D) - \text{Entropy}_{\text{income}}(D) = 0.9710 - 0.8797 = 0.0913$$

其图示如图 5-13 所示，同理可以计算出年龄和婚姻状况的信息，选择信息增益最大的属性来构造树。

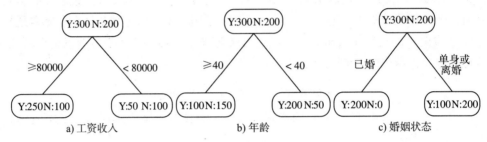

图 5-13　三个属性决策树分支图

其中关于年龄属性的信息增益为

$$\text{Entropy}_{\text{age}}(D) = \frac{1}{2} \times \left(-\frac{2}{5}\log_2\frac{2}{5} - \frac{3}{5}\log_2\frac{3}{5} \right) + \frac{1}{2} \times \left(-\frac{4}{5}\log_2\frac{4}{5} - \frac{1}{5}\log_2\frac{1}{5} \right) = 0.8464$$

因此，这种划分的信息增益为

$$\text{Gain}(D, \text{age}) = \text{Entropy}(D) - \text{Entropy}_{\text{age}}(D) = 0.9710 - 0.8464 = 0.1246$$

同理可以求得关于婚姻状况的信息增益为

$$\text{Gain}(D, \text{marry}) = 0.9710 - 0.9510 = 0.02$$

从上面的计算来看，使用年龄属性的信息增益最大，故选择年龄属性作为分类准则。

C4.5 算法是 ID3 的改进算法，为了防止训练集的过拟合，例如考虑用 ID 号作为划分属性时，其 $\text{Entropy}_{\text{ID}} = 0$，故该属性的信息增益最大。但显然这种划分对分类没有用，故使用信息增益率来替代信息增益，其中信息增益率表示为

$$\text{GainRatio}(S, A) = \frac{\text{Gain}(S, A)}{\text{SplitInformation}(S, A)}$$

$$\text{SplitInformation}(S, A) = -\sum_{i=1}^{m} \frac{|S_i|}{|S|} \log_2 \frac{|S_i|}{|S|}$$

其中 S_1 到 S_c 是 c 个值的属性 A 分割 S 而形成的 c 个样例子集。举个例子来说，属性年收入将样本集划为 2 个分区，大于等于 80000 和小于 80000 分别包含 350 和 150 个样本，

现在计算年收入的增益率，先计算

$$\text{SplitInformation}(S, A) = -\frac{7}{10} \times \log_2 \frac{7}{10} - \frac{3}{10} \times \log_2 \frac{3}{10} = 0.8813$$

由上面可得

$$\text{Gain}(D, \text{income}) = 0.0913$$

因此

$$\text{GainRatio}(D, \text{income}) = \frac{0.0913}{0.8813} = 0.1036$$

和上面类似，可以做出其他属性的信息增益率，进而选择具有最大增益率的属性作为分裂属性。

5.3.3 基于规则的分类

分类技术在很多领域都有应用，如文献检索和搜索引擎中的自动文本分类技术，以及安全领域中基于分类技术的入侵检测等。机器学习、专家系统、统计学和神经网络等领域的研究人员已经提出了许多具体的分类预测方法，本节重点讲解基于规则的分类技术。

基于规则的分类器是使用一组"if...then..."规则来分类记录的技术，通常采用析取范式的方式表示模型的规则：

$$R = (r_1 \vee r_2 \cdots \vee r_k)$$

其中 R 称作规则集，而 r_i 是分类规则或析取项。例如下面的一个案例展示了是否是哺乳类动物的一种分类方式：

$$r_1: (\text{体温} = \text{冷血}) \rightarrow \text{非哺乳类}$$
$$r_2: (\text{体温} = \text{恒温}) \wedge (\text{胎生} = \text{是}) \rightarrow \text{哺乳类}$$
$$r_2: (\text{体温} = \text{恒定}) \wedge (\text{胎生} = \text{否}) \rightarrow \text{非哺乳类}$$

每一个分类规则都可以用如下形式表示：

$$r_1: (\text{条件}_i) \rightarrow y_i$$

规则的左边称为前提或者规则前件，规则的右边称为结论或者规则后件。如果某条记录满足某个规则，我们称该规则被激活或者触发，或者说该条记录被该规则覆盖。一般规则前件用如下形式的合取式表示：

$$\text{条件}_i = (A_1 \text{ op } v_1) \wedge (A_2 \text{ op } v_2) \wedge \cdots (A_k \text{ op } v_k)$$

其中每一个 $(A_1 \text{ op } v_1)$ 称为一个合取项，由属性–值对以及逻辑运算符 op 组成，通常 $\text{op} \in \{=, \neq, <, >, \leq, \geq\}$。

观察规则可以发现：对于某一个类，可能存在多个规则；同样，对于某一个记录，也可以写出多个规则。那么，到底哪一个规则是优越的？为了区分分类规则的质量，我们定义覆盖率和准确率来度量。

对于数据集 D 和分类规则 $r: A \rightarrow y$，规则的覆盖率定义为 D 中触发规则 r 的记录所占的比例。规则的准确率或置信因子定义为触发 r 的记录中类标号等于 y 的记录所占的比例，其数学公式表示如下：

$$\text{Coverage}(r) = \frac{|A|}{|D|}$$

$$\text{Accuracy}(r) = \frac{|A \cap y|}{|A|}$$

其中 $|A|$ 是满足规则前件的记录数，$|A \cap y|$ 是同时满足规则前件和后件的记录数，D 是记录的总数。

虽然每一条规则都是优越的，但是我们并不能确保规则集是优越的。因为有的记录可以被多个规则触发，这样就会导致规则的重复；而有的规则可能会没有记录可以触发它。因此，对于规则集，有两个重要的性质：

- 互斥规则。如果规则集 R 中不存在两条规则被同一条记录触发，则称规则集 R 中的规则是互斥的。该性质保证了每条记录最多被 R 中的一条规则覆盖。
- 穷举规则。如果对属性值的任一组合，R 中都存在一条规则加以覆盖，则称规则集 R 具有穷举覆盖性。该性质保证了每一条记录至少被 R 中的一条规则覆盖。

规则集在互斥和穷举性质下，保证了一条记录有且仅有一条规则可以覆盖，然而很多规则集都不能同时满足这两个性质。如果规则集不能满足穷举性质，那么必须添加一个默认的规则 $r_d : () \rightarrow y_d$ 来覆盖那些没有被覆盖的记录，默认规则的前件为空，当所有规则失效时触发，y_d 是默认类，通常取值为那些没有被规则覆盖记录的多数类。如果规则集不能满足互斥性质，那么一条记录可能被多条规则覆盖，这些规则的分类可能会发生冲突。那么该如何确定该记录的分类结果？我们给出如下两种解决方案。

- 有序规则。这种规则集按照规则的优先级从大到小进行排序，优先级的定义一般用准确率、覆盖率等代替。分类时顺序扫描规则，找到覆盖记录的一条规则就终止扫描，将该规则后件作为该记录的分类结果。一般的基于规则的分类器都采用这种方式。
- 无序规则。这种规则集的所有规则都是等价的。分类时依次扫描所有的规则，某个记录出现多个规则后件时，对每个规则后件进行投票，得票最多的规则后件作为该记录的最终分类结果。

为了建立基于规则的分类器，需要从训练数据集中提取一组规则来识别数据集属性和类标号之间的联系。对于提取规则的方法主要有两种：直接方法，即直接从训练数据集中提取分类规则；间接方法，即从其他模型（如决策树、神经网络等）中提取规则。

1. 直接方法提取规则

顺序覆盖算法经常被用来直接从数据中提取规则，规则一般基于某种评估度量以贪心的方式增长，该算法从多个训练数据记录中一次提取一个类的规则。其算法流程图如图 5-14 所示，其中，E 表示训练数据集，A 表示属性 – 值对的集合 $\{(A_j, v_j)\}$，R 是规则集。首先，输入属性集和属性 – 值对，然后令 Y 是类的有序集，$R=\{\}$ 是初始规则集。然后，对 Y 中的每个类 y，函数 Rule() 生成一条规则 r，从 E 中删除被规则 r 覆盖的记录，追加 r 到规则集尾部，即 $R = R \vee r$，直到规则集覆盖 y 类所有训练数据。最后把默认规则 $r_d : () \rightarrow y_d$ 加入规则集的尾部。

Rule 函数的目标是提取一个分类规则，该规则覆盖训练集中的大量正例，不覆盖或者仅覆盖少量反例。为了避免指数爆炸问题，该函数使用贪心的增长规则。其先产生一个规则 r，然后不断对该规则加以改进，直到满足某种条件为止。之后再修剪该规则，以改进它的泛化误差。具体描述如下。

一般先建立一个初始规则 $r:\{\} \rightarrow y$，其中规则前件为空集，规则后件包含目标类。该规则覆盖了所有的训练集记录，因此质量很差。我们可以通过加入新的合取项来提高规则的质量，持续该过程，直到满足终止条件为止（例如加入的合取项不能提高规则的质量）。

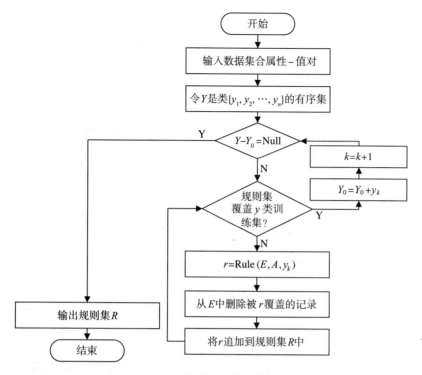

图 5-14　顺序覆盖算法流程图

以上是按从一般到特殊的策略来增长规则，也可以用从特殊到一般的策略来增长规则。可以随机选择一个正例作为规则增长的初始种子，通过删除规则的一个合取项来覆盖更多的正例以泛化规则，直到满足终止条件（例如规则开始出现反例）。

图 5-15 显示了从一般到特殊以及从特殊到一般的规则增长策略的一个案例。

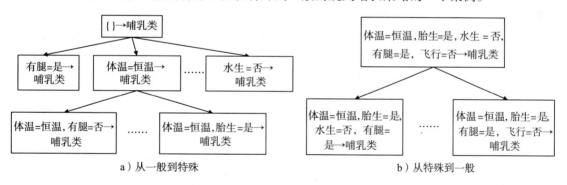

图 5-15　规则增长策略案例图

2. 从决策树模型提取规则

从决策树模型提取规则是一种常用的规则提取间接方法。原则上，决策数从根结点到叶结点的每一条路径都可以表示一个分类规则，路径上的条件构成规则前件，而叶结点的类标号构成规则后件。图 5-16 所示的决策树模型可以提取出如下的规则集。

考虑规则 r_2、r_3、r_5 以及如下两条规则：

$$r_6 : (B = \text{Yes}) \rightarrow 2$$
$$r_7 : (A = \text{Yes}) \wedge (C = \text{No}) \rightarrow 2$$

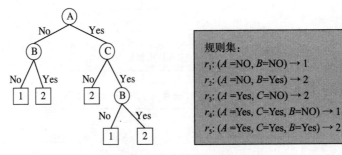

图 5-16　从决策树提取规则

我们发现可以用规则 r_6、r_7 来代替规则 r_2、r_3、r_5，这样由 r_1、r_4、r_6、r_7 组成的规则在描述决策树模型时更简单。这就是 C4.5 规则算法所描述的内容：先利用决策树生成规则集，再对规则集进行简化，然后再对规则进行排序。

例 5.6　**利用基于规则的分类预测糖尿病**

表 5-8 给出了武汉市某医院体检数据中的血糖（高、低）、体重（偏胖、正常）、脂肪含量和是否患有糖尿病（是、否）等指标的数据集，根据数据集来构造相应的规则集，方便划分人群为患有糖尿病和正常人两类。

表 5-8　是否患有糖尿病体检数据集

ID	血糖	体重	血脂含量	是否患糖尿病	ID	血糖	体重	血脂含量	是否患糖尿病
1	低	偏胖	2.54	否	6	高	正常	0.55	否
2	高	正常	1.31	否	7	低	偏胖	2.48	否
3	高	偏胖	1.13	否	8	高	偏胖	3.12	是
4	低	正常	2.07	否	9	高	正常	1.14	否
5	高	偏胖	2.34	是	10	高	偏胖	9.29	是

根据题意，需要确定规则集，将其分为有糖尿病和无糖尿病的两类人群，其规则后件为患有糖尿病（用 Yes 表示）和正常人（用 No 表示）。利用顺序覆盖算法完成规则的产生。

- 首先确定类的顺序集为 {Yes, No}，正常人群为 No 类；
- 其次利用从特殊到一般的策略，产生规则 {} → No；
- 加入血糖（A）这一属性，可以产生如下规则：r_1: {$A = L$} → No；
- 删除 ID 为 1、4、7 的记录，将上面规则加入规则集 R，则 $R = \{r_1\}$；
- 继续加入体重（B）这一属性，可以产生如下规则：r_2: {$A = H, B = 正常$} → No；
- 删除 ID 为 2、6、9 的记录，将其加入规则集 R，则 $R = \{r_1, r_2\}$；
- 继续加入血脂这一属性（C），可以得到规则：r_3: {$A = H, B = 偏胖, C < 1.8$} → No；
- 删除 ID 为 3 的记录，将其加入规则集 R，则 $R = \{r_1, r_2, r_3\}$；
- 然后考察患有糖尿病人群类（Yes 类）；
- 对其分析可以产生如下规则：r_4: {$A = H, B = 偏胖, C > 1.8$} → Yes；
- 删除 ID 为 5、8、10 的记录，将其加入规则集 R，则 $R = \{r_1, r_2, r_3, r_4\}$；
- 此时所有训练数据集都被删除，故终止循环；
- 最后输出规则集 R。

根据上面的描述，我们得到如下规则集：

$$r_1 : \{A = L\} \to No$$

$$r_2 : \{A = \text{H}, B = 正常 \} \to \text{No}$$

$$r_3 : \{A = \text{H}, B = 偏胖, C < 1.8\} \to \text{No}$$

$$r_4 : \{A = \text{H}, B = 偏胖, C > 1.8\} \to \text{Yes}$$

5.3.4 支持向量机

支持向量机（SVM）是一种对线性和非线性数据进行分类的方法。比如可以使用支持向量机对二维数据进行分类，所谓支持向量是指那些在间隔区边缘的训练样本点，在二维空间中可以用直线分隔平面内的点，在三维空间中可以用平面分隔空间内的点，而在高维空间中可以用超平面分隔空间内的点。我们将不同区域的点作为一类，这样就可以利用 SVM 解决分类问题。对于在低维空间中不可分的点，可以通过核函数将其映射到高维空间，利用高维空间的超平面分隔这些点，从而使分类简单化。

1. 线性决策边界

举个简单的例子，有一个二维平面，平面上有两种不同的数据，分别用圆点和方块表示，如图 5-17 所示。由于这些数据是线性可分的，所以可以用一条直线将这两类数据分开。

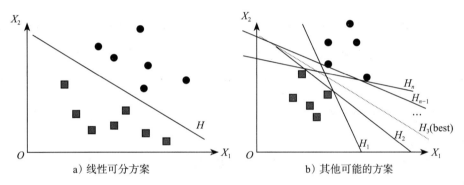

a) 线性可分方案 b) 其他可能的方案

图 5-17　利用 SVM 分类两类数据

如果给定 n 维数据空间，比如 n 维空间的两类问题，其中两个类是线性可分的。设给定的数据 D 为 $(X_1, y_1), \cdots, (X_{|D|}, y_{|D|})$，其中 X_i 是 n 维的训练样本，具有类标号 y_i。每个 y_i 可以取值 +1 或 -1，此时则需要一个超平面，其方程可以表示为

$$w^{\mathrm{T}}x + b = 0$$

其中 w 和 b 是参数，在二维平面中对应的是直线，当然也希望超平面可以把两类数据分割开来，即在超平面一边的数据点对应的 y 全是 -1，另外一边全是 1。令 $f(x) = w^{\mathrm{T}}x + b$，$f(x) > 0$ 的点对应于 $y = 1$ 的数据点，$f(x) < 0$ 的点对应于 $y = -1$ 的数据点。对于线性可分的两类问题，可以画出无限多条直线，如图 5-17 所示，找出"最好的"一条直线即找出具有最小分类误差的那一条。从直观上而言，这个超平面应该是最适合分开两类数据的平面，而判定"最适合"的标准就是这个平面离平面两边的数据的间隔最大，所以，得寻找有着最大间隔的超平面。

表 5-9　数据点坐标

x_1	x_2	y
1	0.5	-1
0.5	1	-1
1	2	+1
3	1	+1
0.25	2	-1

例 5.7　利用支持向量机分类数据点

给定的二维数据如表 5-9 所示。

于是可以找到一条直线 $2x_1 + x_2 - 3 = 0$ 将数据分开，如图 5-18 所示。

2. 最大边缘超平面的定义

考虑那些离决策边界最近的方块和圆，如图 5-19 所示。调整参数 w 和 b，两个平行的超平面 H_1 和 H_2 可以表示如下：

$$H_1 : w^{\mathrm{T}}x + b = 1$$
$$H_2 : w^{\mathrm{T}}x + b = -1$$

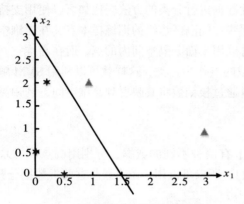

图 5-18　利用超平面分隔样本空间

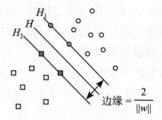

图 5-19　线性可分情况下的最优分类线

决策边界的边缘由这两个超平面之间的距离给定。为计算边缘，令 x_1 是 H_1 上的数据点，令 x_2 是 H_2 上的数据点，将 x_1 和 x_2 带入上述公式中，则边缘 d 可以通过两式相减得到，即 $w(x_1 - x_2) = 2$。于是可以得到 $d = \dfrac{2}{\|w\|}$。

3. SVM 模型

SVM 的训练阶段包括从训练数据中估计参数 w 和 b，选择的参数必须满足下面的两个条件：

$$\begin{cases} w^{\mathrm{T}}x_i + b \geqslant 1 & y_i = 1 \\ w^{\mathrm{T}}x_i + b \leqslant -1 & y_i = -1 \end{cases}$$

这两个不等式可以写成下面更紧凑的形式：

$$y_i\left(w^{\mathrm{T}}x_i + b\right) \geqslant 1 \quad i = 1, 2, L, N$$

最大化边缘等价于最小化下面的目标函数：

$$f(w) = \frac{\|w\|^2}{2}$$

于是可以定义支持向量机为：

$$\min \frac{\|w\|^2}{2}, \ \text{满足} \ y_i\left(w^{\mathrm{T}}x_i + b\right) \geqslant 1 \quad i = 1, 2, L, N$$

由于目标函数是二次的，约束条件是线性的，故此问题是一个凸优化问题，可以通过标准的拉格朗日乘子法来解决。

4. 非线性支持向量机

之前讨论的情况是样例线性可分的情况，当样例不可分时，我们需要对模型进行调整，以保证在不可分的情况下，也能够尽可能地找出分割超平面。我们看到，一个离群点（或者噪声）可以造成超平面的移动，可见以前的模型对噪声非常敏感，于是可以通过在优化问题的约束中引入正值的松弛变量来实现。

$$\begin{cases} w^{\mathrm{T}}x_i + b \geqslant 1 - \xi_i & y_i = 1 \\ w^{\mathrm{T}}x_i + b \leqslant -1 + \xi_i & y_i = -1 \end{cases}$$

由于在决策边界误分样本的数量上没有限制，学习算法可能会找到这样的决策边界，它的边缘很宽，但是误分了许多训练实例。为了避免这个问题，必须修改目标函数，以惩罚那些松弛变量值很大的决策边界，故目标函数修改为

$$f(w) = \frac{\|w\|^2}{2} + C \left(\sum_{i=1}^{N} \xi_i \right)^k$$

其中 C 和 k 是用户指定的参数，表示对误分训练实例的惩罚。即离群点越多，目标函数值越大。C 表示离群点的权重，所以最终的模型为

$$\min \left\{ \frac{\|w\|^2}{2} + C \left(\sum_{i=1}^{N} \xi_i \right)^k \right\}, \text{ 满足 } y_i \left(w^{\mathrm{T}}x_i + b \right) \geqslant 1 - \xi_i \quad i = 1, 2, \cdots, N, \xi_i \geqslant 0$$

和上面类似，利用拉格朗日乘子法解决这个问题。

如果我们找不到一个超平面将数据分开，即上面的线性 SVM 不可能找到可行解，那么需要扩展线性方法。一般线性 SVM 通过以下两个步骤扩展得到非线性的 SVM：利用非线性映射把输入数据变换到较高维空间；在新的空间搜索分离超平面。举例来说，低维线性不可分时，使用高斯函数映射到高维后就可分了，如图 5-20 所示。

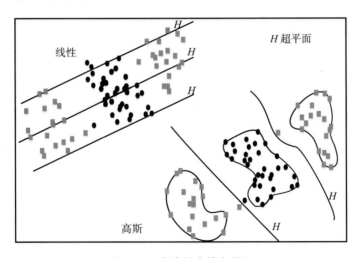

图 5-20　非线性支持向量机

5.4　贝叶斯与组合算法

长久以来，人们认为一件事情发生或不发生的概率只有固定的 1 和 0，即要么发生，要么不发生，从来不会去考虑某件事情发生的概率有多大，不发生的概率又有多大。这种观点长期统治着人们的观念，直到后来一个名叫 Thomas Bayes 的人物出现在机器学习领域，并

由此衍生出一个以概率论和贝叶斯定理为基础的贝叶斯派系。该派系创造了许多著名的分类器，例如朴素贝叶斯和贝叶斯网络。这些分类器应用于医疗、金融等领域，大大提高了分类的准确率。

在一些情况下，单个机器学习算法并不能达到指定的精度要求。此时，在保证机器性能的同时，能不能通过组合多个分类器来提高算法的准确率呢？这就是组合算法。从严格意义上来说，这不算是一种机器学习算法，而更像是一种优化手段或者策略，它通常是结合多个简单的弱机器学习算法（分类器的准确率要求大于 50%）以实现更可靠的决策，比如随机森林算法就是通过组合多个决策树分类器来预测类标签。将低维空间中不可分的数据映射到高维空间，使其变成线性可分数据，这样就可以到达分类的目的。

5.4.1　朴素贝叶斯

在很多应用中，属性集和类变量之间的关系是不确定的。也就是说，尽管测试记录的属性集和某些训练样例相同，但是也不能确定地预测它的类标号，这种情况产生的原因可能是噪声或者混淆因素。因此我们不得不利用一些不确定来进行建模分析，这就是贝叶斯分类需解决的问题。

不管是朴素贝叶斯还是后文介绍的贝叶斯信念分类，其根本都离不开概率，特别是贝叶斯定理。贝叶斯定理是一种把类的先验知识和从数据中收集的新证据相结合的统计原理，也是朴素贝叶斯分类的基础和理论依据。

假设 X、Y 是一对随机变量，它们的联合分布 $P(X = x, Y = y)$ 是指 X 取值 x 且 Y 取值 y 的概率，条件概率是指一个随机变量在另一个随机变量取值已知的情况下取某一特定值的概率，如 $P(Y = y \mid X = x)$ 表示在 X 取值 x 的情况下 Y 取值为 y 的概率。X 和 Y 的联合概率和条件概率满足如下关系：

$$P(X, Y) = P(Y \mid X) \times P(X) = P(X \mid Y) \times P(Y)$$

整理上式中最后两个表达式，我们可以得到如下公式：

$$P(Y \mid X) = \frac{P(X \mid Y) P(Y)}{P(X)}$$

该公式称为贝叶斯定理。

在分类时，将 Y 看作类别，将 X 看作属性集，通过训练数据集计算出在某一确定属性集 X_0 的条件下 $P(Y \mid X_0)$ 的概率。

设 X 表示属性集，记为 $X = \{X_1, X_2, \cdots, X_k\}$，Y 表示类变量，记为 $Y = \{Y_1, Y_2, \cdots, Y_l\}$，称 $P(Y \mid X)$ 为 Y 的后验概率，与之相对应的 $P(Y)$ 称为 Y 的先验概率。给定类标号 y，朴素贝叶斯分类器在估计类条件概率时假设属性之间条件独立，即有下式成立：

$$P(X \mid Y = y) = \prod_{j=1}^{k} P(X_j \mid Y = y)$$

在条件独立假设成立下，做分类测试记录时，朴素贝叶斯分类器对每个类 Y 计算后验概率：

$$P(Y \mid X) = \frac{P(Y) P(X \mid Y)}{P(X)} = \frac{P(Y) \prod_{j=1}^{k} P(X_j \mid Y)}{P(X)}$$

此时，给定 X，朴素贝叶斯分类法将预测 X 属于具有最高后验概率的类。也就是说我们根据从训练数据收集到的信息，对 X 和 Y 的每一种组合学习后验概率 $P(Y_i \mid X)$，$i = 1, 2, \cdots,$ l，此时求出 $\max\limits_{i=1,2,\cdots,l} P(Y_i|X)$ 的 Y_r，将 X 归为 Y_r 类。由于对所有的 Y，$P(X)$ 是一定的，故只要 $P(Y)\prod\limits_{j=1}^{k}P(X_j|Y)$ 最大即可。因此，我们的目标为

$$\max_Y \ P(Y)\prod_{j=1}^{k}P(X_j|Y)$$

对于分类属性 X_j，根据 y 中属性值等于 x_j 的比例来估计 $P(X_j = x_j \mid Y = y)$。然而对于连续属性，一般来说有两种处理方法：

- 可以把每一个连续属性离散化，然后用相应的离散区间替换连续属性值。也就是说通过计算类 y 的训练记录中落入 X_j 对应区间的比例来估计 $P(X_j \mid Y = y)$。
- 可以假设连续变量服从某种概率分布，然后使用训练数据估计分布的参数，其中最常用的是高斯分布。该分布有两个参数，均值 μ 和方差 σ^2，对于每个类 y，有

$$P(X_j = x_j|Y = y) = \frac{1}{\sqrt{2\pi}\sigma_{ij}}e^{-\frac{(x_j - \mu_{ij})^2}{2\sigma_{ij}^2}}$$

这里 μ_{ij} 可以用类 y 的所有训练记录关于 X_j 的样本均值来估计，σ_{ij}^2 可以用这些训练记录的样本方差来估计。

整合上面过程，对朴素贝叶斯分类过程总结如图 5-21 所示。

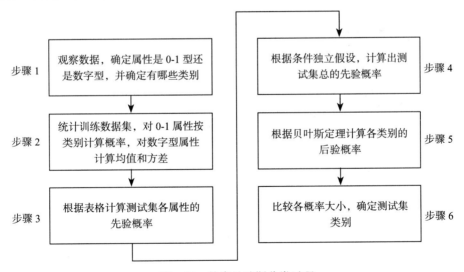

图 5-21　朴素贝叶斯分类过程

例 5.8　利用朴素贝叶斯预测糖尿病

武汉市某二甲医院的部分体检数据中肥胖、血糖含量以及是否患糖尿病等数据如表 5-10 所示，其中，Yes 表示肥胖或者糖尿病患者，No 表示体重正常或者无病。试初步判断血糖含量为 7.9 且肥胖的人是否患有糖尿病。

表 5-10 部分体检数据表

ID	肥胖（A）	血糖含量（B）	是否患糖尿病	ID	肥胖（A）	血糖含量（B）	是否患糖尿病
1	No	14.3	Yes	6	No	4.6	No
2	No	4.7	No	7	No	5.1	No
3	Yes	17.5	Yes	8	Yes	7.6	Yes
4	Yes	7.9	Yes	9	Yes	5.3	No
5	Yes	5.0	No				

为了方便书写，用 A、B 分别表示体检者的肥胖和血糖含量属性。首先对上述数据统计得出如下统计结果，如表 5-11 所示。

表 5-11 统计结果表

糖尿病	肥胖		血糖含量	
	Yes	No	均值	方差
Yes	3/4	1/4	4.94	0.07
No	2/5	3/5	11.83	18.15

为了预测体检者 $X=(A=\mathrm{Yes}，B=7.9)$ 的类标号，需要计算 $P(\mathrm{Yes}|X)$ 以及 $P(\mathrm{No}|X)$。由上表的统计数据可得：

$$\begin{cases} P\left(A=\mathrm{Yes}|\mathrm{Yes}\right)=\dfrac{3}{4} \qquad P\left(A=\mathrm{No}|\mathrm{Yes}\right)=\dfrac{1}{4} \\[2mm] P\left(A=\mathrm{Yes}|\mathrm{No}\right)=\dfrac{2}{5} \qquad P\left(A=\mathrm{No}|\mathrm{No}\right)=\dfrac{3}{5} \end{cases}$$

对于先验概率，有：

$$\begin{cases} P\left(\mathrm{Yes}\right)=\dfrac{4}{9} \\[2mm] P\left(\mathrm{No}\right)=\dfrac{5}{9} \end{cases}$$

对于血糖含量指标，如果类 =Yes，则：

$$\begin{cases} \overline{x}_{\mathrm{yes}}=\dfrac{14.3+17.5+7.9+7.6}{4}=11.83 \\[2mm] s_{\mathrm{yes}}^{2}=\dfrac{\left(14.3-11.83\right)^{2}+\left(17.5-11.83\right)^{2}+\cdots+\left(7.6-11.83\right)^{2}}{4}=18.15 \end{cases}$$

如果类 =No，则：

$$\begin{cases} \overline{x}_{\mathrm{yes}}=\dfrac{4.7+5.0+4.6+5.1+5.3}{5}=4.94 \\[2mm] s_{\mathrm{yes}}^{2}=\dfrac{\left(4.7-4.94\right)^{2}+\left(5.0-4.94\right)^{2}+\cdots+\left(5.3-4.94\right)^{2}}{5}=0.07 \end{cases}$$

采用高斯分布，于是可得：

$$\begin{cases} P\left(B=7.9|\mathrm{Yes}\right)=\dfrac{1}{\sqrt{2\pi}\times\sqrt{18.15}}\mathrm{e}^{-\frac{(7.9-11.83)^{2}}{2\times18.15}}=0.062 \\[3mm] P\left(B=7.9|\mathrm{No}\right)=\dfrac{1}{\sqrt{2\pi}\times\sqrt{0.07}}\mathrm{e}^{-\frac{(7.9-4.94)^{2}}{2\times0.07}}=9.98\times10^{-28} \end{cases}$$

此时采用朴素贝叶斯对 X 进行分类，可得：

$$P(X|\text{Yes}) = P(A=\text{Yes}|\text{Yes})P(B=7.9|\text{Yes})$$

$$= \frac{3}{4} \times 0.062 = 0.0465$$

同理，可求出 $P(X|\text{No})$ 的概率为：

$$P(X|\text{No}) = P(A=\text{Yes}|\text{No})P(B=7.9|\text{No})$$

$$= \frac{2}{5} \times 9.98 \times 10^{-28} = 3.99 \times 10^{-28}$$

综上可得：

$$P(\text{Yes}|X) = \frac{P(X|\text{Yes})P(\text{Yes})}{P(X)}$$

$$= \varepsilon \times \frac{4}{9} \times 0.062 = \varepsilon \times 0.0276$$

其中 $\varepsilon = \dfrac{1}{P(X)}$。同理可得：

$$P(\text{No}|X) = \frac{P(X|\text{No})P(\text{No})}{P(X)}$$

$$= \varepsilon \times \frac{5}{9} \times 3.99 \times 10^{-28} = \varepsilon \times 2.218 \times 10^{-28}$$

则：

$$P(\text{Yes}|X)P(X) = 0.0276 > 2.218 \times 10^{-28} = P(X)P(\text{No}|X)$$

所以体检者 $X=(A=\text{Yes}，B=7.9)$ 分类为 Yes，即该体检者患有糖尿病。

5.4.2　贝叶斯网络

朴素贝叶斯分类的前提是各属性之间相互独立，但这一假设太过严格，因为某些属性之间可能存在一定的相关性。为了弱化分类器的假设条件，允许各属性之间存在某种联系，因此提出了贝叶斯信念网络，利用类条件概率 $P(X|Y)$ 进行建模。

贝叶斯信念网络简称贝叶斯网络，用图形表示一组随机变量之间的概率关系。主要有两个组成部分：

- 一个有向无环图，表示变量之间的依赖关系。
- 一个概率表，把各结点和它的直接父节点关联起来。

下面列举几种常见的贝叶斯网络。

- 考虑三个随机变量 A、B、C 之间的关系，其中 A、B 相互独立，并且都直接影响到第三个随机变量，那么这三个变量之间的关系可以用图 5-22a 的有向无环图表示。
- 考虑五个变量 A、B、C、D、E 之间的关系，其中 A 和 B 以及 D 和 E 相互独立，并且 D 和 E 都直接影响到 C，而随机变量 C 又可以直接影响到 A 和 B，那么这五个变量之间的关系可以用图 5-22b 的有向无环图表示。
- 考虑多个相互独立的变量，也就是朴素贝叶斯网络，它是一种特殊的贝叶斯信念网络，令 Y 表示目标类，$\{X_1, X_2, \cdots, X_d\}$ 是其属性集，则可以用图 5-23 的贝叶斯信念网络表示朴素贝叶斯分类器中的条件独立假设。

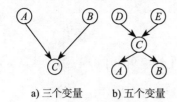

a) 三个变量   b) 五个变量

图 5-22   三个和五个变量的贝叶
斯信念网络

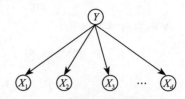

图 5-23   贝叶斯信念网络表示朴素贝叶斯
分类器中的条件独立假设

为了形象化表示各变量之间的关系，我们规定：如果从 X 到 Y 有一条有向弧，则 X 是 Y 的父母，Y 是 X 的子女；如果网络中还存在一条从 Y 到 Z 的有向弧，那么 X 是 Z 的祖先，而 Z 是 X 的后代。例如：图 5-22b 中 D 是 C 的父母，D 是 A、B 的祖先，而 C 是 D 的子女，A 和 B 是 D 的后代。

除了网络拓扑结构要求的独立性外，每个结点还关联一个概率表：
- 如果结点 X 没有父母结点，则表中只包含先验概率 $P(X)$；
- 如果结点 X 只有一个父母结点 Y，则表中包含条件概率 $P(X \mid Y)$；
- 如果结点 X 有多个父母结点 $\{Y_1, Y_2, \cdots, Y_m\}$，则表中包含条件概率 $P(X \mid Y_1, Y_2, \cdots, Y_m)$。

综上所述，贝叶斯信念网络的建模包括两个步骤：创建网络结构；估计每一个结点的概率表中的概率值。网络拓扑结构可以通过对主观的领域知识编码获得，而概率值可以类似于朴素贝叶斯方法利用条件概率求得。下面给出归纳贝叶斯信念网络拓扑结构的一个系统过程。

算法 5.1   使用贝叶斯网络预测

输入：

d：变量个数。

T：变量的总体次序。

输出：贝叶斯信念网络拓扑图。

算法：

1)   设 $T = (X_1, X_2, \cdots, X_d)$ 表示变量的一个总体次序；
2)   for i=1 to d
3)   令 $X_{T(i)}$ 表示 T 中第 i 个次序最高的变量；
4)   令 $C(X_{T(i)})$ 表示排在 $X_{T(i)}$ 前面的变量集合；
5)   从 $C(X_{T(i)})$ 中利用先验知识去掉对 X_i 没有影响的变量；
6)   在 $X_{T(i)}$ 和 $C(X_{T(i)})$ 剩余的变量之间画弧；
7)   endfor
8)   输出所画图形，即为贝叶斯信念网络拓扑图

例 5.9   利用贝叶斯网络预测疾病

武汉市某二甲医院的部分体检数据如表 5-12 所示，其中 1 表示肥胖、有家族史、高血糖、高血脂、有糖尿病，0 表示不肥胖、无家族史、血糖正常、血脂正常、无糖尿病。

表 5-12　部分体检人体检情况表

ID	肥胖	家族史	血糖	血脂	糖尿病	ID	肥胖	家族史	血糖	血脂	糖尿病
1	1	0	1	1	1	10	1	1	1	1	1
2	0	1	1	0	0	11	0	1	0	0	0
3	1	1	0	1	0	12	1	0	0	1	0
4	0	0	0	0	1	13	1	0	1	0	0
5	0	0	0	0	0	14	0	0	0	0	0
6	1	0	1	0	1	15	0	1	1	1	1
7	1	1	1	1	1	16	0	1	1	0	0
8	0	1	0	1	0	17	0	0	0	0	0
9	0	0	1	0	0						

根据经验和常识，肥胖以及家族史都和糖尿病有着或多或少的联系，而糖尿病人的血糖以及血脂一般都偏高，因此可以给出如下次序：

T = { 肥胖、家族史、血糖、血脂、糖尿病 }

根据上述分析可以画出如图 5-24 所示的贝叶斯信念网络拓扑图。

根据上面的拓扑结构图，我们不仅可以简化一些条件概率，如 $P(A \mid B) = P(A)$，因为肥胖（A）和家族史（B）独立；而且结合所给表格可以得到是否患有糖尿病的概率表，例如 $P(C \mid A, B)$ 这种情况的概率表如表 5-13 所示。

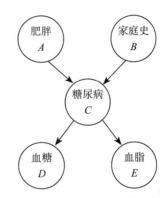

图 5-24　糖尿病贝叶斯信念网络拓扑结构图

表 5-13　糖尿病条件概率表

条件		患糖尿病	无糖尿病	条件		患糖尿病	无糖尿病
肥胖（A）	家族史（B）			肥胖（A）	家族史（B）		
是	是	2/3	1/3	否	是	1/4	3/4
	否	1/2	1/2		否	1/6	5/6

同理我们也可以得到是否患有糖尿病对血糖和血脂的影响，例如 $P(D, E \mid C)$ 这种情况的概率表如表 5-14 所示。

表 5-14　血糖血脂概率表

条件	血糖（D）	血脂（E）	概率（P）	条件	血糖（D）	血脂（E）	概率（P）
糖尿病（C）				糖尿病（C）			
是	高	高	4/6	否	高	高	0/11
	高	正常	1/6		高	正常	3/11
	正常	高	0/6		正常	高	3/11
	正常	正常	1/6		正常	正常	5/11

那么现在我们可以利用拓扑结构图和贝叶斯条件概率计算患有糖尿病的概率，例如我们检测到某体检者具有高血糖和高血脂，那么该体检者患有糖尿病的概率有多大？即求

$$P(C = \text{Yes} \mid D = \text{Yes}, E = \text{Yes})$$

很明显这是在知道结果的情况下推出原因概率，符合贝叶斯条件概率定理，则：

$$
\begin{cases}
P\left(C=\text{Yes}\,\middle|\,D=\text{Yes}, E=\text{Yes}\right) = \dfrac{P\left(D=\text{Yes}, E=\text{Yes}\,\middle|\,C=\text{Yes}\right)}{P\left(D=\text{Yes}, E=\text{Yes}\right)} \bullet P(C) \\[2mm]
\qquad = \dfrac{2/3}{4/17} \times \dfrac{6}{17} = 1 \\[4mm]
P\left(C=\text{Yes}\,\middle|\,D=\text{Yes}, E=\text{No}\right) = \dfrac{P\left(D=\text{Yes}, E=\text{Yes}\,\middle|\,C=\text{No}\right)}{P\left(D=\text{Yes}, E=\text{Yes}\right)} \bullet P(C) \\[2mm]
\qquad = \dfrac{0}{4/17} \times \dfrac{6}{17} = 0
\end{cases}
$$

那么根据贝叶斯信念网络，我们可以将该名体检者归为糖尿病患者一类。

根据表 5-13，我们知道当某体检者既肥胖又有家族史的情况下，该体检者患有糖尿病的概率是 2/3，那么如果加入该体检者的血糖为高，能否进一步提高判断的准确率呢？此时该体检者患有糖尿病的概率为：

$$
P\left(C=\text{Yes}\,\middle|\,A=\text{Yes}, B=\text{Yes}, D=\text{Yes}\right)
$$

$$
= \frac{P\left(D=\text{Yes}\,\middle|\,C=\text{Yes}, A=\text{Yes}, B=\text{Yes}\right)}{P\left(D=\text{Yes}\,\middle|\,A=\text{Yes}, B=\text{Yes}\right)} \times P\left(C=\text{Yes}\,\middle|\,A=\text{Yes}, B=\text{Yes}\right)
$$

$$
= \frac{P\left(D=\text{Yes}\,\middle|\,C=\text{Yes}\right) P\left(C=\text{Yes}\,\middle|\,A=\text{Yes}, B=\text{Yes}\right)}{\sum_i P\left(D=\text{Yes}\,\middle|\,C=i\right) P\left(C=i\,\middle|\,A=\text{Yes}, B=\text{Yes}\right)} \qquad i=\text{Yes, No}
$$

$$
= \frac{5/6 \times 2/3}{5/6 \times 2/3 + 1/6 \times 1/3} = \frac{10}{11}
$$

由计算结果可知该体检者患有糖尿病的概率是 10/11，因此，获取额外信息的情况下，可以大大增加判断的准确性。

5.4.3 随机森林和组合方法

一般的分类技术（如决策树、贝叶斯和支持向量机等）都是从训练数据得到单个分类器来预测未知样本的类标号，那么能否通过聚集多个分类器的预测来提高分类准确率？答案是肯定的，我们称这种技术为组合或者分类器组合。

随机森林就是组合分类方法的一种，是一类专门为决策树分类器设计的组合方法。它组合多棵决策树做出预测，其中每棵树都是基于随机向量的一个独立集合的值产生的。例如，我们想根据天气、温度、湿度和起风情况决定某一天是否适合打网球，采用决策树的方法进行决策，可以得到如图 5-25 所

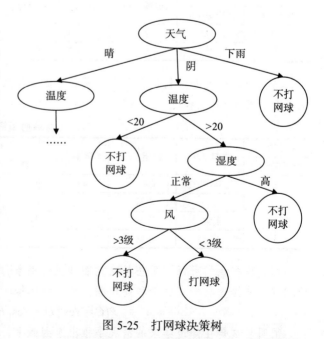

图 5-25 打网球决策树

示结果（部分）。

那么可否采用多棵决策树进行决策来提高准确率呢？我们可以将这四个属性划分成多组属性，如 { 天气、湿度、风 }、{ 温度、湿度、风 }、{ 天气、温度 } 等，这样就可以构造出多棵决策树，如图 5-26 所示。

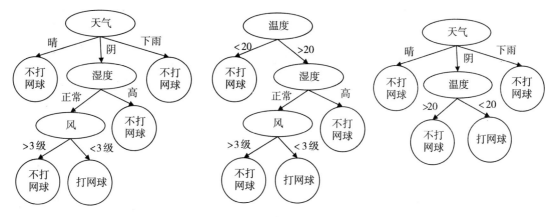

图 5-26　打网球随机森林决策

这样就将一颗决策树变成三颗决策树，在决策时每一颗决策树都将对应于一个结果：打网球或者不打网球。这样我们会得到三个决策结果，统计哪一种结果个数多，最终的结果为得票多的结果。例如，在 { 晴天，大于 20℃，空气湿度高，无风 } 的情况下我们是否该去打网球？利用图 5-26 的决策树，我们知道第一、三种决策树方案结果是不去打网球，而第二种决策树方案结果是去打网球，这样打网球得一票而不去打网球得两票，所以最后的结果是不去打网球。

像以上介绍的这样通过随机属性得到一个随机向量，再利用该随机向量来构建决策树，一旦决策树构建完成，就利用多数表决的方法来组合预测，这种方法称为 Forest-RI，其中 RI 指随机输入选择。这种方法得到的随机森林决策强度取决于随机向量的维数，也就是每一棵树选取的特征数个数 F，通常取：

$$F=\log_2 d+1$$

其中 d 为总属性个数。

如果原始属性 d 的数目太少，则很难选择一个独立的随机属性集合来构建决策树。一种加大属性空间的方法是创建特征的线性组合，就是利用 L 个输入属性的线性组合来创造一个新的属性，然后再利用创建的新的属性来组成随机向量，从而构建多棵决策树，这种随机森林决策方法称为 Forest-RC。随机森林决策的一般过程如下，模型的示意图见图 5-27。

算法 5.2　使用随机森林分类

输入：
R：预测样本。
L：属性矩阵。
输出：决策结果。
算法：
1）　计算向量维数 F；
2）　创建 F 维随机属性向量集合 C；

3） 根据 C 中的元素构造决策树，建立随机森林；

4） 在每一个决策树中进行决策；

5） 以最大票数计算和输出最终结果。

6） 结束

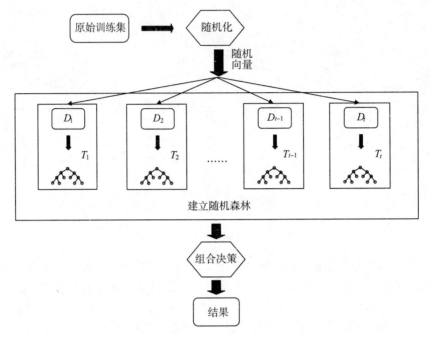

图 5-27　随机森林

例 5.10　**使用随机森林预测疾病**

表 5-15 是武汉市某二甲医院的部分体检数据中体重、血糖、血脂含量以及该病人是否患有糖尿病（1：患者，0：正常人）的数据集合，现有一位体检者的体检指标数据为 {体重：60，血糖：6.8，血脂：1.5}，初步判断该体检者是否患有糖尿病。

表 5-15　某医院部分体检数据

ID	体重 A	血糖 B	血脂 C	糖尿病 D	ID	体重 A	血糖 B	血脂 C	糖尿病 D
1	68.4	17.5	7.7	1	6	59.3	5.0	1.99	0
2	64.3	4.7	1.33	0	7	55.2	4.6	0.86	0
3	65.4	9.6	2.48	0	8	84.3	5.8	2.34	1
4	62.0	14.3	4.67	1	9	85.6	5.9	2.54	0
5	81.5	8.5	0.82	1	10	54.7	5.7	2.63	1

为了提高预测的准确性，我们可以考虑利用随机森林的方法进行预测。那么首先需要确定随机向量的维数 F，通常取：

$$F=\log_2 d+1=2$$

考虑到例题中的属性少，以及尽量让随机向量之间的相关性低，可以确定如下三个随机向量：{体重，血糖}，{体重，糖尿病}，{血糖，血脂}。

下面确定几个属性的先后顺序，需要利用信息熵来决定，信息熵增加最多的属性在决策树的顶端，依次类推，有：

$$\text{Entropy}(D) = -\frac{1}{2}\log_2\frac{1}{2} - \frac{1}{2}\log_2\frac{1}{2} = 1$$

$$\text{Entropy}(A) = \frac{1}{2} \times (-\frac{3}{5}\log_2\frac{3}{5} - \frac{2}{5}\log_2\frac{2}{5}) + \frac{1}{2} \times (-\frac{3}{5}\log_2\frac{3}{5} - \frac{2}{5}\log_2\frac{2}{5}) = 0.9710$$

$$\text{Entropy}(B) = \frac{4}{10} \times (-\frac{3}{4}\log_2\frac{3}{4} - \frac{1}{4}\log_2\frac{1}{4}) + \frac{6}{10} \times (-\frac{2}{6}\log_2\frac{2}{6} - \frac{4}{6}\log_2\frac{4}{6}) = 0.8755$$

$$\text{Entropy}(C) = \frac{7}{10} \times (-\frac{4}{7}\log_2\frac{4}{7} - \frac{3}{7}\log_2\frac{3}{7}) + \frac{3}{10} \times (-\frac{1}{3}\log_2\frac{1}{3} - \frac{2}{3}\log_2\frac{2}{3}) = 0.9651$$

体重、血糖和血脂的熵增分别为：

$$\Delta \text{Entropy}(A) = \text{Entropy}(D) - \text{Entropy}(A) = 0.0290$$

$$\Delta \text{Entropy}(B) = \text{Entropy}(D) - \text{Entropy}(B) = 0.1245$$

$$\Delta \text{Entropy}(C) = \text{Entropy}(D) - \text{Entropy}(C) = 0.0349$$

因此，血糖和血脂的含量更为重要，应该放在决策树更靠近数根的位置，其顺序为血糖、血脂、体重。我们可以构建如下随机森林，如图 5-28 所示。

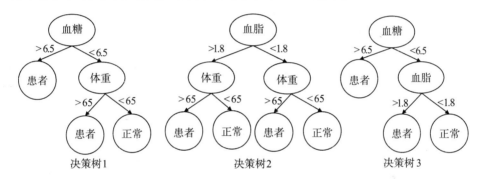

图 5-28　糖尿病随机森林

该体检者的指标为 { 体重：60，血糖：6.8，血脂：1.5}，则决策树 1 的结果为患者，决策树 2 的结果为正常，决策树 3 的结果为患者。最终得票为"患者 2 票，正常 1 票"，因此我们可以认为该体检者是糖尿病患者。

5.5　本章小结

随着数据科学和大数据工业的兴起，机器学习变得越来越重要。可以将机器学习分为三个大的类别：有监督学习、半监督学习和无监督学习。本章介绍的有监督的机器学习算法在实际应用中使用频繁，下一章将重点介绍无监督的机器学习算法，这两章的机器学习算法主要应用于大数据分析，而人工神经网络和深度学习将在第 7 章介绍。部分回归算法和分类算法是一种有监督的学习，同样，决策树、支持向量机和贝叶斯网络也是有监督学习方法。在第 6 章，我们将学习无监督的算法以及如何选择合适的机器学习算法。同时，我们鼓励读者通过习题进一步学习，开拓视野。

5.6　本章习题

5.1　如果需要让一个五年级的孩子在不问同学具体体重多少的情况下，把班上的同学按照体重从轻到重排队，那么这个孩子会怎么做？他有可能会通过观察大家的身高和体格来排队，试解释其中的道理并分析该做法是否可取。

5.2 考虑在给定环境中污染物一氧化氮的浓度，该污染物对大气造成了很大的污染，对人类也是有害的。一氧化氮浓度主要与交通、温度、空气湿度、风速等因素有关。表 5-16 收集了环境数据，使用线性回归的方法预测环境数据为 {1436, 28.0, 68, 2.00} 时空气中一氧化氮的浓度。

表 5-16　环境数据

交通 (X_1)	温度 (X_2)	空气湿度 (X_3)	风速 (X_4)	一氧化氮浓度 (Y)
1300	20	80	0.45	0.066
948	22.5	69	2.00	0.005
1444	23.0	57	0.50	0.076
1440	21.5	79	2.40	0.011
786	26.5	64	1.5	0.001
1084	28.5	59	3.00	0.003
1652	23.0	84	0.40	0.170
1844	26.0	73	1.00	0.140
1756	29.5	72	0.9	0.156
1116	35.0	92	2.80	0.039
1754	30.0	76	0.80	0.120
1656	20.0	83	1.45	0.059
1200	22.5	69	1.80	0.040
1536	23.0	57	1.50	0.087
1500	21.8	77	0.60	0.120
960	24.8	67	1.50	0.039

5.3 表 5-17 给出手机用户的一些基本信息，表中收集的信息包括用户每天通话时间、平均通信量、每天的通信频率和用户是否在家（1：在家，0：外面）。给定测试数据（90，60，8），试问该用户是否在家？如果另一个用户的数据是（80，50，10），该用户在家吗？

表 5-17　部分手机用户信息

编号	通话时间 (A)	平均通信量 (B)	通信频率 (C)	是否在家 (D)
1	20	45	2	1
2	120	46	4	1
3	90	55	10	0
4	81	56	19	0
5	200	55	8	0

5.4 当一个商人从银行或者金融机构借贷时，需要评估借贷者的信用。我们假设：如果借贷者有不良的信用记录，则随机变量 y 的取值为 0。借贷者的信用由表 5-18 中的变量 X_1、X_2 和 X_3 衡量。建立合适的预测模型，预测信用记录为（−25，2.5，0.5）的客户是否具有不良信用记录，并评估你预测的准确性。

5.5 当身体肌肉收缩时，人体表面上产生肌电信号，根据肌肉的生理特性，肌电信号控制肌肉的功能状态。你有没有想过用你的肌肉来控制一台电脑？这个问题超越了肌电图和计算机科学的思维，其目的是设计一个设备，可以检测肌电信号的三个特征参数：频率、强度和时间。你可以开发一个计算机程序，并使用决策树建模，提取一组规则来执行以规则为基础分类的肌肉动作或手势所需的控制部分的计算机操作，如电源的关闭以及键盘或鼠标操作等。

表 5-18　银行信用数据

X_1	X_2	X_3	Y	X_1	X_2	X_3	Y
-48.2	6.8	1.6	0	43.0	16.4	1.3	1
-49.2	-17.2	0.3	0	47.0	16.0	1.9	1
-19.2	-36.7	0.8	0	-3.3	4.0	2.7	1
-18.1	-6.5	0.9	0	35.0	20.8	1.9	1
-98.0	-20.8	1.7	0	46.7	12.6	0.9	1
-129.0	-14.2	1.3	0	20.8	12.5	2.4	1
-4.0	-15.8	2.1	0	33.0	23.6	1.5	1
-8.7	-36.3	2.8	0	26.1	10.4	2.1	1
-59.2	-12.8	2.1	0	68.6	13.8	1.6	1
-13.1	-17.6	0.9	0	37.3	33.4	3.5	1
-38.0	1.6	1.2	0	59.0	23.1	5.5	1
-57.9	0.7	0.8	0	49.6	23.8	1.9	1
-8.8	-9.1	0.9	0	12.5	7.0	1.8	1
-64.7	-4.0	0.1	0	37.3	34.1	1.5	1
-11.4	4.8	0.9	0	35.3	4.2	0.9	1

5.6　用户可以凭借信用卡来支付商品或者获得现金垫款。银行给持卡人创建一个账户，授予持卡人信用额度，并要求客户在最后期限之前偿还银行的预支资本。表 5-19 列出了 10 个现有持卡人的信息，及时偿还能力是目标变量，代表着该申请人是否有能力按期偿还，请建立一个银行资格筛选系统以判断申请人是否有资格获得这种信用卡。如果申请人是女性，她的年龄在 26～40 岁之间，收入水平是中等，请判断她是否有能力及时偿还信用卡。

表 5-19　信用卡发行银行持卡人信息

账号编号	性别（S）	年龄（A）	收入（I）	是否获得信用卡（W）
1	Male	>40	High	Yes
2	Female	26~40	High	Yes
3	Male	<15	Low	No
4	Female	15~25	Low	No
5	Male	15~25	Middle	Yes
6	Female	15~25	Middle	Yes
7	Male	26~40	High	Yes
8	Female	26~40	Low	No
9	Male	26~40	Low	Yes
10	Female	<15	Middle	No

5.7　如果你想去室外打网球，那么需要根据天气情况决定是否适合打网球。表 5-20 统计了两周内的天气情况并给出了是否适合打网球（Yes：适合，No：不适合）的判别。请你根据表中的数据给出决策树模型，判断什么天气下适合打网球。

表 5-20　两周内的天气情况

日期	天气情况	湿度	风速	是否打网球
1	Sunny	High	Weak	No
2	Sunny	High	Strong	No

（续）

日期	天气情况	湿度	风速	是否打网球
3	Overcast	High	Weak	Yes
4	Rain	High	Weak	Yes
5	Rain	Normal	Weak	Yes
6	Rain	Normal	Strong	No
7	Overcast	Normal	Strong	Yes
8	Sunny	High	Weak	No
9	Sunny	Normal	Weak	Yes
10	Rain	Normal	Weak	Yes
11	Sunny	Normal	Strong	Yes
12	Overcast	High	Strong	Yes
13	Overcast	Normal	Weak	Yes
14	Rain	High	Strong	No

5.8　我们知道室外的锻炼有助于身体健康，然而有的天气并不适合室外运动，表 5-21 统计了连续两周内的天气以及 Cindy 是否参与室外锻炼。根据表中数据和朴素贝叶斯知识，判断在天气晴朗的情况下，Cindy 参加室外锻炼的概率。

表 5-21　Cindy 在两周内的室外锻炼情况

日期	天气	是否锻炼	日期	天气	是否锻炼
1	Sunny	No	8	Rainy	No
2	Overcast	Yes	9	Sunny	Yes
3	Rainy	Yes	10	Rainy	Yes
4	Sunny	Yes	11	Sunny	No
5	Sunny	Yes	12	Overcast	Yes
6	Overcast	Yes	13	Overcast	Yes
7	Rainy	No	14	Rainy	No

5.7　参考文献

[1]　E Alpaydin. Introduction to Machine Learning[M]. MIT Press, 2010.

[2]　Bishop C M. Pattern Recognition and Machine Learning[M]. Springer, 2006.

[3]　Goldberg D E, Holland J H. Genetic Algorithms and Machine learning[J]. Machine Learning, 1988, 3 (2): 95-99.

[4]　R Kohavi, F Provost. Glossary of terms[J]. Machine Learning,1998, 30: 271-274.

[5]　Langley. The changing science of machine learning[J]. Machine Learning, 2011, 82 (3): 275-279.

[6]　MacKay D J. Information Theory, Inference, and Learning Algorithms[M]. Cambridge University Press, 2003.

[7]　Mannila H. Data mining: Machine Learning, Statistics, and Databases[J]. IEEE Int'l Conf. Scientific and Statistical Database Management, 1966 .

[8]　Mehryar Mohri, Afshin Rostamizadeh, Ameet Talwalkar. Foundations of Machine Learning[M]. MIT Press, 2012.

[9]　Mitchell T. Machine Learning[M]. McGraw Hill, 1997.

[10]　M Mohri, A Rostamizadeh, A Talwalkar. Foundations of Machine Learning[M]. MIT Press, 2012.

[11]　V Vapnik. Statistical Learning Theory[M]. Wiley-Interscience, 1998.

[12] I Witten, E Frank. Data Mining: Practical Machine Learning Tools and Techniques[M]. Morgan Kaufmann, 2011.

[13] Zhang J, et al. Evolutionary Computation Meets Machine Learning: A Survey[J]. IEEE Computational Intelligence Magazine, 2011, 6 (4): 68-75.

[14] Vapnik V. The nature of statistical learning theory[M]. Springer Science & Business Media, 2013.

[15] Kohonen T. The self-organizing map[J]. Proceedings of the IEEE, 1990, 78(9): 1464-1480.

[16] Torgerson W S. Theory and methods of scaling[J]. 1958.

[17] Breiman L. Bagging predictors[J]. Machine learning, 1996, 24(2): 123-140.

[18] Freund Y, Schapire R E. A decision-theoretic generalization of on-line learning and an application to boosting[J]. Journal of computer and system sciences, 1997, 55(1): 119-139.

[19] Quinlan J R. C4.5: programs for machine learning[M]. Elsevier, 2014.

[20] Breiman L. Random forests[J]. Machine learning, 2001, 45(1): 5-32.

无监督学习和算法选择

摘要：本章节主要介绍无监督的机器学习算法，这种算法由于训练数据缺少标签而难以实现。首先介绍几种常见的无监督学习方法，包括关联规则、聚类分析、降维算法和半监督的学习算法。然后，讲解如何从众多的有监督、无监督和半监督的算法中选择合适的算法，目标是使用更少的训练时间获得更高的准确率。

6.1 无监督学习简介和关联分析

本节首先介绍无监督机器学习，其次介绍无监督学习算法中的数据关联分析学习算法。

6.1.1 无监督的机器学习

在无监督学习中，学习者必须选择一个函数用于描述隐藏在无标签数据中的结构。由于给定的数据是没有标签的，因此不能通过错误和奖励信号评估解决方案的好坏。无监督方法有两个基本的特性：估计输入数据的密度；总结和解释关键数据特性的能力。这两个特性可以区分无监督的学习和监督学习以及增强学习。

无监督机器学习在数据挖掘、数据结构化、数据预处理、特征提取和模式识别应用中需要更多的技巧。由于数据没有标签，用户需要从数据集中选择合适的数据，找出它们之间的关系，例如根据相似形聚类数据、根据特征空间降维数据或者改变数据的形式以便可视化数据等。大多数无监督的机器学习算法是运行在利用数据挖掘方法预处理之后的数据上。无监督学习算法可以分为如下几类：

- 关联分析。Apriori 准则和关联规则。
- 聚类。线性聚类、逻辑聚类、K 均值、K 近邻、凝聚层次聚类和基于密度的聚类方法等。
- 降维。维数缩减、主成分分析法（PCA）和奇异值分解算法。

另外，自组织映射（SOM）和自适应共振理论（ART）也属于无监督学习算法。SOM 算法认为神经网络在接收外界输入模式时，将会分为不同的区域，各区域对输入模式具有不同的响应特征，同时这一过程是自动完成的。ART 允许用户控制不同簇之间的相似度。

6.1.2 关联分析和频繁项集

关联分析是在交易数据、关系数据或其他信息载体中查找存在于项目集合或对象集合之间的频繁模式、关联、相关性或因果结构。通俗地说，关联分析就是发现隐藏在大型数据集中的令人感兴趣的联系。所发现的联系通常用关联规则或者频繁项集的形式表示：

$$X \rightarrow Y$$

该规则表明 X 和 Y 之间存在很强的联系。

关联分析的最为普遍的应用就是分析购物数据（称为购物篮数据），从而发现各商品之间的联系，表 6-1 给出了某商场部分顾客的购物记录。

通过观察，我们可以看出大部分买了尿布的购物单里都包括啤酒，因此我们可以推测尿布和啤酒的销售之间存在某种很强的联系或者规则，可以表示如下：

$$\{ 尿布 \} \rightarrow \{ 啤酒 \}$$

令 $I=\{i_1, i_2, \cdots, i_d\}$ 是购物篮数据中所有项的集合，而 $T=\{t_1, t_2, \cdots, t_N\}$ 是所有事务的集合。每个事务 t_i 包含的项集都是 I 的子集。在关联分析中，定义项集为包含 0 个或者多个项的集合。如果一个项集包含 k 个项，则称为 k 项集，如项集 { 可乐、啤酒、面包、尿布 } 是一个 4 项集。项集的一个重要属性为它的支持度计数，定义为包含特定项集的事务个数，其数学表达式如下：

表 6-1 部分购物篮数据

ID	项集
1	{ 牛奶、啤酒、尿布 }
2	{ 可乐、啤酒、面包、尿布 }
3	{ 面包、牛奶、尿布、可乐 }
4	{ 婴儿食品、啤酒、尿布、牛奶 }
5	{ 苹果、水、鸡蛋、尿布 }

$$\sigma(X) = |\{t_i \mid X \subseteq t_i, t_i \in T\}|$$

其中，$|\cdot|$ 表示集合的元素个数，如 $\sigma\{$ 牛奶、啤酒、尿布 $\}=2$，因为事务 1 和事务 4 包含该项集。

为了形象化地表示关联关系，可以用蕴含表达式表示关联规则，如下：

$$X \rightarrow Y, X \bigcap Y = \varnothing$$

我们定义支持度 $s(\cdot)$ 和置信度 $c(\cdot)$ 来表示关联规则的强度，支持度用于表示规则在数据集中出现的频繁程度，而置信度用于表示 X 事务中出现 Y 的频繁程度，数学公式如下：

$$s(X \rightarrow Y) = \frac{\sigma(X \cup Y)}{N}$$

$$c(X \rightarrow Y) = \frac{\sigma(X \cup Y)}{\sigma(X)}$$

其中 N 为事务总个数。显然关联度和置信度越大，关联规则的强度越大。

显然，关联分析的目标就是在给定的事务集合中发现那些支持度和置信度都比较大的关联规则，该过程定义为关联规则发现，其数学公式如下：

$$\left\{ X \rightarrow Y \mid \begin{matrix} s(X \rightarrow Y) \geqslant \text{minsup} \\ c(X \rightarrow Y) \geqslant \text{minconf} \end{matrix} \right\}$$

其中 $X \rightarrow Y$ 为某一条规则，minusp 为支持度阈值，minconf 为置信度阈值。

那么，如何进行关联规则发现？——列举规则是最简单的方法，但是由于事务集合规则的数量太多以至于无法实际操作。对于包含 d 项的数据集，可能存在的关联规则总数为

$$R=3^d-2^{d+1}+1$$

例如，包含 7 项的数据集存在 1932 个关联规则。为了更好地进行关联规则发现，我们引入频繁项集和强规则的概念。

对于项集 X 和它的子集 X_i，有 $s(X) \leqslant s(X_i)$，因为

$$s(X) = \frac{\sigma(X)}{N} \leqslant \frac{\sigma(X_i)}{N} = S(X_i), \quad X_i \in X, i = 1, 2, \cdots$$

则可以定义频繁项集为满足最小支持度阈值的项集，那么它们的所有子集也是频繁项集。可以定义强规则为频繁项集中的高置信度关联规则。那么关联规则发现的主要两个子任务为：

- 找出所有的频繁项集，该过程称为频繁项集产生。

- 发现所有的强规则，该过程称为规则产生。

根据频繁项集的定义，显然有：如果一个项集是频繁的，则它的所有子集一定也是频繁的，该原理即为先验原理。反之，如果一个项集是非频繁的，那么它的所有超集也是非频繁的。利用该原理，可以进行基于支持度修剪指数搜索空间的策略，称为基于支持度的剪枝。该技术利用了支持的反弹调性，一个项集的支持度决不会超过它的子集的支持度。

根据先验原理，提出了 Apriori 频繁项集产生算法，该算法是一个可以快速产生频繁项集并挖掘关联规则的算法，它开创性地使用了基于支持度剪枝的技术，有效解决了指数爆炸问题。其算法步骤如下。

算法 6.1 频繁项集生成算法

输入：

T：包含 N 个事务的数据集合。

minsup：支持度阈值。

输出： 所有频繁项集。

算法：

1) 令 $k=1$；
2) while
3)   发现所有的 k 项集，组成集合 C_k，创建频繁 k 项集 F_k；
4)   for 每一个候选项集 $c \in C_k$
5)   令其支持度计数为 $\sigma(c)=0$；
6)   for 每个事务 $t \in T$
7)   if 该事务 t 包含 c 中的所有项
8) $\sigma(c)=\sigma(c)+1$；
9)   endif
10)   endfor
11)   if $\sigma(c) \geqslant$ minsup
12)   将 c 加入到集合 F_k 中；
13)   endif
14)   endfor
15) $k=k+1$；
16) until $F_k=\emptyset$
17) 输出 $F=\cup F_k$

图 6-1 为算法流程图，该算法的关键在于如何产生 C_k，三种常见的方法如表 6-2 所示，这些方法在例 6.1 中都有所运用。

表 6-2　三种频繁项集产生方法

方法	复杂度	描述
穷举法	$O(\sum_{k=1}^{d} kC_d^k) = O(d \cdot 2^{d-1})$	根据排列组合，列举出所有满足项集的可能组合。其中 d 为项的总数
$F_{k-1} \times F_1$ 方法	$O(\sum_k k\,\|F_{k-1}\|\|F_1\|)$	该方法使用频繁 1 项集来扩展频繁 $k-1$ 项集，从而产生频繁 k 项集。其中 $\|\cdot\|$ 为集合的个数
$F_{k-1} \times F_{k-1}$ 方法	$O(\sum_k k\,\|F_{k-1}\|\|F_{k-1}\|)$	该方法通过扩展频繁 $k-1$ 项集来产生频繁 k 项集，可以有效避免不必要的候选

例 6.1 使用 Apriori 算法产生频繁项集

表 6-3 给出了前 8 个月某商店的商品价格波动情况。其中，用 1 表示价格增加，用 0 表示价格没有增加。通过这些价格数据，分析各商品之间是否具有相关性。使用表 6-2 中的方法和算法 6.1 的步骤，列出频繁项集。

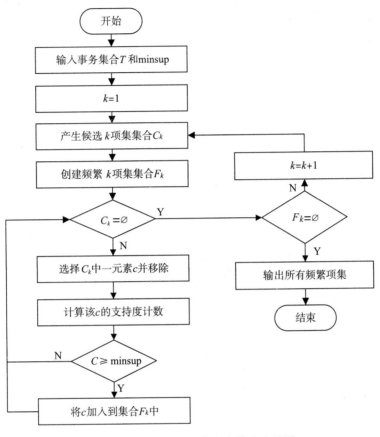

图 6-1　Apriori 频繁项集产生算法流程图

在此，我们假设支持度阈值和置信度阈值分别为 0.4 和 0.6。利用 $F_{k-1} \times F_1$ 方法生成候补集来确定频繁 k 项集，步骤如下。

1）首先计算频繁 1 项集的支持度计数：

$\sigma(A) = 6$，$\sigma(B) = 4$，$\sigma(C) = 5$，$\sigma(D) = 2$，$\sigma(E) = 3$

2）由于置信度阈值为 0.6，因此 B、D 和 E 将被剪支，得到频繁 1 项集：{A},{C}。

3）使用 $F_{k-1} \times F_1$ 方法生成候补 2 项集：{A,C}。

4）计算候补 2 项集的支持度计数：$\sigma(\{A,C\}) = 5$。

5）因此我们得到最终的频繁 k 项集为：{A}, {C}, {A,C}。

表 6-3　某商店商品的价格波动情况

商品 月份	A	B	C	D	E
1	1	0	1	0	1
2	0	1	0	1	0
3	1	0	1	0	0
4	0	1	0	1	0
5	1	0	0	0	0
6	1	1	1	0	1
7	1	1	1	0	0
8	1	0	1	1	0

6.1.3　关联规则的产生

频繁项集内的各项以及它们的组合都满足支持度计数，那么如何通过频繁项集来产生规则？显然，如果使用列举法，每个频繁 k 项集能够产生多达 2^k-2 个关联规则，例如，频繁 3 项集 $\{1,2,3\}$ 可以产生 6 条规则，如下：

$$\{1,2\} \to \{3\},\{1,3\} \to \{2\},\{2,3\} \to \{1\}$$
$$\{1\} \to \{2,3\},\{2\} \to \{1,3\},\{3\} \to \{1,2\}$$

这种方式产生规则的数量太大，而且不一定都满足置信度。因此我们需要通过置信度原则来减少规则的数量，达到剪枝目的。

考虑如下情形，如果两条规则 $X' \to Y-X'$ 和 $X \to Y-X$ 满足 $X' \subset X$，而它们的置信度分别为

$$c(X' \to Y - X') = \frac{\sigma(Y)}{\sigma(X')}$$

$$c(X \to Y - X) = \frac{\sigma(Y)}{\sigma(X)}$$

显然对于有包含关系的项集，有 $\sigma(X') \geqslant \sigma(X)$。因此，前一个规则的置信度不超过后一个规则的置信度，可以得出如下定理：

如果规则 $X \to Y-X$ 不满足置信度阈值，则形如 $X' \to Y-X'$ $(X' \subset X)$ 的规则一定也不满足置信度阈值。

基于以上定理，提出了 Apriori 规则产生算法，该算法利用逐层方法来产生关联规则，其中每层对应于规则后件中的项数。首先，提取规则后件只含一个项的所有高置信度规则，然后，使用这些规则来产生新的候选规则。值得注意的是：算法中不必再次扫描数据集来计算候选规则的置信度，因为可以使用频繁项集产生时计算的支持度计数来确定每个规则的置信度。其流程图如图 6-2 所示。

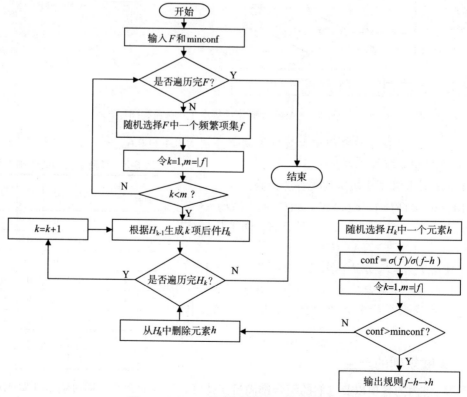

图 6-2   Apriori 关联规则产生算法流程图

例6.2 对各类疾病做关联分析

表6-4是武汉市某二甲医院一些体检数据中是否患有脂肪肝、肥胖、高血压、糖尿病和肾结石的数据集合，其中1表示患有该病，0表示没有该病。利用这些数据分析这几种疾病之间是否存在某种联系。

表6-4 部分体检不合格人群是否患病

ID	脂肪肝	肥胖	高血压	糖尿病	肾结石
1	1	1	1	0	0
2	1	0	0	0	1
3	0	1	0	1	0
4	1	1	0	0	0
5	0	1	1	0	0
6	1	1	1	0	0
7	1	1	0	0	1
8	1	1	0	1	0
9	1	0	1	0	0
10	0	0	0	0	1

从样本事务中发现各项之间是否存在关联，首先需要确定该事务总体的频繁项集，然后再利用频繁项集产生规则。在此，我们假设支持度阈值和置信度阈值分别为0.4和0.6。利用$F_{k-1} \times F_1$方法生成候补集来确定频繁k项集，用字母a、b、c、d、e分别代表脂肪肝、肥胖、高血压、糖尿病和肾结石。

（1）利用$F_{k-1} \times F_1$方法生成候补集来确定频繁k项集。

1）首先计算频繁1项集，结果如下：

$$\sigma(a)=7, \sigma(b)=7, \sigma(c)=4, \sigma(d)=2, \sigma(e)=3$$

2）根据支持度阈值为0.4，可以将d、e剪枝。

3）利用$F_{k-1} \times F_1$方法生成如下候补2项集：$\{a,b\}$、$\{a,c\}$、$\{b,c\}$。

4）计算候补2项集的支持度计数：$\sigma\{(a,b)\}=5, \sigma\{a,c\}=3, \sigma\{b,c\}=3$。

5）剪掉$\{a,c\}$和$\{b,c\}$。

6）再次利用$F_{k-1} \times F_1$方法生成如下候补3项集：$\{a,b,c\}$。

7）支持度计数为$\sigma(\{a,b,c\})=2$，故将其剪枝，至此我们得到所有频繁k项集：$\{a\}$、$\{b\}$、$\{c\}$、$\{a,b\}$。

（2）利用Apriori关联规则产生算法产生关联规则，首先需要确保集合的项大于2，因此上述频繁项集中只有$\{a,b\}$满足要求。

1）对此项集产生规则的1项后件为$H_1=\{a,b\}$。

2）则可以产生规则如下：$a \to b$，$b \to a$。

3）计算这些规则的置信度：$c(a \to b) = \dfrac{5}{7}, c(b \to a) = \dfrac{5}{7}$。

4）因此规则$a \to b$和$b \to a$都满足最小置信度要求，可以作为关联规则使用。

实际上a和b分别代表着脂肪肝和肥胖，也就是说一般患有脂肪肝的人体重都会超标，同理，一般体重超标的人都会有一定程度的脂肪肝。该关联规则表明当你体重超标时，需要注意自己的饮食，定期体检，以防患有脂肪肝。

6.2 聚类分析

我们可以通过分类算法分析有标签的数据，那么在无标签的数据中怎么寻找隐藏的信息？怎么发现数据之间的关系？一种常见的分析方法是聚类算法，该算法是无监督学习的一种典型方法。聚类分析将数据划分成有意义或有用的组（聚类分析中称为簇），就理解数据而言，簇是潜在的类，而聚类分析是自动发现这些类的技术。本节详细介绍了三种聚类技术：K均值、凝聚层次聚类和基于高密度连通区域的密度聚类（DBSCAN）。

6.2.1 聚类分析简介

聚类分析根据对数据集的观察将某个样本数据划分到特定的簇。基于相似度的聚类分析中，同一簇中的数据是相似的，根据数据的特征或者属性区别不同的簇，也有基于密度和图的聚类方法。聚类分析的目标就是在相似的基础上收集数据来分类，是一个把数据对象（或观测）划分成子集的过程，每个子集是一个簇，使得簇中的对象相似，簇间的对象不相似。令 X 为数据对象，X_i 为簇，其数学定义如下：

$$X = \bigcup_{i=1}^{n} X_i, X_i \cap X_j = \varnothing \quad (i \neq j)$$

图6-3给出了某医院体检人群聚类分析的一个实例。体检人群被分为体检正常者和患者两类，患者可以划分为高血压患者和心脏病患者等多类，其中高血压患者可以根据病情划分为严重和轻微患者等。

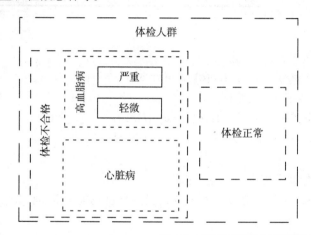

图6-3 某医院体检结果聚类图

聚类与分类的不同在于，聚类所要求划分的类是未知的。从机器学习的角度来看，聚类是一个不断搜索簇的无监督学习过程，而分类是将已有对象划分到不同标签下的有监督学习过程，聚类往往需要聚类算法自己确定标签。那么给定某些对象或者数据集合，如何对其进行聚类呢？这就需要设计具体的算法进行聚类，下面介绍两种最基本的聚类方法：K均值聚类和凝聚层次聚类。

6.2.2 K均值聚类

假设数据集 D 包含 n 个欧式空间中的对象，聚类的目标是将 D 中的对象划分到 k 个簇 $C_1, C_2, \cdots, C_k$ 中，使得对于 $1 \leqslant i, j \leqslant k$，有 $C_i \subset D, C_i \cap C_j = \varnothing$。需要定义一个目标函数来评估该划分的质量，该目标函数的目标是：簇内相似性高，簇间相似性低。

为了更形象化地表示一个簇，定义簇的行心来表示该簇，定义如下：

$$\overline{x}_{Ci} = \frac{\sum_{i-1}^{n_i} \vec{x}_i}{n_i}, \quad i = 1, 2, \cdots, k$$

其中 n_i 为簇中元素个数，$\bar{x}_i$ 为簇中元素向量坐标，那么 $\bar{x}_{C_i}$ 就可以代表簇 C_i。用 $d(x, y)$ 表示两个向量之间的欧式距离，定义目标函数如下：

$$E = \sum_{i=1}^{k} \sum_{x \in C_i} [d(x, \bar{x}_{C_i})]^2$$

用上述目标函数 E 来评估划分的质量。实际上，目标函数 E 是数据集 D 中所有对象到簇行心的误差平方和。

因此，K 均值的目标是：对于给定的数据集合和给定的 k，找到一组簇 $C_1, C_2, \cdots, C_k$，使得目标函数 E 最小，即

$$\min E = \min \sum_{i=1}^{k} \sum_{x \in C_i} [d(x, \bar{x}_{C_i})]^2$$

其算法步骤如下：

算法 6.2 K 均值算法

输入：
k：结果簇的个数。
D：包含 n 个对象的数据集合。
输出： k 个簇的集合。
算法：
1) 从 D 中随机选择 k 个对象作为初始的簇；
2) while
3)   根据每个簇中对象的均值，将每个剩余对象划分到最近的簇里；
4)   重新计算簇中对象的均值；
5) until 不再发生变化

例 6.3 使用 K 均值聚类体检者

高血脂是一种常见的疾病，是由于血脂含量过高导致的，因此在体检时，往往都会检测血液中甘油三酯（triglyceride）和总胆固醇（total cholesterol）的含量来判断体检者是否患有高血脂。那么，我们可以通过这两个指标将人群划分为正常人和患者两类。表 6-5 是武汉市某二甲医院部分体检数据中甘油三酯和总胆固醇含量的数据集合，为了将这些人划分成不同的群体，使用 K 均值聚类分析体检数据。

表 6-5 某医院部分体检数据

ID	甘油三酯	总胆固醇	ID	甘油三酯	总胆固醇
1	1.33	4.19	10	2.63	5.62
2	1.94	5.47	11	1.95	5.02
3	1.31	4.32	12	1.13	4.34
4	2.48	5.64	13	2.64	5.64
5	1.84	5.17	14	1.86	5.33
6	2.75	6.35	15	1.25	3.18
7	1.45	4.68	16	1.30	4.36
8	1.33	3.96	17	1.94	5.39
9	2.43	5.62	18	1.90	5.19

根据上表，可以得到数据集全体为：

$$D=\{(1.33,4.19),(1.94,5.47),\cdots,（2.43，5.62），（1.90，5.19）\}$$

首先，确定划分的簇个数，假设我们需要划分成 3 类人群，即 $k=3$ ；其次，随机选择 3 个对象作为初始簇，利用随机数，得到 3 个对象，组成初始簇，分别为：

$$C_1=\{(1.94,5.47)\},\ C_2=\{(1.30,4.36)\},\ C_3=\{(1.86,5.33)\}$$

将 D 中其他对象按照欧式距离最近原则分别划分到上面三个簇中，以对象为例，该对象 $e=(1.33,4.19)$ 到三个簇的距离分别为：

$$d_{(e,C_1)}=\sum_{i=1}^{n}(x_{ei}-y_{C_1i})^2=(1.33-1.94)^2+(4.19-5.47)^2=2.0105$$

$$d_{(e,C_2)}=\sum_{i=1}^{n}(x_{ei}-y_{C_2i})^2=(1.33-1.30)^2+(4.19-4.36)^2=0.0298$$

$$d_{(e,C_3)}=\sum_{i=1}^{n}(x_{ei}-y_{C_3i})^2=(1.33-1.86)^2+(4.19-5.33)^2=1.5805$$

该对象离簇 C_2 的距离最近，则应该被划分到簇 C_2 中。以此类推，可以得到如下结果：
$C_1=\{(2.48,5.64),(2.64,5.64),(2.63,5.62),(2.75,6.35),(2.43,5.62),(1.94,5.47),(1.94,5.39)\}$
$C_2=\{(1.33,4.19),(1.31,4.32),(1.13,4.34),(1.30,4.36),(1.25,4.18),(1.45,4.68),(1.33,3.96)\}$
$C_3=\{(1.95,5.02),(1.84,5.17),(1.86,5.33),(1.90,5.19)\}$

然后，重新计算簇对象的均值，得到如下结果：

$$\bar{v}_{C_1}=\left(\frac{2.48+2.64+\cdots+1.94}{7},\frac{5.64+5.64+\cdots+5.39}{7}\right)=(2.4014,5.6757)$$

$$\bar{v}_{C_2}=\left(\frac{1.33+1.31+\cdots+1.33}{7},\frac{4.19+4.32+\cdots+3.96}{7}\right)=(1.3000,4.1471)$$

$$\bar{v}_{C_3}=\left(\frac{1.95+1.84+\cdots+1.90}{4},\frac{5.02+5.17+\cdots+5.19}{4}\right)=(1.8875,5.1775)$$

由于该簇均值和初始簇均值不相同，则重新分配数据集合 D 中各对象，方法和之前类似，可得到如下结果：
$C_1=\{(2.48,5.64),(2.64,5.64),(2.63,5.62),(2.75,6.35),(2.43,5.62)\}$
$C_2=\{(1.33,4.19),(1.31,4.32),(1.13,4.34),(1.30,4.36),(1.25,4.18),(1.45,4.68),(1.33,3.96)\}$
$C_3=\{(1.95,5.02),(1.84,5.17),(1.86,5.33),(1.90,5.19),(1.94,5.47),(1.94,5.39)\}$

经过检验可以发现该均值与重新划分后的均值相同，则终止运算，得到最终分类，结果图如图 6-4 所示。

因此，对于该医院的这些体检人，可以将其聚为三类，分别是正常人群、轻微或者将要患病的人群、高血脂症人群。该医院可以针对不同的人群给出不同建议，采取不同的治疗方案。

6.2.3 凝聚层次聚类

层次聚类和 K 均值聚类是聚类的两种传统方法，但是它们的出发点是不同的。K 均

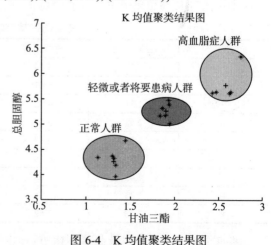

图 6-4 K 均值聚类结果图

值聚类是根据已经给定的簇个数，将原始数据对象向各个簇聚拢，最终得到聚类结果；而层次聚类不需要给定类别个数，它是从每个对象出发，根据对象的邻近矩阵逐渐聚拢各个对象，直到所有对象都归为一类为止（或者从整体出发，逐渐分离各对象直到每个对象都是一类）。因此，可以将层次分类划分为两类：

- *凝聚层次聚类*。从个体对象的簇出发，每次合并两个最邻近的对象或者簇，直到所有对象都在一个簇中（即数据全体集合）。
- *分裂层次聚类*。从包含所有点的簇开始（即数据全体集合），每次分裂一个簇得到距离最远的两个簇，直到不能再分裂（即只剩下单点簇）。

凝聚层次聚类需要不断合并两个最邻近的簇，那么就需要确定各簇之间的邻近度，为此，必须给出一个具体的衡量标准。这也是凝聚层次聚类的关键所在，不同的衡量标准可能会得出不同的聚类结果。常见的有五种定义邻近度的方式分别为：单链、全链、组平均、Ward 法和质心法。

- 单链。又叫 MIN 方式，MIN 定义簇的邻近度为不同簇的两个最近点之间的距离（一般为欧式距离）。其数学表达式如下：

$$\min d(x_i, x_j), \quad x_i \in C_i, x_j \in C_j$$

其中 C_i、C_j 为不同的簇，x_i、x_j 为簇中的对象。

- 全链。又叫 MAX 方式，MAX 定义簇的邻近度为不同簇的两个最远点之间的距离（一般为欧式距离）。其数学表达式如下：

$$\max d(x_i, x_j), \quad x_i \in C_i, x_j \in C_j$$

其中 C_i、C_j 为不同的簇，x_i、x_j 为簇中的对象。

- 组平均。组平均定义簇的邻近度为不同簇中点之间的平均距离（一般为欧式距离）。其数学表达式如下：

$$\frac{\sum_{i=1}^{n_i}\sum_{j=1}^{n_j} d(x_i, x_j)}{n_i n_j}, \quad x_i \in C_i, x_j \in C_j$$

其中 C_i、C_j 为不同的簇，x_i、x_j 为簇中的对象，n_i、n_j 为簇中对象个数。

- Ward 法。Ward 法定义簇的邻近度为合并两个簇使得聚类的平方误差的增量最小，其数学表达式如下：

$$\min \Delta e = \min(e_{\text{after}} - e_{\text{pre}})$$

其中 e_{pre} 为合并前误差，e_{after} 为合并后误差

- 质心法。质心法定义簇之间的邻近度为两个簇质心之间的距离（一般为欧式距离）。其数学表达式如下：

$$\min d(v_{C_i}, v_{C_j})$$

其中 C_i、C_j 为不同的簇。

值得注意的是：可以将对象看作单点簇，这样对象与簇之间的邻近度就可以看作簇与簇之间的邻近度。前三种方法可以用图 6-5 形象化地表示。

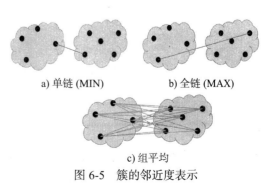

a) 单链 (MIN)　　b) 全链 (MAX)

c) 组平均

图 6-5　簇的邻近度表示

算法6.3　**凝聚层次聚类算法**

输入：D：包含 n 个对象的数据集合。

输出：聚类结果树状图。

算法：

1)　将每个对象当作一个簇，计算各簇之间的邻近度，得到邻近度矩阵；
2)　while
3)　　　根据簇的邻近度，合并最邻近的两个簇；
4)　　　重新计算簇的邻近度矩阵；
5)　until 只剩下一个簇

例6.4　**对某医院体检数据的层次聚类分析**

表6-6是武汉市某二甲医院一些体检不合格人中体重、身高和心跳的数据集合，需要对其进行聚类分析。

根据表6-6，可以得到数据集全体为：

D={(154,45.5,59), (165,65.4,108),…,(165.5,62.3,58)}

由于体检项的数据单位不统一，需要对其进行标准化以消除单位对结果的影响，标准化结果如下：

表6-6　某医院部分体检数据

ID	身高	体重	心跳
1	154	45.5	59
2	165	65.4	108
3	166.5	76.2	58
4	166.5	74.7	54
5	161	55.6	45
6	165.5	62.3	58

$$\text{data\_st} = \begin{pmatrix} 0.92 & 0.60 & 0.55 \\ 0.99 & 0.86 & 1 \\ 1 & 1 & 0.54 \\ 1 & 0.98 & 0.50 \\ 0.97 & 0.73 & 0.42 \\ 0.99 & 0.82 & 0.54 \end{pmatrix}$$

计算各簇的邻近度，这里用欧式距离作为簇的邻近度，得到如下结果：

$$\text{dist} = \begin{pmatrix} 0 & 0.53 & 0.41 & 0.39 & 0.19 & 0.23 \\ 0.53 & 0 & 0.48 & 0.51 & 0.60 & 0.46 \\ 0.41 & 0.48 & 0 & 0.04 & 0.30 & 0.18 \\ 0.39 & 0.51 & 0.04 & 0 & 0.27 & 0.17 \\ 0.19 & 0.60 & 0.30 & 0.27 & 0 & 0.15 \\ 0.23 & 0.46 & 0.18 & 0.17 & 0.15 & 0 \end{pmatrix}$$

可以看出簇为3和4的邻近度为0.04，是最小值，因此先合并这两个簇，再重新计算各簇的邻近度，这里取单链（MIN）的方法作为簇之间的邻近度定义，得到如下结果：

$$\begin{array}{c} 簇\quad 1\quad\quad 2\quad\quad 3,4\quad 5\quad\quad 6 \\ \text{dist} = \begin{pmatrix} 0 & 0.53 & 0.39 & 0.19 & 0.23 \\ 0.53 & 0 & 0.48 & 0.60 & 0.46 \\ 0.39 & 0.48 & 0 & 0.27 & 0.17 \\ 0.19 & 0.60 & 0.27 & 0 & 0.15 \\ 0.23 & 0.46 & 0.17 & 0.15 & 0 \end{pmatrix} \end{array}$$

可以看出簇为5和6的邻近度为0.15，是最小值，因此再合并这两个簇，合并后重新计算各簇的邻近度，重复如此直到只有一个簇为止，合并的顺序依次为：

3,4 → 5,6 → {3,4},{5,6} → {{3,4},{5,6}},1 → {{{3,4},{5,6}},1},2

凝聚层次聚类结果的树状图如图 6-6 所示。

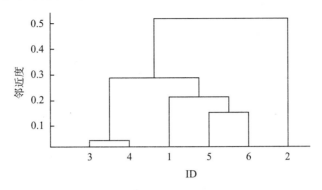

图 6-6 凝聚层次聚类树状图

从结果上来看，ID 为 2 的体检人明显和其他几个有所不同，从表格数据我们可以看出此人心跳过快，而其他人都是心跳过慢。通过该图也可以很明显看出 ID 为 3 和 4 的体检人很相似（体重差不多，身高都比较高），因此聚为一类。

6.2.4 基于密度的聚类

K 均值聚类和凝聚层次聚类一般只能发现球状簇，而不能发现环状等任意形状的簇。现实生活中，有很多类的形状并不是球状，而是 S 形或者环状等，这样 K 均值或者层次聚类就很难满足实际需求，特别是涉及噪声和离群点的分类，它们往往是在圆环的内部或者远离群体。

为了寻找这类离群点，就需要构造出任意形状的簇。基于密度的聚类方法是一种解决离群点问题的途径，将空间数据根据数据的密集程度划分成不同的区域，而每个区域对应于某个簇，将离群点隔离开。本节主要介绍一种基于高密度连通区域的密度聚类（DBSCAN）。

数据空间中的点按照密集程度分为如下三类：

- **核心点**。稠密区域内部的点。该点的邻域由距离函数（一般使用欧式距离）和用户指定的距离参数以及内部点个数的阈值决定。如果一点是核心点，那么该点在给定邻域内的点的个数超过给定的阈值，数学表达式如下：

$$\text{card}(\{x : d(x,a) \leqslant \text{Eps}\}) \geqslant \text{MinPts}, \quad x \in D$$

其中 card() 表示求集合元素个数，$d(x,a)$ 为距离函数，a 为核心点，Eps 为距离参数，MinPts 为内部点个数的阈值。

- **边界点**。稠密区域边缘上的点。该点的邻域内点的个数小于用户指定的内部点个数阈值，但是该点落在某一个核心点的邻域内部，其数学表达式如下：

$$\begin{cases} \text{card}(\{x : d(x,b) \leqslant \text{Eps}\}) < \text{MinPts}, & x \in D \\ b \notin A \end{cases}$$

其中 card() 表示求集合元素个数，$d(x,b)$ 为距离函数，b 为边界点，Eps 为距离参数，MinPts 为内部点个数的阈值，A 为核心点的邻域集合。

- **噪声点**。稀疏区域中的点。该点的邻域内点的个数小于用户指定的内部点个数阈值，而且该点不在任何核心点的邻域内部，其数学表达式如下：

$$\begin{cases} \text{card}(\{x : d(x,c) \leqslant \text{Eps}\}) < \text{MinPts}, & x \in D \\ b \notin A \end{cases}$$

其中 card() 表示求集合元素个数，$d(x,c)$ 为距离函数，c 为噪声点，Eps 为距离参数，MinPts 为内部点个数的阈值，A 为核心点的邻域集合。

各类空间点形象化的图示如图 6-7 所示（图中黑色表示核心点，灰色为边界点，圆圈是噪声点）。

为了方便理解，我们将某个点邻域内点的个数定义为该点的邻域密度。如果两个对象 p 和 q 都是核心点，且其中一个对象在另一个对象的邻域内，则称这两个对象是直接密度可达的。数学定义如下：

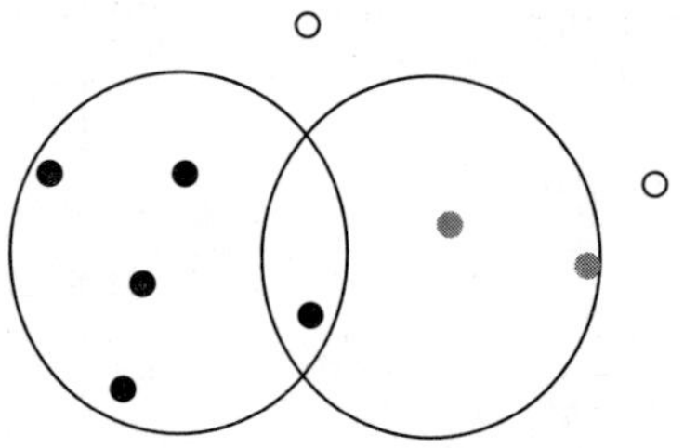

图 6-7　核心点、边界点和噪声点

$$\begin{cases} d(p,q) \leqslant \text{Eps} \\ p,q \in A \end{cases}$$

其中 $d(x,c)$ 为距离函数，A 为核心点的邻域集合。

所谓的密度可达，就是通过一系列直接密度可达的对象连接起来的两个对象。这两个对象可以是核心点也可以是边界点。而 DBSCAN 的目标就是通过密度可达等方法找出数据集合中的核心点、边界点和噪声点。

其算法步骤如下。

算法 6.4　基于密度的聚类算法

输入：

D：包含 n 个对象的数据集合。

Eps：距离参数。

Minpts：核心点的邻域密度阈值。

输出： type：基于密度的聚类分析结果，即数据对象对应的类型。

算法：

1)　初始时，将数据集合中每个对象标记为没有访问状态；
2)　while
3)　　　随机选择一个没有被标记的对象 p，标记该对象；
4)　　　计算该对象的邻域密度 Pts；
5)　　　if Pts ⩾ MinPts
6)　　　　　创建一个新簇 C，并把 p 加到 C 中；
7)　　　　　找到该对象的所有邻域对象，构成集合 N；
8)　　　　　for N 中的每个对象 p'
9)　　　　　　　if p' 没有被标记，则标记该对象；
10)　　　　　　　if p' 的邻域密度大于 MinPts
11)　　　　　　　　找到该对象的所有邻域对象并且添加到 N 中；
12)　　　　　　　else 标记 p' 为边界点；
13)　　　　　　　if p' 还不是任何簇成员，则把 p' 添加到 C 中；
14)　　　　　endfor
15)　　　将簇 C 中的对象标记为核心点，输出 C；
16)　　　else 标记 p 为噪声点；
17)　　　定义 type，用于对应各对象，用 -1、0、1 分别表示噪声点、边界点和核心点；
18) until 所有的对象都被标记

例 6.5　利用基于密度的聚类方法分析血液细胞

表 6-7 是武汉市某二甲医院一些体检人血液中白细胞和红细胞含量的数据集合，需要找

出体检人群中异常的人或者可能体检数据有问题的人。

表 6-7 某医院部分体检人的白细胞和红细胞含量

白细胞	红细胞	白细胞	红细胞	白细胞	红细胞
9.4	5.33	6.6	4.41	4	4.43
6	4.26	5.4	4.62	8.6	5.15
6	4.62	6	4.92	9.7	5.43
6	4.12	9.6	5.44	5.5	5
5.5	5.45	6.5	5.34	5	5.95
6	5.90	4.2	4.54	4.7	5.04
5.5	5.73	3.5	4.80	5.6	5.42
4.8	4.51	4.9	4.46	2.1	3.79
5.9	4.24	3	4.79	7.8	5.73
5	4.46	5.8	5.20	4.5	4.35
4.8	3.97	3	4.17	12.6	5.27
3.6	4.46	8.1	4.82	4.4	5.32
7.5	5.51	5.1	4.16	5.6	4.39
7.3	4.92	6.9	5.18	4.6	3.74
8.6	5.97	6.3	3.99	5	4.44
5.3	5.33	6.8	3.91	5.6	6.78
4.2	4.87	5.9	4.29		

根据上表，可以得到数据集全体为：

$$D=\{(9.4,5.33),(6.0,4.26),\cdots,(5.0,4.44),(5.6,6.78)\}$$

这里给出核心点的邻域密度阈值和距离参数（欧式距离）如下：

$$\begin{cases} \text{MinPts} = 4 \\ \text{Eps} = 0.9016 \end{cases}$$

随机选择一个对象 $p(4.8,4.51)$，可以循环计算每个对象到该对象的距离，例如表中的第一个对象 $(9.4,5.33)$ 到该对象的距离为：

$$d(p,q) = \sqrt{(9.4-4.8)^2 + (5.33-4.51)^2} = 4.67$$

显然该结果大于 Eps=0.9016，因此该对象不在 p 的邻域内。再如对象 $(5,4.46)$ 到该对象的距离为：

$$d(p,q) = \sqrt{(5-4.8)^2 + (4.46-4.51)^2} = 0.21$$

显然该结果小于 Eps=0.9016，因此该对象在 p 的邻域内。经过计算，该实例中这样的对象共有 15 个，故该对象的邻域密度为：

$$\text{Pts}_p = 15 > \text{MinPts} = 4$$

因此该对象是核心对象。

循环该对象邻域中的对象，利用相同的方法计算下一个对象，如 $(5,4.46)$，该对象的邻域密度为 14，且在对象 p 邻域内，因此该对象和对象 p 是密度可达的，标记为核心点。如果某个对象和核心点是密度可达的且邻域密度不小于 MinPts=4，则标记为核心点；如果某个对象和核心点是密度可达的但是邻域密度小于 MinPts=4，则标记该对象为边界点；如果某个对象和核心点不是密度可达的，则标记该对象为噪声点。利用该方法，得到该数据集合中的噪声点如下：

$$\{(2.1,3.79)，(5.6,6.78)，(9.7,5.43)\}$$

该数据集合的基于密度的聚类结果如图 6-8 所示。

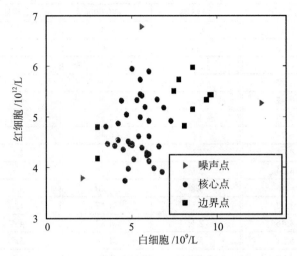

图 6-8　基于密度的聚类分析结果图

图 6-8 可以看出聚类后的形状并不规则，很容易区分出核心点、边界点和噪声点。很容易看出左下角、最上面和最右边的点所对应的体检人血液中红细胞和白细胞含量有问题，需要重新体检以便进一步确认结果。

6.3　降维算法和学习模型

在高维空间下点间的距离都差别很小（如欧式距离），或者几乎任意两个向量都是正交的（利用夹角度量），那么势必会导致分类、回归特别是聚类变得困难，这种现象叫作"维数灾难"。为了解决这种问题，提出了很多降维算法。所谓降维，即将高维空间的点通过映射函数转换到低维空间，以此来缓解"维数灾难"。降维不仅可以减少数据之间的相关性，而且由于数据量减少而加快了算法的运行速度。本节以主成分分析法为例讲解降维算法的核心思想和具体实现。

6.3.1　常见的降维算法简介

机器学习领域中所谓的降维就是指采用某种映射方法，将原高维空间中的数据点映射到低维度的空间中。降维的本质是学习一个映射函数：

$$f : x \rightarrow y$$

其中 x 是原始数据点的表达，一般使用向量表达形式。y 是数据点映射后的低维向量表达，通常 y 的维度小于 x 的维度，f 可能是显式的或隐式的、线性的或非线性的函数。

目前大部分降维算法处理向量表达的数据，也有一些降维算法处理高阶张量表达的数据。使用降维后的数据表示是因为在原始的高维空间中包含冗余信息以及噪声信息，在实际应用（例如图像识别）中造成了误差，降低了准确率。而通过降维，我们希望减少冗余信息所造成的误差，提高识别或其他应用的精度，又或者希望通过降维算法来寻找数据内部的本质结构特征。

降维算法一般分为线性降维算法（如主成分分析法和线性判别法分析法）以及非线性降维

算法（如局部线性嵌入和等距特征映射（isometric feature mapping）），常见算法如表 6-8 所示。

表 6-8 降维算法列表

降维算法	基本思想
主成分分析法（PCA）	用几个综合指标（主成分）来代替原始数据中的所有指标
奇异值分析（SVD）	利用矩阵的奇异值分解，选择较大的奇异值而抛弃较小的奇异值来降低矩阵的维数
因子分析（FA）	通过分析数据的结构，发现各属性之间的内在联系，从而找出属性的共性（因子）
偏最小二乘法	集主成分分析、典型相关分析和多元线性回归分析三种分析方法的优点于一身，既可以降维又可以预测
Sammon 映射	在保持点间距离结构的同时将高维空间中的数据映射到低维空间
判别分析（DA）	将具有类标签的高维空间的数据（点）投影到低维空间中，使其在低维空间按类别可分
局部线性嵌入（LLE）	一种非线性降维算法，能够使降维后的数据较好地保持原有流形结构
拉普拉斯特征映射	希望相互间有关系的点（在图中相连的点）在降维后的空间中尽可能靠近

6.3.2　主成分分析法

在实际中，对象都有许多属性组成，例如，人的体检报告有许多体检项组成，而每个属性都是对对象的一种反映，但是这些对象之间都有着或多或少的联系，这种联系导致了信息的重叠。属性（变量或者特征）之间信息的高度重叠和高度相关会给统计方法和数据分析带来许多障碍。为了解决这种信息重叠，就需要对属性降维，它既能大大减少参与数据建模的变量个数，同时也不会造成信息的大量丢失。主成分分析正是这样一种能够有效降低变量维数并已得到广泛应用的分析方法。

主成分分析（Principal Component Analysis，PCA）也称主分量分析，旨在利用降维的思想，把多指标（回归中称为变量）转化为少数几个综合指标（即主成分），其中每个主成分都能够反映原始变量的大部分信息，且所含信息互不重复。一般情况下，每个主成分都是原始变量的线性组合，各主成分之间互不相关。这种方法在引进多方面变量的同时将复杂因素归结为几个主成分，使问题简单化，同时得到的结果是更加科学有效的数据信息。

需要注意的是，尽管主成分分析法能够大大降低属性的维数，但是也有一定的信息损失。这些损失的信息可能在某些机器学习算法迭代中被放大，从而导致最终得出的结论不准确。因此，在进行主成分分析时要慎重考虑。

主成分就是由原始变量综合形成的几个新变量。依据主成分所含信息量的大小称为第一主成分、第二主成分等。主成分与原始变量之间的具有以下几种关系：

- 主成分保留了原始变量的绝大多数信息。
- 主成分的个数大大少于原始变量的数目。
- 各个主成分之间互不相关。
- 每个主成分都是原始变量的线性组合。

主成分分析所要做的就是设法将原来众多具有一定相关性的变量，重新组合为一组新的相互无关的综合变量来代替原来的变量。通常，数学上的处理方法就是将原来的变量做线性组合以作为新的综合变量，但是这种组合可以有很多，应该如何选择呢？如果将选取的第一个线性组合即第一个综合变量记为 F_1，显然希望它尽可能多地反映原来变量的信息，在主成分分析中"信息"用方差来测量，即希望 $\text{Var}(F_1)$ 越大，表示 F_1 包含的信息越多。因此在所有的线性组合中所选取的 F_1 应该是方差最大的，故称 F_1 为第一主成分。如果第一主成分不足以代表原来 p 个变量的信息，再考虑选取 F_2 即第二个线性组合，为了有效地反映原来的信息，F_1 已有的信息就不需要再出现在 F_2 中，数学表达为：$\mathrm{Cov}(F_1, F_2)=0$，称 F_2 为第二主成分，依此类推可以构造出第三、第四直至第 p 个主成分。

假设有 n 个评价对象（样本，如体检人），m 个评价指标（如身高、体重等体检项），则可构成大小为 $n \times m$ 的矩阵，记为 $\boldsymbol{x}=(x_{ij})_{n \times m}$。

$$\boldsymbol{X} = \begin{pmatrix} x_{11} & x_{12} & \cdots & x_{1m} \\ x_{21} & x_{22} & \cdots & x_{2m} \\ \vdots & \vdots & & \vdots \\ x_{n1} & x_{n2} & \cdots & x_{nm} \end{pmatrix} = (x_1, x_2, \cdots, x_m)$$

其中 $\boldsymbol{x}_i, i=1,2,\cdots, m$ 为列向量，称该矩阵为评价矩阵。

得到评价矩阵后，主成分分析法的一般步骤如下：

1）计算初始样本数据均值 $\overline{x} = \dfrac{1}{n} \sum_{i=1}^{n} x_{ij}$ 和方差 $S_j = \sqrt{\sum_{i=1}^{n} (x_{ij} - \overline{\boldsymbol{x}}_j)/(n-1)}$，执行标准化，均值和标准差需要按列计算。

2）计算标准化数据 $X_{ij} = \dfrac{(x_{ij} - \overline{x}_j)}{S_j}$，则评价矩阵变为标准化后的矩阵：

$$\boldsymbol{X} = \begin{pmatrix} X_{11} & X_{12} & \cdots & X_{1m} \\ X_{21} & X_{22} & \cdots & X_{2m} \\ \vdots & \vdots & & \vdots \\ X_{n1} & X_{n2} & \cdots & X_{nm} \end{pmatrix} = (\boldsymbol{X}_1, \boldsymbol{X}_2, \cdots, \boldsymbol{X}_m)$$

3）利用标准化后的矩阵，计算各评价指标之间的相关性矩阵 $C=(c_{ij})_{m \times m}$（或者协方差矩阵），则 $\boldsymbol{C}$ 为对称正定的矩阵，其中 $c_{ij} = \dfrac{\boldsymbol{X}_i^{\mathrm{T}} \boldsymbol{X}_j}{(n-1)}$。

4）计算相关性矩阵（或者协方差矩阵）的特征值 λ 和特征向量 ξ，按递减的顺序排列特征值：$\lambda_1 > \lambda_2 > \cdots > \lambda_m$，同时排列与特征值对应的特征向量。设第 j 个特征向量为：$\xi_j = (\xi_{1j}, \xi_{2j}, \cdots, \xi_{mj},)^{\mathrm{T}}$ 则第 j 个主成分为：

$$F_j = \boldsymbol{\xi}_j^{\mathrm{T}} \boldsymbol{X} = \xi_{1j} \boldsymbol{X}_1 + \xi_{2j} \boldsymbol{X}_2 + \cdots + \xi_{mj} \boldsymbol{X}_m$$

当 $j=1$ 时，称 F_1 为第一主成分。

5）根据相关性矩阵的特征值计算主成分的贡献率 η 以及累计贡献率 Q：

$$\eta_i = \frac{\lambda_i}{\lambda_1 + \lambda_2 + \cdots + \lambda_m}, Q_i = \eta_1 + \eta_2 + \cdots + \eta_i, \quad i = 1, 2, \cdots, m$$

最后根据用户指定的贡献率，确定主成分的个数，得到评价矩阵的主成分。一般取贡献率为 0.85、0.9、0.95，三个不同的贡献率水平根据具体场景而定。图 6-9 展示了主成分分析的一般步骤：

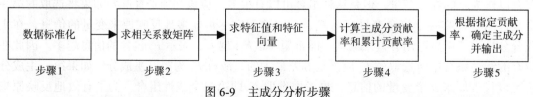

图 6-9 主成分分析步骤

例 6.6 利用主成分分析法对体检数据降维

表 6-9 是武汉市某二甲医院部分体检数据中甘油三酯、总胆固醇含量、高密度脂蛋白、低密度脂蛋白、年龄、体重、总蛋白、血糖含量数据集合。利用主成分分析法确定体检者数据的主成分，实现数据的降维。

表 6-9　某医院部分体检者数据表

ID	甘油三酯	总胆固醇	高密度脂蛋白	低密度脂蛋白	年龄	体重	总蛋白	血糖
1	1.05	3.28	1.35	1.8	60	56.8	66.8	5.6
2	1.43	5.5	1.66	3.69	68	57.4	79.4	5.3
3	1.16	3.97	1.27	2.55	68	70.7	74.7	5.4
4	6.8	5.95	0.97	2.87	50	80.1	74	5.6
5	3.06	5.25	0.9	3.81	48	82.7	72.4	5.8
6	1.18	5.88	1.77	3.87	53	63.5	78	5.2
7	2.53	6.45	1.43	4.18	57	61.3	75	7.3
8	1.6	5.3	1.27	3.74	47	64.9	73.6	5.4
9	3.02	4.95	0.95	3.53	39	88.2	79	4.6
10	2.57	6.61	1.56	4.27	60	63	80	5.6

由于各列数据反映了体检者的不同方面，指标的单位不相同，因此需要先对原始数据作标准化处理，如 ID 为 1 的体检者第一项指标标准化结果为：

$$x'_{11} = \frac{x_{11}}{\max(x_1)} = \frac{1.05}{6.8} = 0.15$$

得到评价矩阵和相关性矩阵，分别为：

$$\boldsymbol{x} = \begin{pmatrix} 0.15 & 0.50 & \cdots & 0.77 \\ 0.21 & 0.83 & \cdots & 0.73 \\ \vdots & \vdots & & \vdots \\ 0.38 & 1 & \cdots & 0.77 \end{pmatrix} \quad \mathrm{corr}(\boldsymbol{x}) = \begin{pmatrix} 1 & 0.40 & \cdots & 0.09 \\ 0.40 & 1 & \cdots & 0.35 \\ \vdots & \vdots & & \vdots \\ 0.09 & 0.35 & \cdots & 1 \end{pmatrix}$$

根据相关性矩阵计算特征值和特征向量：

$$\lambda = (2.96, 2.65, 1.33, 0.62, 0.33, 0.0024, 0.07, 0.36)$$

其中第一个特征值对应的特征向量为：

$$\xi_1 = (0.42, 0.02, 0.53, 0.06, 0.46, -0.54, 0.07, 0.16)^{\mathrm{T}}$$

计算各主成分的贡献率，图形化表示如图 6-10 所示。

指定贡献率为 85%，则可以计算出主成分为：

$$Q = \frac{\lambda_1 + \lambda_2 + \lambda_3}{\mathrm{sum}(\lambda)} = 86.86\% > 85\%$$

上述三个主成分对各体检指标 $(X_1, X_2, \cdots, X_8)$ 的解释情况如图6-11所示。

因此，利用主成分分析法可以确定三个主成分，分别为

$$F_1 = \sum_i \xi_{1i} x_{1i}, F_2 = \sum_i \xi_{2i} x_{2i}, F_3 = \sum_i \xi_{3i} x_{3i} \quad i = 1, 2, \cdots, m$$

这里 $m=8$，为体检指标数。那么可以用这三个主成分来反映体检数据中的八个指标，信息的保留率达到 86.86%，大大降低了体检数据的维数，为后期的数据分析提供了便利。

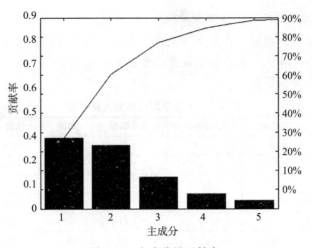

图 6-10   主成分的贡献率

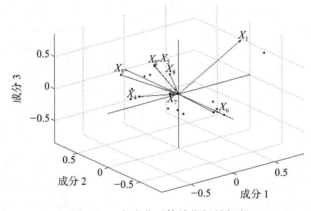

图 6-11   主成分对体检指标的解释

6.3.3   其他学习方式

本节我们介绍三种不同于监督学习类型的机器学习算法。大多数无监督的机器学习算法的目标是怎样更好地表示输入数据，本节介绍的这三种算法也不能完全归类到无监督学习算法，在此仅给出了这些学习模型的基本概念。

1. 增强学习

有学者将增强学习归为无监督的机器学习算法，因为没有绝对最优的输入 / 输出对，只有不断的改进。该方法希望使用者采取合适的行动提取输入数据中的有用信息以便提高准确率，这被认为是一个长期的回报。增强学习算法需要制定一个可以关联预测模型的采取相应行动的策略，增强学习的思想来自行为心理学，例如，增强行动和博弈论、控制论、运筹学、信息论、群理论、统计学以及遗传算法有关，最终目标是在有限的条件下达到均衡。

一些学者也使用动态规划技术强化马尔可夫过程（MDP），强化行动并不一定由监督学习发起，重点是到达当时的最优解。我们需要在已经知道的信息和未知的信息之间权衡，为了加快学习进程，用户需要定义最优解。用户可以使用基于蒙特卡罗或时间差分方法的值函数方法而不是列举法，也可以考虑直接策略。

我们可以考虑逆向增强学习（IRL）方法。用户不需要给出奖励函数，但是需要给出各种情况下的策略代替奖励函数，它的目的是最小化当前解与最优解之间的差值。如果 IRL 过程偏离了观察到的行为，实验者则需要一个应急策略帮助系统返回到正确的轨迹上。

2. 表示学习

当需要改变数据的原有格式时，机器学习方法总是保留输入数据的关键信息。这个过程可以在执行预测或者分类之前完成，这可能要求重新输入一些未知分布的数据，实验者试图将原始数据转换到一个更适合模型输入的形式。前面介绍的聚类分析和主成分分析法是表示学习的典型案例。

在某些情况下，这个方法允许系统从数据中提取特征并学习这些特征，从而提高学习效率。特征学习的输入数据应该尽量简单以减少计算的复杂度，然而，现实数据（例如图形、视频、传感器数据）往往是非常复杂的，实验者需要从这些数据中提取特征。传统的手动提取特征往往需要昂贵的人类劳动，还需要专业知识。

对于如何自动、高效地提取特征，监督学习和无监督学习有不同的方法：

- 监督学习从输入有标签的数据中提取特征，例如人工神经网络、多层感知器和监督学习词典。
- 无监督学习从没有类标签的数据中提取特征，例如字典学习、独立分量分析、自编码、矩阵分解和前面介绍的聚类分析。

3. 半监督学习

半监督学习是无监督学习和有监督学习的混合。在半监督学习中，实验使用的数据集是不完整的，一部分数据有标签而另一部分数据没有标签。该方法通过对有标签数据的学习，逐渐归类无标签的数据，从这个角度来说，增强学习和表示学习算法都是半监督学习的子集。

大多数机器学习学者发现联合使用无标签数据和小部分有标签数据可以提高学习算法的正确率。有标签的数据通常由领域专家或者物理实验产生，该过程的代价是巨大的。换言之，使用部分有标签的数据是合理的。

事实上，半监督的学习更接近人类的学习方式。下面给出了半监督学习的三个基本假设，为了尽可能利用无标签的数据，我们必须给出数据分布的假设，不同的半监督学习算法至少需要下面三个假设中的一个。

- 平滑性假设。越接近彼此的样本数据点越有可能来自同一个类标签，这也是监督学习中的一个基本假设，这个假设可以更好地决定决策边界的位置。在半监督学习中，决策边界通常位于低密度区域。
- 聚类假设。数据往往形成离散的集群，分布在同一个集群中的点更有可能共享一个标签。但是，我们必须清楚地认识到，分布在不同集群中的数据点也有可能来自同一个类标签。这种假设往往用于聚类算法中。
- 流形假设。流形化后的数据空间往往比输入空间维度低，可以通过学习有标签的数据和无标签的数据流形来避免维数灾难。因此，半监督学习可以在流形中通过定义距离和密度处理数据。

对于高维数据集，流形假设是很有用的，例如，人的声音是由几个声带、各种面部表情和肌肉控制的。我们希望在自然的数据空间中而不是在波形和图像组合的空间中定义距离和平滑性，下面的案例展示了半监督学习的优势。

例 6.7 半监督学习的案例

该例子来源于维基百科（https://en.wikipedia.org/wiki/Semi-supervised_learning），主要目的是展示无标签的数据对半监督学习的影响。从图 6-12 中，我们可以看到一个决策边界将正例和负例分开了。图中除了两个有标签的数据，还有一组无标签的数据（灰色圆圈）。我们可以利用聚类的方法将无标签的数据聚为两类，然后在远离高密度区域的地方加入决策边界以区分这两类数据，然后根据有标签的数据决定决策边界的哪一边是正例、哪一边是负例。

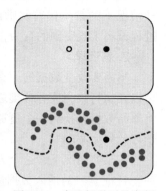

图 6-12 半监督学习的案例

6.4 基于模型性能选择合适的算法

本节将介绍如何选择合适的机器学习模型，以及一些策略和合理的解决方案。首先，我们阐述数据的可视化和算法的选择，然后讲解过拟合和欠拟合现象，最后给出选择机器学习算法的步骤，讨论不同类型的损失函数的优缺点。

6.4.1 评估机器学习模型的性能

每个算法都有各自的适用范围，例如，对于一种数据集，有的算法表现特别优秀，而有的算法效果很不理想，然而对于另一种数据集却恰恰相反。虽然很难准确地评判哪一种算法更优秀，但是我们可以利用一些常见的指标来了解算法，也可以利用一些指标来分析相同数据集下算法的优劣，或者评价相似的算法。

1. 算法性能指标

我们主要考虑算法的如下三个性能指标：

- 准确度。反映算法在测试数据集上的表现，即是否出现过拟合或欠拟合现象。显然，对训练集的测试效果越理想，算法越优秀，这是最重要的一个指标。
- 训练时间。反映算法收敛的速度以及建立一个模型所需要的时间。显然，训练时间越短，算法越理想。
- 线性度。反映算法的复杂度，是算法设置本身的要求，尽可能使用低算法复杂度的算法求解问题。

2. 数据预处理

在对数据进行分析之前，一般都会先了解数据的趋势以及数据之间的关系等，那么就需要对数据进行可视化。然而大样本数据特别是多维数据的可视化是一个比较麻烦的过程，因为机器最多只能显示三维图形，所以我们需要对数据进行预处理。

数据的质量对机器学习模型的结果也有很大的影响。为了提高模型的准确率，我们需要提高输入数据的质量，这可以在数据发现、数据收集、数据准备和预处理阶段完成，目的是让数据更加完整、规范、相关性更高，提高模型的表现和交叉验证的准确率。主要方法包括：

- 处理缺失数据。由于统计、手写等种种原因，原始的数据集并不能保证每行每列都有数据，这种情况就需要填补缺失的数据，可以利用取平均法或者去除缺失样本等方法处理缺失数据。
- 处理不正确数据。由于机器、手写等原因，有些数据明显不正确，常见的是某个数据过大或者过小，显得不合群，对于这种数据需要利用拟合或者插值的方式进行修改。

- 规则化数据。数据集特别是大数据集有很多的特征，而每个特征的单位往往是不一样的，表现在数值上，特征和特征之间相差几个数量级都是常见的。因此需要对数据进行归一化或者标准化处理，可以使用如下公式：

$$\begin{cases} x' = \dfrac{x}{\max(x)} \\ x' = \dfrac{x - \min(x)}{\max(x) - \min(x)} \end{cases}$$

- 可视化支持。预处理过后的数据更易于进行可视化，对于多维数据，可以将其两两特征分别可视化，或者可视化自己比较感兴趣的特征，也可以利用降维的方法先处理特征。

3. 机器学习性能分数

为了量化机器学习算法的优劣，我们可以定义模型的性能分数，该分数被归一化到 [0,1] 区间中。这个分数是由前面介绍的三个性能指标决定的，不同的实验者可能应用不同的权重，代表着算法的不同侧重点。通常，准确率权重是最高的，其次是训练时间，线性度一般是最不重要的甚至被忽略。

图 6-13 给出了某种机器学习模型下算法的性能分数，该图中，Y 轴表示得分而 X 轴表示训练样本的大小。在曲线中有两个相互竞争的得分，训练得分是基于训练数据的模型性能分数，交叉验证得分是基于测试数据的模型性能分数。一般情况下，训练得分比交叉验证得分高。图 6-13 中展示了一种比较理想的情况，随着训练数据的增加，两个得分快速重合。

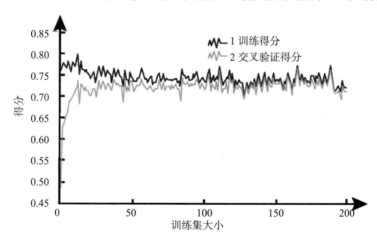

图 6-13　机器学习模型的训练得分和交叉验证得分

4. 模型拟合情况

既然想选择更优秀的模型，就要知道模型的优劣，因此，必须对模型的优劣做出评价。首先介绍机器学习模型容易出现的两种现象：

- 过拟合现象。所谓过拟合（overfitting）现象是这样一种现象：一个模型在训练数据集上能够获得比其他模型更好的效果，但是在训练数据集外的数据集上却不能得到很好的结果。也就是说，模型在训练数据集和测试数据集上的准确率相差很大。
- 欠拟合现象。所谓的欠拟合 (underfitting) 现象是这样一种现象：一个利用训练数据集训练出来的模型,测试训练数据集时出现很大的偏差。也就是说,欠拟合模型在训练数据集上的表现很差,达不到想要的效果。

过拟合和欠拟合现象都是不能接受的,这就意味着我们需要选择能够代表数据集的训练数据。稍后我们给出如何解决这两种问题。总之,理想的模型必须同时在训练数据和测试数据上都表现良好。

从图 6-14 可以发现,随着样本量的增加,训练集上的得分有一定程度的下降,交叉验证集上的得分有一定程度的上升,但总体说来,两者之间有很大的差距,训练集上的准确度远高于交叉验证集。这其实意味着我们的模型处于过拟合的状态,即模型努力地刻画训练集,却没有关注噪声对数据集的影响,导致模型在新数据上的泛化能力变差。

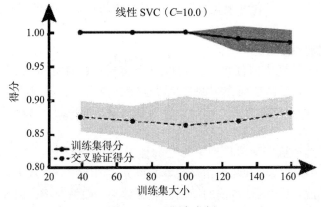

图 6-14 过拟合案例

一般的,训练得分要比交叉验证的得分高,因此,模型更容易陷入过拟合现象,也就是说,模型更容易表现出训练数据的特征而不是数据集的特征。更低的交叉验证得分说明训练数据集中有更多的噪声而使其不能代表数据集。我们必须克服过拟合和欠拟合现象,接下来的两节内容介绍如何解决这两种问题。

6.4.2　过拟合现象和解决方案

过拟合的主要原因是模型刻意地记住训练样本的分布状况,而加大样本量可以使训练集的分布更加具备普适性。噪声一般都具有随机性,增加样本可以减少偶然性,使得噪声的均值趋于 0,减小了噪声对数据整体的影响。

1. 增加训练数据

随着训练样本量的增大,我们发现训练集和交叉验证集上的得分差距在减少,最后它们已经非常接近了。增大样本量最直接的方法当然是想办法采集相同场景下的新数据,如果实验条件不允许,也可以在已有数据的基础上做一些人工的处理以生成新数据(比如图像识别中,我们可以对图片做镜像变换、旋转等),当然,这种方法会增加样本的相关性,而使得训练出来的模型具有偏向性(即偏向某些数据样本)。因此,强烈建议使用采集真实数据的方法来扩大样本量。

在不增加样本量的情况下,可以利用去噪算法修改和完善原始训练样本集,让噪声的均值接近 0,同时减少噪声的方差,这样也可以减少噪声对数据整体的影响,比如用小波分析去除噪声。

例 6.8 增加训练数据解决过拟合现象

在图 6-15 中，显示了训练数据从 160 增加到 800 时，训练得分和交叉验证得分的差距逐渐减小。当训练数据达到 600 时，两者几乎相同。

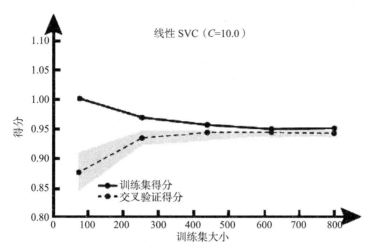

图 6-15 增加训练数解决模型过拟合现象

2. 特征筛选和降维

在样本特征数过多的情况下，特征与特征之间往往是有联系的，这些或多或少的联系会对训练模型产生影响，这也是导致模型过拟合现象的一种原因。因此，我们可以通过对样本特征的分析，发现各特征之间的内在联系，减少那些代表性较差的特征，突出代表性特征，从而在一定程度上缓解过拟合现象。例如，利用关联规则挖掘属性之间的关联关系，利用相关分析发现属性之间的相关关系。

对于维度很高的样本，可以先利用关联分析或者相关分析，找出特征之间的关联关系和相关关系，然后再自动选择特征。从另外一个角度看，我们之所以做特征选择，是想降低模型的复杂度，从而更不容易刻画到噪声数据的分布。从这个角度出发，我们还可以有以下三种方式来降低模型的复杂度：多项式拟合模型中降低多项式次数；神经网络中减少神经网络的层数和每层的结点数；SVM 中增加 RBF 内核的带宽。

例 6.9 降维思想解决过拟合现象

可以应用关联分析来评估 PCA 算法中各种特征的影响。图 6-16 显示了在线性 SVC 算法中使用较少特征后的效果，这种情况下，观察到特征 11 和特征 14 在学习过程中更为重要之后应该手动地选择它们。有时，很难确定正交特征之间的关系，这时，应该应用 PCA 算法来减少维度。

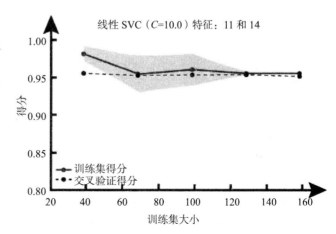

图 6-16 减少特征数解决过拟合现象

3. 数据归一化

调整正则化系数后，发现过拟

合现象确实有一定程度的缓解，但问题依然存在，因为我们现在的系数是确定的，那么有没有办法可以自动选择最佳的系数呢？对于特征选择的部分，可以使用 sklearn 中 feature_selection 库的 SelectKBest 类来进行特征选择，但在高维特征的情况下，这个过程可能会非常慢，那么有别的办法可以进行特征选择吗？比如说，我们的分类器能否自己甄别哪些特征是对最后的结果有益的？利用正则化的方法可以解决这样的问题。

- L1 正则化。它对于最后的特征权重的影响是，让特征获得的权重稀疏化，也就是对结果影响不大的特征，干脆就不给其赋予权重。
- L2 正则化。它对于最后的特征权重的影响是，尽量打散权重到每个特征维度上，不让权重集中在某些维度上，即不出现权重特别高的特征。

例 6.10 利用正则化方法解决过拟合问题

在图 6-17 中，基于上述理论，我们可以把 SVC 中的正则化替换成 L1 正则化，让其自动甄别哪些特征应该分配权重。5、9、11、12、17、18 这些维度的特征获得了权重，而第 11 维权重最大，也说明了它的影响程度最大。当训练数据大小为 160 时，训练和测试得分就非常接近了。

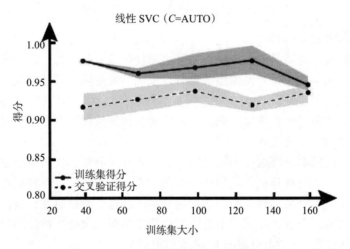

图 6-17　利用正则化方法解决过拟合问题

6.4.3　欠拟合现象和解决方案

以下两种情况下会出现欠拟合现象：数据集很少，训练过程和检验过程不能很好地执行；没有选择合适的机器学习算法。换言之，不同的数据集需要不同的机器学习算法，这种情况下解决欠拟合问题比较困难。我们给出下面的几种方法来避免模型的欠拟合现象，下一节将给出一个直观的方法来选择最佳的机器学习算法。

1. 改变模型参数

当我们使用 SVM 模型解决分类问题时，如果遇到欠拟合现象，一种解决方法是改用人工神经网络（ANN）模型重新训练数据，另一种方法是改变 SVM 模型的核函数（将线性的改为非线性的），然后再训练模型。下面的例子显示了如何修改线性 SVM 算法的两个参数以使得训练数据更好地适应 SVM 学习模型。

例 6.11 修改 SVM 模型参数

在 50 次迭代过后，模型得分就几乎不再改变，但是模型的得分不高，反映了模型处于欠拟合的状态，那么使用该模型预测就很难达到指定的目标。对于前面案例中提到的线性 SVC 模型，我们可以将正则化因子 C 从 10 减小到 0.1 并且应用 L1 正则化。图 6-18 显示了通过更改模型参数解决欠拟合问题，图中，训练得分和交叉验证得分已经非常接近且得分都比较高。

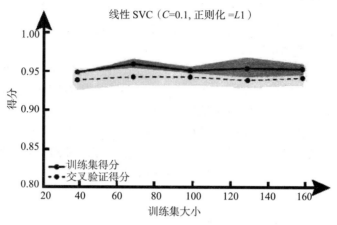

图 6-18　线性 SVC 算法中的欠拟合现象

2. 修正损失函数

一些机器学习问题可以被视为最小化损失函数的优化问题，损失函数代表着模型的预测和实际值之间的差距，损失函数的选择对于问题的解决和优化非常重要。我们考虑以下五种损失函数，图 6-19 显示了这五种损失函数对结果的影响。

- 0-1 损失函数非常好理解，直接对应分类问题中判断错的个数，但是比较尴尬的是它是一个非凸函数，这意味着它其实不是那么实用。
- hinge 损失函数（SVM 中用到的）的健壮性相对较高（对于异常点或者噪声不敏感），但是它没有那么好的概率解释。

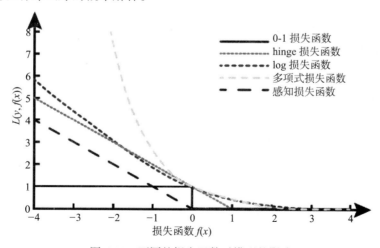

图 6-19　不同的损失函数对模型的影响

- log 损失函数的结果能非常好地表征概率分布。因此在很多场景，尤其是多分类场景下，如果我们需要知道结果属于每个类别的置信度，那么这个损失函数很适合。缺点是它的健壮性没有那么强，相对 hinge 损失函数会对噪声敏感一些。
- 多项式损失函数 (AdaBoost 中用到的) 对离群点或噪声数据非常敏感，但是它的形式对于 boosting 算法简单而有效。
- 感知损失函数可以看作 hinge 损失函数的一个变种。hinge 损失函数对于判定边界附近的点 (正确端) 惩罚力度很高，而感知损失函数是只要样本的判定类别结果是正确的，它就是满意的，而不管其离判定边界的距离。感知损失函数的优点是比 hinge 损失函数简单，缺点是因为缺乏最大边界，所以模型的泛化能力没有 hinge 损失函数强。

3. 组合方法或者其他修正方法

在维数缩减或者降维领域有一个非常强大的算法——主成分分析法，它能将原始数据的多数信息用维度远低于原始数据维度的几个主成分表示出来，而且每个主成分之间独立性很强，这样就大大降低了数据之间的内在联系。

组合算法的出现，就是因为某些模型对训练数据集的表现效果不好，因此利用多个同样的模型组合成一个模型来提高准确率。可以利用组合思想来改进模型甚至改进模型的训练过程来增加模型对训练数据集的显著性，缓解欠拟合现象，比如增强算法运用到决策树中，提高决策树预测的准确率。

6.4.4　根据数据集选择机器学习算法

上面多次提到模型在数据集上的表现 (主要针对分类问题)，对于何为表现好、何为表现差，需要给出定量的判断，主要有如下几种方法：
- 保持方法。将原始数据集分为两部分，一部分是训练集，一部分为验证集，模型在数据集上的表现就是模型在验证集上的准确率估计。
- 交叉验证。将原始数据集分为 k 个部分，依次选择一个部分作为验证集，其他部分作为训练集，模型在数据集上的表现就是模型在各验证集的准确率平均值。
- 自助法。在训练样本中有放回地随机抽样，抽取到的样本作为训练集，而没有选中的样本作为检验集，重复 k 次。模型在数据集上的表现就是模型在各验证集上准确率的加权均值。

给定某个数据集，下面的算法给出了如何选择合适的机器学习算法，该算法主要是基于数据集的特征和需求。算法中考虑了五种机器学习算法。

算法 6.5　**机器学习算法选择**

输入：数据集。
输出：算法类别。
算法：
1) 数据预处理 (归一化等可以延迟到具体模块处理)；
2) 数据可视化 (用户也可以根据可视化的结果指定具体算法)；
3) 目的 (针对属性还是结果)；
4) If　针对属性
5) 　　选择一种处理属性关系的算法 (模块一)；
6) else 针对结果
7) 　　划分数据集 (训练集和检验集)；
8) 　　数据集是否具有类标签；
9) 　　　if　有

10) 　　　　　选择一种分类算法（模块二）；

11) 　　ifelse　部分有

12) 　　　　　选择一种半监督的算法（模块三）；

13) 　　else　没有

14) 　　　　　选择一种无监督的算法（模块四）；

15) 运行模型；

16) 得到结果；

17) 测试得分；

18) if 结果满意

19) 　　输出；

20) else　准确度低

21) 　　　　选择一种组合算法（模块五）或者调整模型参数　这里跳转到（4）；

22) while 循环次数到达给定数

23) 输出数据集有问题，请重新给定数据集或者降低标准

6.5　本章小结

随着数据科学和大数据工业的兴起，机器学习变得越来越重要。越来越多的学者开始关注该领域，越来越多的算法被提出。本章主要介绍了无监督学习算法和半监督学习算法，最后一节给出了如何在众多的机器学习算法中选择合适的算法。如果你想更深入地了解机器学习，可以阅读参考文献中的文章。

6.6　本章习题

6.1　表 6-10 描述了点的横纵坐标。请使用 K 均值聚类算法将这些点划分为三类，使用欧式距离作为点与点之间的邻近度，给出聚类中心和计算过程。

表 6-10　点的横纵坐标

ID	横坐标	纵坐标	ID	横坐标	纵坐标
1	0	0	6	4	11
2	2	3	7	6	9
3	4	2	8	8	10
4	0	6	9	12	6
5	3	10	10	7	9

6.2　聚类是一种常见的数据处理方法，不同的聚类方法有不同的规则，当然，不同的方法应用的场景也不一样。请比较书中提到的几种聚类方法的优点和缺点。

6.3　有些商品之间存在着某种联系：某个商品的价格上涨或者下降，另一个商品也随之上涨或者下降。表 6-11 展示了一年中前 8 个月的商品价格波动情况，其中 1 代表价格上涨，0 代表价格不变或者下降。通过这些数据，分析这些商品之间是否存在某种联系。

表 6-11　商品的价格波动

商品 月份	A	B	C	D	E
1	1	0	1	0	1
2	0	1	0	1	0
3	1	0	1	0	0

（续）

商品 月份	A	B	C	D	E
4	0	1	0	0	1
5	1	0	0	0	0
6	1	1	1	0	1
7	1	1	1	0	0
8	1	0	1	1	0

6.4 城市的发展水平由众多指标来衡量，例如人口、客运和货运总量等。中国大陆 8 个城市 6 项社会经济指标数据如表 6-12 所示，根据表中数据，利用主成分分析法对城市的发展水平进行排序。

表 6-12 中国一些城市的社会和经济指标

名称	总人口 （万人）	农业总产值 （百亿元）	工业总产值 （千亿元）	客运总量 （亿人）	货运总量 （亿吨）	财政预算 （千亿元）
北京	1249.90	1.84	2.00	2.03	4.56	2.79
天津	910.17	1.59	2.26	0.33	2.63	1.13
石家庄	875.40	2.92	0.69	0.29	0.19	0.71
太原	299.92	0.24	0.27	0.19	1.19	0.39
呼和浩特	207.78	0.37	0.08	0.24	0.26	0.14
沈阳	677.08	1.30	0.58	0.78	1.54	0.90
大连	545.31	1.88	0.84	1.08	1.92	0.76
长春	691.23	1.85	0.60	0.48	0.95	0.48

6.5 适量饮酒有利于身体健康，而酗酒会伤害健康。酒精对人脑具有麻痹作用，表 6-13 给出了 10 种啤酒的相关属性，试根据这些数据对这些啤酒聚类。

表 6-13 十种啤酒的相关属性

名称	热量（J）	钠含量（mmol/L）	酒精（°）	价格（$）
Budweise	144	19	4.7	0.43
Ionenbra	157	15	4.9	0.48
Kronenso	170	7	5.2	0.73
Oldmin	145	23	4.6	0.26
Sudeiser	113	6	3.7	0.44
Coors	140	16	4.6	0.44
Coorslic	102	15	4.1	0.46
Kkirin	149	6	5	0.79
Olympia	72	6	2.9	0.46
Schite	97	7	4.2	0.47

6.6 对于使用 K 均值对时间序列的数据聚类，使用欧式距离度量是否合理？使用余弦度量呢？如果都不合适，你认为哪种相似性度量更合理？给出具体的数学表达式。（注：余弦度量的距离函数为余弦函数）

6.7 大棚植物的生长受多种因素的影响，比如湿度、温度、光照和 CO_2 含量。我们采集了 15 棵植物的环境数据，并评估了这 15 颗植物的生长状况，用 1 表示生长良好，0 表示生长较差。通过分析这些数据，利用 SVM 模型估计在 { 68.08,20.27,59.25,775} 环境中植物的生长状况。

表 6-14　不同环境下植物的生长情况

植物编号	湿度	温度（℃）	光照（光强）	CO2（ppm）	生长状况
1	64.14	23.04	1.87	817	0
2	65.97	23.11	36.99	702	0
3	65.3	21.01	6.36	803	1
4	71.75	20.58	125.82	822	1
5	63.6	21.53	94.23	772	0
6	64.51	21.47	58.47	888	1
7	65.01	22.03	3.19	719	0
8	66.98	23.66	14.23	754	0
9	67.73	21.61	16.49	760	1
10	67.04	20	6.68	890	1
11	67.79	19.86	121.1	842	1
12	65.6	20.82	15.92	694	0
13	64.92	23.06	86.38	849	1
14	65.8	23.67	86.56	752	0
15	64.91	22.48	73.74	806	1

6.8　为了确定学生是否患有高血脂病，在开学体检时往往需要检测甘油三酯、总胆固醇、高密度脂蛋白和低密度脂蛋白等项目。但是由于某些原因，体检单上往往会遗漏某项选项，根据所学知识，选择合适的算法建立模型，要求该模型可以根据体检数据推断出该同学是否患有高血脂病。

表 6-15　学生体检数据

学生编号	甘油三酯（mmol/L）	总胆固醇（mmol/L）	高密度脂蛋白（mmol/L）	低密度脂蛋白（mmol/L）	是否患有高血脂病
1	3.07	5.45	0.9	4.02	1
2	0.57	3.59	1.43	2.14	0
3	2.24	6	1.27	4.43	1
4	1.95	6.18	1.57	4.16	1
5	0.87	4.96	1.36	3.61	0
6	8.11	5.08	0.73	2.05	1
7	1.33	5.73	1.88	3.71	1
8	7.77	3.84	0.53	1.63	1
9	8.84	6.09	0.95	2.28	0
10	4.17	5.87	1.33	3.61	1
11	1.52	6.11	1.29	4.58	1
12	1.11	4.62	1.63	2.85	0
13	1.67	5.11	1.64	3.06	0
14	0.87	3.45	1.25	1.92	0
15	0.61	4.05	1.87	2.05	0
16	9.96	4.57	0.53	1.73	1
17	1.38	5.61	1.77	3.62	0
18	1.65	5.1	1.77	3.16	0
19	1.22	5.71	1.53	3.93	1
20	1.65	5.24	1.47	3.41	1

6.7　参考文献

[1]　H Trevor, R Tibshirani, J Friedman. The Elements of Statistical Learning: Data mining, Inference,and Prediction[M]. New York: Springer, 2009.

[2]　Acharyya, Ranjan. A New Approach for Blind Source Separation of Convolutive Sources[M]. VDM Verlag, 2008.

[3]　C Ding, X He.K-means Clustering via Principal Component Analysis[C]. Proc. of Int'l Conf. Machine Learning (ICML), 2004.

[4]　Drineas, A Frieze,R Kannan,et al.Clustering large graphs via the singular value decomposition[J]. Machine learning, 2004, 56: 9-33.

[5]　Bengio Y, et al.Representation Learning: A Review and New Perspectives[J]. Pattern Analysis and Machine Intelligence, 2013,35 (8): 1798-1828.

[6]　Kriegel H P,Kröger P, Zimek A. Clustering high-dimensional data[J]. ACM Transactions on Knowledge Discovery, 2008.

[7]　Böhm C,Kailing K,Kriegel H P,et al.Density Connected Clustering with Local Subspace Preferences[C]. Fourth IEEE International Conference on Data Mining (ICDM'04), 2004.

[8]　Bradtke, Steven J, Andrew G Barto. Learning to predict by the method of temporal differences[J]. Machine Learning (Springer), 1996, 22: 33-57.

[9]　Kaelbling, Leslie P, Michael L Littman, et al.Reinforcement Learning: A Survey[J]. Journal of Artificial Intelligence Research, 1996, 4: 237-285.

[10]　Sutton R, Barto A.Reinforcement Learning: An Introduction[M]. MIT Press,1998.

[11]　Szita I, Csaba S.Model-based Reinforcement Learning with Nearly Tight Exploration Complexity Bounds[C]. ICML, 2010:1031–1038.

[12]　Chapelle O, Schölkopf B, Zien A.Semi-supervised learning[M]. MIT Press, 2006.

[13]　Ratsaby J, Venkatesh S. Learning from a mixture of labeled and unlabeled examples with parametric side information[J]. In Proceedings of the Eighth Annual Conference on Computational Learning Theory, 1995:412-417.

[14]　Zhu X,Goldberg A.Introduction to semi-supervised learning[M]. Morgan &Claypool, 2009.

[15]　Agrawal R, Shafer J C. Parallel mining of association rules[J]. IEEE Transactions on Knowledge & Data Engineering, 1996 (6): 962-969.

[16]　Agrawal R, Imieliński T, Swami A. Mining association rules between sets of items in large databases[J]. ACM SIGMOD Record, 1993, 22(2): 207-216.

[17]　Eisen M B, Spellman P T, Brown P O, et al. Cluster analysis and display of genome-wide expression patterns[J]. Proceedings of the National Academy of Sciences, 1998, 95(25): 14863-14868.

[18]　MacQueen J. Some methods for classification and analysis of multivariate observations[C]. Proceedings of the fifth Berkeley symposium on mathematical statistics and probability, 1967, 1(14): 281-297.

[19]　Jardine N, Sibson R. Mathematical taxonomy[M]. Wiley, 1971.

[20]　Ester M, Kriegel H P, Sander J, et al. A density-based algorithm for discovering clusters in large spatial databases with noise[C]. Kdd, 1996, 96(34): 226-231.

[21]　Wold S, Esbensen K, Geladi P. Principal component analysis[J]. Chemometrics and intelligent laboratory systems, 1987, 2(1-3): 37-52.

[22]　Breiman L, Friedman J, Stone C J, et al. Classification and regression trees[M]. CRC Press, 1984.

[23]　Kohavi R. A study of cross-validation and bootstrap for accuracy estimation and model selection[C]. Ijcai, 1995, 14(2): 1137-1145.

深 度 学 习

摘要： 深度学习是机器学习的一个分支，它使用多层神经网络结构来模拟人脑的分层信息处理方法，是一种特征学习方法。深度学习与传统机器学习方法最大的不同是具有 "特征学习" 能力，不需要事先手工设计特征。常见的深度学习架构有堆叠自编码器（Stacked Auto-Encoder，SAE）、深信念网络（Deep Belief Network，DBN）、卷积神经网络（Convolutional Neural Network，CNN）等。监督学习、半监督学习和无监督学习可以用多种深度学习算法来实现，本章介绍了六种深度学习相关的算法，分别是人工神经网络、自编码器、堆叠自编码器、限制波兹曼机、深信念网络和卷积神经网络。

7.1 简介

深度学习使用多层神经网络结构进行数据的特征提取和学习，多层的深度神经网络包括一个输入层、一个输出层和多个隐藏层，各层神经元之间的连接权重在学习的过程中进行调整。常见的深度学习的架构包括卷积神经网络、深信念网络、递归神经网络等，后续章节将介绍深度学习的架构及相关内容，包括人工神经网络、深信念网络、卷积神经网络和递归神经网络等。

7.1.1 深度学习模仿人的感知

2016 年，人机围棋比赛备受世人关注，AlphaGo 最终以 5:4 战胜世界顶级围棋选手李世石。围棋复杂多变，始终被认为只有人的智能才能应对，在 AlphaGo 胜出职业选手之前，没有任何一个职业选手输给过围棋软件。

20 年前深蓝计算机采用搜索的方法在国际象棋比赛中战胜国际象棋大师加里·卡斯帕洛夫，但围棋比象棋难度大，AlphaGo 是将深度学习和树搜索算法相结合来进行运算和智能决策的。Google 的 AlphaGo 首次使机器达到专业围棋水准，它的成功表明人工智能在达到人类智能的道路上又前进了一大步。

2012 年 6 月，Google Brain 项目使用数千万张 YouTube 的随机图像，在 16000 个 CPU Core 的计算机平台上训练深度神经网络的模型，用于图像的识别。这个模型系统内部建立了 10 亿个人工神经元节点，用于识别图像的基本特征，通过学习这些基本的特征组成，自动识别出猫的图像。训练过程中系统并没有获得 "这是一只猫" 的信息，而是自己领悟了 "猫" 的概念。项目负责人 Andrew 说："我们直接将海量数据投入算法，数据自己说话，系统自动从数据中学习。"

从 AlphaGo 的胜利和 Google Brain 项目的成功中可以看出，深度学习看起来具有自我学习的能力，那么深度学习究竟是怎样做到自我学习的呢？我们要判断一个四边形是不是正方形，理性的解决方法就是寻找正方形的特征，比如 4 条边长度相同，4 个角是直角，如图 7-1a 所示。这还需要理解角以及直角的概念，边以及边长的概念。如果我们给孩子看过正方形的图片，告诉他这是正方形，几次之后孩子就能够准确识别出正方形，如图 7-1b 所示。

理性的识别正方形的方法类似于人工设计特征识别的方法，孩子认识正方形则属于直觉（感性）的方法。这个问题用理性的方式很容易描述和实现，不过现实世界中很多问题人理解起来很容易，但是很难用理性的方法描述并且用计算机实现。

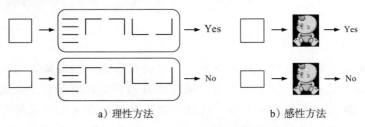

a）理性方法   b）感性方法

图 7-1　认识正方形的感性和理性方法

比如我们要通过照片识别人，如果计算机采用理性的方法来识别，则需要确定人脸部哪些特征可以用来区分，比如鼻子、眼睛、眉毛、嘴巴等。当然要选择合适的特征，但通过这些特征准确地区分出不同的人其实是很困难的事情，照片中光照的变化、拍摄角度的不同、是否戴墨镜等因素也会对识别产生巨大的影响。

以现实世界中小孩子认识人为例，孩子不是去寻找他要认识的人具有哪些特征，但是看了几次这个人或者这个人的照片就能准确识别出来，且照片中光照的变化、拍摄角度的不同、是否戴墨镜等因素都不会影响识别。我们可以把小孩子认识人的方法理解为，他在大脑中输入某个人的照片，输出姓名（他是谁），这样就建立了一种映射关系，这是直觉的方法。

随着计算机应用的发展，人们越来越意识到解决复杂世界中很多的问题时，"理性"或者低效的解决方法是完全不可能的。人类"跟着感觉走"的机制，在现代科技面前显得很高效，对这种直觉方法的简单理解就是在输入和输出之间建立某种映射关系，但是我们并不知道人脑究竟是怎样应用 1000 亿个神经元实现信息的编码、处理、存储的。

1981 年的诺贝尔医学奖得主 David Hubel 和 TorstenWiesel 的主要贡献，是发现了视觉系统的信息处理方式：可视皮层是分级的（如图 7-2 所示）。1958 年，David Hubel 和 Torsten Wiesel 在 John Hopkins University 研究瞳孔区域与大脑皮层神经元的对应关系时，通过试验，证明位于后脑皮层的不同视觉神经元与瞳孔所受刺激之间存在某种对应关系。他们发现了一种称为"方向选择性细胞"（orientation selective cell）的神经元细胞，当瞳孔捕捉到物体的边缘，而且这个边缘指向某个方向时，对应的神经元细胞就会活跃。

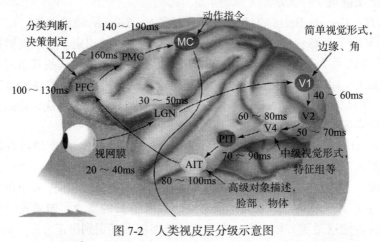

图 7-2　人类视皮层分级示意图

人的视觉系统的信息处理可以理解为从 V1 区提取边缘特征，再到 V2 区提取形状特征或者提取目标的某些组成部分，再到更高层……也就是说，把低层特征的组合作为高层特征，那么从低到高的抽象便越来越能表现语义信息。随着抽象层面的升高，存在的可能性猜测就越少，这样就越有利于分类或识别。

7.1.2 生物神经元和人工神经元

人脑结构复杂，但是组成大脑的神经元细胞是根据输入产生输出（兴奋）的简单装置。人脑的分层信息处理是通过神经元细胞实现的。生物神经元的示意图如图 7-3 所示，左端树突连接在细胞膜上作为输入，右端轴突是输出，神经元输出的主要是电脉冲。树突和轴突有大量的分支，轴突的末端一般连接到其他神经元细胞的树突上。

神经元从上层神经元获得输入，产生输出传递给下层神经元，模拟人脑的结构首先是模拟神经元，图 7-4 所示为人工神经元结构。人工神经元输入端从外部获得输入数据，定义为 $x_i, i = 1, 2, \cdots, n$。计算输入和对应权重乘积的加权和，权重定义为 $W_i, i = 1, 2, \cdots, n$，然后用非线性函数处理得到输出 y，图 7-4 所示人工神经元中使用的非线性函数是 Sigmoid 函数。

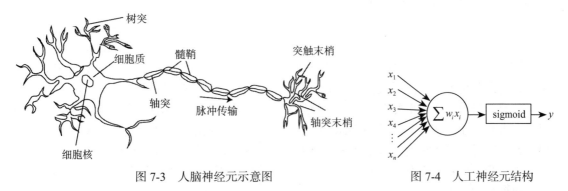

图 7-3　人脑神经元示意图　　　　图 7-4　人工神经元结构

$$y = \text{sigmoid}(x) = \frac{1}{1+e^{-x}}$$

2006 年加拿大的 Hinton 教授发表在《Science》上的一篇文章开创了深度学习的新篇章，文中建立了包含多个自学习隐藏层的人工神经网络。每一个隐藏层包括若干个神经元，前一层的输出作为下一个隐藏层的输入，这样的一种深度神经网络的结构首先使用人工神经元模拟人脑的生物神经元，深度网络的逐层学习的结构模拟了人脑信息处理的分层结构。

这篇文章的主要结论包括：多个隐藏层的深度人工神经网络特征学习能力强，多层渐进式的学习得到的特征能对数据进行准确的表达；"逐层初始化"（layer-wise pre-training）方法有效解决了神经网络训练的难度，同时采用无监督学习实现逐层初始化。

图 7-5 中的 V_1 和 H_1 构成第一层，包含输入 V_1 和输出 H_1，V_1 数据来源于原始的数据。V_2 和 H_2 构成第二个隐藏层，V_2 作为输入，数据来自第一层的输出 H_1，H_2 是第二层的输出。

总的来说，深度学习的成功归因于算法上的提升，实现了逐层的特征提取和学习，模拟人脑学习的能力，同时也模拟了人脑进行信息处理的分层结构。另外，深度学习的成功还有两个外因：计算机并行计算能力的提升，解决了训练神经网络面临的海量计算问题；互联网和大数据时代，获取大量训练数据的成本降低。

虽然借助于强大的并行计算能力和深度学习算法，人类可以通过海量数据理解抽象的概念，但是离真正的模拟人脑还有很大的差距。例如，我们教小孩子学会认识一个人只需要很少的次数，可以适应任何的灯光影响或外观变化，但是要使计算机能识别出来就需要数量巨大的图像去学习，而且很难适应灯光、服装、墨镜或者其他的因素。

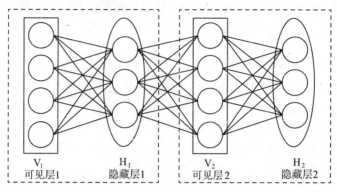

图 7-5　包含 2 个隐藏层的深度学习结构

7.1.3　深度学习和浅层学习

深度神经网络（Deep Neural Network，DNN）是在输入层和输出层之间有多个隐藏层的人工神经网络（Artificial Neural Network，ANN），对比浅层的神经网络，DNN 能为更复杂的非线性关系建模。对于简单的模式识别问题，浅层的学习分类工具已经足够，例如决策树、支持向量机等，随着输入特征数量的增加，DNN 表现出其优势。

然而，当模式变得更复杂时，浅层神经网络变得不可用，因为随着模式数量的增长，每层的节点数量也成倍增长，这时训练 ANN 变得困难，并且精确度开始受到影响。当模式变得非常复杂时，需要深度学习来实现，以人脸识别为例，浅层学习或者浅层的神经网络是不可行的，唯一的选择是使用深度学习。深度学习能超越所有竞争对手的重要原因是 GPU 的使用使训练过程快得多。

深度学习算法与浅层学习算法相比，输入将经过更多层的转换。在每一层，信号通过处理单元转换，这个处理单元类似神经元，参数需要通过训练"学习"。区分浅层学习和深度学习的深度时，没有一个通用的阈值规定，但是，大多数的研究人员认为深度学习包括多个非线性层（CAP>2），Schmidhuber 认为 CAP>10 是超级深度学习。

表示学习是准确表示数据的方法，这种表示等价于数据的特征表示，是用数据复杂的特征准确代表原始输入数据。

机器学习有多个应用领域，如图像识别、语音识别、自然语言理解、天气预测、内容推荐等，解决分类预测问题的流程如图 7-6 所示。

图 7-6　特征表示的分类预测流程

原始数据获得之后，首先经过预处理，接着是特征提取和特征选择，最后使用这些特征进行分类、预测。中间的数据预处理、特征提取、特征选择三部分合称为特征表示，找到良好的特征表示对最终分类和预测的准确性起着非常关键的作用。原有的手工特征选择都需要专业的知识，费时费力，能不能选择出好的特征很大程度上靠经验。

深度学习就是用来解决这个问题的方法，深度学习的概念源于人工神经网络的发展，结构通常包含多个隐藏层，逐层学习原始数据的表示。深度学习通过组合低层特征形成更加抽象的高层表示属性或特征，从而发现数据的逐层特征表示，与其他机器学习方法最大的不同是具有"特征学习"能力，可以理解为"深度模型"是手段，"特征学习"是目的。

深度学习通过大量数据的训练，学习调整具有多个隐藏层的学习模型，获得原始数据的分层表示，从而学习到数据的有效特征表示，最终能够提升分类或预测的准确性。深度学习与传统机器学习的区别表现在四个方面：

- 强调了 ANN 模型结构的深度，和通常的浅层学习相比，深度学习使用更多隐藏层。
- 突出特征学习的重要性，通过逐层特征变换，将数据在原始空间的特征表示变换到一个新特征空间，使分类或预测变得容易，而且精确度得到提高。
- 深度学习来源于人工神经网络的发展，但是训练的方式和传统的人工神经网络不同。深度学习采用逐层训练的方式，然后再对网络参数进行微调。
- 深度学习利用大量数据来学习特征，而浅层学习不需要使用。

7.2　人工神经网络

人工神经网络是反映人脑结构及功能的一种抽象数学模型，在模式识别、图像处理、智能控制、组合优化、金融预测与管理、通信、机器人以及专家系统等领域得到了广泛的应用。人工神经网络和人脑有许多相似之处，有一组连接的输入 / 输出单元，每个连接都与一个权重相关联，在学习阶段，能够根据预测输入元组的类标号和正确的类标号来学习调整这些权重。

7.2.1　感知器

感知器模型是最简单的人工神经网络，由输入层和输出层组成，没有隐藏层，输入层结点用于输入数据，输出层结点用于模型的输出，感知器模型结构图如图 7-7 所示。将感知器模拟成人类的神经系统，那么输入结点就相当于神经元，输出结点相当于决策神经元，而权重系数则相当于神经元之间连接的强弱程度。人类的大脑可以不断刺激神经元，进而学习未知的知识，同样感知器模型通过激活函数 $f(x)$ 来模拟人类大脑的刺激，这也是人工神经网络这一命名的由来。

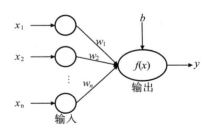

图 7-7　感知器结构图

从数学的角度来看，每一个输入相当于事物的一个属性，属性反映事物的程度用权重来表示，加上偏置程度 b 就得到了输入 x，用函数作用于输入 x 就得到了输出 y，数学公式如下：

$$x = w_1 x_1 + w_2 x_2 + \cdots w_n x_n + b \rightarrow y = f(x)$$

通常我们并不一定能得到理想的结果，严格意义上应该用 $\hat{y}$ 来表示感知器模型的输出结果，模型的数学表示为 $\hat{y} = f(w \cdot x)$，其中 w 和 x 都是 n 维向量。

一般情况下，激活函数 $f(x)$ 使用 S 型（Logistic）函数（$\text{sigmoid}(x) = \dfrac{1}{1 + e^{-x}}$）或者双曲正

切函数（$\tanh(x) = \dfrac{e^x - e^{-x}}{e^x + e^{-x}}$），图像如图 7-8 所示。

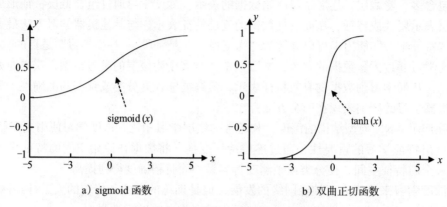

a）sigmoid 函数   b）双曲正切函数

图 7-8　感知器激活函数

显然，想要得到好的结果，需要合适的权重，但是事先又无法知道权重为多少才算合适，因此必须在训练的过程中动态调整权重，其权重更新公式如下：

$$w_j^{(k+1)} = w_j^{(k)} + \lambda(y_i - \hat{y}_i^{(k)})x_{ij} \quad j = 1, 2, \cdots, n$$

其中 $w_j^{(k)}$ 是第 k 次循环后第 j 个输入链的权重，x_{ij} 是第 i 个训练样本的第 j 个属性值，参数 λ 称为学习率。

学习率反映了感知器模型学习的速度，一般取值在 [0,1] 区间内，以便更好地控制循环过程中的调整量。λ 接近 0 时新的权重主要受旧的权重影响，学习速率慢，但是更容易找到合适的权重；λ 接近 1 时新的权重主要受当前的调整量影响，学习速率快，但是可能出现跳过最佳权重的现象。因此，在某些情况下，往往前几次循环让 λ 大一些，而后的循环里逐渐减小。

7.2.2　多层人工神经网络

感知器模型是没有隐藏层的人工神经网络，包括一个输入层和一个输出层；而多层人工神经网络由一个输入层、一个或多个隐藏层以及一个输出层组成，结构图如图 7-9 所示。

人工神经网络的基本单元是神经元，它具有三个基本的要素：

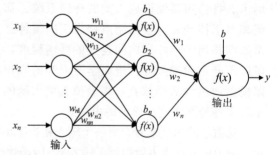

图 7-9　多层人工神经网络结构

- 一组连接（相当于生物神经元的突触）。连接强度由各连接上的权重表示，权重为正表示激活，为负表示抑制，数学表示为

$$\begin{cases} \boldsymbol{w} = (w_1, w_2, \cdots, w_n) \\ \boldsymbol{w}_i = (w_{i1}, w_{i2}, \cdots, w_{in}) \quad i = 1, 2, \cdots, n \end{cases}$$

- 一个求和单元。用于求取各输入信号的加权和（线性组合），一般会加上一个偏置或

者阈值，其数学表示为

$$\begin{cases} \mu_k = \sum_{j=1}^{n} w_{kj} x_j \\ v_k = \mu_k + b_k \end{cases}$$

- 一个非线性激活函数。起非线性映射作用并将神经元的输出幅度限制在一定范围内（一般限制在（0,1）或（-1,1）之间），其数学表示为

$$y_k = f(v_k)$$

其中 $f(\cdot)$ 为激活函数。

对于人工神经网络的隐藏层数、输入／输出和隐藏层的神经元个数以及每一层神经元的激活函数的选择，没有统一的规则，也没有针对某种类型案例的标准，需要人为地自主选择或者根据自己的经验选择。因此，在网络的选择上具有一定的启发性，这也是有些学者认为人工神经网络是一种启发式算法的原因。综合上述过程，可以得到人工神经网络模型的一般步骤，如图 7-10 所示。

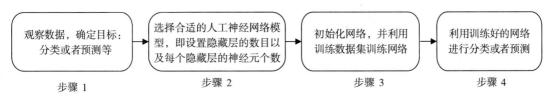

图 7-10　通用人工神经网络建模步骤

7.2.3　人工神经网络的前向传播和后向传播

同感知器模型一样，对于一个多层网络，只有求得一组恰当的权重，使网络具有特定的功能，这样才具有实际应用价值，人工神经网络利用后向传播算法解决这一问题。在介绍后向传播算法之前，我们需要先了解网络是如何前向传播的。

1. 前向传播

输入层输入数据之后向隐藏层传递，对于隐藏单元 i，其输入为 h_i^k，h_i^k 表示第 k 层的第 i 个隐藏单元的输入，b_i^k 表示第 k 层第 i 个隐藏单元的偏置。相应的输出状态是

$$h_i^k = \sum_{j=1}^{n} \boldsymbol{w}_{ij} \boldsymbol{x}_j + b_i^k \rightarrow H_i^k = f(h_i^k) = f(\sum_{j=1}^{n} \boldsymbol{w}_{ij} \boldsymbol{x}_j + b_i^k)$$

为了方便表示，通常令 $x_0 = b$，$w_{i0} = 1$，则第 k 层隐藏单元到第 $k+1$ 层的前向传播公式为

$$\begin{cases} h_i^{k+1} = \sum_{j=1}^{m_k} \boldsymbol{w}_{ij}^k \boldsymbol{h}_j^k \\ H_i^{k+1} = f(\boldsymbol{h}_i^{k+1}) = f(\sum_{j=1}^{n} \boldsymbol{w}_{ij}^k \boldsymbol{h}_j^k) \end{cases} \quad i = 1, 2, \cdots, m_{k+1}$$

其中 m_k 为第 k 层隐藏单元神经元个数，$\boldsymbol{w}_{ij}^k$ 为第 k 层到第 $k+1$ 层的权重向量矩阵，则最终的输出为

$$O_i = f(\sum_{j=1}^{m_{M-1}} \boldsymbol{w}_{ij}^{M-1} \boldsymbol{H}_j^{M-1}) \qquad i = 1, 2, \cdots, m_o$$

其中 $m_\circ$ 为输出单元个数（人工神经网络中可以有多个输出，但是一般都会设置成一个输出），M 为人工神经网络的总层数，O_i 为第 i 个输出单元的输出。

例 7.1　ANN 前向传播输出分类结果

在人工神经网络中，每一个数据集使用唯一的权重和偏置进行修改。

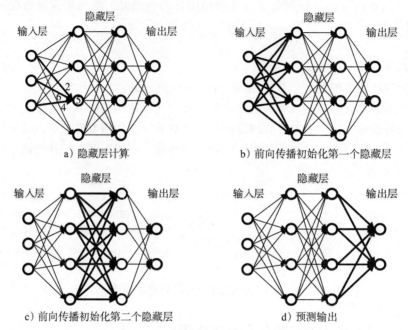

图 7-11　人工神经网络前向传播输出预测结果（两个隐藏层，每层 4 个神经元）

2. 后向传播

下面介绍神经网络的后向传播算法，以及如何通过学习或者训练过程更新权重 w_{ij}。我们希望人工神经网络的输出和训练样本的标准值一样，这样的输出称为理想输出。实际上要精确地做到这一点是不可能的，只能希望实际输出尽可能地接近理想输出。假设实际输出和理想输出之间的差值用 $E(W)$ 表示，那么，寻找一组恰当的权的问题，自然地归结为求适当的 W 值，以使 $E(W)$ 达到极小。O_i^s 表示训练样本为 s 的情况下第 i 个输出单元的输出结果。

$$E(W) = \frac{1}{2} \sum_{i,s} (T_i^s - O_i^s)^2 = \sum_{i,s} (T_i^s - f \sum_{j=1}^{m_{M-1}} w_{ij}^{M-1} H_j^{M-1}))^2 \to \min E(W) \quad i = 1, 2, \cdots, m_\circ$$

对于每一个变量 w_{ij}^k 而言，这是一个连续可微的非线性函数，为了求得其极小值，一般都采用最速下降法，即按照负梯度的方向不断更新权重直到满足用户设定的条件。所谓梯度的方向，就是对函数求偏导数 $\nabla E(W)$。假设第 k 次更新后权重为 $w_{ij}^{(k)}$，如果 $\nabla E(W) \neq 0$，则第 $k+1$ 次更新权重如下：

$$\nabla E(W) = \frac{\partial E}{\partial W_{ij}^k} \to w_{ij}^{(k+1)} = w_{ij}^{(k)} - \eta \nabla E(w_{ij}^{(k)})$$

其中 η 为该网络的学习率，和感知器中的学习率 λ 有相同的作用。当 $\nabla E(W) = 0$ 或者

$\nabla E(W)<\varepsilon$ 时停止更新，ε 为允许的误差，将此时的 w_{ij}^k 作为最终的人工神经网络权重。我们将网络不断调整权重的过程称为人工神经网络的学习过程，而学习过程中所使用的算法称为网络的后向传播算法。

例 7.2　ANN 后向传播调整权重和偏置

当更新输出层第一个神经元到第二个隐藏层的权重以及第一个输出神经元的偏置时，需要计算出前向传播的输出结果和实际结果之间的误差，如权重和偏置为 5，3，7，2，6，对应的梯度为 $-3,5,2,-4,-7$，最后计算出更新后的权重和偏置，如 $5-0.1\times(-3)=5.3$（0.1 为用户设置的学习率），$6-0.1\times(-7)=6.7$。

输出误差将后向传播到第二个隐藏层，更新输出层和第二个隐藏层的权重以及输出层的偏置，如图 7-12c 所示。第二个隐藏层的误差将反后传播到第一个隐藏层，更新第二个隐藏层和第一个隐藏层的权重以及第二个隐藏层的偏置，如图 7-12d 所示。直到误差传播到输入层，更新第一个隐藏层和输入层的权重以及第一个隐藏层的偏置，这时整个网络的权重和偏置都被更新，如图 7-12e 所示。这种更新权重的过程在 ANN 中叫作后向传播，这会在上一个权重更正中不断迭代。

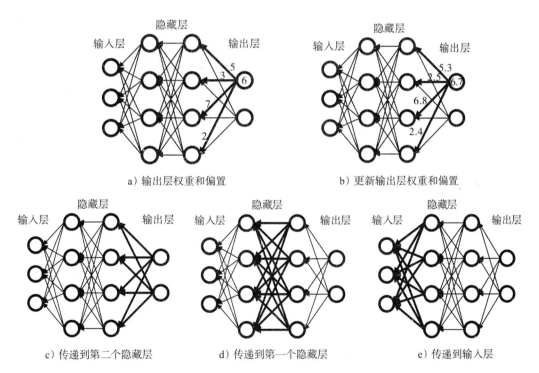

a）输出层权重和偏置　　　　　　　b）更新输出层权重和偏置

c）传递到第二个隐藏层　　　d）传递到第一个隐藏层　　　e）传递到输入层

图 7-12　人工神经网络基于预测输出后向传播（两个隐藏层，每层 4 个神经元）

神经网络的后向传播过程揭示了误差的传播是越来越小的，这就限制了网络中隐藏层的层数，如果隐藏层层数过大，在后向传播过程中，误差将不能传递到前几层，导致无法更新相应的权重和偏置。

例 7.3　用人工神经网络诊断高血脂

表 7-1 是武汉市某二甲医院部分体检数据中甘油三酯、总胆固醇含量、高密度脂蛋白、

低密度脂蛋白以及是否患有高血脂病（1：患病，0：无病）的数据集合，试初步判断体检数据依次为 {3.16,5.20,0.97,3.49} 的体检者是否患有高血脂病。

表 7-1   患者血脂检查数据表

ID	甘油三酯 (mmol/L)	总胆固醇 (mmol/L)	高密度脂蛋白 (mmol/L)	低密度脂蛋白 (mmol/L)	高血脂
1	3.62	7	2.75	3.13	1
2	1.65	6.06	1.1	5.15	1
3	1.81	6.62	1.62	4.8	1
4	2.26	5.58	1.67	3.49	1
5	2.65	5.89	1.29	3.83	1
6	1.88	5.4	1.27	3.83	1
7	5.57	6.12	0.98	3.4	1
8	6.13	1	4.14	1.65	0
9	5.97	1.06	4.67	2.82	0
10	6.27	1.17	4.43	1.22	0
11	4.87	1.47	3.04	2.22	0
12	6.2	1.53	4.16	2.84	0
13	5.54	1.36	3.63	1.01	0
14	3.24	1.35	1.82	0.97	0

本例题需要判断一个未知的体检者是否患有高血脂病，根据表格数据，可以知道该问题是一个具有四个属性（特征）的二分类问题（1：患高血脂，0：无病），因此，我们可以利用人工神经网络进行预测和分类。

首先确定为分类问题，然后设置类标签（1：患高血脂，0：无病）。其次，我们需要选择合适的人工神经网络模型。由于案例中的训练样本数据不多，因此没必要设计过多的隐藏层和神经元个数，在此设计 1 个隐藏层，每层的神经元个数为 5，输入层到隐藏层的激活函数选择 tansig 函数，而隐藏层到输出层的函数选择 purelin 函数（选择其他函数对本案例的结果影响不大），其网络参数见表 7-2。

表 7-2   人工神经网络参数

输入层神经元	隐藏层	隐藏层神经元	输出层神经元
4	1	5	1
允许误差	训练次数	学习率	激活函数
10^{-3}	10000	0.9	tansig 和 purelin

然后我们利用上表的数据来训练网络，利用 MATLAB 软件编写程序。网络的训练过程如图 7-13a 所示，图中反映了网络在训练过程中的输出与理想输出之间的误差在逐步减小，第三次后向传播后达到满意状态，该网络最终的训练结果如图 7-13b 所示。

从图中可以看出训练数据主要被分到两端，形成了两类：接近 0 的是无病类，接近 1 的是高血脂患者类，分类结果为 {1,1,1,1,1,1,1,0,0,0,0,0,0,0}，分类的准确率达到了 100%，可以用该网络来预测。最后，利用上述人工神经网络预测指标为 {3.16,5.20,0.97,3.49} 的体检者是否患有高血脂病，其结果为 class=1，因此该体检人是高血脂病患者。

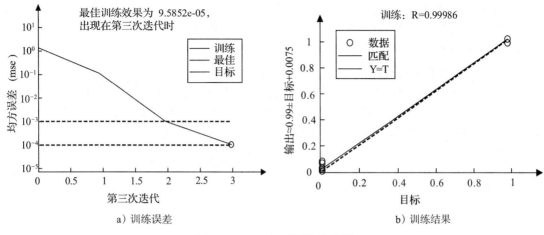

图 7-13　ANN 训练误差和结果

7.3　堆叠自编码和深信念网络

ANN 中的代价函数表示预测的输出和实际输出之间的差，训练过程中用于调整权重和偏置。训练过程中使用梯度决定更新的方向，可以把梯度看作斜坡，训练的过程类似于石块滚下斜坡。如果梯度高，石块就滚动得快，如果梯度小，训练的过程就慢，然而，训练中可能会出现梯度消失现象。

通常在最早的几层梯度小，所以难训练。然而，特别是在面部识别中，最早的几层对应简单的模式和模块的建立，ANN 中这个误差将会传播到后续的各层。2006 年以前，因为梯度消失的问题没有办法训练 DNN。这个问题通过使用自编码器替换原有的层来解决，通过重建输入自动发现模式。梯度消失问题在堆叠自编码器（SAE）中已经消失，这一节将分别介绍自编码器和堆叠自编码器。

7.3.3 节和 7.3.4 节分别介绍了限制波兹曼机（RBM）和深信念网络（DBN）的结构、训练方法和应用。RBM 包括可见层和隐藏层，两层之间是无向连接的，同层的神经元之间没有连接，它使用无监督的学习方法来训练网络参数。DBN 由多个 RBM 组成，前一个 RBM 的隐藏层作为下一个 RBM 的可见层。

7.3.1　自编码器

自编码器是一种特殊的人工神经网络，训练网络阶段只有输入样本数据，没有对应标签数据。使用自编码器输出的数据重构输入数据并将其和原始的输入数据进行比较，经过多次迭代逐渐使目标函数值达到最小，也就是重构输入数据最大限度接近原始输入数据。自编码器是自监督学习，属于无监督学习。

图 7-14 所示是使用监督学习方法学习一个圆由哪四个元素组成。已知一个圆 I，对应的正确答案是 O，四个相同的扇形组成圆。第 1 次学习到的结果 O_1' 为四个矩形，O_1' 和 O 计算出的误差较大，这个误差用于在第二次学习时修改方案。第 2 次得到的结果 O_2' 为三个矩形加一个扇形，O_2' 和 O 计算出的误差减小，再次根据误差修改方案。重复前边的学习过程到第 n 次，得到的结果 O_n' 为四个扇形。

O_n' 和 O 误差达到最小，学习结束。学习的过程中，我们使用当前结果和正确答案计算误差，调整方案逐渐学习得到期待的答案：圆由四个相同的扇形组成。这就是监督学习方法。监督学习通俗点说就是已知问题（输入数据）和答案（标签），不断通过调整自己的答案最终达到接近或者等于正确答案的目的。

监督学习方法在训练神经网络时，所有的输入数据（样本）对应其期望值（标签），根据当前的输出值和期望值之间的差值去调整从输出到输入各层之间的参数，经过多次迭代直到输出值和期望值之间的误差最小。图 7-15 所示为有监督的神经网络工作流程结构，包括输入层、一个隐藏层和输出层。输入数据 I 经过隐藏层得到输出值 O'，计算 O' 与 I 的标签也就是期望的输出值 O 的误差，使用随机梯度下降法改变输入 I 与隐藏层的参数以及隐藏层与输出 O 之间的参数，减小误差，经过多次迭代最终使误差最小。

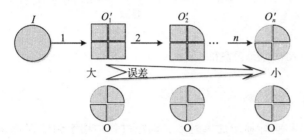

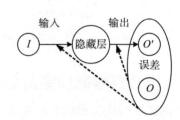

图 7-14　监督学习圆的组成　　　　　　　　　图 7-15　监督学习神经网络

图 7-16 所示为图 7-14 的自监督学习版本，已知输入数据圆 I，但是不提供参考答案，怎样才能知道我们的答案对不对呢？唯一的方法是找到一个答案，然后验证一下是不是能组成圆 I。第 1 次学习得到四个矩形，进行组合的结果为 O'_1，O'_1 和 I 计算出的误差较大，根据误差修改组成方案。第 2 次学习得到三个矩形加一个扇形，进行组合后的结果为 O'_2，O'_2 和 I 计算出的误差减小，再根据误差修改组成方案。重复学习过程到第 n 次，得到四个相同扇形，进行组合后的结果为 O'_n，O'_n 和 I 误差达到最小，学习结束。在没有正确答案的情况下，找出组成圆的成分。自编码器是自监督学习，输入数据拥有双重角色：输入数据和标签数据。

图 7-17 所示为自编码器自监督学习的工作流程，输入数据 I 是 m 维向量，自监督学习包括两部分：编码和解码。编码过程得到 code，code 是 n 维向量，code $\in R^n$，code 经过解码过程得到 O'，$O' \in R^m$，是 m 维向量。计算 O' 与 I 的误差，使用随机梯度下降法改变编解码参数，减小误差。经过多次迭代最终使 I 与 O' 之间的误差最小，这时我们就可以认为 code 代表 I，也就是认为 code 是从 I 中提取到的一种特征表示。

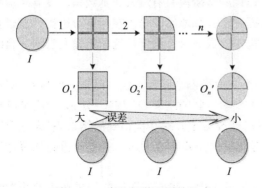

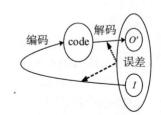

图 7-16　自监督学习圆的组成　　　　　　　　图 7-17　自编码器半监督学习

算法 7.1 构建自编码器

输入：T：样本集。

输出：输入数据的特征表示。

算法：

1) 初始化参数 $\theta=\{w_1,w_2,b_1,b_2\}$；
2) 编码：计算隐藏层的表示；
3) 解码：使用隐藏层的表示重构输入数据；
4) 计算 L_{recon} (I,O') 和目标函数值 $J(\theta)$；
5) 判断 $J(\theta)$ 是否满足结束条件
　　　　若是，执行 7)，否则执行 6)；
6) 后向传播修改参数并执行 2)；
7) end

自编码器的构建算法如算法 7.1 所示，包括三个主要步骤。

- 编码：将输入 I 转换成隐藏层的表示 code，使用公式 code$=f(I)=s_1(w_1 \cdot I+b_1)$ 转换，参数 $w_1 \in R^{m \times n}$，$b_1 \in R^n$，激活函数 s_1 可以选择 element-wise logistic sigmoid 函数或者双曲正切函数。

- 解码：根据隐藏层的表示 code，使用公式 $g(\text{code})=s_2(w_2 \cdot \text{code}+b_2)$ 重建输入 I，参数 $w_2 \in R^{m \times n}$，$b_2 \in R^m$，激活函数 s_2 和 s_1 相同。

- 计算误差：使用误差代价函数 L_{recon} $(I,O')=\|I-O'\|^2$ 计算误差，误差最小就是对于样本集最小化目标函数的值，$J(\theta)=\sum_{I \in D}L(I,g(f(I))),\theta=\{w_1,w_2,b_1,b_2\}$。

自编码器只是提取了原始数据的一种特征表达 code，这个特征可以最大程度上代表原输入信号，为了实现分类，还需要学习如何使用这些特征去连结对应的类别。在自编码器的编码层（隐藏层）连接一个分类器（例如 SVM、softmax 等），使用神经网络的监督训练方法（例如随机梯度下降法）去训练分类器。如图 7-18 所示，将自编码器训练获得的输出作为分类器的输入，分类器的分类结果（Y'）和输入数据样本的标签（Y）进行比较，对分类器进行监督训练微调。

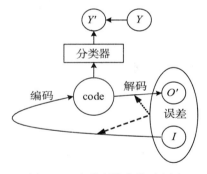

图 7-18　自编码器分类示意图

7.3.2　堆叠自编码器

堆叠自编码器是指输入层和输出层之间包含若干个隐藏层的神经网络，其中每个隐藏层对应一个自编码器。图 7-19 所示为堆叠自编码器结构，包括多层的自编码器和分类器。

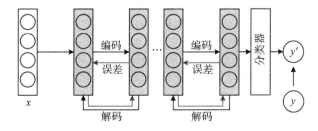

图 7-19　堆叠自编码器结构

1. 多层自编码器

原始输入数据输入第一层自编码器，通过若干次编解码，逐渐最小化重构误差，迭代更新编解码参数。最终获得第一层的 code，code 是原始输入数据的特征表示，第一层网络结构建立完成。第二层自编码器和第一层的训练方式完全一样，不同的是第一层的输出 code 作为第二层的输入数据。

训练多层编码器算法是算法 7.1 的迭代版本，使用 n 表示 SAE 的层数，T_n 表示样本集中的样本数，对于每一个样本数据 x_m，$m=1,2,3,\cdots,T_n$，算法 7.1 进行 n 次迭代。前一层的输出 code 作为后一层的输入，这样的多层训练将获得原始输入数据的多层特征表示，最后得到训练好的编码器的结构。

2. 有监督微调

图 7-20 所示为堆叠自编码器的训练示意图，在自编码器的最顶层添加一个分类器，实现的方法是将最后一个自编码器层的特征 code 输入到分类器，使用标签样本，通过监督学习进行微调。有监督的微调有两种实现的方法：一种方法只调整分类器的参数，另一种是调整分类器参数和所有自编码器层的参数。图 7-20 中标注的 1 ～ 5 代表训练中操作的顺序，其中两个序号为 5 的操作分别代表不同的微调操作，只能二选一。SAE 微调的 5 个步骤如下：

步骤 1：使用大量的无标签数据训练多层自编码器，建立多层特征提取结构。

步骤 2：获得顶层自编码器的输出 code。

步骤 3：使用少量的有标签数据，输入 SAE 得到分类结果 Y'，使用代价函数计算 Y' 和 Y 的误差。

步骤 4：根据代价函数判断是否满足结束条件，如果满足，微调结束，SAE 结构训练完成；否则，转到步骤 5。

步骤 5：使用随机梯度下降法调整分类器参数（选择调整多层 AE 参数），转步骤 3。

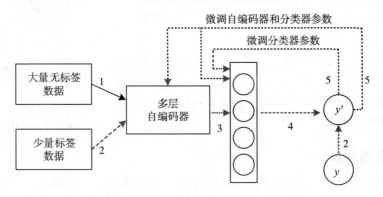

图 7-20　堆叠自编码器训练示意图

7.3.3　限制波兹曼机

限制波兹曼机（Restricted Boltzmann Machine，RBM）是一种可以实现无监督学习的神经网络模型，包括可见层 V 和隐藏层 H 两层，两层之间以无向图的方式连接，同层神经元之间没有连接，这里使用的 V 和 H 都是二值单元。RBM 的输入数据是 m 维向量 V，$V= (v_1, v_2, \cdots, v_m)$，其中 v_i 是可见层第 i 个神经元，输出数据是 n 维的向量 H，$H= (h_1, h_2, \cdots, h_n)$，其中 h_j 是隐藏层第 j 个神经元，如图 7-21 所示。

图 7-22 给出一个简单的例子介绍 RBM 的工作原理，通过 RBM 学习输入的图形由哪些形状组成。图形只能由正方形和三角形作为组成元素，分别用 1 和 0 编码。输入图形有四位编码，编码顺序假设为左上角、右上角、左下角、右下角，对应一个四位的整数编码，例如 1011。使用 V 层到 H 层映射得到 H 层，然后使用对称的映射，即用 H 重建 V 层，图 7-21 中显示的流程如下：

1）得到 V 层的编码 1011，经过映射（或者某种分析或计算方法），得到 H 层的表示 01，也就是图形由三角形组成。再使用对称的映射获得 V 层，这里标记为 V_1 层的值 0011。

2）计算 V_1 和 V 之间的误差，根据误差修改映射。

3）使用新映射重复前两步，用包含多个图形的训练集来进行训练，训练结束得到 RBM，包含 V 和 H 两层以及两层之间的映射。

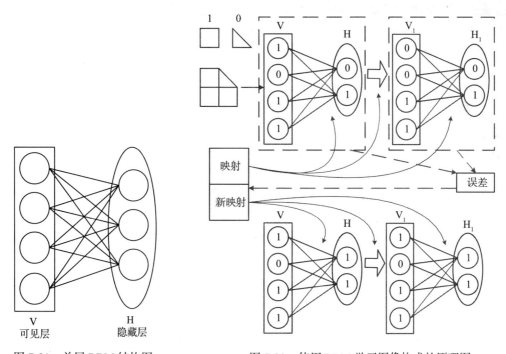

图 7-21　单层 RBM 结构图　　　　　图 7-22　使用 RBM 学习图像构成的原理图

根据图 7-22，我们的目的是找到好的映射，使用对比散度（Contrastive Divergence, CD）算法可以快速获得好的映射，映射对应 RBM 的网络参数，我们定义的 RBM 网络参数是需要进行学习的。其中，w 是可见层 V 和隐藏层 H 之间的连接权重，w_{ij} 表示可见层神经元 i 和隐藏层神经元 j 之间的连接权重，向量 $\boldsymbol{b}_v$ 是可见层偏置，$\boldsymbol{b}_{vi}$ 表示可见层神经元的偏置，向量 $\boldsymbol{b}_h$ 是隐藏层偏置，$\boldsymbol{b}_{hj}$ 是隐藏层神经元 j 的偏置。学习 RBM 的任务是使用 CD 算法得到 RBM 的网络结构和优化的参数 θ。

RBM 学习算法使用波兹曼分布和最大似然分布获得参数 θ，换句话说，$P(v \mid \theta)$ 符合波兹曼分布。

$$P(V \mid \theta) = \frac{\sum_h \mathrm{e}^{-E(v,h \mid \theta)}}{Z(\theta)}$$

其中，$E(v,h\,|\,\theta) = -\sum_{i=1}^{m}\boldsymbol{b}_{vi}\boldsymbol{v}_i - \sum_{j=1}^{n}\boldsymbol{b}_{hj}\boldsymbol{h}_j - \sum_{i=1}^{m}\sum_{j=1}^{n}\boldsymbol{v}_i\boldsymbol{w}_{ij}\boldsymbol{h}_j$，$Z(\theta) = \sum_{v,h}\mathrm{e}^{-E(v,h|\theta)}$。

最大似然函数如下，可以使用梯度下降法解决。

$$L(\theta) = \sum_{t=1}^{T}\log P(v^{(t)}\,|\,\theta)$$

使用下式计算隐藏层隐藏神经元 j 的激活概率，这里计算隐藏神经元 j 状态为 1 的激活概率，这样我们就得到了隐藏层的值，其中 σ 表示 sigmoid 函数。

$$P(h_{1j} = 1\,|\,v_1,\theta) = \sigma\left(\boldsymbol{b}_{hj} + \sum_{i=1}^{m}\boldsymbol{v}_{1i}\boldsymbol{w}_{ij}\right)$$

算法 7.2　**基于对比散度的快速学习算法**

输入：

X：训练集，输入原始数据 x。

m：隐藏层神经元数量。

λ：学习速率。

P：训练的迭代次数。

输出： 建立 RBM，网络参数 $\theta = \{w, b_h, b_v\}$。

算法：

1)　初始化：初始化可见层神经元的状态 V_1，$V_1 = x$；初始化 $\theta = \{w, b_h, b_v\}$；

2)　for $t = 1,2,3,\cdots,P$

3)　　　计算隐藏层所有神经元的激活概率 $P(h_1 = 1|v_1,\theta)$；

4)　　　计算隐藏层所有神经元的激活概率，V_2；

5)　　　计算隐藏层所有神经元的激活概率 $P(h_2 = 1|v_2,\theta)$；

6)　　　更新权重：$w = w + \lambda\left(P(h_1 = 1\,|\,v_1,\theta)v_1^{\mathrm{T}} - P(h_2 = 1\,|\,v_2,\theta)v_2^{\mathrm{T}}\right)$；

7)　　　更新可见层偏置：$b_v = b_v + \lambda(v_1 - v_2)$；

8)　　　更新隐藏层偏置：$b_h = b_h + \lambda\left(p(h_1 = 1\,|\,v_1,\theta) - P(h_2 = 1\,|\,v_2,\theta)\right)$；

9)　endfor

我们将计算总结为 5 个步骤：

步骤 1：输入可见层的状态 V_1，网络参数，可见层神经元数 m，隐藏层神经元数 n。

步骤 2：$j = 1$。

步骤 3：计算隐藏层的激活概率。

步骤 4：根据均匀分布，产生一个 0 到 1 之间的随机数，如果随机数小于隐藏的激活概率，为 1，否则为 0。

步骤 5：$j{+}{+}$，如果 $j < m$，则返回步骤 3。

当获得所有隐藏层的状态后，计算得到可见层神经元 i 的激活概率，第 i 个神经元的激活状态可以使用神经元的激活概率得到，$v_i \in \{0,1\}$。

$$P(v_{2i} = 1\,|\,h_1,\theta) = \sigma\left(\boldsymbol{b}_{vi} + \sum \boldsymbol{w}_{ij}\boldsymbol{h}_{1j}\right)$$

计算可见层神经元激活概率的算法如下：

步骤 1：输入隐藏层的状态 H_1，网络参数，可见层神经元数 m，隐藏层神经元数 n。

步骤 2：$i = 1$。

步骤 3：计算可见层的激活概率。

步骤 4：根据均匀分布，产生一个 0 到 1 之间的随机数，如果随机数小于可见层的激活概率，为 1，否则为 0。

步骤 5：$i{+}{+}$，如果 $i{<}n$，则返回步骤 3。

例 7.4 **使用 RBM 推荐电影**

我们可以使用 RBM 模型为用户推荐电影，使用已知的电影评分数据建立 RBM 模型，可以预测用户对所有电影的评分。对预测的用户电影评分数据进行排序，我们将用户没有看过的评分最高的电影推荐给用户。

假设有四部电影，电影的评分等级是 $1 \sim 5$，0 表示用户没有给电影评分，表 7-3 给出了用户 1 和用户 15 对四部电影的评分数据。

表 7-3　用户电影评分数据样例

ID	电影 1	电影 2	电影 3	电影 4
用户 1	3	4	4	1
用户 15	3	5	0	0

使用 RBM 推荐电影的步骤如下：

步骤 1：数据集和 RBM 结构。一个用户的电影评分数据用 5×4 的矩阵 v 表示，$v(i,j)=1$ 表示用户为电影 j 评分为 i。用户 1 和用户 15 的评分矩阵如下：

$$v_1 = \begin{pmatrix} 0 & 0 & 0 & 1 \\ 0 & 0 & 0 & 0 \\ 1 & 0 & 0 & 0 \\ 0 & 1 & 1 & 0 \\ 0 & 0 & 0 & 0 \end{pmatrix} \qquad v_{15} = \begin{pmatrix} 0 & 0 & 0 & 0 \\ 0 & 0 & 0 & 0 \\ 1 & 0 & 0 & 0 \\ 0 & 0 & 0 & 0 \\ 0 & 1 & 0 & 0 \end{pmatrix}$$

设置 RBM 可见层和隐藏层神经元数分别为 20 和 5，我们将评分矩阵转换成 20 维的向量，按照先列后行的顺序转换，v_1 和 v_{15} 分别转换为 {0,0,1,0,0,0,0,0,0,1,0, 0,0,0,1,0, 1,0, 0,0,0} 和 {0,0,1,0,0,0,0,0,0,1, 0,0,0,0,0, 0,0, 0,0,0}。

步骤 2：训练。输入用户的评分数据后，我们使用算法 7.2 训练 RBM，对应的可见层的偏置如下：

$$a = \begin{pmatrix} -0.6 & -0.6 & -0.3 & 0 \\ -0.3 & -0.3 & 0.6 & 0.3 \\ 0.6 & 0.3 & 0 & -0.6 \\ -0.3 & 0.3 & 0.6 & 0.0 \\ -0.3 & 0.3 & -0.9 & 0 \end{pmatrix}$$

隐藏层的偏置为 b=(−1.2　−0.6　−0.6　−0.3　−0.3)。

权重矩阵是一个是 20×5 的二维矩阵，这里用 5 个矩阵对应隐藏层的 5 个神经元，每一个矩阵对应 20 个可见层神经元和一个隐藏层神经元。

$$w(:,:,1) = \begin{pmatrix} -0.8388 & -0.1559 & -1.1827 & -0.2224 \\ -0.7873 & 0.0986 & -0.0791 & -0.8191 \\ -0.6809 & -1.0458 & -0.2480 & -0.3867 \\ -1.2027 & 0.0872 & -0.1243 & -0.5868 \\ -1.1445 & -0.6589 & -0.8836 & -0.1172 \end{pmatrix}$$

$$w(:,:,2) = \begin{pmatrix} -0.1580 & -0.6287 & 0.3352 & -0.2182 \\ 0.1031 & 0.0961 & 0.3511 & -0.2471 \\ 0.1854 & 0.6668 & 0.4663 & -0.1070 \\ -0.1052 & -0.2801 & -0.2151 & -0.7534 \\ -0.2325 & -0.0457 & -0.0993 & 0.4049 \end{pmatrix}$$

$$w(:,:,3) = \begin{pmatrix} 0.0467 & -0.2369 & -0.0054 & 0.5772 \\ -0.0050 & -1.1134 & 0.1793 & 0.0143 \\ 0.5374 & -0.2505 & -0.1696 & 0.2379 \\ 0.5298 & -0.1375 & 0.4546 & -0.8972 \\ 0.8843 & -0.2688 & -0.6814 & -0.3714 \end{pmatrix}$$

$$w(:,:,4) = \begin{pmatrix} -0.8423 & 0.0999 & -0.7604 & 0.0074 \\ -0.3207 & -0.6556 & 0.4505 & 0.2922 \\ 1.1088 & -0.1351 & -0.1854 & -0.2619 \\ 0.4764 & 0.2176 & 0.2992 & 0.0226 \\ 0.4378 & 0.1666 & -0.6949 & -0.2281 \end{pmatrix}$$

$$w(:,:,5) = \begin{pmatrix} -0.7458 & -0.5607 & -0.0101 & 0.1658 \\ -0.4698 & 0.0969 & 0.4129 & 0.7707 \\ 0.7059 & 0.7355 & 0.0868 & -0.3635 \\ 0.5583 & 0.2992 & 0.4809 & -0.1271 \\ 0.7589 & 1.2223 & -0.2460 & 0.3042 \end{pmatrix}$$

步骤 3：电影推荐。输入用户 15 的评分数据，计算隐藏层所有神经元的激活概率，$p_h=$ (0.0214,0.0151,0.0453,0.1404,0.6583)，权重和隐藏层的偏置通过训练获得。

$$p(h_j = 1 \mid V) = \frac{1}{1 + \exp(-b_j - \sum_{i=1}^{M} \sum_{k=1}^{K} v_i^k w_{ij}^k)}$$

产生一个 0 ~ 1 之间的随机浮点数，如果小于 p_{hj}，得到 $h_j=1$，否则 $h_j=0$，我们得到隐藏层 $h=(0,0,0,0,1)$。

使用前一步计算得到的隐藏层的激活概率 p_h 计算得到可见层的激活概率 p_v，权重矩阵和可见层的偏置可以通过训练获得，可见层的激活概率对应每个电影 i 的 k 个评分，$k=1,2,3,\cdots,5$，$p_v(i,j)$ 表示电影 j 评分为 i 的概率。

$$p(v_i^k = 1 \mid h) = \frac{1}{1 + \exp(-a_i^k - \sum_{j=1}^{F} w_{ij}^k h_j)}$$

$$p_v = \begin{pmatrix} 0.2066 & 0.2385 & 0.4231 & 0.5414 \\ 0.3165 & 0.4494 & 0.7336 & 0.7447 \\ 0.7868 & 0.7380 & 0.5217 & 0.2762 \\ 0.5642 & 0.6455 & 0.7467 & 0.4683 \\ 0.6128 & 0.8209 & 0.2412 & 0.5755 \end{pmatrix}$$

我们为用户 15 对电影 i 选择每列的最高概率，例如，电影 1 评分为 1、2、3、4、5 的概率分别是 0.2066、0.3165、0.7868、0.5642、0.6128，其中最高的概率 0.7868 对应的评分是 3，也就是用户 15 对电影 1 的评分为 3 分，类似地，可以得到用户对 4 部电影的评分分别为 3、5、4、2。

用户 15 没有对电影 3 和 4 进行评分，也就是我们认为用户没有看过这两部电影。所以按照预测结果电影 3 评分 4 分，电影 4 评分 2 分，首先为用户推荐电影 3，其次推荐电影 4。

7.3.4 深信念网络

深信念网络（DBN）是 Hinton 等人 2006 年提出的一种混合深度学习模型。图 7-23a 所示的 DBN 包括一个可见层 V 和 n 个隐藏层。DBN 由 n 个堆叠的 RBM 组成，前一个 RBM 的隐藏层作为后一个 RBM 的可见层，原始的输入是可见层 V，可见层 V 和隐藏层 H_1 组成一个 RBM。H_1 是第 2 个 RBM 的可见层 V_2，隐藏层 H_1 和隐藏层 H_2 组成一个 RBM，依次类推所有相邻的两层组成一个 RBM。

图 7-23a 顶层的 RBM 中可见层和隐藏层之间的无向连接部分，称为联想记忆（associative memory）网络。顶层的 RBM 可见层由前一个 RBM 的隐藏层 H_{n-1} 和类别标签组成，可见层的神经元数是 H_{n-1} 层神经元数与类别数的和。DBN 的训练分为无监督的训练和有监督的微调两部分，无监督的训练部分采用大量无标签的数据逐个训练 RBM，有监督的微调部分使用少量的有标签数据微调整个网络各层的参数。

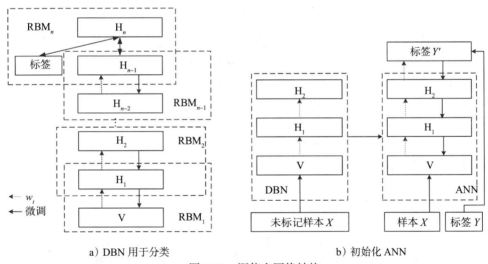

a）DBN 用于分类　　　　　　　b）初始化 ANN

图 7-23　深信念网络结构

无监督训练以原始的输入 V 作为第一个 RBM 的可见层，使用上一节介绍的 RBM 的训练方法训练 RBM_1，训练结束固定连接参数，得到隐藏层 H_1。隐藏层 H_1 再作为第二个 RBM 的可见层 V_2，使用相同的方法训练 RBM_2，训练完成得到隐藏层 H_2。重复这个过程，直到所有的 RBM 训练完成。

有监督的微调使用样本数据作为 DBN 可见层的输入数据，样本的标签作为顶层 RBM 的可见层的一部分。样本类别标签数 y 表示成神经元，换句话说，有 m 种类别用 m 个神经元表示，所属类别对应的神经元为 1，DBM 微调使用 BP 算法调整网络参数。

算法 7.3 多层 RBM 的无监督学习

输入:

V: 训练数据。

r_n: RBM 的层数。

输出: 可见层 V 的各个神经元的激活状态。

算法:

1) $V_1 = V$;

2) for t=1 to r_n

3)   初始化 t_{th} RBM 网络的 $\theta_t = \{w_t, b_{ht}, b_{vt}\}$;

4)   利用对比散度算法训练 t_{th} RBM,获得 h_t;

5) t++;

6) $V_t = H_t - 1$;

7) endfor

DBN 不仅可以直接用于分类,还可以使用训练好的网络参数进行神经网络初始化,这个应用主要包括两个部分:无监督的训练 DBN,有监督的微调神经网络。如图 7-23b 所示,输入无标签的样本数据 x,使用前面介绍的无监督的训练算法训练 DBN,得到各层之间的连接参数。定义一个人工神经网络,层数和各层神经元数与 DBN 完全相同,使用训练得到的 DBN 参数初始化神经网络,然后使用有标签的样本数据 x 输入神经网络,使用正确的分类 y 和计算得到的分类 y' 计算误差,使用人工神经网络的训练方法调整各层参数。

7.4 卷积神经网络

卷积神经网络(CNN)是一种前馈神经网络,和传统的前馈神经网络相比,它采用权重共享的方法减少网络中权重的数量,从而降低计算复杂度,这样的网络结构和生物神经网络相似。卷积神经网络属于监督学习方法,在语音识别和图像领域应用广泛,本节首先介绍卷积和池化操作,随后介绍 CNN 的训练过程。

卷积神经网络由多层组成,通常包括输入层、卷积层、池化层、全连接层和输出层。根据具体的应用问题,像搭积木那样选择使用多少个卷积层和池化层,并选择分类器。LeNet-5 使用的卷积神经网络的结构如图 7-24 所示,包含 3 个卷积层,2 个池化层,1 个全连接层,1 个输出层,共由 7 层组成。

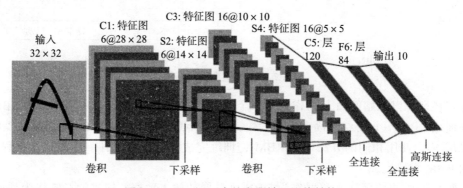

图 7-24　LeNET-5 中的卷积神经网络结构

7.4.1 卷积操作

建立一个处理 500×500 像素图像的人工神经网络,输入层需要设置 500×500 个神经元，假设隐藏层设置 10^6 个神经元。所有的隐藏神经元和输入神经元之间都存在连接，每一个连接设置一个权重参数，这里我们比较全连接的神经网络和部分连接神经网络权重参数的数量。

当建立全连接的神经网络处理图像时，输入层和隐藏层之间的权重参数需要 $500 \times 500 \times 10^6 = 25 \times 10^{10}$ 个，如图 7-25a 所示。使用全连接的神经网络用于大图像的处理时面临着参数过多、计算量无法承受的问题。人在感受外界图像信息时每次只能看到部分图像的信息，但是人却能通过每次感受的局部图像理解完整的图像，借鉴人理解图像的方法，设计滤波器提取图像的局部特征应用于对整个图像的理解。

这就是使用滤波器实现输入层和隐藏层之间的局部连接。设置 10×10 的滤波器模仿人眼感受局部的图像区域，这时，一个隐藏层的神经元通过滤波器和输入层中一个 10×10 区域连接。隐藏层有 10^6 个隐藏神经元，隐藏层和输入层之间的滤波器就有 10^6 个，所以输入层和隐藏层之间连接的权重数就变成了 $10 \times 10 \times 10^6 = 10^8$ 个，如图 7-25b 所示。

全局连接改成局部连接已经将权重数量从 25×10^{10} 个减少到 10^8 个，但是权重过多、计算量巨大的问题依然没有解决。因为图像有一个固有的特性，图像中的一部分统计特征与其他部分是一样的，也就是从图像的一部分学习得到的特征也能用在图像的其他部分，所以对于同一个图像上的所有位置，我们能够使用同样的学习特征。一个滤波器也就是一个权重矩阵，体现的就是图像的一个局部特征。

同一个滤波器自然就可以应用于图像中的任何地方，10^6 个 10×10 滤波器对应的是图像中 10^6 个不同的 10×10 区域。如果这些滤波器完全相同，就是将局部特征应用于整个图像，这时隐藏层神经元和输入层神经元之间使用 1 个权重参数为 100 的滤波器，如图 7-25 所示。通过所有滤波器共享权重，权重参数数量从 25×10^{10} 减少到 100 个，大大减少了权重参数的数量及计算量。

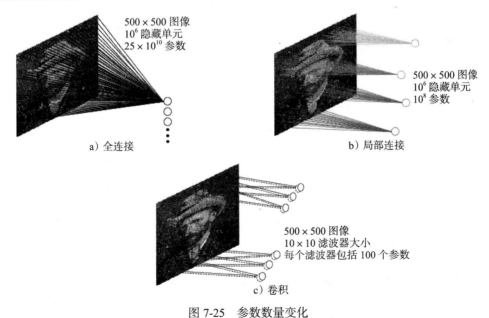

500 × 500 图像
10^6 隐藏单元
25×10^{10} 参数

a）全连接

500 × 500 图像
10^6 隐藏单元
10^8 参数

b）局部连接

500 × 500 图像
10×10 滤波器大小
每个滤波器包括 100 个参数

c）卷积

图 7-25　参数数量变化

这里使用的局部连接和权重共享的概念就是实现了卷积操作，10×10 的滤波器就是一个卷积核。一个卷积核表示图像的一种局部特征，当需要同时表示图像的多种局部特征时可以设置多个卷积核。图 7-24 中第一个卷积层使用了 6 个卷积核，通过卷积操作得到 6 个隐藏层的特征图。

例 7.5 卷积神经网络中的卷积操作

我们通过图 7-26 所示的一个 8×8 的图像卷积操作示意图来详细了解卷积是如何实现的，卷积核大小为 4×4，对应的特征矩阵为

$$\begin{pmatrix} 1 & 0 & 1 & 0 \\ 0 & 0 & 1 & 1 \\ 0 & 1 & 0 & 1 \\ 1 & 1 & 0 & 0 \end{pmatrix}$$

图中首先在 8×8 的图像中提取 4×4 的图像 x_1 和特征矩阵进行卷积运算，使用公式 $y_i = w \times x_i$ 计算得到第一个隐藏层神经元的值 y_1。卷积的步长设为 1，继续提取 4×4 的图像 x_2 进行卷积运算，得到第二个神经元的值 y_2。重复直到图像遍历完毕，这时隐藏层所有神经元的值计算完毕，得到了对应一个卷积核的特征图。

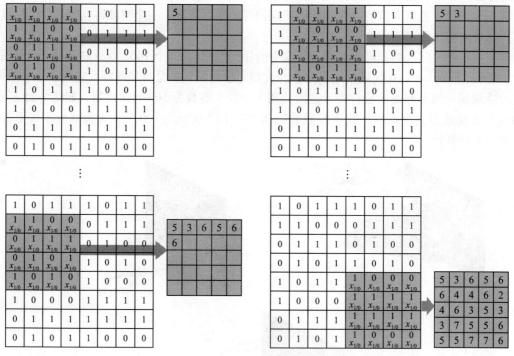

图 7-26 卷积操作示意图

通常我们计算隐藏层的特征图时使用激活函数，常用的激活函数有：sigmoid 函数 $\sigma(x) = \dfrac{1}{1 + \mathrm{e}^{-x}}$，双曲正切函数 $\tanh(x) = \dfrac{\mathrm{e}^x - \mathrm{e}^{-x}}{\mathrm{e}^x + \mathrm{e}^{-x}}$，relu 函数 relu$(x) = \max(0, x)$。

假设卷积层 l 的输入特征图数为 n，使用公式 $y_j = f\left(\sum\limits_{i=1}^{n}(w_{ij} * x_i + b_i)\right)$ 计算卷积层 l 的输出特征图，其中 b 是偏置，w 是权重矩阵，f 是激活函数。卷积层 l 包含 n 个卷积核，每一个

卷积核对应一个 $n \times m$ 维的权重矩阵 w，对应 m 个滤波器，卷积层 l 有 m 个输出特征图。

隐藏层的神经元数为 $n_y = \left(\left| \dfrac{n_{l-1} - n_k}{s} \right| + 1 \right) \times \left(\left| \dfrac{m_{l-1} - m_k}{s} \right| + 1 \right) \times m$，其中输入数据的大小为 $n_{l-1} \times m_{l-1}$，滤波器的大小为 $n_k \times m_k$，卷积的步长设置为 s（卷积每次移动的距离），特征图的数量为 m。如图 7-26 所示卷积的示意图中输入数据 8×8，卷积窗口 4×4，卷积步长 1，特征图数为 1，隐藏层神经元数为 $n_l = \left(\left| \dfrac{8-4}{1} \right| + 1 \right) \times \left(\left| \dfrac{8-4}{1} \right| + 1 \right) \times 1 = 5 \times 5$。

7.4.2 池化

通过卷积获得了特征图或者说图像的特征，但是直接使用卷积提取到的特征去训练分类器，仍然会面临非常巨大的计算量挑战。例如，对于一个 96×96 像素的图像，假设我们使用 400 个卷积滤波器，卷积大小 8×8，每一个特征图包括 $(96-8+1) \times (96-8+1) = 89^2 = 7921$ 维的卷积特征。由于有 400 个滤波器，所以每个输入图像样本都会得到 $89^2 \times 400 = 3\ 168\ 400$ 个隐藏的神经元，这仍然面临巨大的计算量。

一般图像具有一种"静态性"的属性，在一个图像区域有用的特征极有可能在另一个区域同样适用。因此，为了描述大的图像，可以对不同位置的特征进行聚合统计，例如，人们可以计算图像一个区域上的平均值或最大值，这样聚合获得的统计特征不仅可以降低维度，同时还会改善结果（不容易过拟合），这种聚合的操作就叫作池化（pooling）。根据计算方法的不同，分为平均池化或者最大池化。图 7-27 显示了 6×6 图像进行的 3×3 池化操作，分为四块不重合区域，其中一个区域应用最大池化后的结果，左上角的正方形区域显示的是一个区域池化的结果，池化后获得的特征图大小是 2×2。

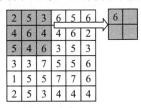

图 7-27　池化操作示意图

例 7.6　卷积神经网络中的卷积和池化操作

近年来卷积神经网络发展迅速，已经广泛运用在数字图像处理中，例如，运用这种 DeepID 卷积神经网络，人脸的识别率最高可以达到 99.15% 的正确率，这种技术可以在寻找失踪人口、预防恐怖犯罪中扮演重要的角色。图 7-28 是卷积神经网络的结构示意模型。

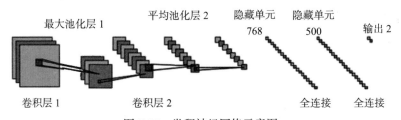

图 7-28　卷积神经网络示意图

如果输入图像如图 7-29a 所示，图像的大小为 8×6，我们使用 3×3 卷积核进行卷积操作，卷积层 1 的一个特征图大小为 $((8-3)+1) \times ((6-3)+1) = 6 \times 4$。

假设偏置 $b = -10$，激活函数为 $\mathrm{relu}(x) = \max(0, x)$。我们使用如下的几个操作得到卷积层 1 的特征图。

步骤 1：使用第一个权重矩阵 w_1 对输入数据执行卷积操作，结果如图 7-29b 所示。

$$w_1 = \begin{pmatrix} 1 & 0 & 1 \\ 0 & 0 & 0 \\ 1 & 0 & 1 \end{pmatrix} \quad w_2 = \begin{pmatrix} 0 & 0 & 1 \\ 0 & 1 & 0 \\ 0 & 0 & 0 \end{pmatrix} \quad w_3 = \begin{pmatrix} 0 & 0 & 1 \\ 0 & 1 & 0 \\ 1 & 0 & 0 \end{pmatrix}$$

步骤 2：图 7-29c 是卷积结果加上偏置之后的值。

步骤 3：使用激活函数计算后我们得到卷积层 1 的第一个特征图，如图 7-29d 所示。

步骤 4：使用权重矩阵 w_2 和 w_3 重复上边的步骤，我们得到卷积层 1 的第二个和第三个特征图，如图 7-29e 和图 7-29f 所示。

为了计算最大池化层 1 的特征图，我们选择每个特征图中不重合的 2×2 区域中的最大值进行最大池化操作，如图 7-29g 所示，得到最大池化层 1 的 3 个特征图。

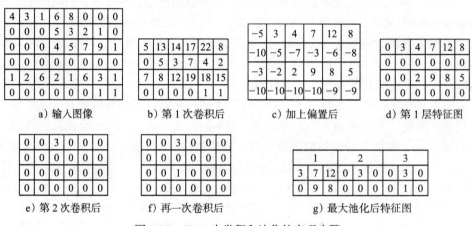

图 7-29　CNN 中卷积和池化的实现步骤

7.4.3　训练卷积神经网络

卷积神经网络的学习实质上是通过大量有标签数据的学习，得到输入与输出之间的一种映射关系，这种输入和输出之间的映射关系难以用精确的数学表达式表达。这种映射关系训练完成后，输入数据输入网络并经过网络的映射后可以获得相应的输出数据。

卷积神经网络的训练和 BP 网络训练相似，分为前向传播计算输出阶段和后向传播误差调整参数阶段。在前向传播过程中，样本数据 x 输入卷积神经网络，逐层对输入数据进行处理，前一层的输出数据作为后一层的输入数据，最终输出结果 y'。

算法 7.4　CNN 的前向传播

输入：x：采样数据。

输出：y'：计算后的输出。

算法：

1)　对 n 层中的所有参数进行初始化；

2)　$p_1 = x$；

3)　for i=1, 2, $\cdots$, n

4)　　　if i 是卷积层

5)　　　　　对 p_i 进行卷积操作，输出 q_i；

6)　　　　　i++；

7)　　　　　$p_i = q_{i-1}$；

8)　　　endif

```
9)        if i 是池化层
10)            对 pᵢ 进行池化操作，输出 qᵢ；
11)            i++；
12)            pᵢ=qᵢ₋₁；
13)        endif
14) endfor
15) 输出计算后的 y'
```

后向传播阶段，计算输入数据 x 正确的标签 y 和输出结果 y' 的误差，将误差从输出层逐层传递到输入层，同时调整参数。详细的步骤如下。

步骤 1：y 表示样本标签，y' 表示计算的输出。计算误差：$O=y-y'$。计算代价函数值：$E = \dfrac{1}{2}\sum_N\sum_K(y-y')^2$，其中 N 表示样本数，K 表示类别。

步骤 2：从输出层到输入层，逐层计算误差 E 对权重 w 的导数 $\dfrac{\partial E}{\partial w}$，使用公式 $w=w+\Delta w=w+\lambda\dfrac{\partial E}{\partial w}$ 更新权重。

步骤 3：按照上述算法计算 y'。

步骤 4：判断是否满足后向传播的终止条件，如果满足则终止训练，否则返回执行步骤 1。

7.4.4　LeNet-5 各层设置

输入数据是 32×32 的图像数据，C1 层是卷积层，使用 6 个 5×5 滤波器进行卷积操作，卷积步长为 1，输出为 6 个 28×28 特征图，特征图中每个神经元与输入中 5×5 的区域相连。C1 有 156 个可训练参数：每个滤波器 $5\times5=25$ 个权重参数和一个偏置参数，一共 6 个滤波器，共 $(25+1)\times6=156$ 个参数。

S2 层是一个池化层，对 C1 输出的 6 个特征图进行 2×2 最大池化操作，得到 6 个 14×14 的特征图。

C3 使用 16 个 5×5 的卷积核对 S2 层的输出卷积，得到 16 个 10×10 个神经元的特征图，C3 中的每个特征图连接到 S2 输出的所有 6 个特征图中。

S4 是一个池化层，对 C3 输出的 16 个特征图进行 2×2 最大池化操作，得到 16 个 5×5 的特征图。

C5 也是一个卷积层，包含 120 个 5×5 滤波器，得到 120 个特征图，每个特征图中的神经元与 S4 层的全部 16 个特征图的 5×5 区域相连。

F6 层有 84 个神经元（输出层的设计，神经元数量设置为 84），与 C5 全相连，如同经典神经网络，F6 层计算输入向量和权重向量之间的点积，再加上一个偏置，然后将其传递给 sigmoid 函数产生单元 i 的一个状态。

7.4.5　其他深度学习神经网络

深度学习架构具有输入层、输出层和多个隐藏层，包括前向传播和后向学习，架构种类繁多，其中大多数的架构是常用架构的变化形式。这里按照深度学习架构中神经元的连接方式将常用的深度学习架构分为三类：全连接、部分连接、其他，如图 7-30 所示。

1. 深度神经网络的连接性

全连接。在传统的神经网络中，输入层、隐藏层到输出层，层与层之间采用全连接的方式，前一层的一个神经元和下一层的每一个神经元连接。深度学习架构中的深信念网络、深度波兹曼机、堆叠自编码器、堆叠降噪自编码器、深度堆叠网络和张量深度堆叠网络，都是全连接的网络。

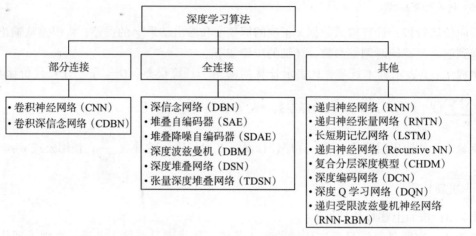

图 7-30   深度学习算法分类

部分连接。部分连接深度架构指输入层、隐藏层到输出层之间的连接采用部分连接的方式，这一类的深度学习架构以卷积神经网络为代表，使用了卷积操作部分连接和权重共享的概念，使用局部特征描述整体，大大减少连接权重数量。卷积深信念网络是局部连接网络。

其他。这种类别的神经网络包括递归神经网络、递归张量神经网络、长短期记忆网络等。其他相关的神经网络算法还有递归受限波兹曼机神经网络算法、深度 Q 学习网络算法、复合分层深度模型算法和深度编码网络算法等。

传统的 ANN（全连接或者部分连接的方式）在处理序列数据时表现欠佳或是无能为力。针对这个问题，我们介绍递归神经网络。

2. 递归神经网络

递归神经网络（Recurrent Neural Network, RNN）的每一个时间点对应一个三层的 ANN，所以 RNN 的训练类似于 ANN。RNN 是一种考虑时间序列数据特征的神经网络，能够记忆过去时间的信息并用于当前时间输出数据的计算中。训练 100 个时间点的单层 RNN 相当于训练有 100 层的 ANN，如图 7-31 所示。

也就是说，RNN 使用过去的输出计算当前的输出，网络结构中的相邻时间点的隐藏层之间存在连接。在当前时间点，隐藏层使用输入层的输出和隐藏层的迭代输出。

大多数的深度学习网络是前向传播网络，例如 SAE 和 DBN，这就意味着信号流一次一层地从输入到输出方向。RNN 不像前向传播神经网络，以序列数据作为输入来输出序列数

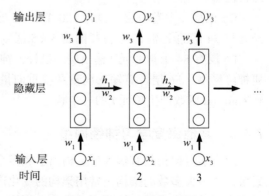

图 7-31   RNN 结构示意图

据，它是考虑到时间序列特征的神经网络，前一个序列的输出作为下一个序列的输入。隐藏层之间是相关的，隐藏层的输入不仅包括当前输入，而且包括过去时间隐藏层的输出，它可以用于语言或是语音识别中。

在每个时间点 t，RNN 对应一个三层的 ANN。RNN 在时间 t 的输入和输出分别用 x_t 和 y_t' 表示，隐藏层用 h_t 表示。所有的时间点使用相同的网络参数 $\theta = (w_1, w_2, w_3)$，其中输入层和隐藏层之间的连接权重为 w_1，时间点 $t-1$ 的隐藏层和时间点 t 的隐藏层之间连接权重为 w_2，隐藏层和输出层之间权重为 w_3，如图 7-31 所示。

RNN 按时间顺序计算输出：时间点 t 输入为 x_t，隐藏层的值 h_t 根据当前输入层的值 x_t 和上一时间点 $t-1$ 隐藏层的值 h_{t-1} 计算得到，h_t 作为输出层的输入计算输出值 y_t'。图 7-32 显示了 RNN 和 ANN 结构的不同。

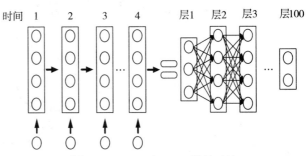

图 7-32　RNN 和 ANN 结构对比

3. 不同神经网络输入和输出的关系

RNN 以序列数据作为输入，产生序列输出。对于不同的应用来说，输入和输出具有不同的对应关系，如图 7-33 所示的四种应用。图 7-33a 中的，输入/输出结构对应于图像捕捉应用；图 7-33b 所示为多输入单输出的结构，对应于文档分类应用；图 7-33c 中的输入和输出都是序列数据，对应于视频流的逐帧应用，这种结构也适用于统计预测未来的状态；在图 7-33d 中，我们输入已知的数据 time1 和 time2，从 time3 开始预测，输入 time3 数据后，我们得到输出结果 1，这意味着我们预测数据的下一个时间是 1，用相同的方法，time4 我们输入数据 1 得到输出结果 2，预测 time5 的结果是 2。

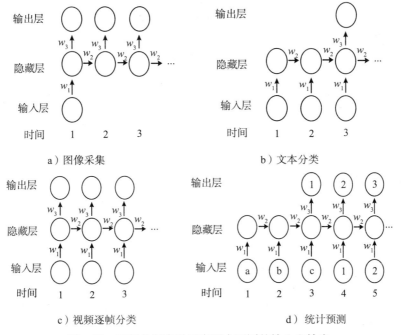

a）图像采集　　　　　　　　　　b）文本分类

c）视频逐帧分类　　　　　　　　d）统计预测

图 7-33　不同的深度学习应用中不同的输入和输出

4. 递归神经张量网络

递归神经张量网络（Recursive neural tensor network, RNTN）是结构递归深度神经网络结构，可以用于处理变长输入数据，或者进行多级预测。RNTN 和 RNN 都属于递归的方式，不同的是 RNN 是时间序列的递归，RNTN 是结构递归。

图 7-34a 给出了 RNTN 的基本结构，其中有 3 个叶子节点，包括两个 ANN 结构。一个 ANN 的输入是 b 和 c 的值，用张量组合函数得到 p1；另一个 ANN 使用 a 和 p1 的值作为输入，使用张量组合函数得到 p2。图 7-34b 是使用 RNTN 进行文本情感分析的树形结构。

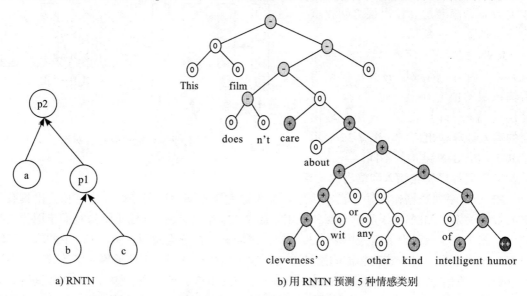

a) RNTN   b) 用 RNTN 预测 5 种情感类别

图 7-34   RNTN 和情感分类的应用

5. 其他深度学习神经网络简介

CDBN（Convolutional Deep Belief Network）是组合了 CNN 和 DBN 的网络结构，解决 DBN 扩展到图像全尺寸和高维度的问题。

DQN（Deep Q-Network）是 Google DeepMind 提出的一种深度神经网络结构，是一种将强化学习方法 Q-learning 和人工神经网络分类组合的方法。

DBM（Deep Boltzmann Machine）包含一个可见单元层和一系列的隐藏单元层，同层之间没有连接。DBM 是真正的由若干个 RBM 堆叠在一起的深度架构，任意两层之间是无向连接的。

SDAE（Stacked Denoising Auto-Encoder）的结构类似于堆叠自编码器，唯一不同的是 AE 变成了 DAE（Denoising Auto-Encoder），DAE 采用无监督的训练方法。

DSN（Deep Stacking Network）使用简单的神经网络模块堆叠成深度网络，模块数量不定。每一个模块的输出是估计的类别 y，第一层模块的输入是原始数据，以后各层模块的输入是原始的输入数据 x 和前边各层输出 y 的串联。

TDSN（Tensor Deep Stacking Network）是 DSN 的扩展，包括多个堆叠块。每一个堆叠块包括三层：输入层 x，两个并行的隐藏层单元 h_1 和 h_2，输出层 y。

LSTM（Long Short Term Memory）是对 RNN 的改进，在基本的 RNN 结构基础上添加了记忆模块，解决了基本的 RNN 在训练时前边时间点隐藏层对后边时间点隐藏层的感知力下降的问题。

DCN（Deep Coding Network）是一种分层的生成模型，可以通过上下文的数据进行自我更新的深度学习。

CHDM（Compound Hierarchical-Deep Model）是使用非参数化贝叶斯模型组合的深度网络，可以使用 DBN、DBM、SAE 等深度架构学习特征。

RNN-RBM（Recurrent Neural Network-Restricted Boltzmann Machine）是一种递归时序 RBM。

7.5　本章小结

本章我们详细介绍了深度学习，包括概念、深度学习的经典算法以及训练过程。7.1 节对比了深度学习和浅层学习，7.2 节介绍了深度学习的基础 ANN，7.3 节和 7.4 节详细介绍了几种应用较多的深度学习算法 SAE、DBN、CNN。第 9 章我们将介绍深度学习方法的扩展，包括典型的深度学习应用和软件支持平台，例如 TensorFlow 和 Google 的 DeepMind 等。

7.6　本章习题

7.1　表 7-4 所示为 setosa 和 versicolor 两种鸢尾花样本数据，不同种类的鸢尾花可以通过花萼长度、花萼宽度、花瓣长度、花瓣宽度进行区分。表中种类为 1 表示属于 setosa，0 表示属于 versicolor，请设计人工神经网络对鸢尾花数据进行分类。

    （a）说明人工神经网络输入层时神经元个数，神经元表示花的哪些特征。

    （b）说明输出层神经元个数，以及两种类别的表示方法。

    （c）简要说明训练和分类过程。

表 7-4　鸢尾花样例数据（四个特征）

序号	花瓣长度	花瓣宽度	花萼长度	花萼宽度	种类
1	5.1	3.5	1.4	0.2	1
2	7.0	3.2	4.7	1.4	0
3	5.2	3.4	1.6	0.3	1

7.2　学校有 6 门课程可供学生选修，分别是（1, 2, 3, 4, 5, 6），课程成绩为（A, B, C）。数据集中包括大量的学生成绩数据，假设我们建立 DBN 预测学生成绩，使用学生 5 门课程的成绩作为网络的输入，预测学生第 6 门课程的成绩，DBN 中输入层的神经元用 0,1 表示。

    （a）设计学生成绩的输入方法，说明这种方法怎么实现学生成绩的输入，可见层设置多少个神经元？

    （b）如果学生 Jerry 的成绩为 (A, B, A, C, B)，请写出对应的输入数据表示。

7.3　许多气体传感器具有交叉敏感性，用一种气体传感器往往无法准确检测气体的存在，我们可以采用具有交叉敏感特性的几种传感器组成阵列，结合人工神经网络算法进行气体识别。表 7-5 给出了三种气体传感器的测量结果及对应的气体状况（1 代表存在，0 代表不存在），请根据这些数据设计人工神经网络对序列为（0.4, 0.5, 0.6）的结果进行气体种类识别。

表 7-5　气体传感器和对应的气体状况

传感器 1	传感器 2	传感器 3	气体 A	气体 B	传感器 1	传感器 2	传感器 3	气体 A	气体 B
0.63	0.56	0.68	1	0	0.89	0.35	0.40	0	1
0.55	0.44	0.65	0	1	0.58	0.99	0.36	0	1
0.46	0.78	0.64	0	1	0.54	0.89	0.32	1	1
0.37	0.55	0.44	1	1	0.40	0.55	0.31	1	0
0.58	0.43	0.33	1	0	0.69	0.38	0.39	1	0
0.65	0.79	0.35	0	0					

7.4　半导体气体传感器是一种在对应敏感气体下电阻会发生变化的传感器件，可以根据电阻变化的比值（灵敏度）来确定气体浓度，然而半导体传感器的电阻也会随温湿度而变化，针对这种问题可

以采用人工神经神经网络来解决。表 7-6 给出了 16 组不同温湿度和气体浓度对应的传感器的灵敏度，请根据这些数据设计合理人工神经网络来推测 28℃、50%RH 下灵敏度为 0.4 的条件所对应的气体浓度。

表 7-6　不同的温度、湿度、气体浓度下测量传感器敏感度

温度	湿度	灵敏度	气体浓度	温度	湿度	灵敏度	气体浓度
20	45	0.50	20	29.5	72	0.32	45
22.5	60	0.46	23	35.0	83	0.31	48
23.0	57	0.43	33	30.0	76	0.29	56
21.5	57	0.44	34	20.0	45	0.45	39
26.5	64	0.33	45	22.5	77	0.39	40
28.5	59	0.35	44	23.0	57	0.35	52
23.0	37	0.40	41	21.8	46	0.39	48
26.0	66	0.36	47	24.8	67	0.32	51

7.5　假设我们使用卷积神经网络进行图像分类的结构如图 7-35 所示，输入图像是 32×32 像素，网络包括卷积层 C1 和最大池化层 P1。假设卷积层 C1 的卷积核大小为 5×5，步长为 3，特征图数为 6，计算卷积层 C1 的特征图大小。P1 层的池化区域大小为 2×2，计算池化层的特征图大小。如果卷积层 C1 的卷积核大小为 3×3，步长为 1，特征图数为 5，计算 C1 的特征图大小。如果池化层 P1 的池化区域大小为 3×3，计算池化层的特征图大小。

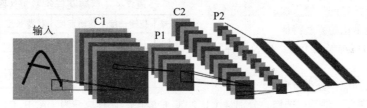

图 7-35　图像分类卷积神经网络结构图

7.6　堆叠自编码器应用于手写数字识别具有较高的精度，我们给出了一个简化的堆叠自编码器用于实现简单的训练过程，如图 7-36 所示。这个结构包括一个输入层 L1，两个隐藏层 L2 和 L3，一个分类层 L4，有大量的无标签数据和少量的有标签数据，通过使用监督微调参数，计算网络的参数数量，写出网络的训练步骤。

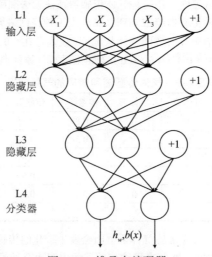

图 7-36　堆叠自编码器

7.7 假设手写数字识别网络结构包括 3 层：一个卷积层、一个最大池化层和一个输出层。如果输入数据是 8×8 矩阵，写出计算输入数据经过卷积层和池化层后特征图的程序。自己设计卷积层特征矩阵，池化区域大小为 2×2，其中 8×8 输入数据矩阵如表 7-7 所示。

表 7-7　图像数据矩阵

5	3	17	8	34	137	45	0
0	20	0	0	204	13	0	6
4	0	0	253	0	0	0	2
0	0	198	0	5	0	3	0
6	186	0	146	0	7	0	2
0	139	0	0	176	0	0	0
0	157	0	0	154	0	2	0
4	0	173	182	0	0	0	0

7.8 RBM 可见层有 6 个神经元，隐藏层有 4 个神经元，假设可见层的输入向量是 $(0, 1, 1, 0, 1, 0)$，连接权重如下：

$$w = \begin{pmatrix} -0.2 & -0.1 & -0.4 & 0 \\ -0.1 & -0.3 & 0.2 & 0.3 \\ 0.6 & 0.3 & 0 & -0.6 \\ -0.3 & 0.5 & 0.4 & 0.0 \\ -0.1 & 0.3 & -0.9 & 0 \\ -0.1 & 0 & -0.4 & 0 \end{pmatrix}$$

可见层偏置为 $b_v = (0.1, 0.3, 0.2, 0, 0.1, 0)$，隐藏层偏置为 $b_h = (0.1, 0.2, 0.1, 0)$，随机数为 0.6，可以使用随机数和神经元为 1 的概率计算神经元的状态。请根据可见层神经元的输入值计算隐藏层神经元的值，并根据隐藏层神经元的值计算输出层神经元的值（利用 7.3.3 节的公式）。

7.7　参考文献

[1]　L Honglak, G Roger, R Rajesh, et al. Convolutional deep belief networks for scalable unsupervised learning of hierarchical representations[C]. ICML '09, 2009: 609-616.

[2]　Vincent P, Larochelle H, Lajoie I, et al. Stacked Denoising Autoencoders: Learning Useful Representations in a Deep Network with a Local Denoising Criterion[J]. Journal of Machine Learning Research, 2010, 11(12):3371-3408.

[3]　G Hinton, R Salakhutdinov. Efficient Learning of Deep Boltzmann Machines[J]. 2009, 3: 448-455.

[4]　L Deng, D Yu. Deep Convex Net: AScalable Architecture for Speech Pattern Classification[C]. Proceedings of the Interspeech, 2011: 2285-2288.

[5]　B Hutchinson, L Deng, D Yu. Tensor deep stacking networks[J]. IEEE Transactions on Pattern Analysis and Machine Intelligence, 2012, 1(15): 1944-1957.

[6]　J Schmidhuber. Learning complex, extended sequences using the principle of history compression[J]. Neural Computation, 1992, 4(2): 234-242.

[7]　R Socher, P Alex, Y Jean, et al. Recursive Deep Models for Semantic Compositionality Over a Sentiment Treebank[J]. 2013.

[8]　G Felix, S Nicholas, S Jürgen. Learning precise timing with LSTM recurrentnetworks[J]. Journal of Machine Learning Research, 2002, 3:115-143.

[9] R Socher, J Pennington, E H Huang, et al. Semi-supervised recursive autoencoders for predicting sentiment distributions[C]. Proceedings of the Conference on Empirical Methods in Natural Language Processing, Association for Computational Linguistics, 2011: 151-161.

[10] R Salakhutdinov, J B Tenenbaum, A Torralba. Learning with hierarchical-deep models[J]. Pattern Analysis and Machine Intelligence, IEEE Transactions on, 2013, 35(8): 1958-1971.

[11] R Chalasani, J Principe. Deep Predictive Coding Networks[J]. 2013.

[12] V Mnih, et al. Human-level controlthrough deep reinforcement learning[J]. Nature, 2015, 518: 529-533.

[13] N Boulanger-Lewandowski, Y Bengio, P Vincent. Modeling temporal dependencies in high-dimensional sequences: Application to polyphonic music generation and transcription[J]. arXiv preprint arXiv:1206.6392, 2012.

[14] G E Hinton, S Osindero, Y W Teh. A fast learning algorithm for deep belief nets[J]. Neural computation, 2006, 18(7): 1527-1554.

[15] Y LeCun, L Bottou, Y Bengio, et al. Gradient-based learning applied to document recognition[J]. Proceedings of the IEEE, 1998, 86(11): 2278-2324.

[16] G Hinton. A practical guide to training restricted Boltzmann machines[J]. Momentum, 2010, 9(1): 926.

[17] Y Sun, X Wang, X Tang. Deep learning face representation from predicting 10,000 classes[C]. Proceedings of the IEEE Conference on Computer Vision and Pattern Recognition,2014: 1891-1898.

[18] Y LeCun, Y Bengio, G Hinton. Deep learning[J]. Nature, 2015, 521(7553): 436-444.

[19] S Rifai, Y Bengio, Y Dauphin, et al. A generative process for sampling contractive auto-encoders[J]. arXiv preprint arXiv:1206.6434, 2012.

[20] Y Bengio, A Courville, P Vincent. Representation learning: A review and new perspectives[J]. Pattern Analysis and Machine Intelligence, IEEE Transactions on,2013, 35(8): 1798-1828.

[21] Deep Learning[EB/OL]. http://www.deeplearningbook.org/.

[22] A Fischer, C Igel. Training restricted Boltzmann machines: an introduction[J]. Pattern Recognition, 2014, 47(1): 25-39.

[23] J Schmidhuber. Deep learning in neural networks: An overview[J]. Neural Networks, 2015, 61: 85-117.

[24] S Rifai, Y Bengio, A Courville, et al. Disentangling factors of variation for facial expression recognition[M]. Computer Vision-ECCV 2012, Springer Berlin Heidelberg, 2012: 808-822.

[25] F A Gers, J Schmidhuber. LSTM recurrent networks learn simple context-free and context-sensitive languages[J]. Neural Networks, IEEE Transactions on, 2001, 12(6): 1333-1340.

[26] A Graves, A Mohamed, G Hinton. Speech recognition with deep recurrent neural networks[C]. Acoustics, Speech and Signal Processing (ICASSP), 2013 IEEE International Conference on. IEEE, 2013: 6645-6649.

[27] Deep Learning[EB/OL]. http://en.wikipedia.org/wiki/Deep_learning.

[28] UFLDL_Tutorial[EB/OL]. http://ufldl.stanford.edu/wiki/index.php/UFLDL_Tutorial.

[29] R Salakhutdinov, A Mnih, G Hinton. Restricted Boltzmann machines for collaborative filtering[C]. Proceedings of the 24th international conference on Machine learning. ACM, 2007: 791-798.

生成对抗式网络与深度学习应用

摘要： 2014 年，Ian Goodfellow 受博弈论中的二人零和博弈启发，提出一种非监督学习模型——生成对抗式网络（Generative Adversarial Net，GAN）。GAN 在此后短短的两三年时间内迅速发展，被应用到了多个机器学习的任务中，并取得了良好的效果。在 8.1.1 节中，我们将介绍 GAN 的基本原理，8.1.2 节介绍深度卷积生成对抗式网络（Deep Convolution Generative Adversarial Net，DCGAN），8.1.3 节和 8.1.4 节介绍 GAN 的其他变种。

文本情感分类主要是通过自然语言处理等方法来获得文本素材中作者对于某一主题的看法或者态度，随着互联网社交媒体的崛起，文本情感分类在健康医疗、社交、金融及消费者市场等各个领域应用广泛。8.2 节介绍了卷积神经网络、LSTM 及 C-LSTM 几种深度方法在文本情感分类中的应用和实验。

卷积神经网络在图像领域有十分惊艳的表现，颠覆了传统图像分类的方法，同时还在语音情感识别等领域表现出优势。8.3 节介绍了卷积神经网络在人脸识别中的应用，通过具体的案例来分析卷积神经网络如何获得优异的识别性能，同时简述了一些在处理人脸图像时常用的图像与处理方法。8.4 节介绍了 CNN 在语音情感识别中的应用，详细介绍了语音情感识别相关内容和语音情感系统的实现。

8.1 生成对抗式网络及其发展

在第 5 章和第 6 章中，我们讨论了常见的几种机器学习算法。事实上，机器学习可以分为两类：判别式学习和生成式学习。判别式学习对应的模型称为判别式模型，也叫作条件模型，它学习数据的条件概率分布，线性回归模型、支持向量机模型、随机森林模型等常见的监督学习模型都是判别式模型。生成式学习是指在给定某些潜在参数的情况下，学习数据的联合概率分布，随机产生可观测的数据值，常见的生成式模型有隐马尔可夫模型、朴素贝叶斯模型、高斯混合模型、条件随机场等。二者的区别在于判别式模型学习类之间的边界，而生成式学习针对每个类的特点建立它们的分布模型。举个例子，给定多种动物的多张图片让机器进行归类训练，之后再输入一张训练样本之外的动物的图片，判断是哪一类动物。判别式模型学习不同动物图片之间的不同点，将它们分类，输入的图片根据自身的特点被划为某一类；而生成式模型学习每种动物图片的特征，为每类动物建立一个模型，输入的图片与已有的模型进行比较，和哪种模型的匹配率较高就划为哪种动物。

8.1.1 生成对抗式网络

生成对抗式网络的基本思想源于二人零和博弈游戏。在这个游戏中，双方的收益之和为 0，也就是说，一个人得到利益，另一个人肯定遭受损失，双方呈对抗竞争关系，不存在共赢的局面。GAN 将游戏中的一方称为生成器，另一方称为判别器。GAN 模型如图 8-1 所示。

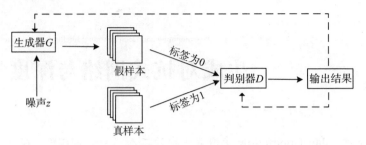

图 8-1 GAN 模型

生成器通常是一个可微函数 G，参数为 $\theta^{(G)}$。定义一个随机噪声分布 z，这通常是一个简单分布，比如高斯分布、均匀分布等，将 z 输入 G 中，G 根据噪声 z 建立数据分布模型，产生假样本 $G(z)$。然后将假样本输入判别器，根据判别器的判别结果，G 更新参数，使假样本能逼近于真样本，也就是让 $D(G(z))$ 尽量大，接近于 1。

判别器是一个二分类器，通常为可微函数 D，参数为 $\theta^{(D)}$。将训练样本集中的样本称为真样本，用 x 表示。将真样本和假样本分别标记为 1 和 0，输入判别器，通过监督学习，估计输入样本来自训练样本集的概率。判别器要尽可能准确地将真样本和假样本区分开来，也就是要让 $D(x)$ 尽量大，接近于 1，让 $D(G(z))$ 尽量小，接近于 0。

用 $J^{(G)}(\theta^{(D)}, \theta^{(G)})$ 表示生成器的损失函数，生成器的目标是最小化 $J^{(G)}(\theta^{(D)}, \theta^{(G)})$，它只能控制参数 $\theta^{(G)}$；判别器的目标是最小化损失函数 $J^{(D)}(\theta^{(D)}, \theta^{(G)})$，它只能控制参数 $\theta^{(D)}$。由于双方的损失不仅取决于自身的参数，还受对手的参数影响，并且他们不能控制对手的参数，因此生成对抗式网络通常被描述为一场博弈而不是最优化问题。博弈的解称为纳什均衡。在非合作博弈过程中，当所有的参与者都选择了最佳策略时，若某个参与者独自改变行动，他的收益也不会增加，反而可能下降，因此他最终还是会选择停留在最佳策略，这就是纳什均衡。

生成器和判别器的目标参数互相关联，并且这是一场零和博弈，二者的损失和与获益和都为 0，即 $J^{(D)}(\theta^{(D)}, \theta^{(G)})+J^{(G)}(\theta^{(D)}, \theta^{(G)})=0$，两者是对抗的关系。知道其中一个的损失值，就可以推出另一个的损失值，因此用判别器的获益值 $V(\theta^{(D)}, \theta^{(G)})$ 作为参数，判别器要使 V 尽量大，生成器要使 V 尽量小，GAN 的目标是：

$$\min_{G} \max_{D} V(D, G) = E_{x \sim p_{\text{data}}(x)}\Big[\log D(x)\Big] + E_{z \sim p_z(z)}\Big[\log\big(1 - D(G(z))\big)\Big]$$

GAN 的训练过程如图 8-2 所示。实线是假样本的分布，粗虚线是真实样本的分布，细虚线表示判别器 D。一开始将真实样本和假样本同时输入 D 中，由于两类样本一开始区别比较明显，因此 D 的识别准确率也较高，之后 G 根据 D 识别的结果调整分布，最后 G 和 D 达到图 8-2d 的均衡状态，此时假样本和真实样本的分布几乎相同。

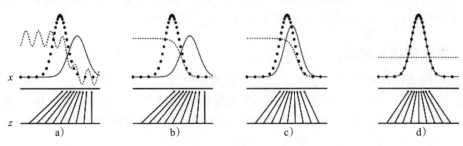

图 8-2 GAN 训练过程

GAN 的训练算法如算法 8.1 所示。

算法 8.1 GAN 随机梯度下降训练

输入：噪声 z，样本，循环次数 iter。

输出：G 输出假样本，D 输出样本为真的概率。

算法：

1) 初始化 G 和 D

2) for $i = 1, \cdots,$ iter do:

3)   for $j = 1, \cdots,$ k do:

4)   从噪声先验概率 pg(z) 中随机采样 m 个，$\{z(1), \cdots, z(m)\}$；

5)   从原始数据分布 pdata(x) 中随机采样 m 个，$\{x(1), \cdots, x(m)\}$；

6)   通过随机梯度上升法更新 D：

$$\nabla_{\theta_d} \frac{1}{m} \sum_{i=1}^{m} \left[\log D\left(x^{(i)}\right) + \log\left(1 - D\left(G\left(x^{(i)}\right)\right)\right) \right]$$

7)   endfor

8)   从噪声先验概率 pg(z) 中随机采样 m 个，$\{z(1), \cdots, z(m)\}$；

9)   通过随机梯度下降法更新 G：

$$\nabla_{\theta_g} \frac{1}{m} \sum_{i=1}^{m} \left[\log\left(1 - D\left(G\left(z^{(i)}\right)\right)\right) \right]$$

10) endfor

例 8.1 用 GAN 模拟高斯分布数据

设原始样本集由众多 1000 维的向量组成，这些向量中的数据呈高斯分布，均值为 0，方差为 2，噪声 z 是从 0 到 1 抽取的随机数。分别设计三个神经网络 G、D、GAN。G 的输入是 z，输出假样本。G 输出假样本后，将它标记为 0，从原始样本中抽取真样本，标记为 1，真假样本按 1:1 的比例输入 D，神经网络最后一层用一个 sigmoid 激活函数输出 D 识别真样本的能力。GAN 以 D 的输出结果的均值和方差作为输入，通过最小化交叉熵来更新 G 的参数。图 8-3 是 G 和 D 的损失函数变化图，经过足够多的训练，G 和 D 的损失函数将会达到平衡。

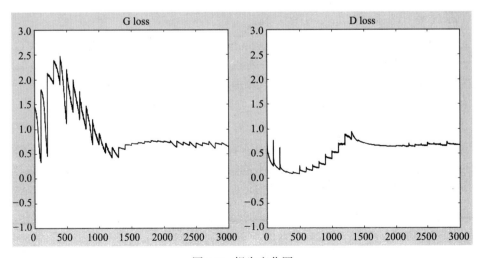

图 8-3　损失变化图

图 8-4 是训练一开始真样本和假样本的样本概率分布图和训练达到平衡的样本概率分布图。G 的分布最终将趋向于 D。

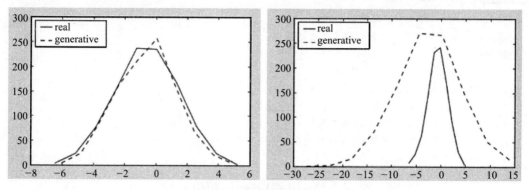

图 8-4　概率分布图

在实际应用中，GAN 生成的样本质量比其他生成模型的要高，而且速度快。传统的生成模型一般都需要进行马尔可夫链式的采样和推断，这个过程的计算复杂度特别高。GAN 使用后向传播，不需要马尔可夫链，训练时不需要对隐变量做推断，而是直接进行采样和推断，从而提高了 GAN 的应用效率。另外，G 使用来自 D 的后向传播更新参数，这样就不需要大量的数据样本进行训练。GAN 非常灵活，对损失函数没有严格的限制，这样针对不同的任务，我们可以设计不同类型的损失函数。再次，最重要的一点是，当概率密度不可计算的时候，传统的依赖于数据自然性解释的一些生成模型就不可以在上面进行学习和应用，但是 GAN 在这种情况下依然可以使用，这是因为 GAN 的训练是一种对抗式训练，可以逼近一些不是很容易计算的目标函数。

GAN 也存在一些不足，比如可解释性差、生成模型的分布没有显式的表达、比较难训练以及 D 与 G 之间难以很好地同步（例如 D 更新 k 次而 G 更新一次）。训练 GAN 需要达到纳什均衡，有时候可以用梯度下降法做到，有时候做不到。它很难去学习生成离散的数据，就像文本。针对这些不足，学术界提出了各种 GAN 的变体，比如 DCGAN、InfoGAN、SeqGAN 等，接下来我们将逐一介绍。

8.1.2　深度卷积生成对抗式网络

深度卷积生成对抗式网络（Deep Convolution Generative Adversarial Net，DCGAN）是对 GAN 的改进，它提出了三个创新点：全卷积网络、全连接层的消除以及批标准化。

DCGAN 与 GAN 最大的不同就是使用卷积神经网络并略加改变，生成器和判别器都是深度卷积网络。深度卷积神经网络由多层组成，通常包括输入层、卷积层、池化层、全连接层和输出层。生成器用微步幅卷积代替池化层，允许上采样；判别器用带步幅的卷积代替池化层，进行下采样。这能简化结构，提高训练效果。

深度卷积网络的全连接层可以用全局平均池化（GAP）代替，这能够减少参数数量，增加模型的稳定性，但是收敛速度慢。因此 DCGAN 去除了全连接层，也不使用 GAP。生成器的输入 z 经过矩阵相乘之后调整为一个 4 维张量，作为卷积的输入。对于判别器来说，它的最后一个卷积层平化之后经过一个 sigmoid 函数输出结果。

GAN 的训练不稳定，常常会遇到生成相同样本的失败情况，DCGAN 为解决这个问题，采用了批标准化的方法。在每一个卷积层接收输入之前，对这个输入进行标准化处理，使之均值为 0，方差为某个单元值。然而所有层都经过这个预处理会导致样本振荡和模型的不稳定，为了避免这种情况，在生成器的输出层和判别器的输入层不采用批标准化。

图 8-5 是 DCGAN 的生成器网络模型。输入噪声 z，经过矩阵乘法，调整为 4 维张量，然后经过多步微步幅卷积，最终生成 64×64 的图片。

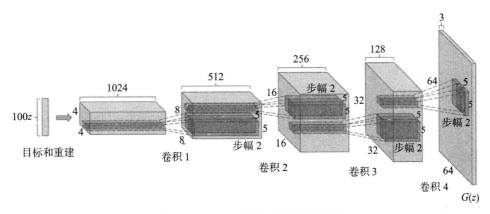

图 8-5　DCGAN 的生成器网络模型

例 8.2　**用 DCGAN 生成图片**

DCGAN 的作者用 theano 实现了 DCGAN，并把源码放在 github（https://github.com/Newmu/dcgan_code）上，另外，他还放上了用 TensorFlow 实现的版本（https://github.com/carpedm20/DCGAN-tensorflow）。本例直接调用 TensorFlow 版的接口，生成多张图片。首先，从网上下载训练图片到 data 文件夹，该版本也提供了几种数据集的下载方式，如 mnist、celebA 等：

$python download.py mnist

下载之后，对模型进行训练：

$python main.py --dataset mnist --is_trainTrue

训练之后，将在 samples 文件夹生成多张以假乱真的图片。

DCGAN 是一种很有用的模型，解决了 GAN 不稳定的缺点，InfoGAN 等变体都是基于 DCGAN 进行改进的。

8.1.3　InfoGAN

GAN 中生成器的输入 z 是一个连续的噪声信号，通常是高斯分布或者均匀分布，对生成器怎么处理 z 没有任何其他约束，这导致 z 和输出没有明确的对应关系，我们不知道什么样的 z 可以用来生成图片 1，什么样的 z 可以用来生成图片 2。InfoGAN 从这一点出发，试图为 z 寻找解释。它将噪声 z 分成两部分：不可压缩的噪声源 z 和包含对数据可解释信息的隐变量 c，生成器产生的数据由 $G(z, c)$ 表示。c 对 $G(z, c)$ 具有可解释性，因此它们之间具有高度相关性，即互信息大。

在信息论中，用 $I(X;Y)$ 衡量 X 和 Y 之间的互信息，用两个熵的差值来定义：

$$I(X;Y) = H(X) - H(X|Y) = H(Y) - H(Y|X)$$

$H(X)$ 表示 X 的熵，$H(X|Y)$ 表示后验概率 $p(X|Y)$ 的熵。$I(X;Y)$ 有一个直观的解释：观测到其中一个变量而造成的另一个变量不确定性的减少值。当 X 和 Y 相互独立时，互信息为 0，此

时知道其中一个变量的信息也无法得知另一个变量的信息；而如果 X 和 Y 相互关联，则互信息越大，从一个变量能推出的另一个变量的信息也就越多。

InfoGAN 的目标函数为（λ 是一个超参数）

$$\min_{G} \max_{D} V_I(D, G) = V(D, G) - \lambda I(c; G(z, c))$$

然而在实际操作中 $I(c;G(z))$ 难以直接最大化，因为它需要知道后验概率 $p(c|x)$。因此使用一个辅助分布 $Q(c|x)$ 来估计 $p(c|x)$，通过变分信息最大化来获取互信息 $I(c;G(z，c))$ 的下界 $L_I(G，Q)$。此时 InfoGAN 的目标函数为

$$\min_{G,Q} \max_{D} V_{\text{InfoGAN}}(D, G, Q) = V(D, G) - \lambda L_I(G, Q)$$

事实上，辅助分布 Q 是一个神经网络，在大部分实验中，Q 和判别器 D 共用所有的卷积层，只在最后增加了一个全连接层以输出 $Q(c|x)$，这意味着 InfoGAN 相比 GAN 只增加了一点点的计算量，并且 $L_I(G，Q)$ 总是比 GAN 收敛得快。

InfoGAN（架构如图 8-6 所示）把信息论和 GAN 相结合，使用无监督学习的方式学习输入样本有意义的表示，最大化信息的价值，不需要大量额外的开销就可以得到可解释的特征，实验证明，InfoGAN 能够有效改善 GAN 的效果。

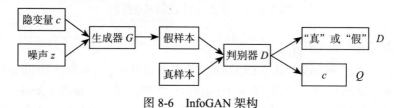

图 8-6　InfoGAN 架构

8.1.4　SeqGAN

GAN 在产生连续数据方面取得了良好的效果，但是却不适用于自然语言处理（NLP）领域，主要的问题在于，生成模型 G 和判别模型 D 都是可微的，若要产生离散数据（如文本），D 给出的梯度更新对 G 来说可能完全没有用，比如，如果改变一个单词的某个字母，得到的新单词可能在词汇表里找不到。另一个问题是，判别模型 D 只能评估一个完整的序列，而无法评估半完成的序列。为解决这两个问题，SeqGAN 将增强学习和 GAN 结合，对于不完整的序列，通过蒙特卡罗（MC）搜索将它补充完整，输入 D 得到奖励值，G 根据奖励值进行策略梯度更新。架构如图 8-7 所示。

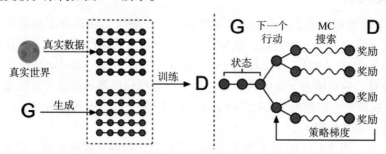

图 8-7　SeqGAN 架构

使用带 θ 参数的生成模型 G_θ 产生序列 $Y_{1:r}=(y_1,\cdots, y_t,\cdots, y_T)$, $y_t \in \mathsf{y}$，其中 y 是词例的集合。我们使用增强学习的思想来看待这个问题：在时间 t，状态 s 是当前产生的词例 $(y_1,\cdots,$

y_{t-1}），行动 a 是选择下一个词例 y_t，而下一步选择哪个词例是随机的。

判别模型 D_ϕ 的参数为 ϕ，$D_\phi(y_{1:T})$ 表示序列 $y_{1:T}$ 来自真实样本的概率。判别模型 D_ϕ 接收真样本和假样本进行训练，同时，生成模型 G_θ 接收来自判别模型 D_ϕ 的奖励值，通过增强学习中的策略梯度和蒙特卡罗搜索朝着使奖励值最大的方向更新参数。该奖励值衡量假样本能以假乱真的程度。$G_\theta(y_t|Y_{1:t-1})$ 的目标函数如下：

$$\min_{G,Q} \max_D V_{\text{InfoGAN}}(D,G,Q) = V(D,G) - \lambda L_I(G,Q)$$

$$J(\theta) = E\left[R_T | s_0, \theta\right] = \sum_{y_1 \in y} G_\theta(y_1|s_0) \cdot Q_{D_\phi}^{G_\theta}(s_0|y_1)$$

其中 s_0 是最开始的状态，R_T 是从开始状态 s_0 到最终状态的完整序列的累加奖励值。$Q_{D_\phi}^{G_\theta}(s,a)$ 是一个序列的行动价值函数，也就是从状态 s 开始采取行动 a 并执行策略 G_θ 的累加奖励值。对于完整的序列，$s = Y_{1:T-1}$，$a = y_T$，它的累加奖励值就是来自判别模型 D 的奖励 $D_\phi(Y_{1:T})$，由于判别模型只估计完整序列，因此对于不完整的序列，我们使用蒙特卡罗搜索将它"补全"。在中间状态 t 时，使用策略 G_β 对接下来的 $T-t$ 个词例采样 N 次，得到 N 个输出的样本 $\{Y_{1:T}^1, \cdots, Y_{1:T}^N\} = MC^{G_\beta}(Y_{1:T}; N)$，将这 N 个完整的序列输入 D 中，得到 N 个奖励值，取均值得到估计的奖励值。

$$Q_{D_\phi}^{G_\theta}(s = Y_{1:t-1}, a = y_t) = \begin{cases} \frac{1}{N} \sum_{n=1}^N D_\phi(Y_{1:T}^n), Y_{1:T}^n \in MC^{G_\beta}(Y_{1:t}; N), & t < T \\ D_\phi(Y_{1:t}), & t = T \end{cases}$$

通过奖励值更新参数：

$$\theta \leftarrow \theta + a_h \nabla_\theta J(\theta)$$

其中 $a_h \in R^+$ 表示在第 h 步的相应学习率。

判别模型 D 的目标函数如下：

$$Q_{D_\phi}^{G_\theta}(s = Y_{1:t-1}, a = y_t) = \begin{cases} \frac{1}{N} \sum_{n=1}^N D_\phi(Y_{1:T}^n), Y_{1:T}^n \in MC^{G_\beta}(Y_{1:t}; N), & t < T \\ D_\phi(Y_{1:t}), & t = T \end{cases}$$

$$\min_\phi - E_{Y \sim p\text{data}}\left[\log D_\phi(Y)\right] - E_{Y \sim G_\theta}\left[\log\left(1 - D_\phi(Y)\right)\right]$$

算法 8.2 SeqGAN 算法

条件：生成策略 G_θ，快速策略 G_β，判别器 D，序列数据集 $S = \{X_{1:T}\}$。

算法：

1) 初始化 G_θ 和 G_β；
2) 使用数据集 S 通过最大似然估计预训练 $G_{\theta\beta}$；
3) 将参数 θ 赋给参数 β；
4) 使用 G_θ 产生假样本用于训练 G_ϕ；
5) 通过最小化交叉熵预训练 G_ϕ；
6) 重复以下步骤直到 SeqGAN 收敛：
7)   for $i = 1, \cdots,$ g_steps do:
8)   通过 G_θ 产生序列 $Y_{1:T} = (y_1, \cdots, y_T)$；
9)   for $t = 1, \cdots, T$ do:

$$Q_{D_\phi}^{G_\theta}\left(s=Y_{1:t-1}, a=y_t\right)=\begin{cases}\dfrac{1}{N}\displaystyle\sum_{n=1}^{N}D_\phi\left(Y_{1:T}^n\right), Y_{1:T}^n\in MC^{G_\beta}\left(Y_{1:t};N\right), & t<T\\[2mm]D_\phi\left(Y_{1:t}\right), & t=T\end{cases}$$

10)　　　　endfor

11)　　　　通过策略梯度法更新 G_θ 的参数：$\theta \leftarrow \theta + a_h\nabla_\theta J(\theta)$

12)　　　endfor

13)　　for $i = 1, \cdots$, d_steps do:

14)　　　　使用 G_θ 产生假样本，与 S 产生的真样本一起输入 G_ϕ，训练 k 个回合：

$$\min_\phi -E_{Y\sim pdata}\left[\log D_\phi(Y)\right] - E_{Y\sim G_\theta}\left[\log\left(1-D_\phi(Y)\right)\right]$$

15)　　　endfor

16) 将参数 θ 赋给参数 β

8.2　基于深度学习的文本情感分类

8.2.1　文本情感分类

文本情感分类的研究始于国外学者，主要是通过自然语言处理等方法来获得文本素材中作者对于某一主题的看法或者态度。这一看法表达了作者当时的情绪状态，或者是作者希望读者感受的情绪状态。

文本情感分类作为自然语言处理的重要研究内容之一，一直受到学术界和产业界的关注。特别是随着互联网社交媒体的崛起，使得文本情感分类越来越多地应用于健康医疗、社交、金融及消费者市场等各个领域。

通过对网络、社会和企业文本数据的分析，我们可以得到与消费者、公众和市场有关的有价值的信息，并将这些信息运用到企业或政府的相关决策之中，更好地促进企业的发展和公众服务的建设，最终产生巨大的经济效益。比如，通过对用户产品评价的情感分类可以判断出用户对产品的喜爱程度，进而制定出相应的销售策略；通过对社交媒体内容的情感分类可以预测政治选举及股票走势；通过对文章主题的自动分类，可以对不同的用户进行定向推送，提高服务质量。

文本情感分类在国外的研究比较早，但大多数是针对英文文本，随着国内互联网的发展，社交媒体和电商网站上包含海量的中文文本信息，如果能对这些文本进行挖掘并获取有价值的信息，将具有巨大的经济效益。文本情感分类的首要问题是提高分类准确率，为以后的预测和判断提供可靠的支撑，所以基于深度学习来提高中文文本情感分类的准确率是一个研究热点。

图 8-8 所示为文本情感分类示意图。

8.2.2　文本预处理

对于文本情感分类任务，首先要解决

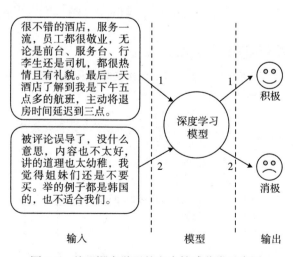

图 8-8　基于深度学习的文本情感分类示意图

的问题是如何将自然语言文本转换为向量表示，分为以下三个步骤（见图 8-9）：

- 对文本进行分词操作。中文文本不像英文文本那样每个单词之间都用空格隔开，为了得到中文词向量需要进行分词操作，通过比较几种开源分词工具，本实验选择了基于 Python 开发的开源工具结巴分词对中文文本进行分词，该工具对中文分词具有非常好的效果。
- 预处理文本长度。文本处理通常需要固定长度的输入，将所有句子预处理为相同的长度，句子的最大长度用 maxlen 表示，对于不足最大长度的在句尾添加特殊符号表示未知词语，对于超过最大长度的将句尾超出的部分截去使之等于最大长度。
- 词向量表示。Word2vec 神经网络的输出是一个词汇表，其中每个词都有一个对应的向量，可以将这些向量输入深度学习网络，也可以只是通过查询这些向量来识别词之间的关系。本研究使用 Google 的开源工具 Word2vec 来进行词向量的初始化。这样就得到了文本数据的向量表示作为卷积神经网络的标准输入。

图 8-9　文本预处理过程

对于模式识别或者语音识别任务，我们清楚地知道想要成功解决这些问题只需对数据进行编码，但是早期的自然语言处理系统想当然地将词语也当作独立的原子符号，因此"猫"可能被表示为 Id142，"狗"可能被表示为 Id143，这种编码方式是主观臆断的，没有给自然语言处理系统这两个独立的词语之间可能存在的相关性的任何信息。这就意味着当模型处理"狗"这个词语时，几乎没有用到任何从"猫"这个词语上所学习的信息。将词语的表示孤立化不仅导致了文本数据的稀疏性，通常也意味着需要更多的其他信息才能训练好统计模型。使用词向量表示可以克服这方面的一些障碍。向量空间模型通过一个连续的向量空间将语义相似的词语安排在相近的位置来表示词向量。向量空间模型在自然处理领域有着悠久的历史，但所有这些方法都或多或少地依赖于分布性假设，该假设强调出现在相同文本中的词语有着共同的语义含义。根据对这一假设利用的不同程度可以将向量空间模型分为两大类——统计方法和预测模型。

Word2vec 是一个可以从上下文本中学习词向量的运算效率极高的预测模型，它有连续词袋（Continuous Bag-of-Words，CBOW）和 Skip-Gram 两种模型。从算法上讲，这两种模型是相似的，除了 CBOW 是从源上下文本预测目标词语，而 Skip-Gram 则相反，它是从目标词语推测源上下文本的词语。Word2vec 是一个用于处理文本的双层神经网络，它的输入是文本语料，输出则是一组向量：该语料中词语的特征向量。虽然 Word2vec 并不是深度神经网络，但它可以将文本转换为深度神经网络能够理解的数值形式，它的目的和作用是在向量空间内将词的向量按相似性进行分组，同时能够识别出数学上的相似性。Word2vec 能生成向量，以分布式的数值形式来表示词的上下文等特征，这一过程无需人工干预。正是因为这些卓越的特性，所以 Word2vec 被广泛应用于自然语言处理相关的研究中。

8.2.3 基于卷积神经网络的文本情感分类

1. CNN 结构

例如，有一段文本使用卷积神经网络（CNN）模型分析其情感倾向性，在卷积神经网络中创建一组神经元 N 来处理分割后的文本数据，N 可以处理文本中的每一个词汇，输出相应的特征。接着卷积层的输出可以作为连接层 F 的输入。当滑动窗口的大小为 3 时，卷积神经网络模型如图 8-10 所示，一个 N 处理以词为中心的 3 个词组成的数据片段，也就是相对于当前词使用滑动窗口从原始的文本中截取三个词作为输入数据。

卷积神经网络结构中一个卷积层的输出作为下一层的输入，每一层网络都可以提取到更高级、更抽象的特征。比如，可以创建一个新的卷积层 M，多层卷积神经网络模型如图 8-11 所示。

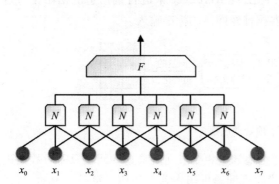

图 8-10　窗口大小为 3 的卷积神经网络模型

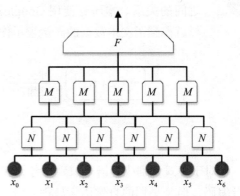

图 8-11　多层卷积神经网络模型

在两个卷积层之间，通常使用池化层进行连接，目前比较流行的池化操作是最大池化操作，最大池化层取前一层部分区域中的最大值作为特征，使得之后的卷积层可以处理更大的数据区间，如图 8-12 所示。

2. 基于 CNN 的文本情感分类流程

基于 CNN 的中文文本情感分类模型的构建步骤如下。第一步，将句子中的词语初始化为词向量，且使句子的长度固定。第二步，卷积层对嵌入的词向量进行多重滑动窗口的卷积操作，一般可以一次同时卷积 3、4、5 个词向量。第三步，用最大池化层将卷积层的输出结果转化为特征

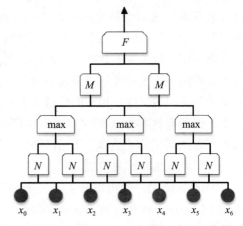

图 8-12　包含最大池化层的卷积神经网络模型

量序列。第四步，添加 dropout 调节，防止模型过拟合。第五步，用激活函数对输出进行分类。由于本研究使用了不同的滑动窗口大小来对词向量进行卷积操作，因此需要分别为每一个滑动窗口大小分别创建一个卷积层，迭代地进行卷积操作，之后将输出结果合并为一个大的特征向量。将该特征向量与矩阵相乘可以得到一个数值，通过该数值可以对文本情感进行分类，但通常的做法是使用一个激活函数将原始数值转化为规范的概率分布，用于文本情感分类。整个 CNN 模型的流程图如图 8-13 所示。

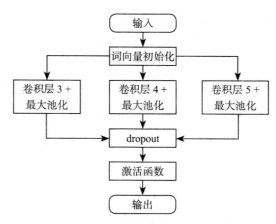

图 8-13   CNN 模型流程图

8.2.4   基于 LSTM 神经网络的文本情感分类

人类对事物的理解是有持续性的，对文章中一个句子或词语的理解依赖于对之前的句子或词语的理解，而传统的神经网络无法模拟人类的这种思考过程，这似乎是其在文本情感分类这类自然语言处理任务中的重大缺陷。比如一段文字，我们无法使用传统的神经网络模型通过之前的句子去预测下一个句子的情感。但是迭代神经网络解决了这个问题，它采用迭代的网络结构，允许信息被保存下来。

1. LSTM 神经网络结构

迭代神经网络中 N 处理输入数据 x_t，同时产生输出 h_t，循环允许这个信息同时被传递给神经网络的下一步。如果将循环展开，可以把迭代神经网络看作多重相同网络的迭代，每一个输入都将自己的信息传递给后续的神经网络，迭代神经网络结构如图 8-14 所示。

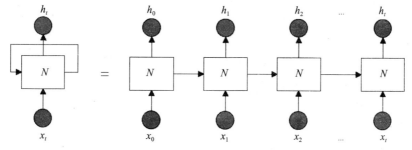

图 8-14   迭代神经网络结构示意图

长短期记忆神经网络（Long Short-Term Memory Neural Network，LSTM）是一类特殊的迭代神经网络，由于能够学习长期的依赖关系而被广泛应用于文本情感分析研究，其特点是能在很长的一段时间内"记忆"相关信息。所有的迭代神经网络都由不断重复的神经网络模块链组成，在标准的迭代神经网络中，这种重复的模块结构可以非常简单，比如单一的 tanh 函数层，如图 8-15 所示。

LSTM 的重复模块与标准的迭代神经网络只有单一的神经网络层不同，它由四种不同的神经网络层相互作用而成，如图 8-16 所示。

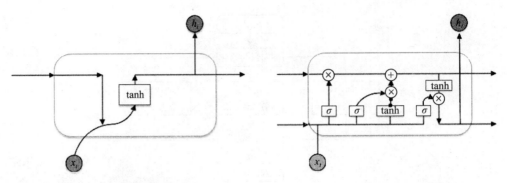

图 8-15　迭代神经网络模块链　　　　　　　　图 8-16　LSTM 模块链

　　LSTM 中最关键的是它的元状态，即图 8-17 最上面的那条水平线，它水平地穿过整条模块链，中间包含了一些线性的交互。LSTM 能够给元状态添加或删除信息，这些操作都是通过门精确控制的，门可以选择性地让信息通过。LSTM 通过三种门来保护和控制元状态。

　　第一步，LSTM 通过忘记门层决定哪些信息要从元状态里舍弃，它通过对数据 h_{t-1} 和 x_t 的处理产生一个 0 或者 1 的输出，0 表示将元状态 C_{t-1} 完全丢弃，1 表示将元状态 C_{t-1} 完全保留，如图 8-18 所示。

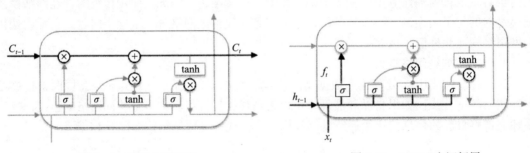

图 8-17　LSTM 元状态　　　　　　　　　　图 8-18　LSTM 忘记门层

　　数学表达式如下：

$$f_t = \sigma(W_f \cdot [h_{t-1}, x_t] + b_f)$$

　　第二步，LSTM 要决定哪些新信息需要存储在元状态之中，可以分为两部分，首先输入门层决定哪些信息需要更新，其次，tanh 层创建一个新的候选信息向量 C_t，最后将这两个数据结合更新到元状态中。如图 8-19 所示。

　　数学表达式如下：

$$i_t = \sigma(W_i \cdot [h_{t-1}, x_t], + b_i)$$

$$\tilde{C}_t = \tanh\left(W_c \cdot [h_{t-1}, x_t] + b_c\right)$$

　　得到每一层的输出之后，就可以将之前的元状态 C_{t-1} 更新为新的元状态 C_t，如图 8-20 所示。

　　数学公式如下：

$$C_t = f_t * C_{t-1} + i_t * \overline{C}_t$$

　　第三步，LSTM 要得到输出信息，输出信息由输入信息 x_t、之前的输出信息 h_{t-1} 和元状态 C_t 共同决定。如图 8-21 所示。

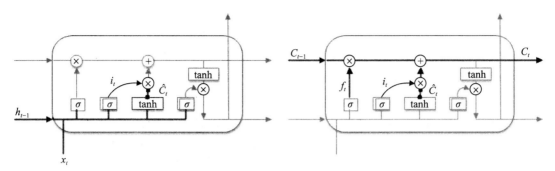

图 8-19　LSTM 更新元状态　　　　　　图 8-20　LSTM 元状态的更新

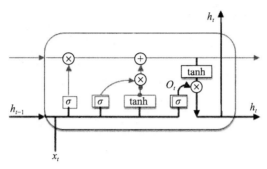

图 8-21　LSTM 的输出

数学公式如下：

$$o_t = \sigma(W_o \cdot [h_{t-1}, x_t] + b_o)$$
$$h_t = o_t * \tanh(C_t)$$

2. LSTM 神经网络训练

建立 LSTM 文本情感分类模型，其中最后一层隐藏层的输出作为输入文本的特征表示，根据文本的特征表示通过分类器得到实际的输出，以最小化代价函数值为目标训练模型。

LSTM 模型使用交叉熵作为代价函数，表示如下：

$$C = \frac{(y - \tilde{y})^2}{2}$$

其中 y 是我们期望的输出，$\tilde{y}$ 为神经元的实际输出：

$$\tilde{y} = \sigma(z)$$
$$z = wx + b$$

以最小化代价函数为目标训练模型，在通过梯度下降算法更新 w 和 b 值的过程中，计算代价函数对 w 和 b 的导数如下所示：

$$\frac{\partial c}{\partial w} = (\tilde{y} - y)\sigma'(z)x$$
$$\frac{\partial c}{\partial b} = (\tilde{y} - y)\sigma'(z)$$

w、b 的更新过程如下：

$$w \leftarrow w - \delta \times \frac{\partial c}{\partial w} = w - \delta \times (\tilde{y} - y)\sigma'(z)x$$

$$b \leftarrow b - \delta \times \frac{\partial c}{\partial b} = b - \delta \times (\tilde{y} - y) \sigma'(z)$$

很多激活函数会在 $\sigma'(z)$ 取大部分值时很小，这使得 w 和 b 更新缓慢。最小化交叉熵误差克服了这个缺点，这是因为它的导数项里没有 $\sigma'(z)$ 这一项，通过最小化交叉熵误差来训练整个模型。给定训练样本 $x^{(i)}$ 和它的真实标签 $y^{(i)} \in \{1, 2, \cdots, k\}$，其中 k 是可能标签的数量，计算的 $\tilde{y}_j^i \in \{0, 1\}$ 表示每个标记 $j \in \{1, 2, \cdots, k\}$ 的概率分布，误差定义为：

$$L\left(x^{(i)}, y^{(i)}\right) = \sum_{j=1}^{k} 1\{y^{(i)} = j\} \log\left(\tilde{y}_j^{(i)}\right)$$

其中 1{condition} 是一个指示器，当 condition 为真时，1{condition}=1，当 condition 为假时，1{condition}=0。

3. 基于 LSTM 的文本情感分类流程

基于 LSTM 的中文文本情感分类模型的构建步骤如下。第一步，将句子中的每个词语初始化为词向量，且使每个句子的长度固定。第二步，将词向量输入 LSTM 层，它由数百个记忆神经元组成。第三步，经过 dropout 处理之后，防止过拟合，提高模型的泛化能力。第四步，将输出输入激活函数以得出文本情感分类的判断。LSTM 模型的流程图如图 8-22 所示。

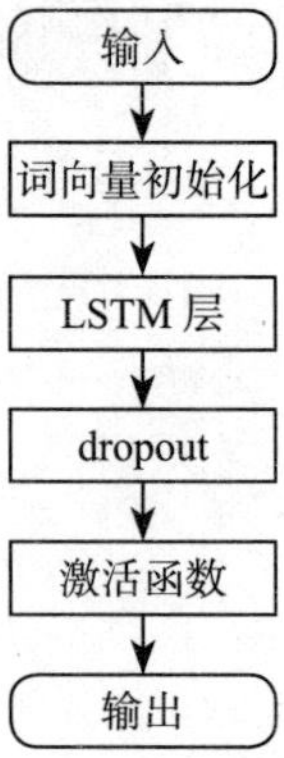

8.2.5　基于 C-LSTM 神经网络的文本情感分类

C-LSTM（Convolutional-Long Short-Term Memory Neural Network）模型的架构如图 8-23 所示，主要由卷积神经网络和 LSTM 两部分组成。下面介绍如何应用卷积神经网络提取高级别的连续词语特征，以及如何应用 LSTM 获得连续特征之间长期的依存关系。

图 8-22　LSTM 模型的流程图

图 8-23　C-LSTM 模型的架构图

1. CNN 层设计

卷积操作就如同让一个滤波向量滑过连续的队列，学习不同位置的特征。用 $x_i \in R^d$ 表示句子中第 i 个词的 d 维词向量，$x \in R^{L \times d}$ 表示输入的句子，其中 L 表示句子的长度。如果滑动窗口的大小为 k，则向量 $m \in R^{k \times d}$ 为用于卷积操作的滤波向量。整个卷积特征提取过程如图 8-24 所示。

对句子中的每一个位置 j，得到由 k 个连续词向量组成的窗口向量 w_j，表示为 $w_j = (x_j, x_{j+1}, \cdots, x_{j+k-1})$。

滤波向量 m 与窗口向量 w_j 在句子中的每一个位置卷积，有效地生成了特征图 $c \in R^{L-k+1}$，特征图的每一个元素 c_j 是由 $c_j = f(w_j * m + b)$ 计算所得的。

其中 $b \in R$ 是偏离系数，f 是非线性变换函数。这样就得到了由一个滤波向量生成的一个特征图 $c = (c_1, c_2, \cdots, c_{L-k+1})$。

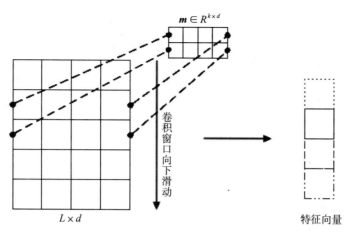

图 8-24　卷积特征提取

通常情况下，最大池化层或者动态 k-max 池化层会应用于卷积操作之后的特征图，用来选择最重要或者 k 个最重要的特征。本实验选择使用最大池化层，取特征向量中的最大值作为对应滤波向量的特征值 $\hat{c}=\max\{c\}$。为了得到输入的多重特征，本研究使用 n 个滤波向量得到输入的 n 重特征图，特征表达式为 $W=(c_1, c_2, \cdots, c_n)$。

用卷积神经网络对文本数据进行卷积之后，相当于对原来纯粹的词向量进行了特征抽象，经过最大池化层的处理之后，将其作为 LSTM 层的输入，经过 LSTM 的训练之后产生输出。

2. LSTM 层设计

迭代神经网络能够通过一个链状的神经网络架构传播之前的信息，在处理连续性数据的时候，迭代神经网络在每一步不仅处理当前的输入 x_t，而且处理之前隐藏层的输出 h_{t-1}。然而，当两步之间的距离过长时，标准的迭代神经网络无法学习长期的依赖关系。为了解决这个问题，LSTM 在 1997 年首次由 Hochreiter 和 Schmidhuber 提出，虽然之后陆续有很多 LSTM 的变体被提出，但本研究还是采用了 LSTM 的标准架构。LSTM 的设计目标就是学习连续性数据的长期依赖关系，可以将 LSTM 直接置于卷积神经网络之上来学习连续高级别特征的依赖关系。和标准的迭代神经网络一样，LSTM 的每一步也有一系列的重复模块，每一步的输出模块都由一系列的门所控制，这些门作为之前隐藏层 h_{t-1} 和当前输入 x_t 的函数，主要有忘记门 f_t、输入门 i_t 和输出门 o_t，这些门共同决定如何更新当前的记忆层 c_t 和当前的隐藏层 h_t。本研究将 LSTM 的记忆维度设置为 d，其他所有的向量都具有相同的维度。则 LSTM 的转换函数如下：

$$i_t = \sigma(W_i \cdot [h_{t-1}, x_t] + b_i)$$
$$f_t = \sigma(W_f \cdot [h_{t-1}, x_t] + b_f)$$
$$q_t = \tanh(W_q \cdot [h_{t-1}, x_t] + b_q)$$
$$o_t = \sigma(W_o \cdot [h_{t-1}, x_t] + b_o)$$
$$c_t = f_t * c_{t-1} + i_t * q_t$$
$$h_t = o_t * \tanh(c_t)$$

其中，σ 是逻辑 sigmoid 函数，输出为 $[0, 1]$，tanh 表示双曲正切函数，输出为 $[-1, 1]$。为了方便理解架构背后的机制，可以将 f_t 理解为控制多少记忆层信息将被舍弃的函数，i_t 理解为控制多少新的信息将被存储在记忆层的函数，o_t 理解为控制输出在多大程度上基于记忆层 c_t。

3. C-LSTM 模型的训练

完成了上述建模之后，可以将 LSTM 最后一步隐藏层的输出作为文本的表达，并在其上添加激活函数，通过代价函数来训练模型。

可以通过最小化交叉熵误差来训练整个模型，这是比较常用的代价函数。给定训练样本 $x^{(i)}$ 和它的真实标签 $y^{(i)} \in \{0，1\}$，$\tilde{y}_j^{(i)} \in [0，1]$ 表示每个标记 $j \in \{0，1\}$ 的概率分布，误差定义为

$$J(\theta) = -\frac{1}{m}\left[\sum\nolimits_{i=1}^{m}\sum\nolimits_{j=0}^{j}\left(y_j^{(i)}\log\tilde{y}_j^{(i)} + \left(1-y_j^{(i)}\right)\log\left(1-\tilde{y}_j^{(i)}\right)\right)\right]$$

其中 m 代表样本集的大小，j 代表多分类中的类型数，本模型只有两类，$y^{(i)}$ 代表第 i 个样本的真实标签，$\tilde{y}_j^{(i)}$ 代表第 i 个样本属于第 j 类的概率分布。

4. 基于 C-LSTM 的文本情感分类流程

整个 C-LSTM 模型的流程图如图 8-25 所示。

8.2.6 基于深度学习的文本情感分类实现

算法 8.3　基于 CNN 的文本情感分类

输入：x: 训练数据。
输出：计算输出 $\tilde{y}$。
算法：
1)　模型中所有参数初始化；
2)　将 x 嵌入向量表示 v 中；
3)　对 v 采用不同大小的滤波器进行并行卷积操作，输出 q；
4)　对 q 进行最大池化操作，输出 p；
5)　对 p 进行 dropout 操作，输出 s；
6)　对 s 使用激活函数，输出 $\tilde{y}$。

图 8-25　C-LSTM 模型流程图

算法 8.4　基于 LSTM 的文本情感分类

输入：x: 训练数据。
输出：计算输出 $\tilde{y}$。
算法：
1)　模型中所有参数初始化；
2)　将 x 嵌入向量表示 v 中；
3)　对 v 采用 LSTM 操作，输出 p；
4)　对 p 进行 dropout 操作，输出 s；
5)　对 s 使用激活函数，输出 $\tilde{y}$。

算法 8.5　基于 C-LSTM 的文本情感分类

输入：x: 训练数据。
输出：计算输出 $\tilde{y}$。
算法：
1)　模型中所有参数初始化；
2)　将 x 嵌入向量表示 v 中；
3)　对 v 采用不同大小的滤波器进行并行卷积操作，输出 q；
4)　对 q 进行最大池化操作，输出 p；
5)　对 p 采用 LSTM 操作，输出 s；

6) 对 s 进行 dropout 操作，输出 r；

7) 对 r 使用激活函数，输出 $\hat{y}$。

8.2.7 实验环境和数据

实验由 Python 语言实现中文文本的情感分类，其中主要用到的工具包为结巴分词、numpy、sklearn 和 TensorFlow。实验所用到的软硬件环境如表 8-1 所示。

本实验的目的是通过带情感标记的文本数据集来训练基于深度学习的三种模型，使其在文本情感分类上具有良好的效果。为了完成这一目标，本实验爬取了六大不同领域的带情感标注的中文文本数据 25000 条以对模型进行训练，涵盖书籍、电影、酒店、计算机、手机、家电。数据来源为淘宝、豆瓣和新浪微博，通过网络爬虫爬取。以豆瓣电影数据为例简述爬取过程：首先选定豆瓣电影首页所有热门电影，爬取其五星评价和一星评价，并将五星评价标记为积极评价，一星评价标记为消极评价，设置一个最大评论长度，当评论数据超过该长度时将其抛弃。通过这种方式最后分别采集到 5500 条积极电影评论和消极电影评论。语料分布如表 8-2 所示。

表 8-1　软硬件环境

参数	配置
CPU	AMD FX-4100 四核 3.60GHz
内存	8GB DDR3
硬盘	希捷（SEAGATE）ST1000DM003 1TB
Python 环境	Python 3.5

表 8-2　语料分布表

类别	积极情感	消极情感	类别	积极情感	消极情感
书籍	2000	2000	计算机	1750	1750
电影	5500	5500	手机	1000	1000
酒店	1250	1250	家电	1000	1000

每条中文文本数据都包含一个情感标记，其中 1 表示积极情感，0 表示消极情感。为了验证模型最后对中文文本的分类效果，本实验选取的测试数据集为网络收集的带情感标注的微博文本数据，共 1000 条。

8.2.8 超参数调节

深度学习算法最重要的一环是对模型的训练，而在模型的训练中对超参数的调节非常重要，因为神经网络有大量的参数需要设置而且非常难以调试，超参数调节的好坏直接影响到模型的分类效果。实验部分主要介绍了六类超参数的调节及其实验效果，实验训练集为 20000 条（积极和消极各 10000 条），验证集为 5000 条（积极和消极各 2500 条），比例为 4∶1。

1. 最小批处理大小和迭代次数的调节

批处理与训练的时间效率和噪声梯度评估都有关系，如果训练的数据集比较小，可以采用全数据集作为最小批处理大小（mini-batch size），但是当训练的数据集很大时，采用全数据集的方式显然不合适，这时选择一个适中的最小批处理大小就十分重要。最小批处理大小的选择直接影响到算法训练的效果，实验中比较了几种不同的最小批处理大小对分类准确率的影响。对于小的数据集，为了提高训练精度，迭代次数（epoch）一般设置得比较大，但迭代次数过大容易导致过拟合，图 8-26 和图 8-27 是 C-LSTM 模型对应于不同的迭代次数时分类准确率和损失函数的大小。

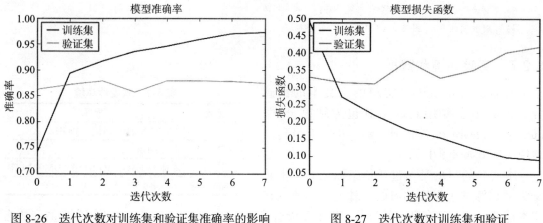

图 8-26　迭代次数对训练集和验证集准确率的影响　　　图 8-27　迭代次数对训练集和验证
　　　　　　　　　　　　　　　　　　　　　　　　　　　　　集损失函数的影响

可以看出，模型迭代 2 ～ 3 次即有很高的准确率，再继续迭代，虽然训练集准确率不断上升，但验证集准确率已基本不变，说明存在过拟合，没有继续迭代的必要。本实验将 epoch 的大小分别设置为 1、2、3，找出最优的最小批处理大小和迭代次数。C-LSTM 模型的实验结果如图 8-28 所示，训练集和验证集的比例是 4∶1。

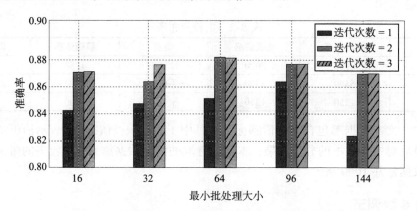

图 8-28　最小批处理大小和迭代次数对准确率的影响

通过实验结果可以看出，将最小批处理大小设为 64 且迭代次数设为 2 时，分类准确率最高。

2. 优化器的选择

优化器对于已有模型的性能挖掘具有重要作用，该如何选择优化器主要取决于输入数据的特性，如果输入数据是稀疏的，为了获得最佳的效果应该采用一种自适应学习率的优化算法，这样甚至不用调节学习率的大小就可以获得默认参数下最好的结果。本实验模型试验了几种常用的优化器，如 SGD、RMSprop、Adagrad、Adadelta、Adam、Adamax、Nadam，并分别比较其实验效果。C-LSTM 模型实验结果如图 8-29 所示，训练集和验证集的比例是 4∶1。

通过实验结果可以看出，采用 RMSprop 优化器所取得的文本分类准确率最高，该优化算法是一种自适应学习率的算法，通过指数衰减的平方梯度平均分割学习率。

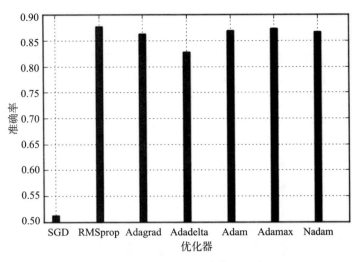

图 8-29　优化器对准确率的影响

3. 学习率

学习率实际上决定了模型的收敛快慢，当学习率过大时，损失函数会产生振荡，可能会跳过最优解，反之当学习率过小时，算法的效率会过低，长时间无法收敛到最优解。目前常用的选择学习率的方法包括固定学习率和可变学习率。固定学习率即通过不断实验的方法得到一个接近最优的学习率值，需要不断尝试，在调试学习率的时候可以采用提前终止的方法，即在训练过程中当模型的性能开始明显下降时即停止训练，节省训练时间，同时提前停止也是一种用来防止过拟合的方法。可变学习率即在每次迭代之后改变学习率的大小，刚开始的时候设置较大的学习率，在接近最优解的时候慢慢调低学习率的值，这样可以取得比较好的效果。本实验因为数据集较大，迭代次数较少，所以选择可变学习率没有太大的意义。图 8-30 是 C-LSTM 模型分别在不同学习率下的表现，训练集和验证集的比例是 4∶1。

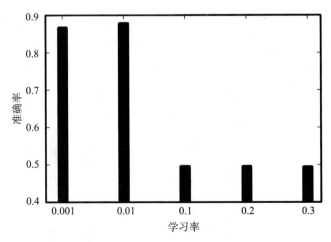

图 8-30　初始学习率对准确率的影响

通过实验结果可以看出，将初始的学习率设置在 0.01 附近时准确率最高，时间效率也比较好。这里的学习率指的是学习率的初始值，模型中的优化算法可能会对学习率进行调节，使其适应模型的训练过程。

4. 权重初始化

在创建神经网络之后通常要对权重和偏置进行初始化，虽然对权重进行微小的调整只会给隐藏神经元的激活值带来极其微弱的改变，但这种微弱的改变会影响到网络中其余的神经元，进而影响代价函数值的改变，这就导致这些权重在进行梯度下降算法时会学习得非常缓慢。本实验比较了几种常用的权重初始化方法，并从中选出最优的方法。C-LSTM 模型不同权重初始化方法的实验结果如图 8-31 所示，训练集和验证集的比例是 4∶1。

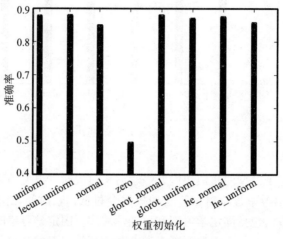

图 8-31　权重初始化对准确率的影响

通过实验结果可以看出，采用 glorot_normal 权重初始化方法时，C-LSTM 模型分类准确率最高。glorot_normal 采用正态分布初始化方法，也称作 Xavier 正态分布初始化，参数由均值为零、标准差为 sqrt(2 / (fan_in + fan_out)) 的正态分布产生，其中 fan_in 和 fan_out 是权重张量的扇入和扇出（即输入和输出单元数目）。

5. 激活函数

随着深度学习在文本情感分类研究中的应用，越来越多的激活函数被研究者提出，但激活函数的效果如何，需要实验的指导和考察，本文选取了几种常见的激活函数，如 relu、tanh、sigmoid、softmax、linear、softsign、softplus 等，分别比较其实验效果，C-LSTM 模型对于不同激活函数的实验结果如图 8-32 所示，训练集和验证集的比例为 4∶1。

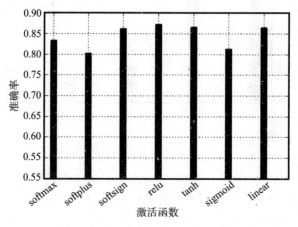

图 8-32　激活函数对准确率的影响

通过实验结果可以看出，选择激活函数 relu 时，C-LSTM 模型的分类准确率最高。

6. dropout

dropout 是用来防止过拟合和增强模型通用性的常用方法，本实验分别将 dropout 比率设置为 0.1 ~ 0.8，比较不同 dropout 值下模型的分类准确率。C-LSTM 模型对于不同 dropout 比率的实验结果如图 8-33 所示，训练集和验证集的比例为 4 : 1。

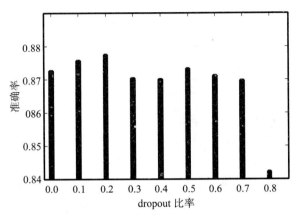

图 8-33　dropout 比率对准确率的影响

从实验结果可知，dropout 比率取 0.2 时，C-LSTM 模型的分类准确率最高。

8.2.9　实验结果分析

使用 CNN、LSTM 和 C-LSTM 三种模型进行中文文本情感分类实验，对三种模型的效果进行分析比较。经过如上超参数的调节，分别为三种模型训练了合适的超参数。下面分别从特征向量维度大小、滑动窗口大小和训练集大小三方面对实验结果进行分析。

1. 特征向量维度大小对分类效果的影响

为了研究特征向量维度对模型效果的影响，本实验对三种模型在不同特征向量长度下的分类表现做了实验，分别将特征向量维度设置为 25、50、75、100、150、200，三种模型的实验结果如图 8-34 所示，训练集的大小为 25000 条，测试集的大小为 1000 条带情感标注的微博文本数据（积极和消极各 500 条）。

可以看出，C-LSTM 模型和 CNN 模型的特征向量维度设置为 50 时最佳，LSTM 模型的特征向量维度设置为 75 时最佳。一般对于不同的模型需要通过实验为其选择适合的特征向量维度。

2. 滑动窗口大小对分类效果的影响

为了比较 CNN 模型和 C-LSTM 模型的滑动窗口大小对实验结果的影响，分别研究了其在不同的滑动窗口大小下的实验结果，如图 8-35 所示。

从实验结果可以看出，C-LSTM 模型在滑动窗口大小为 3 时分类准确率最高，CNN 模型在滑动窗口大小为 5 时分类准

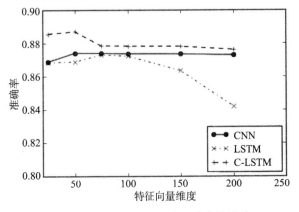

图 8-34　特征向量维度对准确率的影响

确率最高。

为了进一步分析卷积层的滑动窗口大小对模型的影响，本实验将多层卷积层和多个不同的滑动窗口大小与单一卷积层和单一滑动窗口大小的实验结果进行了比较，C-LSTM 模型的实验结果如图 8-36 所示。

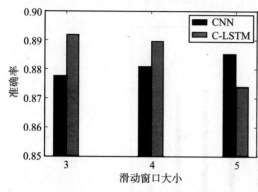 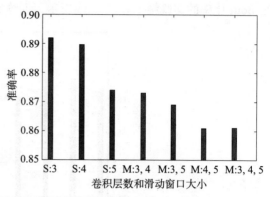

图 8-35　滑动窗口大小对准确率的影响　　　图 8-36　卷积层数和滑动窗口大小对 C-LSTM 模型准确率的影响

图 8-36 中，S:n 表示单一的卷积层与相同的滑动窗口大小模型，M:n 表示多层卷积与不同的滑动窗口大小组合的模型。直觉上多层卷积和多个滑动窗口的组合模型效果应该好于单一卷积层和相同滑动窗口大小组合的模型，但实验结果表明，单一卷积层且滑动窗口大小为 3 时，分类准确率要高于其他模型，这表明在文本情感分类的研究中，并不是模型越复杂分类的准确率越高。

3. 训练集大小对分类效果的影响

分类效果的好坏除了和算法的优劣有关之外，训练集的大小也很重要，一般来说，训练集越大，模型的训练效果越好，分类越准确。三种模型的实验结果如图 8-37 所示，训练集的大小分别为 5000、10000、15000、20000、25000。

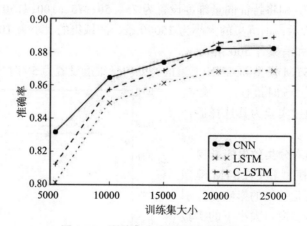

图 8-37　训练集大小对准确率的影响

可以看出，在训练集的大小小于 15000 时，CNN 模型的准确率要高于 C-LSTM 模型，当训练集的大小大于 20000 时，C-LSTM 模型的准确率要高于 CNN 模型。C-LSTM 模型的准确率一直优于 LSTM 模型。

4.实验结果

经过超参数调节以及特征向量维度、滑动窗口大小和训练集大小的设置，本节训练的三种模型在测试集上的实验结果如表 8-3 所示。

由实验结果可以看出，三种深度神经网络模型在文本情感分类任务中取得了非常好的效果。其中 C-LSTM 模型的分类准确率最高，对中文文本的情感分类问题取得了满意的结果。对于 C-LSTM 模型采

表 8-3　三种模型的分类效果

模型	准确率	召回率
CNN	88.54%	88.13%
LSTM	87.21%	87.12%
C-LSTM	89.88%	89.79%

用单一卷积层且滑动窗口大小设置为 3 时分类效果最好，这说明并不是模型越复杂、层数越多，分类的效果越好，相反过多的层数会造成学习成本过高，时间效率较低。

8.3　基于卷积神经网络的人脸识别

本节介绍应用于人脸识别任务的卷积神经网络，对其卷积层、池化层、全连接层以及分类器进行描述与分析，详细介绍卷积神经网络的训练过程，并简述模型评估方法。

8.3.1　人脸识别的 CNN 结构

图 8-38 是为人脸识别模型所设计的卷积神经网络结构，该结构是以 LeCun 的 LeNet-5 网络结构为基础，经过多次反复实验调整网络参数所得。该网络结构由一个输入层、三个卷积层、三个池化层、一个全连接层和一个输出层共 9 层结构构成。

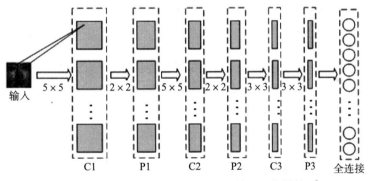

图 8-38　人脸识别模型中的卷积神经网络结构

输入层中输入的图片不经过专门的特征提取操作，只需要经过基础的图片预处理操作，全都按比例减小为 32×32 像素的图片，在卷积核的作用下得到 C1 层中的特征图。在这一层中，卷积核采用大小为 5×5、步长为 1 的结构，也就是说，输入图片中依次选择 5×5 的邻域与卷积核进行卷积操作，所以得到的 C1 层的特征图大小为 (32−5+1)×(32−5+1)=28×28。C1 层有 50 个特征图，所以对应地需要 50 个卷积核，每个卷积核分别作用于输入图片时，输入图片的所有 5×5 邻域分别与 C1 层中每个特征图内的单个神经元局部相连，并共享卷积核中的权重参数，C1 层中的每个特征图内部共享同一个偏置参数，这就是卷积神经网络中所谓的局部连接、权重共享。输入层与 C1 层的连接共需要 (5×5+1)×50=1300 个参数，总共存在 5×5×28×28×50=980000 个连接。

P1 层是一个池化层，也叫作下采样层，该层是一个无重叠采样层。对 C1 层进行 2×2 的池化，池化的步长为 2，池化方式选择最大值池化，所以 P1 层得到的图像大小为 (28/2)×(28/2)=14×14。由于池化操作是对前面一层中特征图的一对一操作，所以池化后得

到的特征图个数仍然为 50 个。经过池化操作后，神经元的个数缩小为原来的 1/4，所以相应的训练过程中的参数数量也大大减少了，并且参数数量的减少并不会影响图像的空间特征及各像素点之间的相对位置关系，只是减小了图像的分辨率。

P1 层再次经过卷积操作后就得到了 C2 层。在 C2 层中，卷积核大小仍然选择 5×5 的结构，步长为 1，将 P1 层中每个特征图的 5×5 邻域分别与 5×5 的卷积核进行卷积操作，得到的 C2 层特征图大小为 $(14-5+1) \times (14-5+1)=10 \times 10$。C2 层中输入的特征图个数为 P1 层中的输出特征图个数 50，而输出特征图仍然设为 50 个，两层特征图的连接方式为：C2 层中的每个特征图都是由 P1 层中 50 个特征图分别在 50 个 5×5 的卷积核作用下得到的。所以这两层的连接的参数数量为 $5 \times 5 \times 50 \times 50+50 = 62550$，其中，$5 \times 5$ 表示卷积核大小，50×50 表示卷积核的个数，"+"后面的 50 是偏置参数的数量，那么对应的连接数量为 $5 \times 5 \times 50 \times 10 \times 10 \times 50 = 6250000$。C2 层经过 2×2 的最大值池化得到 P2 层的特征图，步长仍然为 2，特征图大小为 $(10/2) \times (10/2) =5 \times 5$，特征图个数不变，仍然为 50。

C3 层是由 P2 层经过卷积操作得到的，这一层中的卷积核大小选择为 3×3 的卷积核，步长仍然为 1，特征图个数选择为 50，那么得到的 C3 层特征图大小为 $(5-3+1) \times (5-3+1)=3 \times 3$。P2 层与 C3 层的连接所需要的参数数量为 $3 \times 3 \times 50 \times 50+50=22550$，其中，$3 \times 3$ 为卷积核大小，50×50 为卷积核数量，后面的 50 是偏置参数的数量，即 C3 层中的特征图个数，相应的连接个数为 $3 \times 3 \times 50 \times 3 \times 3 \times 50=202500$。与前面几层的结构一样，C3 层也需要经过池化操作，此时的池化大小为 3×3，步长为 3，所以得到的 P3 层特征图大小为 $(3/3) \times (3/3)=1 \times 1$，此时得到的神经元已经是 1×1 的单个神经元了，特征图个数不变，还是 50。

P3 层后面就是一个全连接层，该层的神经元个数设计为 500，P3 层中的每个特征图即每个神经单元都与该层的 500 个神经单元相连，所以需要的参数数量为 $50 \times 500+500=25500$，相应的连接个数为 $50 \times 500=25000$。在全连接层中加入 dropout 技术，目的是防止网络在人脸数据库的训练集上出现过拟合现象。

如图 8-39 所示，dropout 从全连接层中以一定的概率随机丢弃一些神经单元，也就是说在前向传播的过程中设置这些神经单元的值为 0，从而增加卷积神经网络的冗余性，使得模型即使在丢失了一些神经单元的情况下也能够保证人脸分类的正确性。这里所采用的dropout 技术只用于训练阶段，而不用于测试阶段，所设置的神经元丢弃概率为 0.5，最后经过实验证明 dropout 值设置得很合理。

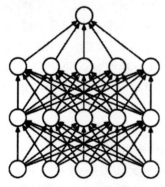
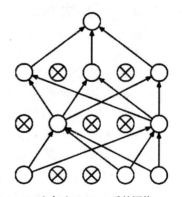

a）加入 dropout 前的网络   b）加入 dropout 后的网络

图 8-39　加入 dropout 前后的网络结构

全连接层后面是一个输出层，这里所采用的是一个 softmax 分类器输出层，根据分类结果中的最大值输出判定值，即人脸识别的结果。人脸数据集总共有 20 个类别，可以把这 20 个类别看作一个数组 V，V_i 表示数组中的第 i 个元素，那么这个元素的 softmax 值由下式计算得到：

$$S_i = \frac{e^{V_i}}{\sum_j e^{V_j}}$$

由上式可以看出，该元素的 softmax 值也就是该元素的指数与所有元素指数和的比值。

在卷积神经网络计算中，需要计算按照本模型的前向传播所得的结果 S_1 与结果的人脸正确标签值 S_2 之间的差距，即损失函数 cross_entropy，只有计算出了损失函数值之后，才能按照后向传播来优化模型。这里所采用的损失函数为交叉熵损失函数 cross_entropy，表达式为

$$L_i = -\log\left(\frac{e^{f_{yi}}}{\sum_j e^j}\right)$$

上式中 log 函数里面的值就是这组数据正确分类的 softmax 值，它占的比重越大，这个样本的损失函数值 cross_entropy 也就越小。

8.3.2 人脸识别的 CNN 实现

1. CNN 实现代码

将卷积神经网络中每个卷积层和对应的池化层封装在同一层中，即 P1 和 C1 封装为第一层，P2 和 C2 封装为第二层，P3 和 C3 封装为第三层，相应的网络结构部分代码如下。

代码 8.1   第一层网络结构的部分代码

```
with tf.name_scope('layer1'):
    with tf.name_scope('weights'):
        W_conv1 = weight_variable([5, 5, 1, 50])
        tf.histogram_summary('layer1/weights', W_conv1)
    with tf.name_scope('biases'):
        b_conv1 = bias_variable([50])
        tf.histogram_summary('layer1/biases', b_conv1)
    with tf.name_scope('C1'):
        h_conv1 = tf.nn.relu(conv2d(x_image, W_conv1) + b_conv1)
    with tf.name_scope('P1'):
        h_pool1 = max_pool_2x2(h_conv1)
```

代码 8.2   第二层网络结构的部分代码

```
with tf.name_scope('layer2'):
    with tf.name_scope('weights'):
        W_conv2 = weight_variable([5, 5, 50, 50])
        tf.histogram_summary('layer2/weights', W_conv2)
    with tf.name_scope('biases'):
        b_conv2 = bias_variable([50])
```

```
        tf.histogram_summary('layer2/biases', b_conv2)
    with tf.name_scope('C2'):
        h_conv2 = tf.nn.relu(conv2d(h_pool1, W_conv2) + b_conv2)
    with tf.name_scope('P2'):
        h_pool2 = max_pool_2x2(h_conv2)
```

代码 8.3 第三层网络结构的部分代码

```
with tf.name_scope('layer3'):
    with tf.name_scope('weights'):
        W_conv3 = weight_variable([3, 3, 50, 50])
        tf.histogram_summary('layer3/weights', W_conv3)
    with tf.name_scope('biases'):
        b_conv3 = bias_variable([50])
        tf.histogram_summary('layer3/biases', b_conv3)
    with tf.name_scope('C3'):
        h_conv3 = tf.nn.relu(conv2d(h_pool2, W_conv3) + b_conv3)
    with tf.name_scope('P3'):
        h_pool3 = max_pool_2x2(h_conv3)
```

2. 训练算法

由于所使用的人脸数据集总共有 20 个类别，共 3400 个样本，考虑到样本的大小，所以在训练卷积神经网络的模型参数时，设计总共迭代 1000 次，每次迭代时选择的批的大小为 200，初始的学习速率设置为 10^{-4}。与通常所使用的随机梯度下降优化方法不同，这里采用的是目前最新也可以说是最好的优化方法——Adam 优化方法。Adam 优化方法根据损失函数对每个参数的梯度的一阶矩估计和二阶矩估计动态调整针对每个参数的学习速率。与随机梯度下降法相比，Adam 优化方法可以动态调整学习速率，使得卷积神经网络很快达到收敛。

训练的过程仍然分为前向传播和后向传播两个过程。过程中所涉及的所有权重参数和偏置参数都初始化为 0.1，在训练的过程中参数的值会逐渐更新。前向传播的流程图如图 8-40 所示，首先是输入层加载人脸图片作为 C1 层的输入，C1 层在 5×5 的卷积核的卷积操作和 relu 激活函数的作用下计算得到输出值，这个输出值再经过 2×2 的最大值池化得到 P1 层的输出。P1 层的输出作为 C2 层的输入再次经过卷积操作和激活函数的作用计算得到输出，这个输出值再作为输入值送入 P2 池化层中，计算得到 P2 层的输出。C3 层与 P3 层的计算和前两层一样。经过全连接层时，首先与 P3 层进行全连接操作并在激活函数的作用下得到输出值，与前面几层不同的是，该层要经过 dropout 的作用，以 0.5 的概率随机地将神经元的输出值置为 0。最后再把 dropout 作用后的值送入 softmax 分类器层，计算得到该图片在 20 个类别上的概率分布，最终确定属于哪个类别。

后向传播阶段的流程图如图 8-41 所示。前向传播阶段获得了人脸图片所属的类别，这个值与图片的正确分类标签进行比较，用交叉熵损失函数 cross_entropy 计算两者的误差，并利用 Adam 优化方法将损失函数值层层往前传递，不断更新权重参数和偏置参数，最终损失函数达到最小值时收敛，得到所有的参数最终值。此时测试集中的人脸图片利用已经训练好的卷积神经网络模型就可以得到分类结果。

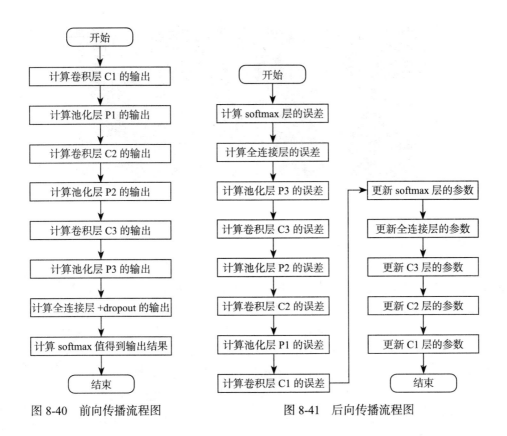

图 8-40　前向传播流程图　　　图 8-41　后向传播流程图

8.3.3　评价指标

当我们建立好模型后，就要去评估模型，确定这个模型是否有效。对于分类模型一般有混淆矩阵（confusion matrix）、准确率（accuracy）、精确率（precision）、召回率（recall）、F1 得分（F1-score）等评价指标。

```
y_pred = np.argmax(y_score, axis=1)
y_true = np.argmax(y_true, axis=1)
```

8.3.4　数据获取

本实验的数据集采用卡内基－梅隆大学的 PIE 人脸库，PIE 人脸库是卡内基－梅隆大学在 2000 年 11 月创建的一个人脸数据库，该人脸库中的姿态、光照变化以及表情都是在严格的控制条件下进行的。库中包含了 68 位志愿者的 41368 张多姿态、光照和表情的面部图像，共有 13 种姿态、43 种光照条件、4 种面部表情。

考虑到 PIE 人脸数据库太大，本实验选取 PIE 人脸库中的一个子集进行实验。我们选择其中的 20 位志愿者，每个志愿者选取 170 张图片，共 3400 张图片进行实验。部分人脸图片如图 8-42 所示。

分别将每个人的 170 张图片放在同一个文件夹中，文件夹的名字从 0 号一直到 19 号。在选择每个人的图片时，尽量包含各种姿态、光照变化以及不同表情的图片。将图片按照类别归类放好后，再对图片进行基本的预处理操作。此外，要从 3400 张图片中选择 80% 作为训练集，剩下的 20% 作为测试集。

图 8-42　部分 PIE 人脸图片

8.3.5　数据预处理

在传统的人脸识别系统中，好的图像预处理能够为后面进行的人脸特征提取减轻很大的工作量。在运用深度学习方法进行人脸分类时，由于数据有限，需要对图像进行预处理，以减少无关因素的影响，方便网络模型学习到好的特征。进行图像预处理能够有效减少训练模型的代价，使得经过少一些的迭代次数便得到好的结果。本节主要进行人脸检测、人眼定位、人脸图像尺度归一化以及人脸图形直方图均衡化等几方面的预处理，以减少外界环境对人脸识别的影响。

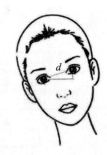

图 8-43　人脸空间关系图

1. 尺度归一化

人脸特征与人脸图像背景、人脸发型等无关，信息主要集中在眼睛、眉毛、嘴巴、额头和面颊等面部区域。另外人脸的五官比例通常相差不大，所以我们可以按照一定的比例裁剪人脸图像，保留感兴趣的部分。通过对人脸图像进行尺度归一化，我们可以去除掉多余的信息，将人脸子图像变换为一致的缩放比例，这样能够减少图像噪声，有利于后续人脸特征的提取与分类。算法过程如下：

1）通过 OpenCV 训练好的眼睛检测器，对表情图像中的人眼进行定位，得到左右眼坐标；

2）根据两眼坐标求得旋转角度，并以左眼为旋转中心进行旋转，通过 Python 中的图像仿射变换完成；

3）指定两眼周围留下区域的百分比，计算两眼实际距离，从而求得缩放因子；

4）对旋转后的图像按照缩放因子进行裁剪，最后将图像设置为指定大小。

代码 8.4　尺度归一化的部分代码

```
# 计算保留部分在原始图像上的偏移
offset_h, offset_v = math.floor(float(offset_pct)*dest_sz)
# 计算眼睛向量
eye_direction = (eye_right[0]- eye_left[0], eye_right[1]- eye_left[1])
# 计算旋转弧度
rotation =-math.atan2(float(eye_direction[1]), float(eye_direction[0]))
# 计算原图像两眼距离
dist = Distance(eye_left, eye_right)
# 计算最后输出图像的两眼距离
reference = dest_sz[0]-2.0*offset_h
```

```
# 计算缩放尺度因子
scale =float(dist)/float(reference)
# 将原图像绕着左眼的坐标旋转
image = ScaleRotateTranslate(image, center=eye_left, angle=rotation)
# 剪切原图
crop_xy = (eye_left[0]- scale*offset_h, eye_left[1]- scale*offset_v)  # 起点
crop_size = (dest_sz[0]*scale, dest_sz[1]*scale)     # 大小
image = image.crop((int(crop_xy[0]), int(crop_xy[1]), int(crop_xy[0]+crop_
size[0]), int(crop_xy[1]+crop_size[1])))
# 重置图像大小
image = image.resize(dest_sz, Image.ANTIALIAS)
return image
```

在上述函数中，offset_pct 是非常重要的参数，它指眼睛外侧图像占归一化后图像的比例。经过实验，设置 offset_pct 为 0.25 最合适，如图 8-44 所示。

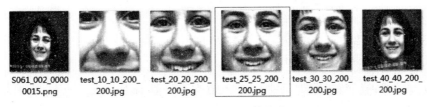

图 8-44　offset_pct 的选取

2. 直方图均衡化

图像直方图是一个统计表，能够反映图像像素分布。其横坐标代表图像像素种类，可以为灰度或彩色。纵坐标代表图像中每一种颜色值像素总数或占所有像素总数的百分比。像素构成图像，因此反映像素分布的直方图通常作为图像的一个非常重要的特征。

在现实状况下，由于光照条件的变化，常常会出现大部分图像像素都集中在某一区域的情况。而质量较高的图像，其像素往往占有很多的灰度级而且分布均匀，这样的图像有高对比度和变化的灰度色调。因此可以通过直方图均衡化来拉展图像中像素个数多的灰度级，压缩图像中像素个数少的灰度，扩展图像原取值的动态范围，从而提高对比度和灰度色调的变化，使图像更加清晰。

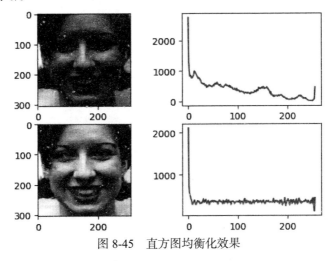

图 8-45　直方图均衡化效果

假设 r 表示输入信号图像，s 表示输出信号图像，那么直方图均衡化的目的就是找到一个对应函数 $s=F(r)$，其中对 $0 < r < L{-}1$ 有 $0 < s < L{-}1$，L 表示图像的灰度级数。直方图均衡化算法如下：

1）统计直方图中每个灰度级出现的次数并进行归一化，得到归一化后的灰度直方图：

$$\mathrm{hs}(i) = \frac{h(i)}{m \times n}, \ i = 0, 1, \cdots, l-1$$

设一幅图像的像元个数为 $m \times n$，共有 l 个灰度级，$h(i)$ 表示灰度级为时的像元数目。

2）累加第一步归一化的灰度直方图：

$$\mathrm{hp}(i) = \sum\nolimits_{k=0}^{i} \mathrm{hs}(k), \quad i = 1, 2, \cdots, 255$$

3）计算新的像素值：

$$g(i) = \begin{cases} 255 \times \mathrm{hp}(i), & i = 1, 2, \cdots, 255 \\ 0, i = 0 \end{cases}$$

8.3.6 人脸识别实验

1. 程序输出结果

实验在训练集的训练过程中总共迭代 1000 次，每隔 10 次输出一个训练集的准确率结果，最后输出测试集上的准确率、精确率、召回率以及 F1 得分。由图 8-46 可以看出，最后在测试集上的 4 个评价指标都达到了理想效果，其中，准确率达到 97.89%，精确率达到 98%，召回率和 F1 得分也都达到了 98%，损失函数的值已经降低到了 0.11，说明卷积神经网络模型对于人脸识别的分类效果是很好的。

```
step 650, training accuracy is 0.98, loss is 0.192084
step 660, training accuracy is 0.98, loss is 0.225083
step 670, training accuracy is 0.995, loss is 0.164907
step 680, training accuracy is 0.995, loss is 0.172278
step 690, training accuracy is 0.975, loss is 0.184563
step 700, training accuracy is 0.99, loss is 0.176434
step 710, training accuracy is 0.975, loss is 0.200247
step 720, training accuracy is 0.97, loss is 0.18079
step 730, training accuracy is 0.98, loss is 0.151986
step 740, training accuracy is 0.99, loss is 0.141459
step 750, training accuracy is 0.995, loss is 0.142677
step 760, training accuracy is 0.985, loss is 0.150551
step 770, training accuracy is 0.985, loss is 0.144124
step 780, training accuracy is 1, loss is 0.0920538
step 790, training accuracy is 0.995, loss is 0.150334
step 800, training accuracy is 0.98, loss is 0.121706
step 810, training accuracy is 0.98, loss is 0.119152
step 820, training accuracy is 0.98, loss is 0.110003
step 830, training accuracy is 0.995, loss is 0.106147
step 840, training accuracy is 0.995, loss is 0.120706
step 850, training accuracy is 0.98, loss is 0.12586
step 860, training accuracy is 0.99, loss is 0.105764
step 870, training accuracy is 0.985, loss is 0.106333
step 880, training accuracy is 0.985, loss is 0.135284
step 890, training accuracy is 0.99, loss is 0.0925697
step 900, training accuracy is 0.98, loss is 0.112334
step 910, training accuracy is 0.995, loss is 0.0881704
step 920, training accuracy is 0.985, loss is 0.0893825
step 930, training accuracy is 1, loss is 0.0760456
step 940, training accuracy is 0.995, loss is 0.0702823
step 950, training accuracy is 0.995, loss is 0.0679862
step 960, training accuracy is 1, loss is 0.0777275
step 970, training accuracy is 0.985, loss is 0.0891357
step 980, training accuracy is 0.995, loss is 0.086216
step 990, training accuracy is 0.99, loss is 0.0638796
test set: accuracy=0.9789, precision=0.98, recall=0.98, f1=0.98
test loss is 0.114027
```

图 8-46　输出结果的部分截图

2. 准确率以及损失函数变化

从图 8-47 训练过程中准确率的变化曲线图可以看出，本实验的卷积神经网络模型在填充人脸数据以后学习到了东西，所以准确率在逐渐上升，直到训练到第 990 步的时候达到 99%。在准确率的变化图中可以看到，刚开始训练到前 100 次迭代的时候，准确率很低，还不到 0.3；在 250 次迭代的时候，准确率已经上升到 0.7；此后准确率就已经达到 0.8；从 320 次迭代开始，准确率已经上升到 0.9，再后面的上升幅度比较小，平滑上升至 0.98。图中黑框部分表示，当训练到第 540 次迭代时，准确率为 96.50%，训练到该步的时间为 4 月 24 日晚上 7 点 16 分 20 秒，从开始训练计时算起，总共经过了 18 分 47 秒的时间。移动鼠标到具体的点上，可以看到每一步的详细信息。

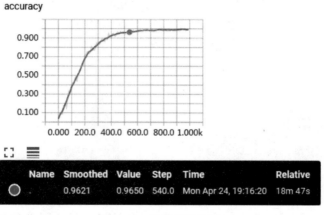

图 8-47　准确率变化图

图 8-48 为训练过程中的损失函数值的变化曲线图，从该图可以看出，损失函数值在逐渐减小，说明训练过程中的相关参数随着迭代次数的增加在逐渐更新，Adam 优化方法最终使得损失函数值达到收敛。在训练到第 990 次迭代时，损失函数值减小为 0.06，耗时为 34 分 14 秒。刚开始训练时，一直到训练到第 50 步的时候，损失函数值下降得很快，从 6.58 一直下降到 2.7；此后，训练到第 430 步的时候，也是一直呈下降趋势，幅度比前面小一些，下降到 0.6；从第 750 步开始，损失函数值就一直在 0.1 左右变化了，后面稳定在 0.15。

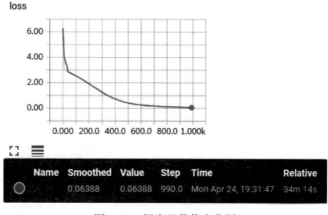

图 8-48　损失函数值变化图

实验过程中，从准确率以及损失函数值的变化曲线图可以看出，增加全连接层的神经元个数、加入 dropout 技术以及增加每一层的特征图个数，都会对准确率以及损失函数值造成较大影响。一般来说，特征图个数越多，全连接层神经元个数越多，表示提取的特征越多，那么训练的准确率就越高。但是也并不是越多越好，特征图越多，连接方式越复杂，训练也就变得更加复杂和耗时。

3. 权重参数和偏置参数变化

第一层的权重参数和偏置参数的分布图如图 8-49 所示。图 8-49a 中，权重参数在训练到第 660 次迭代时，值为 −0.0374 的有 76.3 个，在该等高线上可以前后移动看到其他迭代次数时的权重参数变化趋势和分布的区域。训练到 990 步的时候，参数分布比较均匀，峰值仍然出现在 −0.0374 处，在该值的参数还是 76.3，并且参数主要在 −0.214 到 0.214 之间。图 8-49b 中，训练到第 660 次时，偏置参数的值为 0.0957 的个数为 4.69 个。训练到 990 步的时候，参数在 0.0926 到 0.138 之间，最后训练结束的时候，参数也基本是在这个区间内。与权重参数不同的是，第一层的偏置参数没有唯一峰值，在 0.0942 到 0.100 之间，偏置参数的个数都为 4.18 个。

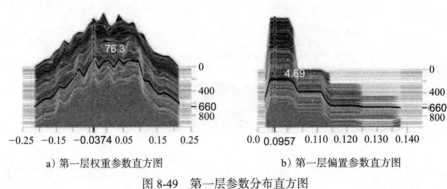

a) 第一层权重参数直方图　　　　　b) 第一层偏置参数直方图

图 8-49　第一层参数分布直方图

图 8-50 是全连接层的参数分布直方图，从图 8-50a 中可以看出，在整个训练过程中，权重参数主要分布在 −0.246 到 +0.257 之间。在训练到 640 步的时候，权重参数主要分布在 −0.00274 上，在该值的参数有 2.87×10^4 个，也就是等高线的峰值处。而从图 8-50b 中可以看出，在训练到 640 步的时候，偏置参数主要分布在 0.0851 到 0.114 之间，并且在 0.0940 到 0.103 之间出现了一条水平线，在这个值区间的偏置参数都为 37.8 个，这条水平线是偏置参数分布出现的水平线峰值。

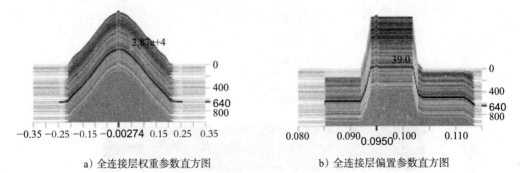

a) 全连接层权重参数直方图　　　　　b) 全连接层偏置参数直方图

图 8-50　全连接层参数分布直方图

其他层的参数分布随训练迭代次数的变化都可以在 Tensorboard 中显示。从这些参数分布图中，可以看出训练过程中参数是怎么变化的，根据这些参数的变化，可以对卷积神经网络的学习速率、迭代次数、每次迭代批的大小等超参数做出调整，以找到一个比较合适且准确率高的超参数。

8.4 基于卷积神经网络的语音情感识别

8.4.1 语音情感识别简介

语音情感识别是语音信号处理领域崛起的新秀，相关研究至今已有 20 余年的历史，对提升智能人机交互水平和丰富多媒体检索方式有着重要的实际意义。Williams 在 1972 年发现人的情感变化对语音的轮廓有很大的影响，这是国外最早开展的语音情感方面的研究之一。1990 年 MIT 多媒体实验室构造了一个"情感编辑器"，对外界各种情感信号进行采样，如人的语音信号、脸部表情信号等，通过这些来识别各种情感。1996 年日本东京 Seikei 大学提出情感空间的概念并建立了语音情感模型。2000 年，Maribor 大学的 Vladimir Hozjan 研究了基于多种语言的语音情感识别。

语音情感识别在众多具有自然人机交互需求的领域内有着广泛的应用，例如：用于对电话服务中心用户紧急程度的分拣，从而提高服务质量，具体地，可通过及时发现负面情绪较为激烈的用户，并将他们的电话及时转接给人工客服，达到优化用户体验的目的；用于对汽车驾驶者的精神状态进行监控，从而在驾驶员疲劳的时候加以提醒，避免交通事故的发生；用于对远程网络课堂用户在学习过程中的情感状态进行监控，从而及时调整授课重点或者进度；用于对抑郁症患者的情感变化进行跟踪，从而作为疾病诊断和治疗的依据；用于辅助、指导自闭症儿童对情感理解和表达能力的学习等。

8.4.2 语音情感识别技术

1. 语谱图

语谱图就是语音频谱图，一般是通过处理接收的时域信号得到频谱图，因此只要有足够时间长度的时域信号即可（时间长度是为了保证频率分辨率）。从专业的角度讲，那是频谱分析视图，如果针对语音数据的话，叫语谱图。语谱图的横坐标是时间，纵坐标是频率，坐标点值为语音数据能量。由于是采用二维平面表达三维信息，所以能量值的大小是通过颜色来表示的，颜色越深，表示该点的语音能量越强。可是为什么采用二维平面来表示三维信息呢？这是有历史原因的。在数字技术发展以前，人们研究语音数据的可视化方法是把数据通过频率滤波器，然后各个频率的数据驱动相应的类似针式打印的设备按频率高低顺序记录在一卷纸上，信号的强弱由记录在纸上的灰度来表示。记录纸按照一定的速度旋转，即相当于在不同的时间里记录下语音数据。

语谱图还分为窄带语谱图和宽带语谱图。我们可以观察语音不同频段的信号强度随时间的变化情况。由于音乐信号本身频率丰富，不太容易看出规律，我们可以观察一下纯粹的语音数据的语谱图（见图 8-51）。从图中可以看到明显的一条条横方向的条纹，称为"声纹"。出现条纹的地方实际上是颜色深的点聚集的地方，随时间的延续，就延长成条纹，表示语音中频率值为该点横坐标值的能量较强，在整个语音中所占比重大，相应的影响人感知的效果也要强烈得多。而一般语音中数据是周期性的，所以，能量强点的频率分布是周期性的，即若存在 300Hz 强点，则一般 $n \times 300$Hz 处也会出现强点，所以我们看到的语谱图都是条纹状的。

人的发声器官的音域是有限度的，一般人发声最高频率为 4000Hz，乐器的音域要比人宽很多，打击乐器的上限可以到 20kHz。但是，数字化分析频率时采用的是算法实现（一般是 FFT），所以其结果是由采样率决定的，即尽管是上限为 4000Hz 的语音数据，如果采用 16kHz 的采样率来分析，则仍然可以在 4000Hz 以上的频段发现有数据分布，这可以认为是算法误差，非客观事实。

2. 语谱图的训练

本节的语音数据库使用柏林语音数据库，它是由几位专业演员进行录制的，其中共包含了上百条不同情绪的语音素材，是国内外广为应用的语音数据库。我们的模型选择其中四种情绪，分别为"喜怒哀平"，并使用 MATLAB 软件绘制了每段音频文件对应的语谱灰度图。训练语音共包括：高兴情绪音频 192 条，愤怒情绪音频 98 条，悲伤情绪音频 87 条，平静情绪音频 154 条。

sadness_1.jpg　　sadness_2.jpg　　sadness_3.jpg

sadness_4.jpg　　sadness_5.jpg　　sadness_6.jpg

sadness_7.jpg　　sadness_8.jpg　　sadness_9.jpg

sadness_10.jpg　　sadness_11.jpg　　sadness_12.jpg

sadness_13.jpg　　sadness_14.jpg　　sadness_15.jpg

图 8-51　语谱图

3. 语音情感识别的 CNN 结构

CNN 的基本结构由两层组成。第一个是特征提取层，该层的每个神经元的输入与上一层的局部接受域相连，提取局部特征。一旦局部特征被提取，其与其他特征的位置关系也被确定。第二个是特征映射层，多个特征图组成网络的每个计算层。每个特征图是一个平面，上面所有神经元的权重相等。特征映射结构使用影响函数核的 sigmoid 函数作为卷积网络的激活函数，使得特征图具有位移不变性。另外，由于神经元在地图表面上共享权重，所以减少了网络的空闲参数的数量。卷积神经网络中的每个卷积层遵循用于局部平均和二次提取的计算层，这种独特的特征提取结构降低了特征分辨率。该系统卷积神经网络共分为输入层、三层池化层、三层卷积层以及全连接层，每一个卷积层后接一个池化层。输入层为 64×64 大小的矩阵，池化层大小为 2×2。第一层卷积层卷积核为 3×3，步长为 1，生成 32 张不同的特征图。第二层卷积层卷积核大小为 5×5，步长为 1，生成 64 张不同的特征图。第三层卷积层卷积核大小为 8×8，步长为 1，生成 128 张不同的特征图，全连接层拥有 1024 个神经元，经过 300 次训练后得到最终的结果。

语音情感识别卷积神经网络以语谱图作为输入，设置 80% 的语谱图作为训练数据集，20% 的语谱图作为测试数据集，训练数据集通过上述结构的卷积神经网络的训练得到训练的模型。最后通过测试数据集得到测试准确率，并根据测试数据集结构调整具体的模型参数。

8.4.3　语音情感识别系统实现

1. 系统整体实现架构

基于语音信号的情感识别系统一共分为四个子模块，分别为录音及上传子模块、数据预处理子模块、模型训练子模块以及结果存储子模块。录音及上传子模块包括录音及上传录音文件至指定文件夹的功能。数据预处理子模块根据不同的模型对音频数据进行不同的处理，对于支持向量机模型需要手工提取 MFCC 特征作为训练和测试数据集，而对于卷积神经网络模型则需要绘制音频的语谱图作为训练和测试数据集。模型训练子模块负责支持向量机模型以及卷积神经网络模型的训练，其中主要是建立模型的结构以及调整其中参数。结果存储子模块的主要功能是将判断的情感结果存储至服务器的指定文件中。

2. 录音及上传的实现

录音及上传模块是客户端程序中最重要的功能模块，其包括开始录音、停止录音、播放录音以及上传录音文件四项功能，提供四个对应的按钮。

3. 数据预处理的实现

数据预处理的实现根据模型的不同而具有不同的方式，包括手工特征 MFCC 参数提取以及语谱图的绘制。在完成以上两种预处理前需要对语音数据库中的文件进行分类，规则化文件名。对于 MFCC 特征参数的提取需要对音频文件首先进行定长截取并除去空白噪声，保证 MFCC 特征参数的矩阵规模相同。对于语谱图的绘制则需要进行归一化与灰度化的处理。

4. 音频文件分类的实现

代码 8.5　音频文件的分类

```
import shutil
import os
#path 与 targetDir 根据转换时的需要自行更改
path = 'D:\\audiodatabase\\belinaudio\\wav\\'
targetDir = 'D:\\audiodatabase\\berlinaudio_emtion\\sadness\\'
for file in os.listdir(path):
if "T" in file:
print(file)
file=path+file
shutil.copy(file, targetDir)
else:
print(file+'2')
import os
"""path 用来指定存储需修改文件的文件夹的位置 """
path = 'D:\\audiodatabase\\berlinpics\\calm\\'
i=1
for file in os.listdir(path):
if os.path.isfile(os.path.join(path, file))==True:
newname='calm_'+str(i)+'.wav'
os.rename(os.path.join(path, file), os.path.join(path, newname))
    i=i+1
```

5. 语谱图绘制的实现

代码 8.6　语谱图的绘制

```
for i=1:192
filename_audio='D:\audiodatabase\berlinaudio_emtion_intcpt\happiness\happiness_';
num=num2str(i);
filename_audio=strcat(filename_audio, num);
filename_audio=strcat(filename_audio, '.wav');
[x fs]=wavread(filename_audio);
lfft = 512;    % FFT length
lfft2 = lfft/2;
winlgh = 256;
```

```
frmlgh = 32;
noverlap = winlgh - frmlgh;
x = 2.0*x/max(abs(x));
etime = length(x)/fs;
spec = abs(spectrogram(x, winlgh, noverlap , lfft, fs));
subplot(111);
%3-pass map
imagesc(0:.010:etime, 0:1000:5000, log10(abs(spec)));
axis('xy');
set(gca, 'xtick', [], 'xticklabel', []);
set(gca, 'ytick', [], 'yticklabel', []);
filename_jpg = 'D:\audiodatabase\berlinpic\happiness\happiness_';
filename_jpg=[filename_jpg, num];
filename_jpg=[filename_jpg, '.jpg'];
saveas(gcf, filename_jpg);
```

6. 模型训练的实现

图 8-52 展示了语音情感识别卷积神经网络模型的具体结构，该模型共设置一个输入层、三个卷积层、三个池化层以及一个全连接层。输入层输入像素为 64×64 的图，输出四种情绪的判断概率，最后根据对比概率大小得到模型最终的判断结果。

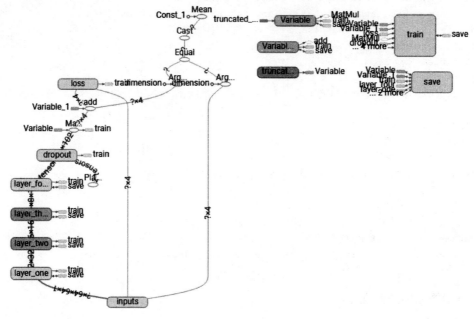

图 8-52　CNN 模型

模型训练子模块的功能是对 CNN 模型进行训练，其主要内容是构建模型同时根据训练结果调整模型中的参数。

代码 8.7 CNN 模型的训练

```
cross_entropy = tf.reduce_mean(tf.nn.softmax_cross_entropy_with_logits(labels=y_,
logits=y_conv))
train_step = tf.train.AdamOptimizer(1e-4).minimize(cross_entropy)
correct_prediction = tf.equal(tf.argmax(y_conv, 1), tf.argmax(y_, 1))
```

```
accuracy = tf.reduce_mean(tf.cast(correct_prediction, tf.float32))
init = tf.initialize_all_variables()
result = tf.argmax(y_conv, 1)        #the prosessing result
result2 = y_conv                     #the prosessing result
saver = tf.train.Saver()
def cnnresult(input_address):
    with tf.Session() as sess:
        load_path = saver.restore(sess, "./save_test.ckpt")  #read the trained modal
        img = Image.open(input_address)
        img = np.asarray(img, dtype = np.float32)
        img = img[0:64, 0:64, 0]
        img = img.reshape(1, img.shape[0], img.shape[1], 1) / 256.
        prosess_result = result.eval(feed_dict={x:img, keep_prob: 1.0})
        return prosess_result  # 将结果由 ndarry 转化为 int
```

7. 情感识别结果

图 8-53 展示了每一层的偏置以及权重在训练时的分布，图以第四层为例，可以从图中看出偏置在训练时在 0.0985 ～ 0.0995 分布最多，偏置在 −0.05 ～ 0.05 分布最多，图中的深浅变化与训练时选择该值的次数成正相关。

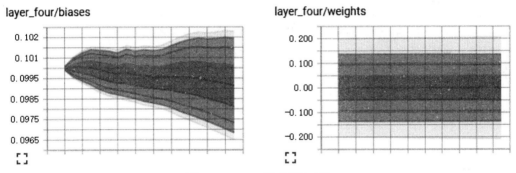

图 8-53　CNN 模型参数变化

图 8-54 展示了训练时损失值的变化情况，从训练最开始时的 12.3 一直减小至 1，训练期间损失值的总趋势是减小，使得准确率稳步提升，该模型选择的学习率是 0.001。

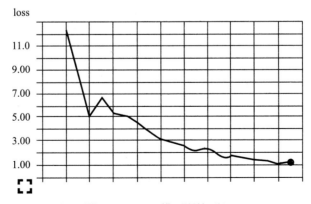

图 8-54　CNN 模型训练过程

图 8-55 展示了训练时的准确率变化，该模型经过 300 步训练，训练数据集的准确率在

90% 左右，训练数据集的准确率最后达到 76%。该训练结果以"五步"为间隔输出准确率，方便查看训练效果调整参数。

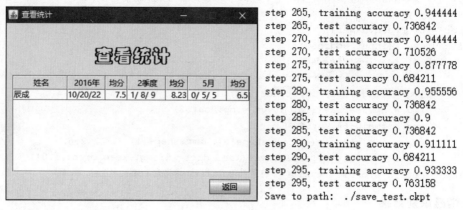

```
step 265, training accuracy 0.944444
step 265, test accuracy 0.736842
step 270, training accuracy 0.944444
step 270, test accuracy 0.710526
step 275, training accuracy 0.877778
step 275, test accuracy 0.684211
step 280, training accuracy 0.955556
step 280, test accuracy 0.736842
step 285, training accuracy 0.9
step 285, test accuracy 0.736842
step 290, training accuracy 0.911111
step 290, test accuracy 0.684211
step 295, training accuracy 0.933333
step 295, test accuracy 0.763158
Save to path: ./save_test.ckpt
```

图 8-55   CNN 模型训练结果

8.5   本章小结

首先，本章介绍了深度学习算法生成对抗式网络的基本原理，网络结构包括生成网络和对抗网络两部分，同时介绍了 DCGAN 及几种变化的 GAN 网络。其次，本章介绍了文本情感分类及几种深度学习方法在文本情感分类中的应用、实现方法、超参数调整和实验结果对比分析。再次，介绍了如何将卷积神经网络应用于人脸识别任务中，包括基本的数据预处理工作和使用 TensorFlow 进行人脸识别实验的内容。最后，介绍了卷积神经网络在语音情感识别任务中的应用、实现及实验结果。

8.6   本章习题

8.1   完全可见的信念网络（Fully Visible Belief Network，FVBN，如 PixelRNN、WaveNet 等）、变分自编码器（Variational Autoencoder，VAE）和 GAN 是目前最流行的三种生成模型。相比 FVBN 和 VAE，GAN 有哪些优点？请分别进行比较。

8.2   证明：设 $p_{data}(X)$ 是原始样本的分布，$p_g(X)$ 是假样本的分布。当 G 不变时，最优的 D 为
$$D_G^*(X) = \frac{p_{data}(X)}{p_{data}(X) + p_g(X)}。$$

8.3   本章使用 CNN、LSTM 和 C-LSTM 三种深度学习算法进行文本情感分类，请分析三种算法的区别。实现文本情感分类时 C-LSTM 的优势体现在哪些方面？

8.4   大数据背景下，对每个人进行身份识别和鉴定以保障信息安全是一个迫切需要解决的问题。人脸识别作为一种生物识别技术，以其对用户的干扰程度低和可接受程度高在身份识别和鉴定中发挥着重要作用。将深度学习技术尤其是卷积神经网络应用在人脸识别中取得了很好的识别效果。采用卷积神经网络进行人脸识别，输入图像的像素为 32×32，请分析每一层的参数数量和连接方式。

8.5   优化算法对训练速度等有重要影响，本章采用的优化算法是 Adam，其他常用的优化算法有全量梯度下降、随机梯度下降、小批量梯度下降、Momentum、NAG、RMSprop 等，试将它们应用于本章用于人脸识别的卷积神经网络训练中，分析与比较不同优化算法对训练过程以及训练结果的影响。

8.6 语音情感识别目前是国际上一个十分前沿的研究课题，除了使用基于语谱图的卷积神经网络作为模型来进行情感识别，请问还有什么其他的方式来完成语音情感的识别？同时请分析这些方法与基于语谱图的卷积神经网络的语音情感识别方法的区别。

8.7　参考文献

[1]　I Goodfellow, J Pougetabadie, M Mirza, et al. Generative Adversarial Nets[J]. Advances in Neural Information Processing Systems, 2014: 2672-2680.

[2]　I Goodfellow. NIPS 2016 Tutorial: Generative Adversarial Networks[J]. arXiv:1701.00160, 2016.

[3]　A Radford, L Metz, S Chintala. Unsupervised representation learning with deep convolutional generative adversarial networks[J]. arXiv:1511.06434, 2015.

[4]　S Ioffe, C Szegedy. Batch Normalization: Accelerating Deep Network Training by Reducing Internal Covariate Shift[C]. Proceedings of The 32nd International Conference on Machine Learning, 2015: 448-456.

[5]　X Chen, Y Duan, R Houthooft, et al. InfoGAN: Interpretable Representation Learning by Information Maximizing Generative Adversarial Nets[J]. arXiv:1606.03657, 2016.

[6]　L Yu, W Zhang, J Wang, et al. Seqgan: sequence generative adversarial nets with policy gradient[C]. Thirty-First AAAI Conference on Artificial Intelligence, 2017: 2852-2858.

[7]　R Collobert, J Weston. A unified architecture for natural language processing: Deep neural networks with multitask learning[C]. Proceedings of the 25th international conference on Machine learning, ACM, 2008: 160-167.

[8]　T Mikolov, A T M Karafi, L Burget, et al. Recurrent neural network based language model[R]. Interspeech, 2010.

[9]　M Sundermeyer, U Schl, R Ter, et al. LSTM Neural Networks for Language Modeling[R]. Interspeech, 2012: 194-197.

[10]　A Bordes, J Weston, R Collobert, et al. Learning structured embeddings of knowledge bases[C]. Conference on artificial intelligence, 2011.

[11]　N Kalchbrenner, E Grefenstette, P Blunsom. A convolutional neural network for modelling sentences[J]. arXiv preprint, arXiv:1404.2188, 2014.

[12]　L R Medsker, L C Jain. Recurrent neural networks. Design and Applications[J], 2001, 5:93-125.

[13]　M Abadi, P Barham, J Chen, et al. TensorFlow: A system for large-scale machine learning [C]. Proceedings of the 12th USENIX Symposium on Operating Systems Design and Implementation (OSDI). Savannah, Georgia, USA, 2016: 265-283.

[14]　Y Sun, X Wang, X Tang. Deep convolutional network cascade for facial point detection[C]. Proceedings of the IEEE conference on computer vision and pattern recognition, 2013: 3476-3483.

[15]　A Krizhevsky, I Sutskever, G E Hinton. Imagenet classification with deep convolutional neural networks[C].Advances in neural information processing systems, 2012: 1097-1105.

[16]　C Szegedy, V Vanhoucke, S Ioffe, et al. Rethinking the inception architecture for computer vision[C]. Proceedings of the IEEE Conference on Computer Vision and Pattern Recognition, 2016: 2818-2826.

[17]　C Szegedy, W Liu, Y Jia, et al. Going deeper with convolutions[C]. Proceedings of the IEEE Conference on Computer Vision and Pattern Recognition, 2015: 1-9.

[18]　K He, X Zhang, S Ren, et al. Delving deep into rectifiers: Surpassing human-level performance on imagenet classification[C]. Proceedings of the IEEE international conference on computer vision,

2015:1026-1034.

[19] P Lucey, J F Cohn, T Kanade, et al. The Extended Cohn-Kanade Dataset (CK+): A complete dataset for action unit and emotion-specified expression[C]. Computer Vision and Pattern Recognition Workshops, IEEE, 2010: 94-101.

[20] M Abadi, A Agarwal, P Barham, et al. TensorFlow: Large-Scale Machine Learning on Heterogeneous Distributed Systems[J]. 2016.

[21] Y LeCun, L Bottou, Y Bengio, et al. Gradient-Based Learning Applied to Document Recognition[J]. Proceedings of the IEEE, 1998, 86(11):2278-2324.

[22] G E Hinton, R R Salakhutdinov. Reducing the dimensionality of data with neural networks[J]. Science, 2006, 313(5786):504.

[23] D P Kingma, J L Ba. Adam: a Method for Stochastic Optimization[C]. International Conference on Learning Representations, 2015:1-13.

[24] S Zhang, A Choromanska, Y LeCun. Deep learning with Elastic Averaging SGD[C]. Neural Information Processing Systems Conference (NIPS 2015), 2015: 1-24.

[25] A M Badshah, J Ahmad, N Rahim et al. Speech Emotion Recognition from Spectrograms with Deep Convolutional Neural Network[C].Platform Technology and Service (PlatCon), 2017 International Conference on, IEEE, 2017:1-5.

[26] A B Ingale, D S Chaudhari. Speech emotion recognition[J]. International Journal of Soft Computing and Engineering (IJSCE)2.1, 2012: 235-238.

[27] Y L Lin, G Wei. Speech emotion recognition based on HMM and SVM[C]. Machine Learning and Cybernetics, Proceedings of 2005 International Conference on, IEEE, 2005, 8: 4898-4901.

[28] Q Mao, et al. Learning salient features for speech emotion recognition using convolutional neural networks[J]. IEEE Transactions on Multimedia, 2014: 2203-2213.

[29] Z Huang, M Dong, Q Mao, et al. Speech emotion recognition using CNN[C]. Proceedings of the 22nd ACM international conference on Multimedia, 2014: 801-804.

深度学习和社交媒体分析应用

摘要：本章根据前面介绍的深度学习算法总结归纳了深度学习的相关前沿研究和智能应用，详细介绍了深度学习和社交媒体分析应用。9.1 节介绍了深度学习系统和社交媒体行业；9.2 节介绍了使用 ANN 和 CNN 算法的文本和图像识别；9.3 节介绍了深度增强学习的应用，包括 DeepMind 利用深度增强学习玩游戏、深度增强学习算法和 AlphaGo 原理解析；9.4 节介绍了社交媒体应用程序的数据分析，从社交媒体应用中的大数据需求出发介绍了社交网络和图表分析、预测分析软件工具和社交网络中的社区检测。

9.1 深度学习系统和社交媒体行业

在本节中，我们将介绍行业和学术机构针对机器学习（ML）和深度学习（DL）应用程序开发的软件库或平台。正如前面章节所介绍的，深度学习是更广泛的机器学习方法的一部分，区别在于数据的学习表示。例如，X 射线图像可以用很多种方式表示，有向量、矩阵或张量等。一些表示受到神经科学进步的启发。

9.1.1 深度学习系统和软件支持

到目前为止，我们已经学习了在云甚至移动设备上实现机器学习和深度学习的算法与软件工具。有了大量的数据，云就有足够的资源来将模型训练得足够完美。深度学习是机器学习的扩展领域，其目的是通过低级特征的组合来获得抽象的高级特征。我们构建人工神经网络来模拟人类大脑的学习和分析功能。

为阐明各种类型的大数据（如图像、音频和文本），表 9-1 从平台、接口、性能、建模能力等方面对五个当今较为流行的深度学习软件库进行了比较，其中建模能力是评估软件库在深度学习应用中的实用性的关键指标。我们通过训练通用的且最先进的神经网络来评估每个工具包的性能。测试神经网络包括近年来开发的人工神经网络，如卷积神经网络（包括 AlexNet、OxfordNet、GoogLeNet）、递归神经网络（包括 plain RNN、LSTM / GRU、双向 RNN）等。

表 9-1 五个开源软件库的深度学习应用程序比较

软件、开发者、语言 / 接口、许可证和网站	平台和软件工具	支持深度学习的模型	简要描述
Caffe，Berkeley Vison and Learning Center，C++，Python，MATLAB，BSD2，http://caffe.berkeleyvision.org/	AWS，OSX，Windows，OpenCL，CUDA	RNN，CNN	深度学习框架采用纯 C++ / CUDA 架构，以便在 CPU 和 GPU 之间轻松切换
CNTK，Microsoft，C++，Python，.NET，Free，http://github.com/Microsoft/CNTK	Windows，Linux，OpenMP，CUDA	RNN，CNN	用于跨平台应用程序的免费深度学习软件
TensorFlow，Google Brain Team，C/C++，Python，Apache 2.0，https://www.tensorflow.org/	OpenCL on roadmap，CUDA	RNN，CNN，RBM，DBN	基于 DistBelief，允许 TensorFlow 通过 ANN 图从一端流向另一端

（续）

软件、开发者、语言 / 接口、许可证和网站	平台和软件工具	支持深度学习的模型	简要描述
Theano, University of Montreal, SD, Python, http://deeplearning.net/software/theano	Cross platform, Open MP, CUDA	RNN, CNN, RBM, DBN	一个使用 Torch 的框架，用于支持联合 GPU 和 CPU 操作的模块化 ANN 库
Torch, Ronan Collobert, C, Lua, BSD, http://torch.ch/	Linux, Android, OSX, iOS, OpenCL	RNN, CNN, RBM, DBN	内置 iTorch 和 fbcunn，提高 ANN 在计算机视觉和自然语言处理方面的性能

Caffe 是计算机视觉界最受欢迎的工具包，但是受传统架构的限制，它对通用的递归网络和语言建模的支持比较弱。Caffe 有 pycaffe 接口，但这是仅次于命令行接口的第二选项。该模型必须在 protobuf 中定义。相比通常的深度学习社区，CNTK 在语音社区中更流行。在 CNTK（比如 TensorFlow 和 Theano）中，网络作为向量操作图，进行矩阵加法 / 乘法或卷积的运算。神经网络中的一个层是这些操作的组合。构建块操作的细粒度允许用户创建一个新的复杂层。

TensorFlow、Theano 和 Torch 都支持最先进的模型，如 RNN、CNN、RBM 和 DBN。使用矢量操作的符号图，可以通过分桶使 RNN 变得容易和高效，但是在建模灵活性方面却有一个很大的弱点。每个计算流被构建为静态图，这会导致一些计算变得困难，例如束搜索。TensorFlow 支持两种接口：Python 和 C ++。该程序包不支持 Windows 系统。

Theano 能够实现大多数流行的神经网络。这个软件开创了使用符号图来对网络进行编码的趋势，其符号界面使得实现 RNN 相当容易和高效。但是 Theano 缺乏低级接口，这使得它在工业界不那么受欢迎。Torch 对卷积神经网络有很好的支持，其中时间卷积的本地接口使得它可以更直观地被使用。Torch 在 LuaJIT 上运行的速度非常快。然而，Lua 不是主流语言，这限制了其应用前景。如第 7 章所示，所有深度学习软件包运行在使用 CPU、GPU 或 TPU 加速器构建的计算机系统或云集群上。

社交和网络服务行业已经开发了许多深度学习服务产品，包括 Facebook、谷歌、微软、Twitter、百度和微信等。在这里，我们回顾这些行业的几个机器学习或深度学习系统的例子。例如，许多 Google 新产品都与升级 Google 搜索引擎相关。通过学习核心技术和开发工具，程序员可以开发他自己的应用程序来满足特定需求。需要说明的是，这里介绍某些产品并不是支持这些特定的产品，我们鼓励读者从所有 IT 和网络公司的高质量服务产品中学习。

近年来，使用人工神经网络的深度学习方法是一项被大家广泛认可的事。很多有趣的机器学习和深度学习产品与系统是由工业界和学术界开发的。例如，Google 搜索引擎的成功归功于它近年来增加的许多新的智能功能。当它的共同创始人开始使用 PageRank 系统时，搜索功能是相当基础的。多年来，Gmail、Google 地图、YouTube 和一些个性化搜索功能等智能产品已添加到 Google 服务中。在这方面，主流的 IT 公司也开发了许多生产工具，其中值得注意的是苹果的应用商店、AWS 机器学习库、Spark MLlib 包、Google 的 TensorFlow 平台等。

Microsoft Office 365 提供基于云的 Outlook Web Access（OWA）来管理数万个组织的电子邮件。同样，iCloud 提供免费的电子邮件服务来锁定其 iPhone 或 iPad 用户。其他有趣的产品包括苹果的 Siri 和指纹 ID、Google 的 WhatsApp 和 Scholars、SalesForce CRM 服务、腾讯的微信和微软的 OneDrive 等。这些面向用户的应用程序都具有一些机器智能功能。这些功能必须满足大量的个人客户以及许多商业、教育和政府部门的需求。

2016 年 3 月 15 日，Google 推出了 Google Analytics 360 Suite。这是一套集成的数据和营销分析产品，专为满足企业级营销人员的需求而设计。这可能会与 Adobe、Oracle、Salesforce 和 IBM 的现有营销云产品竞争。如今的机器翻译系统试图覆盖几乎 100 种不同的语言，包括手写识别。语音可以用作输入，翻译的文本需要通过语音合成来发音。该软件使用语料库语言学技术，其中程序会通过专业翻译的文档来"学习"。

除了语音 / 语言处理、机器感知、自动图像理解和视觉分析，AR / VR 产品也是 IT 和娱乐行业中非常热门的产品。为了让读者更加了解将 AI 运用到云的技术，我们将在下面探讨开发机器学习系统和认知服务产品的 Google Brain Project。

9.1.2 增强学习原则

本节将讨论增强学习（RL）的操作原理。RL 算法的应用将在 9.3 节 Google DeepMind 程序的案例研究中给出，它的学习目标是在深度学习过程中实现最大的奖励。增强学习是无监督机器学习的子类，因为增强学习中给定的数据没有标签。AlphaGo 程序中用到了增强学习，Google DeepMind 开发团队的 David Silver 也给出了关于增强学习的教程。

增强学习被认为是人工智能的通用框架。在数学上，其学习环境被认为是马尔可夫决策过程（MDP）。决策过程中，增强学习充分利用已有知识并探索未知领域，以加强在线性能。在形式上，增强学习模型由以下 5 个部分构成：

- 以一组状态为特征的学习环境。
- RL 智能体可以采取的一组行动。其中每个行动都会影响智能体的未来状态，智能体具有评估其行动的长期后果的能力。
- RL 状态之间的转换规则。
- 确定状态转移的立即回报规则。
- 指定代理可以观察的内容的规则。

上述规则通常是随机的或有概率的。观察涉及与最近一次转移相关联的标量奖励。RL 智能体在离散的时间步骤中与其环境交互，权衡长期和短期奖励。RL 算法已经成功地应用于机器人控制、电梯调度、认知无线电，以及用于解决物流问题、玩象棋、玩跳棋、玩 Atari 游戏等。RL 的简单想法是选择行动来最大限度地获得未来的奖励。这非常类似于学生采取各种方法努力学习以获得学位和找到一份好工作作为奖励的情况。

RL 算法鼓励使用样本来优化性能和使用函数近似来处理大型环境。有两种方法使得 RL 在处理以下三种机器学习环境时特别有吸引力：一个缺乏解决方案的已知模型环境；基于模拟的优化环境；通过与环境交互来收集有关环境的信息。强化学习环境的基本假设包括：

- 所有事件都作为一系列剧集的情节。当达到一些终端状态时，情节结束。
- 无论智能体可能采取什么样的行动，终止都是不可避免的。
- 对于任何决策和状态的初始分配，总报酬的期望是明确的。

智能算法必须能够制定 RL 算法来找到一个具有最大预期收益的决策。该算法需要搜索最优策略以获得最大奖励。通常，我们使用确定的固定策略，仅基于所访问的当前或最后状态来确定性地选择动作。设计强化学习算法有许多方法。一个粗暴的方法是选择具有最大预期回报的政策，这种方法的主要困难是决策选择集可能非常大甚至是无穷的。价值函数方法试图找到一个策略，能够通过保留一些策略的预计回报估计值来寻找最大的回报。这些方法依赖 MDP 的理论，其中最优性比上述定义更强：如果策略从任何初始状态都能获得最佳的期望回报，则称之为最优策略。从 MDP 的理论可知，最佳策略总是导致在每个状态上选择具有最高价值的行为。

　　时间差方法是另一种 RL 方案，其允许在回报估计值确定之前改变策略。直接策略搜索方法通过直接从策略空间中搜索找到良好的策略，基于梯度和基于无梯度的方法都属于这种方法。基于渐变的方法从有限维（参数）空间到策略空间的映射开始。策略搜索方法通常太慢而无法收敛到最佳选择。增强学习通常与人类技能学习或获取的模型相关联。在 9.3 节中，我们将应用增强学习理念来实现 AlphaGo 程序。

9.1.3　社交媒体行业及其影响

　　社交媒体行业正在远离平面媒体，如报纸、杂志或电视节目。另一方面，电子书、移动支付、Uber 汽车、在线购物和社交网络正在逐渐成为主流，其核心是在理想地点以最佳时机去捕捉或定位用户，且最终目的是服务或传达符合消费者心态的消息或内容。例如，电子报纸和电子书正在取代纸制的图书和报纸。

　　消费者的目标与数据捕获方法密切相关，这远远优于过去的做法，物联网和大数据的相关性很好地体现了这一点。各种物联网传感技术已经改变了媒体行业、商业公司甚至政府的运作方式，这对经济增长和竞争力有很大的影响。社交媒体行业提供计算机中介工具，允许人们在生活中的各个方面创造、分享或交换文字信息、图片和视频。社交媒体服务体现在我们的日常生活活动的以下四个领域：

- 社交媒体服务 Web 2.0 是 Web 服务应用程序的一部分。
- 用户生成的内容是社交媒体的命脉。
- 用户为社交媒体和网站针对不同的服务创建特定的配置文件。
- 社交媒体促进社交和商业活动中在线社交网络的发展。

　　社交媒体能够从根本上改变企业、组织、社区和个人之间的沟通，这些改变要求社交媒体行业操作多个来源和多个接收方，这不同于从一个源头到许多接收方的传统媒体操作。社交媒体技术具有许多不同的形式，包括博客、商业网络、企业社交网络、论坛、微博、照片共享、产品 / 服务评论、社交书签、社交游戏、社交网络、视频共享和虚拟世界等。

例 9.1　**社交媒体应用程序编程接口**

　　应用程序编程接口（API）是访问计算机、网站或云平台的第一个软件工具。这些 API 使用户或程序员可以使用正在被编写的系统。社交媒体 API 用于社交网络、即时消息、约会服务、城市生活、个人服务、定位服务、爱好、旅游、众包、博客、聊天、消息传递和 Avatar 等。表 9-2 列出了 10 个有关社交媒体大数据应用的代表性 API。我们从功能、协议、数据格式和应用的安全性方面来评价每个 API。

表 9-2　社交媒体应用程序编程接口

API 名称	功能	协议应用	数据格式	安全
Facebook Graph API	Facebook 社交图处理、社区检测和查找朋友等	REST	JSON	OAuth
Google+ API	Google+ 是一个具有链接、状态和照片选项的社交媒体网站，T0 提供 Google+ 的访问权限	REST	JSON	API key, OAuth

（续）

API 名称	功能	协议应用	数据格式	安全
Social Mention API	通过编程访问与 Social Mention 网站（RESTful API）进行交互	HTTP	PHP	API key
Delicious API	允许用户访问、编辑和搜索书签	REST	JSON, RSS	OAuth, HTTP/Basic
MySpace API	访问各种 MySpace 功能并将应用程序集成到 MySpace 中	Javascript	Unknown	OAuth
Meetup API	将 Meetup 创建的主题、组和事件用于用户自己的应用程序	REST	JSON, XML KML, RSS	PAith, API key
FindMeOn API v1.0	程序化访问 FindMeOn 的社交媒体搜索和管理功能	HTTP	JSON	API key
Fliptop API	根据电子邮件地址获取社交数据，或利用 Twitter / Facebook 处理来引出数据返回	REST	JSON, XML	API key
Cisco JTAPI	Cisco JTAPI（Cisco Java Telephony API）允许 Java 应用程序与电话资源交互	SOAP, HTTP	XML	SSL Support
YouTube Data API v3.0	执行 YouTube 网站上可用的操作	REST, HTTP	JSON	API key

　　所有的计算机、云和社交媒体提供商都有自己的 API 工具。读者可以访问他们的网站，以了解在大数据挖掘、预处理、机器学习和分析应用程序中使用的特定 API 工具。其中，REST 是最流行的协议，JSON 是最常用的格式，API key 用于大多数安全控制。上面列出的只是一些代表性的 API，对于不同的 IT 公司和社交网站来说会有更多的 API。

9.2 使用 ANN 和 CNN 算法的文本和图像识别

　　本节介绍如何利用人工神经网络（ANN）和卷积神经网络（CNN）实现手写数字识别。我们给出伪代码帮助读者理解所用的深度学习算法的结构。手写数字识别是一个分类问题。如图 9-1 所示，输入是手写数字图像，输出为由图像表示的数字。为了让读者易于学习和练习，我们使用经典的手写数字集 Mnist 作为应用程序数据集。Mnist 包括 60000 个手写数字的图像，并且每个图像都是 28×28 像素。

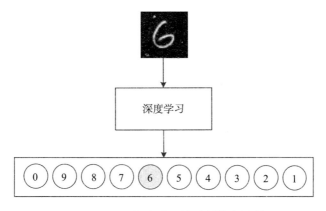

图 9-1 基于深度学习的手写数字识别

9.2.1 在 ANN 中使用 TensorFlow 进行数字识别

以下示例说明如何在编写 ANN 的过程中使用 TensorFlow，我们将其称为 Mnist 分类器。这种分类器系统可以应用于手写数字识别。通过这个例子，读者可以更加了解 TensorFlow，并对 ANN 有更深的认识。

例 9.2 **通过 TensorFlow 来编写 ANN 算法**

我们考虑一个 4 层 ANN 的构造，称为 Mnist 分类器。下面通过 4 个步骤来构造 ANN，我们分别使用伪代码和注释来指定每个步骤的过程，这些代码非常接近 Python 代码。

步骤 1：收集数据。 我们使用从 Yann LeCun 的网站（http://yann.lecun.com/index.html）获取的 Mnist 数据。TensorFlow 已经包含了一些 Python 代码（名为 input_data.py）。运行下载的文件时将安装数据。我们通过 Python 代码 input_data 导入它。Python 代码及其说明将在下面具体解释。

```python
# import tensorflow, numpy and input_data to this program
import tensorflow as tf
import numpy as np
import input_data
# load the data
mnist = input_data.read_data_sets("MNIST_data/", one_hot=True)
trX, trY, teX, teY = mnist.train.images, mnist.train.labels, mnist.test.images,mnist.test.labels
```

步骤 2：建造 ANN 模型。 我们选择一个 4 层神经网络来构造分类器，它包含 1 个输入层、2 个隐藏层和 1 个输出层。此步骤的 Python 代码如下所示。以下代码显式地定义了模型，有 2 个隐藏层和 3 个数据丢失的节点。数据丢失的节点意味着某些节点权重在网络中不工作，那些节点的工作被暂时考虑为网络结构的一部分，但是其权重被保留（仅暂时不更新）。tf.matmul 是一个乘法函数，tf.nn.relu 是一个激活函数。

```python
// The following is for weight initialization in the ANN construction
def init_weights(shape):
return tf.Variable(tf.random_normal(shape, stddev=0.01))
def model(X, w_h, w_h2, w_o, p_drop_input, p_drop_hidden):
X = tf.nn.dropout(X, p_drop_input)  #dropout
h = tf.nn.relu(tf.matmul(X, w_h))
h = tf.nn.dropout(h, p_drop_hidden) # dropout
h2 = tf.nn.relu(tf.matmul(h, w_h2))
h2 = tf.nn.dropout(h2, p_drop_hidden) # dropout
return tf.matmul(h2, w_o)
```

以下代码定义了占位符。X 不是一个特定值，而是一个占位符，当我们要求 TensorFlow 运行一个计算时，我们将输入一个值。我们要输入任意数量的 Mnist 图像，每个都变成一个 784 维向量。我们将其表示为浮点数的二维张量，形状为 [None, 784]（这里的 None 意味着一个可以是任何长度的维度）。同理，Y 是一个 10 维向量，代表 10 个数字。通过权重初始化，将文件 w_h 变成一个 784×625 的矩阵，同理有 w_h2 是一个 625×625 的矩阵，w_o 是一个 625×10 的矩阵。

```python
X = tf.placeholder("float", [None, 784])
```

```
Y = tf.placeholder("float", [None, 10])
w_h = init_weights([784, 625])
w_h2 = init_weights([625, 625])
w_o = init_weights([625, 10]) // Define p_keep as the the probability of dropout

p_keep_input = tf.placeholder("float")
p_keep_hidden = tf.placeholder("float") // The  model is set as fllows
py_x = model(X, w_h, w_h2, w_o, p_keep_input, p_keep_hidden)
```

步骤 3：训练模型。通过比较训练数据的输出及其标签，算法将调整网络的参数。Python 代码如下，这部分定义了 cross_entropy 作为损失函数，然后我们要求 TensorFlow 使用 RMSPropOptimizer 算法最小化交叉熵。argmax 是一个非常有用的函数，它给出了沿某个轴的张量的最高条目的索引。例如，tf.argmax（y，1）是我们的模型对于每个输入定义的标签，而 tf.argmax（y_，1）是正确的标签。我们可以使用 tf.equal 来检查预测是否正确。

```
cost = tf.reduce_mean(tf.nn.softmax_cross_entropy_with_logits(py_x, Y))
train_op = tf.train.RMSPropOptimizer(0.001, 0.9).minimize(cost)
predict_op = tf.argmax(py_x, 1)
//Create a session object to launch the graph
sess = tf.Session()
init = tf.initialize_all_variables()
sess.run(init)
for i in range(100):
        for start, end in zip(range(0, len(trX), 128), range(128, len(trX), 128)):
                sess.run(train_op, feed_dict = {X: trX[start:end], Y: trY[start:end],
                        p_keep_input: 0.8,p_keep_hidden: 0.5})
                print i, np.mean(np.argmax(teY, axis=1) == sess.run(predict_op,
                        feed_dict= {X: teX, Y: teY, p_keep_input: 1.0, p_keep_hidden:
                        1.0}
endfor
endfor
```

步骤 4：网络测试。算法将会比较测试数据的输出及其相应的标签并且计算其精度。训练数据用于训练模型的参数，但不使用测试数据来训练参数，所以我们可以使用测试数据来得到训练模型的准确性。如图 9-2 所示，每次训练后精度变得更高，训练系统 100 次后，精度达到了 0.9851。

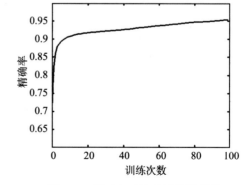

图 9-2　基于人工神经网络编程的 TensorFlow 的结果

9.2.2　使用卷积神经网络进行数字识别

图 9-3 中，深度学习使用卷积神经网络进行特征提取和分类，使用 CNN 实现手写数字识别。输入层使用通用的 Mnist 手写数字数据集。使用多个卷积层、池化层和一个全连接层，在输出层获得识别结果。

图 9-3 所示为包括 5 层的卷积神经网络结构，其中包括 2 个卷积层，每一个卷积层后是一个池化层，连接一个全连接层，最后进行分类输出。

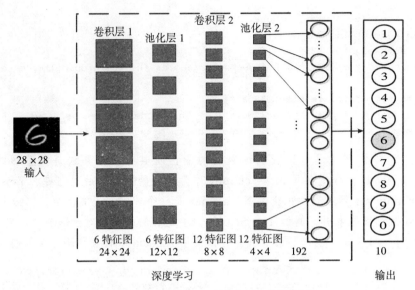

图 9-3　手写数字识别卷积神经网络结构

例 9.3 使用卷积神经网络进行手写数字识别

和前边的例子类似，我们使用 Mnist 数据集和 CNN 实现手写数字识别。

- 输入：输入手写数字图片，图片像素为 28×28。
- 卷积层 1：第一个卷积层的卷积核大小为 5×5，使用 6 个特征图，也就是使用 1×6 个权重矩阵 $w_{ij}, w_{ij} \in R^{5 \times 5}$。使用 $y_j = f\left(\sum_i (w_{ij} * x_i + b_i)\right)$ 计算特征图，其中 f 是激活函数 sigmoid 函数，$f(x) = \dfrac{1}{1 + e^{-x}}$，$j = \{1, 2, \cdots, 6\}$ 表示输出特征图的序号，i 表示输入特征图的序号。得到的输出特征图大小为 24×24，本层的输出特征图作为下一层池化层 1 的输入。

- 池化层 1：第一个池化层，使用最大池化操作，对每一个不重叠的 2×2 区域选择最大值作为输出。池化层 1 的 6 个输出特征图作为下一层卷积层 2 的输入。

- 卷积层 2：本层卷积核大小为 5×5，使用 12 个卷积核，也就是使用 6×12 个权重矩阵 w_{ij}，$w_{ij} \in R^{5 \times 5}$。使用 $y_j = f\left(\sum_i (w_{ij} * x_i + b_i)\right)$ 计算特征图，其中 f 是激活函数 sigmoid 函数，$j = \{1, 2, \cdots, 12\}$ 表示输出特征图的序号，$i = \{1, 2, \cdots, 6\}$ 表示输入特征图的序号。本层得到 12 个 8×8 特征图输出，作为池化层 2 的输入。

- 池化层 2：使用最大池化操作，对每一个不重叠的 2×2 区域选择最大值作为输出，共 12 个 4×4 的特征图。

- 全连接层：池化层输出的每一个特征图展开成 1×16 的向量，12 个特征图连接成 1×192 的向量。

- 输出：使用 softmax 分类器输出分类结果，如图 9-3 所示结果为 {6}。

使用卷积神经网络实现手写数字识别包括 4 个步骤。

步骤 1：读入数据集。 首先，读入数据集，预处理训练集 train_x 和标签集 train_y。用同样的方法预处理测试集 test_x 和标签集 test_y。伪代码如下：

```
load mnist_uint8;
train_x = double(reshape(train_x',28,28,50000))/255;
test_x = double(reshape(test_x',28,28,10000))/255;
train_y = double(train_y');
test_y = double(test_y');
```

步骤 2：初始化 CNN。 初始化卷积层和池化层结构。对于卷积层，定义卷积核数（outputmaps）和卷积核的大小（layerCkernel）。对于池化层，定义池化区域大小（layer Scale），伪代码如下：

```
layerNumber=5
layer(1,'i')    // 输入层
layer(2,'c',6,5) // 卷积层,6个5x5卷积核,layerCkernel=5,layerName='c',outputmaps=6
layer(3,'p',2)   // 池化层,2x2池化,layerScale=2, layerName='p'
layer(4,'c',12,5) // 卷积层,12个5x5卷积核,layerCkernel=5,layerName='c',outputpmaps=12
layer(5,'p',2)   // 池化层,2x2池化,layerScale=2,layerName='p'
```

对每一个池化层，初始化特征图的大小（mapsize）。对每一个卷积层，我们定义连接权重（w）、偏置（b）和特征图大小。当 l 层初始化完成，其输出特征图将作为 l+1 层的输入特征图。伪代码如下：

```
for l = 1 to layerNumber
  if layer(l).layerName= 'p'   // 池化层
    layer(l).mapsize = layer(l).mapsize / layer(l).layerScale
  endif
  if layer(l).layerName='c'    // 卷积层
    layer(l).mapsize = layer(l).mapsize - layer(l).layerCkernel+ 1;
      for j = 1 to layer(l).outputmaps  // 输出特征图
        for i = 1 to layer(l).mapsize // 输入特征图
          layer(l).w(j) =rand(i,i)
          layer(l).b(j) = 0;
        endfor
      endfor
    endif
  layer(l+1).inputmaps= layer(l).outputmaps;
  layer(l+1).mapsize= layer(l).mapsize;
endfor
```

步骤 3：训练 CNN。 在训练过程中，首先输入手写数字图像。前向传播算法经过 CNN 的所有层之后得到输入图像的分类结果。然后，使用后向传播算法计算输出类别和标注类别的误差，逐层地将误差从输出层传递到输入层。最后，为了减少误差，调整每一层的参数。训练结束后，固定网络的参数，得到训练好的 CNN。这个步骤使用 cnnff() 函数、cnnbp() 函数和 updatepara() 函数实现，伪代码如下。

```
layer (1) =x;          // x 是样本数据集
inputmaps = 1;
for l = 2 to layerNumber
if layerName- 'c'
    for i=1 to outputmaps
        初始化每个输出特征图;
```

```
              计算输入特征图的卷积并得到输出特征图；
         endfor
    endif
    if layersname= 's'
         for j = 1 to  inputmaps
         计算 Scale area 层的最大值；
         endfor
    endif
         layer(l+1). inputmaps= layer(l+1).outputmaps;
    endfor
    计算全连接层的输出
```

1）CNN 前向传播。cnnff() 函数用于计算手写数字的识别结果，输入图像数据首先进入第 1 层，经过中间各层到达最后一层（层数定义为 layerNumber）。最后，输出层输出分类结果 y'。如果当前层是卷积层，则所有的输入特征图使用卷积操作获得输出特征图。如果当前层是池化层，将对输入特征图进行最大池化操作。

2）CNN 后向传播。使用前向传播的输出 y' 和标签数据 y 计算误差和代价函数值。从最后一层到第 1 层，后向传播误差。cnnbp() 函数的伪代码如下。

```
error = y'- y;                          // 识别误差
L = 1/2*sum(error^ 2) / size(error);    // 损失函数
                                        // 后向传播误差
for i= layerNumber+1 to 1 step -1       // layerNumber+1 表示层数
              计算第 i 层的误差；

endfor
```

3）更新权重操作，按照从输入层到全连接层的顺序进行。如果当前层不是池化层，权重和偏置将会进行更新。使用 updatepara() 函数更新 CNN 参数的伪代码如下。

```
for i= 2 to layerNumber+1   // layerNumber+1 表示总层数
// 更新除共享层之外的每个层的权重
if layerName != 'p'
更新第 i 层和第 i-1 层的连接权重；
更新第 i 层的偏置
endif
endfor
```

步骤 4：测试 CNN。测试使用 test_x 测试集，并用 cnnff() 函数输出识别结果。测试标签集 test_y 用于验证测试的精确度。

9.2.3　使用卷积神经网络进行人脸识别

人脸识别是计算机视觉领域一个非常重要的研究方向，目前深度学习在人脸识别领域已经达到或超过人类水平，在 LFW 数据集上达到 99.47% 的识别率，超过人眼在此数据集上的识别率 99.25%。LFW 中共有 5749 个人 13233 张图片，图片从 Yahoo News 中抓取，其中 4069 个人只有一张图片，1680 个人有多张图片。

图 9-4 所示为香港中文大学 2014 年的人脸识别系统 DeepID 使用的卷积神经网络结构。

DeepID 卷积神经网络中包括 4 个卷积层、3 个池化层和 1 个全连接层。采用这样的卷积神经网络结构，在 LFW 数据集上的人脸识别率达到了 97.45%。

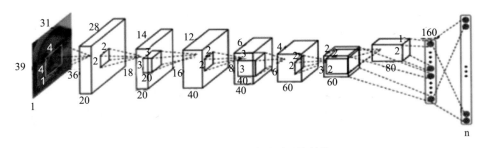

图 9-4　DeepID 人脸识别系统结构

DeepID 算法如下：

- 输入：输入层输入 LFW 数据集中的人脸图片，图片大小为 39×31 像素。
- 卷积层 1：卷积核大小设置为 4×4，共使用 20 个卷积核。这层需要设置 20 个 4×4 的权重矩阵，卷积步长设置为 1。卷积之后获得 20 个特征图，每个特征图大小为 $((39-4)+1) \times ((31-4)+1)=36 \times 28$。激活函数使用 relu(x)=max(0,x) 函数。
- 池化层 1：对上层卷积层 1 输出的 20 个特征图进行池化操作，对每个不重叠的 2×2 区域进行最大池化，得到 20 个特征图，每个特征图大小为 $(36/2) \times (28/2) =18 \times 14$。
- 卷积层 2：以上层池化层 1 的输出作为输入，卷积核大小为 3×3，共使用 40 个卷积核（40 个 3×3 的权重矩阵），卷积步长设置为 1。同样使用 relu 函数作为激活函数，卷积之后得到 40 个特征图，每个特征图大小为 $((18-3)+1) \times ((14-3)+1)=16 \times 12$。
- 池化层 2：对上层卷积层 2 输出的 40 个特征图进行池化操作，对每个不重叠的 2×2 区域进行最大池化，得到 40 个特征图，每个特征图大小为 $(16/2) \times (12/2)=8 \times 6$。
- 卷积层 3：使用上层池化层 2 的输出作为输入，卷积核大小为 3×3，共使用 60 个卷积核（60 个 3×3 的权重矩阵），卷积步长与卷积层 2 相同，设置为 1。卷积之后获得 60 个特征图，每个特征图大小为 $((8-3)+1) \times ((6-3)+1)=6 \times 4$。激活函数使用 relu 函数。
- 池化层 3：对上层卷积层 3 输出的 60 个特征图进行池化操作，对每个不重叠的 2×2 区域进行最大池化，得到 60 个特征图，每个特征图大小为 $(6/2) \times (14/2)=3 \times 2$。
- 卷积层 4：以上层池化层 3 的输出作为输入，卷积核大小为 2×2，共使用 80 个卷积核（80 个 2×2 的权重矩阵）。卷积步长设置为 1，卷积操作得到 80 个特征图，每个特征图大小为 $((3-2)+1) \times ((2-2)+1)=2 \times 1$。激活函数使用 relu 函数。
- DeepID：算法中，DeepID 层是全连接层，包含 160 个隐藏神经元，与卷积层 4 和池化层 3 的输出进行全连接。
- softmax（输出层）：使用 softmax 全连接的分类器输出识别结果（所有的 n 个类别）。

9.2.4　使用卷积神经网络进行医疗文本分析

使用深度学习方法进行文本的分析时，首先需要对文本进行数字化的表示，然后使用深度学习算法进行文本的特征学习和提取及相应的理解。图 9-5 所示为深度学习文本理解的示意图。医疗文本作为一种特殊的文本形式，也具有文本共有的特点，可以使用深度学习的方法进行分析。本节以使用医疗文本进行疾病的风险评估为例，介绍使用深度学习的方法提取医疗文本表示特征并进行医疗文本理解的详细过程。

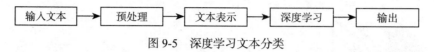

图 9-5　深度学习文本分类

1. 文本表示法

自然语言理解要转化为深度学习问题，首先要将文本中的每一个词用数字化的方法表示，通常使用词向量（word embedding）的方法表示。词向量文本表示方法就是建立一个词汇表，每一个词在词汇表中对应一个向量。词向量的表示方法有两种：一元表示法（one-hot representation）和分布式表示法（distributed representation）。

一元表示法简单直接，词汇表中的总词数也是向量的维度，但是每个词的向量组成中只有一个值为 1，剩下为 0。这种每个词用唯一的值标识词的表示方式属于稀疏方式。一元表示法表示词向量时不考虑词的语义，建立词向量时不考虑词之间的语义关系，即使语义相近的词，其向量之间也没有任何关系，这就是"词汇鸿沟"现象。因为词向量的维度等于总的词数，在某些任务中应用计算量过大，可能会造成维数灾难。图 9-6 是一元表示法的文本表示示意图。

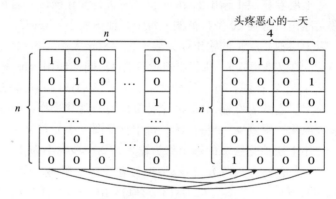

图 9-6　词向量的一元表示法

分布式表示法的每一个词用实数向量表示，类似 [0.792,−0.177, −0.107, 0.109, −0.542, …]，向量的维度远远小于总词数。分布式表示法建立词向量时要通过大量真实的文本语料进行训练学习，Word2vec 工具常用于训练词向量。向量维度在学习词向量的时候确定，比如可以设置成 50 维。分布式表示法学习到的词向量包含词汇的语义，也就是词的语义越近，在向量空间中的距离越近。图 9-7 为分布式表示法的文本表示示意图。分布式表示法和一元表示法相比，词向量的维度明显减少，对于语义相关或者相近的词，词向量之间距离相近。

词向量是一个向量矩阵 D，$D = R^{d \times |C|}$，其中 d 是词向量的维度。C 中存储的是每一个词在词汇表中的位置，每一个词对应的向量中只有一个位置为 1，$|C|$ 是词汇表中词的数量。词向量的向量矩阵中的第 i 列存储的是词汇表中第 i 个词的向量表示。将文本转换成数字化的词表示时，从词向量的向量矩阵中提取每一个词 c 的向量表示 t。

$$t = D \cdot C$$

每一个输入文本样本 $x(x_1, x_2, \cdots, x_N)$ 中包括 N 个词，使用上式从词向量中查找到文本中的每个词 x_n 相应的向量表示 xw_n，得到输入样本的词向量表示 $xw(xw_1, xw_2, \cdots, xw_N)$。

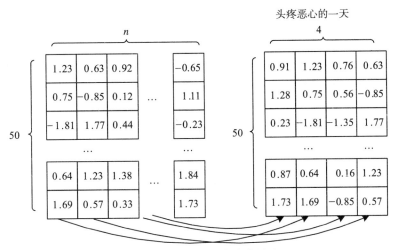

图 9-7 词向量的分布式表示法

2. 医疗文本理解模型

如图 9-8 所示，建立基于卷积神经网络的医疗文本理解模型，主要包括三部分：

- 学习词向量。提取患者临床记录历史数据，将数据进行数据清理和数据预处理，用处理后的数据作为语料训练词向量。可以使用 Word2vec 中的 n-skip gram 算法或者其他算法训练词向量并设置词向量维度。
- 训练 CNN 学习医疗文本特征。从患者临床记录历史数据中选择某种疾病的数据，经过数据清理和数据预处理，选择其中患者的主述病情、医生问诊记录等。处理之后的数据作为样本数据，样本数据用词向量数字化表示后输入 CNN，有监督地学习疾病风险评估的特征。
- 测试和应用。测试和应用时的流程相同，输入病人的主述病情等疾病相关的文本数据，对数据进行预处理和文本表示后输入 CNN，输出疾病的风险评估结果。

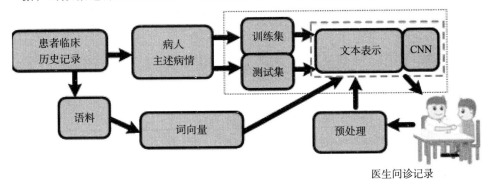

图 9-8 基于卷积神经网络医疗文本学习的疾病风险评估模型

3. 卷积神经网络

（1）卷积层

对于输入文本的词向量表示 $\boldsymbol{xw}(xw_1, xw_2, \cdots, xw_N)$，依次计算 $\boldsymbol{xw}$ 中的每个词的卷积向量 $\boldsymbol{s}_n^{sc}$。第 n 个词的卷积向量计算如图 9-9 所示，卷积窗口的大小为 d^s，以当前词 n 为中心，在输入文本序列 $\boldsymbol{xw}$ 中截取 d^s 个词，将这些词的向量连接起来得到 $\boldsymbol{S}_n \in R^{d \times d^s}$。

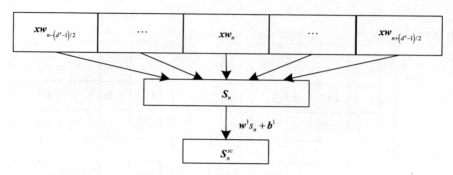

图 9-9 第 n 个词 $\boldsymbol{xw}_n$ 的卷积

$$S_n = \left(xw_{n-\left(d^s-1\right)/2}, \cdots, xw_n, \cdots, xw_{n+\left(d^s-1\right)/2} \right)^{\mathrm{T}}$$

用下式计算第 n 个词的卷积向量 $\boldsymbol{s}_n^{sc}$，其中 $\boldsymbol{w}^1 \in R^{l^{sc} \times d \times d^s}$ 是权重矩阵，$\boldsymbol{b}^1$ 是偏置。

$$\boldsymbol{s}_n^{sc} = \boldsymbol{w}^1 \boldsymbol{s}_n + \boldsymbol{b}^1$$

$\boldsymbol{s}_n^{sc}$ 作为词 $\boldsymbol{xw}_n$ 的隐藏层表示 h_n，h_n 得到后使用双曲正切函数 $\tanh = \dfrac{\mathrm{e}^x - \mathrm{e}^{-x}}{\mathrm{e}^x + \mathrm{e}^{-x}}$ 计算隐藏层的输出 h_n^2，作为下一个隐藏层的输入。

$$h_n^2 = \tanh\left(\boldsymbol{w}^1 \boldsymbol{s}_n + \boldsymbol{b}^1 \right)$$

（2）池化层

卷积层的输出作为池化层的输入，$\boldsymbol{h}_n^3$ 中元素是 $\boldsymbol{h}_n^2$ 中 N 个元素的最大值，如下式所示。

$$\boldsymbol{h}^3 = \max_{1 \leqslant n \leqslant N} \boldsymbol{h}_n^2$$

池化操作分为最大池化操作和平均池化操作，这里将进行最大池化操作。选择最大池化操作的原因是文本中每一个词的作用并不是完全相等的，也就是通过最大池化选择出文本中能起到关键作用的元素。

样本长度不同，输入 $\boldsymbol{x}(x_1, x_2, \cdots, x_N)$ 的长度不同，经过卷积层和池化层后文本就转化成了固定长度的向量。

（3）输出层

池化层后连接一个神经网络的全连接层，使用 softmax 分类器输出分类结果。

$$\boldsymbol{h}^4 = \boldsymbol{w}^4 \boldsymbol{h}^3 + \boldsymbol{b}^4$$

$$y_i = \frac{\mathrm{e}^{h_i^4}}{\sum_{m=1}^n \mathrm{e}^{h_m^4}}$$

这里 n 表示共分成 n 个类别。

（4）CNN 训练

所有需要训练的参数定义为参数集合 $\theta = \{ \boldsymbol{w}^1, \boldsymbol{w}^4, \boldsymbol{b}^1, \boldsymbol{b}^4 \}$，训练的目标是学习 θ，最大化对数似然函数值，如下式所示。其中 D 是训练样本集，class_y 是样本的正确分类。

$$\max_\theta \sum_{y \in D} \log p\left(\text{class}_y \middle| D, \theta \right)$$

θ 中的参数初始化使用随机数，使用随机梯度下降法进行参数 θ 的训练，参数的修改使用下式，其中 α 是学习率。

$$\theta = \theta + \alpha \frac{\partial \log p\left(\text{class}_y \middle| D, \theta \right)}{\partial \theta}$$

4.医疗文本理解实现

使用卷积神经网络医疗文本理解的疾病风险评估模型伪代码如下。

算法 9.1 **使用卷积神经网络实现医疗文本理解**

输入：

x：训练样本，临床记录原始输入数据。

y：训练样本标签，临床记录对应的病人疾病诊断结果。

x'：测试样本，临床记录原始输入数据。

y'：测试样本标签，临床记录对应的病人疾病诊断结果。

输出：

构建 CNN，网络参数 $\theta=\{\,w^1,w^4,b^1,b^4\,\}$。

算法：

1) 初始化：$\theta=\{\,w^1,w^4,b^1,b^4\,\}$；

2) 初始化：卷积核大小 $c=5$，样本块大小 $T=50$；

3) for $j=1,2,\cdots,m$（样本的块数）

4) 　　读入一个训练样本块 x 和对应的标签 y；

5) 　　x 数据的向量表示（文本中每个词在词向量中查找对应词的向量表示）；

6) 　　for n=1,2,$\cdots$, T

7) 　　　计算样本的词数 n；

8) 　　　计算卷积；

9) 　　　n 个词的最大池化；

10) 　　　全连接层，连接 softmax 分类器分类；

11) 　　endfor

12) 　　使用梯度下降法修改 θ，$\theta=\theta+\alpha\dfrac{\partial \log p\left(\mathrm{class}_y\,\middle|\,D,\theta\right)}{\partial \theta}$；

13) 　　对块中所有的 T 个样本最大化似然函数 $\max\limits_{\theta}\sum\limits_{t=1}^{T}\log C\left(\mathrm{class}_d\,\middle|\,D,\theta\right)$ 的值；

14) 　　endfor

15) 　　读入测试样本 x；

16) 　　x 的向量表示（文本中每个词在词向量中查找对应词的向量表示）；

17) 　　计算卷积；

18) 　　最大池化；

19) 　　全连接层；

20) 　　输出结果

代码实现时需要注意一些问题：

- 文本长短不同。文本分析时使用词向量将文本转换成矩阵的形式表示，图像的原始格式是像素矩阵，同样都是矩阵但是处理的方法不同。进行图像理解时图像所包含的像素也就是像素矩阵的大小是相同的，因为文本长度的不同，用于表示文本的矩阵大小也不同。解决的方法有两种：使用空向量补充短文本，使所有文本矩阵的大小相同；修改学习文本特征的算法，可以处理不同大小的矩阵。

- 卷积核的设置。CNN 用于图像理解和文本理解时，卷积核的设置和使用方法不同。图像在进行卷积时卷积核设置为 3，表示卷积核是 3×3，从图像中提取 3×3 区域的像素进行卷积操作。文本进行卷积时要考虑每一列向量表示的是一个词，所以同样设置卷积核为 3，进行卷积的时候是每次对 3 列进行卷积。图 9-10 所示为文本卷积和图像卷积的对比示意图。

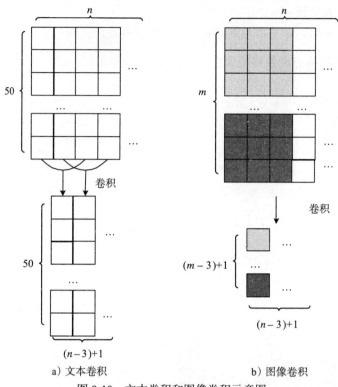

a) 文本卷积   b) 图像卷积

图 9-10   文本卷积和图像卷积示意图

- 池化操作。图 9-11 所示为文本池化操作和图像池化操作，图中图像池化的大小为 2。图像进行池化操作时是对特征图中不重叠的区域进行池化操作，而文本的池化操作一般是对所有特征值进行操作。

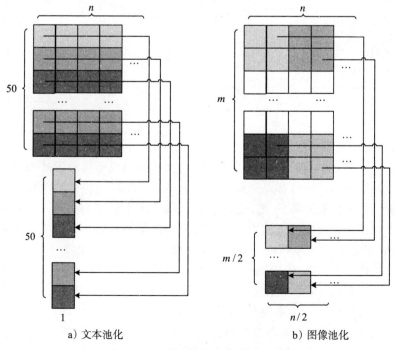

a) 文本池化   b) 图像池化

图 9-11   文本池化和图像池化示意图

9.3 深度增强学习的应用

在这个部分，我们将介绍深度增强学习的应用。目前深度增强学习已经被用到 AlphaGo 和其他谷歌云的游戏程序中。

9.3.1 DeepMind 利用深度增强学习玩游戏

2016 年 1 月，Google 的 DeepMind 团队在《Nature》杂志上发表了一篇论文，用于描述 AlphaGo 的算法。2016 年 3 月，该计算机程序以 4:1 战胜九段围棋手李世石，引起轰动。在这之前，没有电脑完全打败过人类。AlphaGo 不是专门训练来对付李世石的，它在对方没有让子的情况下完全依靠机器学习赢得了比赛。虽然 AlphaGo 在第四场比赛中输给了李世石，但是它的成绩已经远远超过了它的机器人前辈们。在击败李世石之后，韩国围棋协会授予 AlphaGo 九段围棋手的荣誉。

AlphaGo 和李世石的比赛证明了计算机可以通过训练来模拟人类智力发展过程。AlphaGo 的开发者 DeepMind 团队致力于使用机器学习和神经系统解决困难的智能问题。除了围棋比赛，他们也使用类似的计算机程序玩游戏，如 Atari 游戏 Pong、Breakout、Space Invaders、Seaquest、Beamrider、Enduro 和 Q*bert 等。所有这些游戏都涉及不完善或不确定性信息内容的战略思考。DeepMind 声称他们的 AI 程序不事先编程，每一步都是在有限的 2 秒内执行。该程序只使用原始像素作为数据输入，从中学习经验。从技术上讲，该程序使用基于卷积神经网络的深度学习。

谷歌 DeepMind 在一些创新的智能应用上，结合深度学习和增强算法来实现人类水平的性能，这种新的算法称为深度增强学习（DRL）。DRL 采用一组智能体来选择最优的行动。第一个 DRL 方法称为 Deep Q-network（DQN），由 DeepMind 的 David Silver 提出，他是 AlphaGo 的作者之一。DQN 结合了 CNN 和 Q-network 算法。Q-network 用来评估智能体执行一个特定动作后的奖励。

图 9-12 显示了谷歌的一个通用增强学习架构，称为 Gorila。该系统是在谷歌的大集群服务器上实现的。AlphaGo 在和李世石比赛的时候使用了 64 个搜索线程、1930 个 CPU 和 280 个 GPU 的分布式集群。并行操作生成了一种新的交互方式以保存迭代，这种交互方式装有分布式重放存储器。并行计算从重放的迭代中进行梯度学习。分布式卷积神经网络使用梯度更新网络。

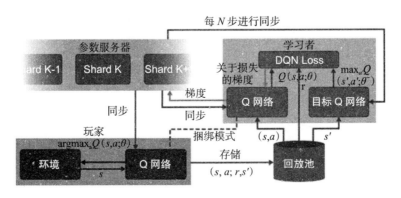

图 9-12 实现谷歌增强学习系统的 Glorila 架构

智能程序在充分的学习之后就学会了玩游戏。对于大多数的游戏，DeepMind 智能程序的水平无法打破当前世界纪录。例如，DeepMind 程序在 3D 视频游戏上的应用（如 Doom）还需要发展。根据 DeepMind 创始人之一 Mustafa Suleyman 的介绍，DeepMind 技术准备将他们的应用推广到 DeepMind 健康计划上，该计划主要是为医疗保健社区提供门诊服务。这将开放智能医疗服务，造福于所有的患者。接下来，我们介绍 DeepMind 的方法——将深度学习与增强学习相结合。然后介绍 AlphaGo 和玩 Cartpole 的算法，包括实施和学习的全过程。

9.3.2　深度增强学习算法

深度增强学习是将深度学习和增强学习结合起来的算法。其中增强是一个序列决策的问题，通过不断地选择行动来最大化未来总奖励。它和监督学习不一样，它没有监督值，但是有奖励值，而这个奖励值是执行一系列行动之后的奖励累计值。

图 9-13 是增强学习的简单示意图。在第 t 个时刻，智能体接收当前状态 S_t，执行某个行动 A_t，然后接收当前环境的一个观察 O_t 以及执行某个行动之后的奖励 R_t。一个观察、行动、奖励的序列 $\{O_1,R_1,A_1,\cdots,A_{t-1}, O_t, R_t\}$ 形成一次试验，状态是试验的汇总，即 $S_t=f(O_1,R_1,A_1,\cdots,A_{t-1}, O_t, R_t)$。

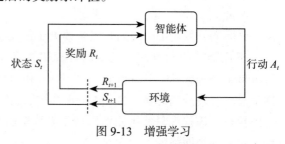

图 9-13　增强学习

增强学习的过程通常是一个马尔可夫决策的过程（MDP）。马尔可夫性质是指：从当前状态就可以得出系统的下一个状态，下一个状态和当前状态之前的状态无关，因为当前状态就包含了历史状态的信息。马尔可夫过程是一系列具有马尔可夫性质的状态之间的转移过程，由元组 <S,P> 表示，其中 S 表示状态，P 表示状态转移概率。马尔可夫决策过程由元组 <S,A,P,R,γ> 表示，A 是动作集，与马尔可夫过程不同，该过程状态转移概率 P 与行动有关，$P_{ss'}^{a}=P[S_t+1=s'\ |S_t=s,A]$，$R$ 为奖励值，$R_s^a=E[R_t+1|S_t=s,A_t=a]$，$\gamma$ 是折扣因子，用来计算累积奖励，因为无法完全预测未来发生的事情。

增强学习的目的是寻找最优策略，使之最大化累积奖励值：

$$G_t = R_{t+1} + R_{t+2} + \cdots = \sum_{k=0}^{\infty} \gamma^k R_{t+k+1}$$

策略是状态到动作的映射，也就是根据当前状态智能体要怎么做。有两种典型的策略：一种是决定性策略，在特定状态下明确执行一些动作，即 $a = \pi(s)$；另一种是随机策略，即 $\pi(a|s) =P[a|s]$，它表示在某种状态 s 下执行某个动作 a 的概率。

策略通常是通常价值函数来确定的，通过预测未来奖励，体现了当前状态或状态行动的好坏。价值函数分为状态价值函数 $v(s)$ 和行动价值函数 $q(s,a)$。状态价值函数 $v_\pi(s)$ 是从状态 s 起，执行策略 π 能得到的期望奖励值。

$$v_\pi(s) = \sum_{a \in A} \pi(a|s) q_\pi(s,a)$$

而行动价值函数 $q_\pi(s, a)$ 是从状态 s 起，做出动作 a 且执行策略 π 能得到的期望奖励值。根据贝尔曼方程，行动价值函数可以被分解为立即奖励值和未来奖励值的和。立即奖励值指在状态 s 时选择行动 a 瞬间得到的奖励值，$\sum_{s' \in S} P_{ss'}^{a} v_\pi(s')$ 表示从状态 s 的下一个状态到结束预计获得的奖励值。

$$q_\pi(s,a) = R_s^a + \gamma \sum_{s' \in S} P_{ss'}^a v_\pi(s')$$

通过迭代，可以得到状态价值函数和行动价值函数的关系：

$$v_\pi(s) = \sum_{a \in A} \pi(a|s)\left(R_s^a + \gamma \sum_{s' \in S} P_{ss'}^a v_\pi(s')\right)$$

$$q_\pi(s,a) = R_s^a + \gamma \sum_{s' \in S} P_{ss'}^a \sum_{a' \in A} \pi(a'|s') q_\pi(s',a')$$

对于任意的马尔可夫决策过程，总能找到最优策略，所有的最优策略都对应最优状态价值函数 $v*(s)$ 和行动价值函数 $q*(s,a)$，二者的关系为

$$v*(s) = \max_a q*(s,a)$$

因此通过最大化 $q_*(s,a)$ 能够找到最优策略。最大化 $q_*(s,a)$ 的方法有很多，比如价值迭代、策略迭代、Q-learning、Sarsa 等。

一开始，我们使用状态动作表来记录最优 q 值，但是随着状态和行动的增多，每个都用表格记录会占用很大的内存，并且每次更新的速度很慢。因此，我们使用函数逼近，建立一个函数逼近模型，估算出已经到过的那部分空间的函数值以及未知的数据。Google DeepMind 团队提出的深度增强学习算法 DQN（deep Q-learning）是一个很好的解决方案。

DQN 的算法如下。

算法 9.2 DQN 算法

1) 初始化 D 为容量为 N 的回放池；
2) 使用随机权重初始化行动价值函数 Q；
3) for episode=1, M do
4)   初始化序列 $s_1=\{x_1\}$，预处理序列 $\phi_1 = \phi(s_1)$；
5)   for $t=1, T$ do
6)   根据 ε 的概率选择一个随机行动 a_t；
7)   否则选择 $a_t = \max_a Q^*(\phi(s_t, a; \theta))$；
8)   执行行动 a_t 并观察奖励 r_{t+1} 和图像 x_{t+1}；
9)   设置 $s_{t+1} = s_t, a_t, x_{t+1}$，并预处理 $\varphi_{t+1} = \phi(s_{t+1})$；
10)   将转换 $(\phi_t, a_t, r_t, \phi_{t+1})$ 存储在回放池 D；
11)   从回放池随机采样最小批大小个转换 $(\phi_j, a_j, r_j, \phi_{j+1})$；
12)   设置：$y_j = \begin{cases} r_j, & \text{若 } \phi_{j+1} \text{ 终止} \\ r_j + \gamma \max_{a'} Q(\phi_{j+1}, a'; \theta), & \text{若 } \phi_{j+1} \text{ 不终止} \end{cases}$
13)   根据
14) $\nabla_{\theta_i} L_i(\theta_i) = E_{s,a \sim \rho(\cdot); s' \sim \varepsilon}[(r + \gamma \max_{a'} Q(s', a'; \theta_{i-1}) - Q(s, a; \theta_i))\nabla_{\theta_i} Q(s, a; \theta_i)]$
15)   进行梯度下降算法；
16)   endfor
17) endfor

DQN 有几个显著的特点：

- 由 <状态，价值，奖励值，下一个状态> 对组成回放池，每次从回放池中随机取样。回放池打破了数据之间的相关性，使数据独立相等地分布。

- 固定目标 Q-network 来避免波动，打破 Q-network 和目标之间的相关性。
- 将奖励或网络标准调整到一个合理的范围，这需要一个强大的梯度方法。状态作为输入对每个可能的行动输出一个 Q 值。经过一次神经网络的前向传播，更新所有行动的 Q 值。

给定转移 $<s,a,r,s'>$，Q 值表更新规则变动如下：

- 对当前的状态 s 执行前向传播，获得对所有行动的预测 Q 值。
- 对下一状态 s' 执行前向传播，计算网络输出的最大 Q 值：$\max Q(s',a')$。
- 设置行动的目标 Q 值为 $r+\gamma \max Q(s',a')$，这里的 max 值在第二步已经算出。预测值为第一步计算出的 $Q(s,a)$。
- 使用后向传播算法更新权重。损失函数为

$$L = \frac{1}{2}\left[\underbrace{r + \max Q(s',a')}_{\text{target}} - \underbrace{Q(s,a)}_{\text{prediction}}\right]^2$$

9.3.3 深度增强学习训练平台——OpenAI Gym

2016 年 4 月 28 日，人工智能公司 Open AI 对外发布了一款用于研发和比较深度强化学习算法的工具包 OpenAI Gym（https://gym.openai.com/），提供各种环境（主要是小游戏）的开源包。监督学习的评测工具主要是数据标签，将一堆数据去掉标签后进行训练，然后把训练结果和原来的标签进行比较，通过准确率等因素来评测效果。增强学习则不然，智能体与环境交互，因此需要提供一个环境，智能体在环境中做出行动，环境针对智能体的行动给出奖励，然后改变环境状态，最后根据累计奖励值评测增强学习策略的好坏。下面以一个简单的例子来说明 OpenAI Gym 的使用。

例 9.4 使用 DRL 玩 CartPole 游戏

图 9-14 是 OpenAI Gym 上的一个游戏，小车上面有一根杆子，当小车移动时，杆子会倾斜，当倾斜到一定程度就会倒下。我们需要通过控制小车向左或者向右滑动来杆子保持不倒。杆子保持不倒的时间越长，得到的奖励越多。当游戏与垂直线的角度超过 15° 或者小车离起始位置超过 2.4 个单元的距离时，游戏就结束。

图 9-14　CartPole 游戏

OpenAI Gym 提供了多个接口，使得智能体和环境的交互非常方便，其中核心接口是 Env，作为统一的环境接口。Env 包含下面几个核心方法：

- reset(self)：重置环境的状态，返回观察。
- step(self,action)：执行一个行动，返回观察到的下一步状态、奖励、游戏是否结束等信息。在这个游戏中，action 用 0 或 1 表示向左或向右的动作。
- render(self,mode='human',close=False)：重绘环境的一帧。默认模式一般比较友好，如弹出一个窗口。

智能体怎么玩这个游戏呢？首先定义一个 Q-network，输入层的神经元个数由 Env 返回的信息维度决定，输出层输出行动，有两个节点。智能体根据 epsilon 选择随机动作或者是 Q 值最大的行动。

```
def choose_action(self,state):
    Q_value = self.Q_value.eval(feed_dict={
            self.state_input:[state]
        })[0]
    if random.random() <= self.epsilon:
        return random.randint(0,self.action_dim-1)#random choose
    else:
        return np.argmax(Q_value)
    self.epsilon -= (initial_epsilon-finial_epsilon)/10000
```

环境对智能体的行动做出反应，智能体观察得到数据（状态，行动，奖励，下一个状态，游戏是否结束），将数据放在回放池中，每过一段时间进行训练。

```
def perceive(self,state,action,reward,next_state,done):
    one_hot_action = np.zeros(self.action_dim)
    one_hot_action[action] = 1
    self.replay_buffer.append((state,one_hot_action,reward,next_state,done))
    if len(self.replay_buffer) > replay_size:
        self.replay_buffer.popleft()
    if len(self.replay_buffer) > batch_size:#相当于每过batch_size次训练一次
        self.train_Q_network()
```

训练的时候，y_batch 为立即奖励值与下一个状态 Q 值的和。

```
def train_Q_network(self):
    self.time_step += 1
    #select random minibatch
    minibatch = random.sample(self.replay_buffer,batch_size)
    state_batch = [data[0] for data in minibatch]
    action_batch = [data[1] for data in minibatch]
    reward_batch = [data[2] for data in minibatch]
    next_state_batch = [data[3] for data in minibatch]
    #caculate y
    y_batch = []
    Q_value_batch = self.Q_value.eval(feed_dict={self.state_input:next_state_batch})
    for i in range(0,batch_size):
        done = minibatch[i][4]
        if done:#one episode finish
            y_batch.append(reward_batch[i])
        else :
            y_batch.append(reward_batch[i]+gamma*np.max(Q_value_batch[i]))
    self.optimizer.run(feed_dict={
            self.y_input:y_batch,
            self.action_input:action_batch,
            self.state_input:state_batch
        })
```

通过最小化当前状态 Q 值和 y_batch 之间的差距来优化 Q-network。

```
self.cost = tf.reduce_mean(tf.square(self.y_input - Q_action))
self.optimizer = tf.train.AdamOptimizer(0.001).minimize(self.cost)
```

当经过一定的回合或者当奖励值到达一定程度后，将结果上传到 Gym 进行评测。开启 Monitor 记录算法在环境中的性能。进行多次游戏，每次游戏开始之前都重设环境，智能体通过已训练好的 Q-network 选择行动。将 Monitor 的记录放在 cartpole-experiment-0201 中。

```
def main():
    env = gym.make(env_name) #see https://gym.openai.com/docs
    agent = DQN(env)
    for ep in range(episode):
        state = env.reset()
```

```
    for i in range(totalstep):#training
        action = agent.choose_action(state)
        next_state, reward, done, _ = env.step(action)#the next state is the observed environment
        reward_agent = -1 if done else 0.1 #done means one episode is finished
        agent.perceive(state,action,reward,next_state,done) #perceive and train
        state = next_state
        if done:
            break
env = Monitor(directory='/tmp/cartpole-experiment-0201',video_callable=False,
            write_upon_reset=True)(env)
for i in range(100):
    state = env.reset()
    for j in range(200):
        env.render()
        action = agent.action(state)  # direct action for test
        state, reward, done, _ = env.step(action)
        total_reward += reward
        if done:
            break
env.close()
```

最后，把结果上传到 Gym，其中 api_key 是游戏的 id。

```
gym.upload('/tmp/cartpole-experiment-1', api_key='sk_FYpOGc1dQU69epifs7ZE6w')
```

Gym 会提供详细的测试结果，如图 9-15 所示。

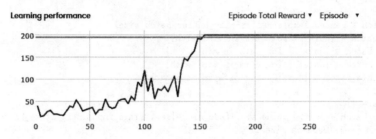

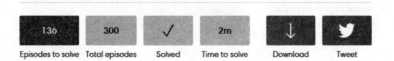

图 9-15　CartPole 测试结果

9.3.4　AlphaGo 原理解析

DeepMind 是一家英国人工智能公司，于 2010 年成立，后被谷歌收购。DeepMind 主要致力于开发通用的自我学习算法，其中最为著名的研究成果是 AlphaGo，这是世界上第一个在围棋项目上完全打败人类的机器。

AlphaGo 程序由以下 4 部分组成：策略网络、快速走棋、估值网络、蒙特卡罗树搜索。快速走棋网络是利用优化局部特征的线性模型训练的，速度快、精度低。策略网络是基于全局特征和深度卷积神经网络训练出来的，速度慢、精度高。估值网络是根据给定的局面，估计是白子胜还是黑子胜。蒙特卡罗树搜索把以上这三个部分连起来，形成一个完整的系统。

1. AlphaGo 的卷积神经网络构建及其训练过程

图 9-16 是一个 19×19 的围棋棋盘。两个玩家分别选择白子和黑子，交替落子。一旦棋子被对手的棋子完全围住，这些被围住的棋子将会从棋盘上移除，最后占有区域面积大的人获胜。它实际上是一个围住棋子控制区域的游戏。这个游戏的每一次落子都有很大的搜索空间。如图 9-16 所示，构建一个卷积神经网络，选择成功率较大的位置落子。

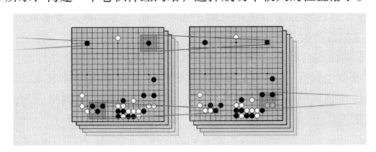

图 9-16　围棋棋盘的卷积神经网络构建

图 9-17 介绍了使用人类专家的经验进行神经网络训练的过程。专家的落子位置作为输入。策略网络首先使用随机梯度下降法进行监督学习，最大化成功的概率。在自我对弈之后，策略网络使用增强学习算法进行加强。然后系统再次进行自我对弈，提供数据给价值网络来评估回报。这个过程不断迭代，直到符合获胜的条件。

图 9-17　策略网络和价值网络之间的自我对弈

例 9.5　自我对弈数据输入价值网络之前的策略网络的监督学习和增强学习

这个例子展示了策略网络中增强学习之后的监督学习的具体训练细节，之后训练机将结果输入价值网络以评估回报。价值网络使用一个 12 层的卷积神经网络和自我对弈的游戏作为训练数据。增强学习过程的训练算法试图通过梯度增强学习最大化 z，即

$$\Delta\sigma \propto \frac{\partial \log p_\sigma(a|s)}{\partial \sigma} z$$

其中 s 表示状态，a 表示行动，∂a 表示奖励。策略网络在谷歌云上使用具有 50 个 GPU 的服务器训练了一周。通过训练测试，策略网络在测试中表现出了 80% 的胜率，相当于一个业余 3 段选手。

价值网络使用一个 12 层的卷积神经网络来进行增强学习。卷积神经网络和策略网络中使用的类似。使用的训练数据是棋盘的 3000 万次落子的位置。使用随机梯度下降法最小化最小平方差 θ：

$$\Delta\theta \propto \frac{\partial v_\theta(s)}{\partial \theta}(z - v_\theta(s))$$

价值网络的训练过程和策略网络的训练过程类似。经过策略网络和价值网络之后，机器具有很强的位置价值评估能力，这是之前其他围棋程序没有达到过的。

2. AlphaGo 程序中的深度增强学习系统架构

如图 9-18 所示，我们提供了一个框图来表示 AlphaGo 线下学习的数据流，三个步骤如下。

步骤 1。最左边框图是线下深度学习的过程。有监督的深度学习方法通过输入专业玩家的棋谱训练实现，目的是并行执行下面两项任务：使用线性模型提取特征值，产生快速走棋网络用于蒙特卡罗树搜索；使用特征图更新策略网络。

步骤 2。该步骤通过增强学习更新之前的策略网络，为步骤 3 做准备。根据自我对弈的棋谱，在步骤 3 随机选择行动。

步骤 3。该步骤使用自我对弈棋谱随机走 U 步，然后进行三个并行的任务：判断胜负，提取有用特征，提取当前玩家棋子的颜色。这三个任务的输出合并起来，输入深度 logistic 回归模型，以训练价值网络。更新的快速走棋、策略网络和价值网络应用到图 9-18 线上学习过程的 5 个步骤。

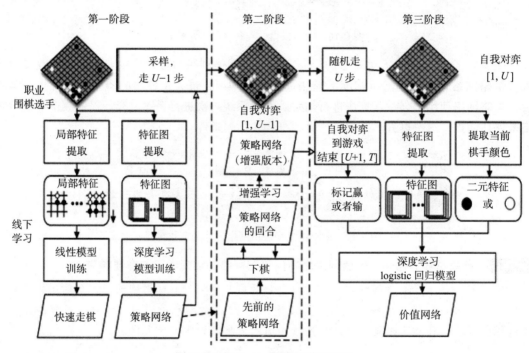

图 9-18   AlphaGo 的线下学习过程

3. AlphaGo 和人类玩家对弈的线上学习过程

在图 9-19 中，我们展示了 AlphaGo 线上学习的 5 个步骤。这些步骤使用更新的策略网络做出决策。这 5 个步骤如下。

步骤 1。基于当前棋盘提取特征。

步骤 2。使用策略网络估计每个可能落子位置落子的概率。

步骤 3。根据落子概率计算往下发展的权重。

步骤 4。使用价值网络和快速走棋网络更新奖励。这里对速度的要求高于准确率，因此使用快速走棋。对比赛中的每个行动迭代重复该过程。使用价值网络在每个位置估计胜率。

步骤 5。选择权重最大的位置落子。权重的更新可以并行。当估算某位置的时间超过一定值，下一步就使用蒙特卡罗树搜索。

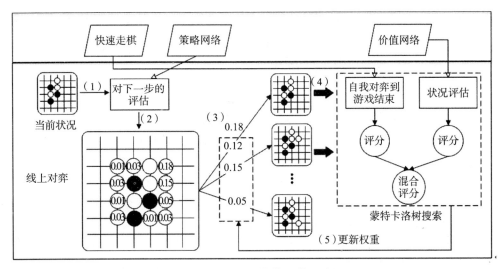

图 9-19　AlphaGo 的线上学习过程

蒙特卡罗树同时使用价值网络和策略网络：

- 根据当前棋局，选择对手可能的落子策略。
- 根据对手的落子，选择对我们最有利的行动，展开胜率最大的落子模式。AlphaGo 的搜索树并不会展开所有的结点，而是展开子树的最优路径。
- 选择下一步最优行动有两种方法。一种需要估值网络估计的胜率，另一种是使用蒙特卡罗树做更深层的预测。AlphaGo 使用混合系数将两种方法的结果进行整合得出新的结果。
- 决定了最优行动之后，我们估计对手可能的下一步行动，基于最优行动的位置使用策略网络估计对手相应的策略。

总之，AlphaGo 的算法结合了深度学习和增强学习，使用人类和机器的棋谱进行训练。增强学习方法基于蒙特卡罗树搜索和价值网络与策略网络，其中价值网络和策略网络都用深度神经网络实现。

例 9.6　蒙特卡罗树搜索的性能

蒙特卡罗树基本上遍历了所有的行动和奖励，构建一个大型的前向搜索树来搜索成千上万种可能。图 9-20a 列出了 AlphaGo 使用蒙特卡罗树的准确率。使用大量专业棋盘训练价值网络来预测专业棋手的行动。图 9-20b 比较了 AlphaGo 和四类围棋程序比赛的胜率。

程序	准确率
Human 6-dan	～52%
12-Layer ConvNet	55%
8-Layer ConvNet*	44%
Prior state-of-the-art	31-39%

a）准确率比较

程序	胜率
GnuGo	97%
MoGo（100k）	46%
Pachi（10k）	47%
Pachi（100k）	11%

b）4 个围棋程序的胜率

图 9-20　不同程序的性能

12 层卷积神经网络的预测准确率达到了 55%，这与之前围棋程序 31% 和 39% 的预测准确率相比是一次重大进步。神经网络比传统的基于搜索的程序 GnuGo 更强健，它的性能与每次搜索 10 万步的 MoGo 相似。Pachi 每次搜索 1 万步，它和每次搜索 10 万步的 Pachi 对弈，胜率约为 11%。

9.4 社交媒体应用程序的数据分析

社交媒体是我们日常生活活动中大数据聚合的主要来源。在本节中，我们评估在社交媒体行业中应用的数据分析技术及其对人们的生活和工作的影响。然后我们研究社交网络和社交社区的图形分析。最后，我们提供支持大数据分析的应用程序所需的智能云资源。在线社交网络由个人或组织通过互联网形成。这些个人或组织实体与特殊利益或特定的依赖有关。

传统的在线社区是以群体为导向的，而现代社交网站则与其完全不同。社交网络的建立基于个人友谊、亲属关系、专业、共同兴趣、经济交流、社区或种族群体、宗教或政治信仰、知识或声望以及粉丝等。在社交网络中，节点代表个人，节点之间的纽带表示友谊、亲属关系和同事之间的关系等。在线社交网络服务旨在反映人们之间的社会关系。这些服务作为通信工具出现在人们的生活中。

9.4.1 社交媒体应用中的大数据需求

我们回顾一下社交媒体领域中大数据应用的典型要求。消费者如今更偏好使用论坛和移动系统，从事销售工作的人最关注产品 / 服务评论，从事人力资源工作的群体更倾向于利用商业网络。目前有许多组织在使用企业社交网络。移动社交媒体会收集用户的地点和时间等敏感特征的大数据。他们的目标是管理客户关系，促进销售和制定激励计划，我们将分别在如下 4 个领域对其进行评估。

- **市场调查**。在移动社交媒体应用中，用户经常在线下消费者移动之前收集数据，这样在用户移动到在线公司之前，在线数据收集量就可能迅速变得非常巨大。他们必须以数据流的模式进行连续处理，这就要求所有相关方或公司充分了解交易的确切时间和在交易或社交网络访问期间提出的意见。
- **社交媒体交流中的通信**。移动社交媒体通信可采用企业对消费者（B2C）形式，其中公司可以基于其位置建立与消费者的连接并根据用户产生的内容提供回复。例如，麦当劳在一家餐厅向随机选择的 100 位用户提供了 5 美元和 10 美元的礼品卡。此促销活动将销售额提高了 33%，并在 Twitter 上产生了许多推文和新闻。
- **促销和折扣**。虽然客户过去不得不使用打印的优惠券，但移动社交媒体的出现允许公司在特定时间为特定用户量身定制促销活动。例如，当 California-Cancun 服务推出时，Virgin America 为乘客提供只需花费一半的价钱就可以两次飞往墨西哥的活动。这可以与客户构建发展的关系，以加强与客户的长期关系。例如，公司可以构建忠实度方案来让在某个地点定期登记的客户获得折扣或奖励。
- **电子商务**。亚马逊和 Pinterest 等移动社交媒体应用已经开始影响电子商务等在线购物的普及并且其受众面越来越小。这种电子商务活动以 B2B（企业对企业）、B2C（企业对客户）、C2B（客户对企业）或 C2C（客户对客户通过对等（P2P）方式）等方式出现。最近，在线到离线或离线到在线销售或商业交流中的 O2O 交易也开始出现在人们的生活中。

表 9-3 列出了截至 2016 年 4 月 14 个社交网络的活跃用户数列表。显然，Facebook 和 WhatsApp 都非常成功地吸引了用户。在中国，QQ 和微信用户非常繁荣，涉及中国近 2/3 的

人口。Gladwell 指出，社交媒体建立在弱关系的基础上。社交媒体允许任何有互联网连接的人成为内容创作者，这或许能激发活跃用户去带动不活跃的用户。但是国际调查数据表明，在线媒体观众成员主要是被动消费者，而内容创作主要由少数人完成，下面的例子评估了近年来社交网络产业的积极和消极两方面的作用。

表 9-3 2016 年基于全球用户数量的 14 大社交网络

社交网络	活跃用户	社交网络	活跃用户
Facebook	15.9 亿	Twitter	3.20 亿
WhatsApp	10 亿	Baidu Tieba	3.00 亿
QQ	8.53 亿	Skype	3.00 亿
WeChat	6.97 亿	Viber	2.49 亿
Qzone	6.40 亿	Sina Weibo	2.22 亿
Tumblr	5.55 亿	Line	2.15 亿
Instagram	4 亿	Snapchat	2.00 亿

例 9.7 一些社交网络的部分积极和消极影响

如今，社交网络已经影响了我们的日常生活，并推动了一些社会变革，例如，社交媒体促进了通信行业的发展。而且社交网络的影响力随着用户人数的增加而增加。Facebook 和 Twitter 允许开放性的论坛，供用户建立联系、共享信息，并开放公共或私人问题的讨论。他们甚至影响了美国总统的选举，并在世界某些地区引发了一些政治变革和革命。

因为其低成本性，世界各地的人们开始越来越多地使用社交媒体。商业团体、政治团体都可以在这些平台上公开讨论他们想讨论的事。社交网络具有积极的前景，可以解决健康、安全和社会问题，例如酒精控制、药物预防、避免性虐待或家庭暴力以及制止有组织犯罪。所有这些都应该鼓励，其揭示了我们社会中光明和积极的一面。

消极的一面是，人们通过在社交媒体上传播不健康的谣言，随意诋毁别人的声誉，造成社会骚乱甚至是一个国家的种族局势紧张，这是非常糟糕的后果。举一个极端的例子，如果一个人在线直播自杀场面，可能会使一些年轻人或有消极情绪的人模仿这种做法。又如色情信息，如果不加以管制，便可能毒害我们的年轻一代。非法药物销售或药物滥用也可能会伤害许多无辜的人。

总之，我们看到了社交网络的一些积极影响。然而，如果我们不学习如何消除其消极影响，而任其发展最终完全失去控制，这将导致很多人都受到伤害。最后，我们认为社交网络的负面影响应通过法律和秩序执行来消除，要防止社交网络走向不道德或不健康的方向。

9.4.2 社交网络和图表分析

社交网络对社会科学中研究个人、群体、组织甚至整个社会之间的关系是非常有用的，该术语用于描述由这种交互确定的社会结构，其中构成成员之间的联系代表了不同社会关联的和。有一句名言很明白地解释了社会互动：社会互动是基于社会群体之间和之内的关系的属性。由于存在许多种不同的关系，网络分析对于广泛的社交网络建设是十分有意义的。在社会科学中，这项研究涉及人类学、生物学、通信研究、经济学、地理学、信息科学、组织研究、社会心理学、社会学和社会语言学等方方面面。

一般来说，社交网络是自发组织且紧急而复杂的，这使得构成系统的本地元素在交互中出现了全局一致的模式。随着网络规模的增加，这些模式变得更加明显。然而，对世界上所有人际关系进行网络分析是不可行的。其中主要的限制条件是出于对道德、参与者的招聘以及经济方面的考虑。

1. 社交媒体网络的等级

在大型网络分析中，可能会忽略本地系统的细微差别，因此在理解网络特性时，信息的质量可能比其规模更加重要。所以，我们需要在与所研究的理论问题相关的规模上分析社交网络。虽然分析水平不一定是互斥的，但网络可能落入三类水平：微观水平、中等水平和宏观水平。以下示例显示了它们在这些社交网络中的差异。

例 9.8　三个等级的社交网络构造

在微观水平下，社交网络研究通常从个人开始，然后社会关系的雪球越滚越大，当然也可以从特定社会环境中的小群体开始研究。如图 9-21a 所示，小组的形成平均需要 100 个或更少的对等节点，同一组中的成员节点可能具有更多的边缘连接关系。不同的组（或称为团体）以较少的边缘连接松散地联系着。

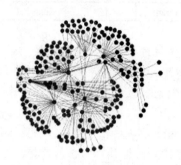 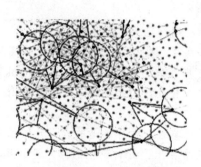

a）微观水平的社交网络　　　　b）宏观水平和中等水平的社交网络

图 9-21　微观、中等、宏观水平下的社交网络构造

宏观层面的社会网络通常从更多的互动（例如经济或其他资源）的结果来进行扩展而不仅仅是追踪人际互动。大规模网络与"宏观层"社交网络有些同义的术语，如图 9-21b 所示，这些经常用于经济学、社会学、计算机科学或行为科学中。

中观水平的理论开始于微观和宏观层面之间的人口规模。然而，中等水平也可以指专门用于显示微观与宏观之间的连接的网络。中等水平的网络是低密度的，并且可以清晰地显示人际微观层网络中的因果过程。在图 9-21b 中，宏观网络图可能远远超出了其所展示出的边界。每一个网络圈处于微观级别，而每个小组之间的厚链接用来连接中等水平网络，连接到几个中心节点的微观网络形成所谓的中等网络。

2. 社交图特征

社交网络分析已经成为现代社会学中的关键技术。表示出一个人在社会群体之间的现有关系特征是社交网络分析的主要任务。此外，用户面临着一个所谓的"小世界"社会，所有的人都以一种或另一种方式在一小群社会熟人中相互关联。所有的社交网络都不像以前那样混乱或随机，而是具有潜在的结构。社会关系通常被映射为定向或无向图，有时称为熟人图或简单的社会连接图。

社交图中的节点对应于用户或角色，图形边缘或链接指的是节点之间的联系或关系。图可以是复杂的或是有层次的结构，以反映所有级别的关系。节点之间可以有许多种的联系。社交网络从家庭层面到国家和全球层面。社交网络存在利和弊，大多数自由社会欢迎社交网络，而出于政治或宗教原因，一些国家会限制社交网络的使用以防止可能的滥用。

3. 社交网络图属性

社交网络在解决问题、组织运营以及个人成功实现其目标方面发挥着关键作用。社交网络仅仅是所有用户节点之间所有相关联系的映射。网络还可以用于衡量社会资本，即一个人从社交网络中获得的价值。这些概念通常显示在社交网络图中。图 9-22 为社交网络示例图。
黑点是节点（用户），边缘以指定的关系连接节点。下
面列出了社交图中的一些有趣属性。

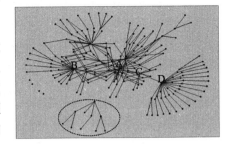

图 9-22 社交网络表示图

- 节点度数、距离、路径长度和间隔。节点度数
  是与一个节点直接相邻的节点数量，用来定义
  网络中的一个节点可以到达网络中的其他节点
  的数量。路径长度测量网络中节点对之间的距
  离。平均路径长度是所有节点对之间的距离的
  平均值。间隔揭露了节点与网络中其他节点之
  间关联的程度，这是通过测量一个人与其直接
  相连的边来间接相连的人数得到的。
- 亲密度和凝聚力。它表示网络中的一个节点与所有其他节点（直接或间接）的耦合程
  度，反映了通过网络成员访问信息的能力。因此，亲密度是网络中个人与其他人之
  间的最短距离之和的倒数。凝聚力是指用户通过黏性纽带直接相连的程度。如果一
  个组内的每个人都与其他个人直接相关，则该组被标识为"团体"。
- 中心性和集中性。中心性表示基于节点连接网络的社交能力。图 9-22 中的节点 A、
  B 和 D 都是具有不同节点度数的中心节点。
- 社交圈或集群。这是指一些结构化群体。如果直接接触或者作为结构紧密连接的块黏
  性较小，则可以根据所采用的严格性规则松散地或紧密地创建一个社交圈。图 9-22 圈
  内的那些节点形成了一个簇，聚类系数是节点的两个关联者本身相关联的可能性。
- 集中式与分散式网络。中心性基于其"连接"网络的程度，给出了节点的社交能力
  的粗略指示。间隔、亲密度和度数都是中心性的度量。集中式网络具有分散在一个
  或几个节点周围的连接，而分散式网络的每个节点拥有的链路数几乎不变。
- 桥和本地桥。如果删除一条边会导致其端点位于图的不同集群或组件中，则这条边
  便是桥。例如，图 9-22 中的节点 C 和 D 之间的边是桥。本地桥的端点没有共同的邻
  居，它包含在一个环中。
- 声望和径向。在社交图中，声望描述节点的中心性。"声望度""声望接近"和"声望
  状态"都是描述声望的。径向是网络达到的程度，它提供新的信息和影响。
- 结构内聚、等价和孔。结构内聚是指最小数量的成员，这些成员如果被从组中删除，
  将会使组断开。结构等价是指节点具有到其他节点的共同链接集合的程度，这些节
  点彼此没有任何关系。结构孔可以通过连接一个或多个链路以到达其他节点来填充。
  这与社会资本有关：通过链接两个断开的人，你可以控制他们的联系。

4. 社交图分析实例

通过身份、对话、分享、远程视频、关系、联系等方式可以将在线社交网络服务组合在
一起。用户连接互联网并浏览相关网页以获取这些服务。早期的在线社交网络服务包括求
职、约会或公告板服务等。传统的在线社区基于不同的兴趣和地区分成不同的组，而现代社
交网站总是面向个人的且能对等地随时进行交互。下面是在线社交网络服务的一些特征：

- 通过社交关系链接的每个用户的个人页面或个人资料；
- 沿着特定的社交链接或网络遍历的社交图；
- 参与者或注册用户之间的通信工具；

- 与朋友或专业群体分享特殊信息，如音乐、照片、视频等；
- 在特殊小众主题领域（如医疗健康、运动、爱好等）中建立一个圈子；
- 可能需要特定的软件工具或数据库来建立社交网络服务；
- 强大的客户忠诚度和疯狂的会员成长是社交网络社区的典型特征；
- 社交网络通过销售高级会员和访问高级内容的资格来获得收入。

例 9.9   电子邮件交换网络的图形表示

在图 9-23 中，我们展示了一
个只显示内部电子邮件交换的小型
研究实验室内的 430 个节点的电
子邮件交换网络，其中，边代表已
经向彼此发送过电子邮件。如果边
完全连接，边缘数量很容易达到
200000。这里我们只看到一个具有
大约 5000 条边的局部连接图，因
为来自外部来源的电子邮件不会显
示在此处。

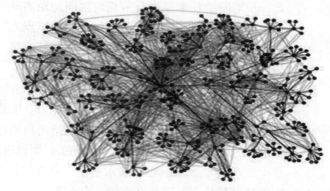

图 9-23　社交网络的图示

在南加州大学，像这样的电子
邮件交换网络可能需要覆盖 4 万个节点。这可能是一个有 150 万电子邮件交换边的连接图。
如果包括外部电子邮件，则电子邮件网络将被显著地扩大且覆盖全球范围的 1000 万个节点。

Twitter 不会将所有离线关系显示到网站上。因此，目前 Twitter 的吸引力远远小于
Facebook。另一方面，Facebook 不像 Twitter 那么开放，这些功能使人们更信任 Facebook，
因为对隐私的关注将导致人们选择更封闭的系统。

最后，Facebook 的功能比 Twitter 更复杂。虽然 Twitter 有很多第三方应用程序，但
Twitter 仍然不方便初始用户使用。Facebook 已经在网站中嵌入了许多常见功能。基于当前
的趋势，如果有人不喜欢探索第三方应用程序的一些常见功能，他们会去 Facebook，而不
是 Twitter。

5. 过滤技术和推荐系统

我们需要为电影、旅游、餐馆建立推荐系统，使我们的日常生活活动更有条理、方便且
轻松。通过搜寻其他用户的意见，根据评级结果做出决定，来对不想要的数据进行社交或协
作过滤。基于产品的特征和用户的评价来推荐项目时需要基于内容的过滤。人口统计过滤有
助于根据用户的人口统计信息做出决策。最后，基于知识的过滤使得基于专业知识和声誉等
做出的决定是明智的。混合过滤结合了上述过滤技术的优点，使得决策变得更聪明。

6. 推进针对云 / 网络安全实施的数据分析

这是一个将大数据用于网络安全执法的热门研究领域。网络安全、企业事件分析、网络
流监视迫切需要大数据分析，用来识别僵尸网络、监测持续威胁，同时信誉系统的信任管理
也需要数据共享、找到数据来源以及管理技术。

7. 物联网和社交网络应用程序中的云支持

在信息物理系统（CPS）中，分析算法可以在系统配置、物理知识和工作原理方面更准
确地执行。为了集成、管理和分析机械，人们希望在机器生命周期的不同阶段更有效地处理

数据。使用云存储和分析系统极大地改进了人与机器之间的耦合模型。这涉及感测、存储、同步、合成和服务等具体操作。

智能和普及的云应用受到个人、家庭、社区、公司和政府等的高度需求。这些应用包括协调日历、行程、工作管理、事件和消费者记录管理（CRM）服务。其他兴趣领域包括：合作性文字处理，在线演示，基于网络的桌面，共享在线文档、数据集、照片、视频和数据库以及内容分发等。在云环境中非常需要传统集群部署、网格、P2P、社交网络等应用。Earthbound 应用程序可能需要弹性和并行性云环境以避免大量数据移动并降低存储成本。

8. 在线社交网络架构

需要定制 OSN 以维持该领域的竞争。社交网络提供商应选择具有自己的 API 接口和配置文件变量的品牌，所选择的论坛类别必须与足够大的用户群体相关。OSN 平台必须具有使用户容易加入且易于享受服务的特点。此外，提供商必须遵循在线营销概念来允许会员自由加入和离开。当然这还需要高度复杂的软件、虚拟化数据中心或云平台。

社交网络社区必须具有高度的可用性和高效性来保证操作的可靠性。逻辑上，OSN 提供了 P2P 平台。然而，现代流行的社交网络服务都是使用客户端 - 服务器架构构建的，以便于管理和维护。这意味着服务提供商将使用私有云存储来管理博客条目、照片、视频和社交网络关系。由于拥有数亿用户，大型社交网站必须对大型数据中心进行定期维护。为了更好地为客户提供服务，许多数据中心都进行了虚拟化，以便在各个层面提供标准且个性化的云服务。

例 9.10 **在邮件传输中搭建混合云平台过滤垃圾邮件**

使用 MapReduce 过滤掉两个云平台混合体中的垃圾邮件的想法如图 9-24 所示。在这里，我们假设未知的垃圾邮件嵌入在来自 Twitter 应用程序所发送的合法推文流中。此数据流在 TB 或 PB 范围内可能非常大，我们必须采用 Amazon EC2 云来实现朴素贝叶斯分类器以检测数据流中是否存在垃圾邮件，通过将检测结果与一些标记的样本进行比较来训练贝叶斯分类器，以提高分类精度。

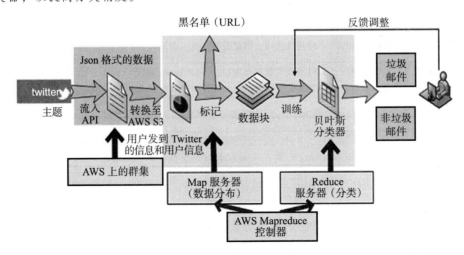

图 9-24　使用贝叶斯分类器在 EC2 群集上检测来自 1TB 的 Twitter 中的垃圾邮件

在左端的输入侧，URL 链接的初步检查可以清除一些已知的垃圾邮件。推文流从左到右会流经 MapReduce 引擎。我们应用 Map 函数将输入文件映射到不同的机器实例以及为了构造朴素贝叶斯分类器的 Reduce 函数中。通过对具有已知标签的一些垃圾邮件的检测结果的反馈训练贝叶斯分类器。对 TB 量级的输入数据流，EC2 垃圾邮件检测可以在 10 秒内完成，且报告的检测精度高于 90%，但在台式计算机上检测垃圾邮件需要 1 000 秒。

9.4.3 预测分析软件工具

下面介绍一些商业预测分析工具，这些工具在大数据资源的社交媒体和业务应用中是不可或缺的，它们可以应用于许多重要的实际应用程序中。这些应用程序使用数据挖掘、机器学习和统计技术从业务或政府数据集中提取信息，目的是揭示隐藏的模式和趋势，并预测未来的结果。开源的商业分析工具可以从大型或小型软件公司或研究机构（如 IBM、SAP、Oracle、MATHLAB、SAS、Predixion 等）获得。

预测分析应用程序。下面列出了预测分析软件的重要应用程序。它们大多与财务事务、营销分析、医疗健康和社会管理等有关。回归和机器学习技术经常应用于这些应用程序。

- 客户关系分析管理（CRM）。
- 临床决策支持和疾病预测。
- 欺诈检测、贷款审批和收集分析。
- 儿童保护、医疗健康和老人护理。
- 客户保留和直接营销。
- 投资组合、产品或经济预测。
- 承保和风险管理。

预测分析商业软件。在表 9-4 中，我们总结了五个代表性的预测分析软件包的功能和应用领域。这些是从相关网页（https://www.predictiveanalyticstoday.com/what-is-predictive-analytics/）报告中的 31 个预测分析软件包中选出的。

表 9-4 前 5 名的商业预测分析软件系统

软件名称	功能和应用领域
IBM Predictive Analytics	来自 IBM 的预测分析组合包括 SPSS Modeler、分析决策管理、社交媒体分析、SPSS 数据收集、统计、分析服务和分析答案
SAS Predictive Analytics	SAS 支持预测、描述性建模、数据挖掘、文本分析、预测、优化、模拟和实验设计
SAP Predictive Analytics	SAP 预测分析软件与现有数据环境以及 SAP Business Objects BI 平台协同工作，以挖掘和分析业务数据、预测业务变化、推动做出更智能以及更具战略性的决策
GraphLab Create	来自 Dato 的机器学习平台，使数据科学家和应用开发人员能够轻松地创建大规模智能应用
Predixion	基于云的预测建模平台，支持从数据整形到部署的端到端预测分析功能。模型由 Microsoft SQL Analysis Services、R 和 Apache Mahout 从机器学习库发展而来

IBM 提供满足不同用户的特定需求的预测分析组合。此软件包包括 IBM SPSS 分析、集合、统计服务器和建模器以及相关的分析决策管理、社交媒体分析和 IBM 分析的解决方案。IBM SPSS Modeler 提供了一个广泛的预测分析平台，旨在为个人、团体、系统和企业做出的决策提供智能预测。该解决方案提供了一系列高级算法和技术，包括文本分析、实体分析、决策管理和优化。IBM SPSS 统计服务是一个集成的产品系列，可以处理从规划到数据收集、分析、报告和部署的整个过程。

SAP Predictive Analytics 有助于了解客户，提供有针对性的产品和服务，并降低风险。

该软件与现有的数据环境以及 SAP BusinessObjects BI 平台协同工作，以挖掘和分析业务数据，预测业务变化，推动更智能和更具战略性的决策。它们提供直观、迭代或实时的预测建模以及高级数据可视化和集成。GraphLab Create 是一个来自 Dato 的机器学习平台，使数据科学家和应用程序开发人员能够轻松地创建大规模智能应用程序。他们的软件包提供了清理数据、开发功能、训练模型与创建预测模型等服务。

Oracle Data Mining（ODM）包含用于分类、预测、回归、关联、特征选择、异常检测、特征提取和专业分析的多种数据挖掘和数据分析算法。它还提供了在数据库环境中创建、管理和操作部署数据挖掘模型的方法。Oracle 电子表格插件提供 Microsoft Excel 电子表格中的预测分析操作。

Predixion 在 2010 年发布了第一个基于云的预测建模平台 Predixion Insight，它可以在公共、私有或混合云环境以及内部部署，并支持从数据整理到部署的完整的端到端分析预测功能。Predixion 中的模型是利用各种集成机器学习库（如 Microsoft SQL Server Analysis Services、R 或 Apache Mahout）创建的。

例 9.11 **SAS 分析预测和描述性建模**

SAS Predictive Analytics 提供了一个用于集成预测、描述性建模、数据挖掘、文本分析、预测、优化、仿真和实验设计的商业软件包。SAS 分析的应用领域包括预测分析、数据挖掘、可视化分析、预测、计量经济学和时间序列分析。该软件包还可用于 Microsoft Office 的模型进行管理和监控、操作研究、质量改进、统计、文本分析等工作。

预测分析和数据挖掘组件将被用来构建描述性和预测模型，并在整个企业中部署。其功能包括探索性数据分析、模型开发和部署、高性能数据挖掘、信用分析、分析加速以及模型管理与监测。SAS Enterprise Miner 简化了数据挖掘过程以创建精确模型。SAS 输出仪表板在报告预测结果中通过表、直方图、ROC 图和范围图来显示。

9.4.4 社交网络中的社区检测

在社会科学中，社区（或集群）由一群具有某种有限关系的人形成。在社会学、生物学和计算机科学中，发现社会关系是非常重要的。社区结构通常由社交图表示。良好社区的每个社交图都由一些连接社区的内部节点和一些连接到原始全局图中的外部节点构成。社区可以是不相交的或重叠的，不相交的社区不共享节点，而重叠的社区共享一些节点。

为了简单地呈现社区检测问题及其解决方案，我们在这里仅考虑不相交的社区，在这些社区中，社区内部的边比连接到外部的边更多。从自主性来说，社区是与内部节点具有更高凝聚力的子图，并且与图形系统的其余部分具有非常低的连接。我们专注于一些具有共同属性的代表性社区子图。社区子图的形成遵循其节点之间的一些相似性函数。如图 9-25 所示，这六个图形的操作可以改变图形拓扑。如同人类社区一样，社交图也可以在其生命周期中发生变化。

社区在全局图中定义为自我维护子图。对于社交网络分析，我们在定义社区图时遵循四个子图属性：完整的相互性，可达性，节点度数，以及内部和外部凝聚力。确定社区的全局标准随不同的社区形成规则而变化。全局图可以具有相邻社区共享的一些全局属性。然而，每个社区子图都具有各自的规则以形成其社区结构。一个随机的子图没有这样的社区结构。

社区检测是指在大型社交图表中检测社区结构存在的过程。空模型用于验证研究中的图形是否显示特定的社区结构。最流行的空模型对应于全局图中的随机子图，随机子图具有随机重新布线的边。然而，其节点度数能够匹配全局图的节点度数仅仅只是个期望。这个空模型是原始图模块化概念下的基本概念。具有良好模块性的社交图意味着它很容易将许多具有相同功能的区划分在一起，在聚类中这将可以对一个图的分区进行评估。

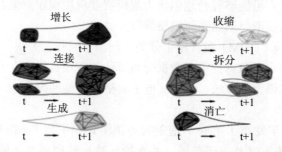

图9-25　通过连接、消亡、增长、生成、拆分和收缩形成社区图

　　模块化使检测社区结构成为可能，图形聚类通常基于模块化属性执行。各种聚类技术（基本聚类、K均值和层次聚类）都可用于检测社区。如果子图内的边的数量超过空模型中随机子图的边的数量，那么这个社交子图便是一个社区，此预期数字是空模型的所有可能实现的平均值。节点相似性对于将节点分组以形成社区是至关重要的。例如，我们可以通过一些预定义的标准来计算每个节点对顶点之间的相似性。节点相似性的另一个重要度量便是基于图上随机游走的性质。

例 9.12　基于年级级数的高中社区检测

　　这个例子显示了一个简单的社交图，根据年级级数的不同对高中生进行分组，每个年级段在这里被称为社区。这里的社区检测问题是根据学生在同一年中学习的课程来区分年级的。当然，这是重叠的社区检测问题，因为一些学生可以标记为2个以上的年级段。图9-26所示将69名学生划分为6个年级，标为7年级至12年级。边上通过相同的共同课程显示了他们的课堂关系。显然，同一年级的学生通常会上相同的课程。因此，它们之间存在更多的内部边连接。

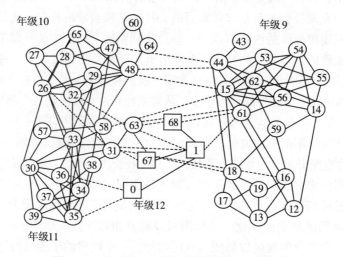

图9-26　基于学生的年级成员的高中班级形成

　　由于年龄差异或日程安排的冲突，一些课程需要相邻年级的学生共享，甚至因为他们的

学习进度延迟，可以由两个或更多个年级共享，这些通过跨等级或距离的边的连接显示出来。当然，在同一年级社区中，内部边缘的跨等级边缘较少。事实证明，初一年级和高三年级的学生更容易与其他学生分开。初三年级和高一年级的学生比其他年级的学生有更多的交叉边。这个社区图清楚地表明了附属于不同年级社区的内部和外部边之间的差异。我们可以基于学生之间的分布式连接来检测社区之间的边界。

为了检测社交图中的社区联系，我们认识到非重叠社区比重叠社区更容易检测。因此我们列出三种方法来检测社交图中的社区。这些方法通过应用成员关系规则来区分。这些结果的产生基于 spin-spin、随机游走和同步这三种方法。

- spin-spin 模型。旋转系统用于在 q 个可能状态之间转换。相互作用是磁性相吸的，它有利于自旋对齐，所以在零度下所有自旋处于相同的状态。如果还存在互斥作用，则系统的基态可能不是所有自旋对准的基态，而是同质簇中不同自旋值共存的状态。由于社区结构和相邻的自旋之间存在相互作用，很可能结构集群可以从系统的相同值的自旋集群中恢复，因为社区内部的交互比外部多。

- 随机游走。随机游走对于寻找社区非常有用。如果图具有很强的社区结构，则随机游走者在社区内将花费很长时间，这是由于内部边的高密度以及随后可以跟随的路径的数目较多。这里我们描述最流行的基于随机游走的聚类算法。所有这些都可以简单地扩展到加权图的情况。

- 同步。在同步状态下，系统的单元每次处于相同或相似的状态。同步也已应用于在图中查找社区。如果振荡器放置在顶点，具有初始随机相位，并且具有最近邻相互作用，则同一群体中的振荡器首先同步，而完全同步需要更长的时间。因此，如果遵循过程的时间演化，具有同步的顶点簇的状态可以是相当稳定和长寿的，因此容易识别。

聚类算法的最终目标是试图推断出顶点之间的属性和关系，并旨在理解实际系统的应用程序，但是这不可能通过直接观察 / 测量得到。一些结果实际上在前面的章节中提到过，这部分应该给出通过聚类算法的使用可以做出什么东西出来。因此，这里提出的研究清单并不详尽。大多数研究集中在生物和社交网络。我们还提到了一些应用程序和其他类型的网络。其他社交媒体网络也存在于当今的 IT 世界中，这些网络在做出分析决策时还可以生成向云平台反馈的双向数据集，下面简要介绍下它们。

- 协作网络。在这样的社交网络中，个人链接在一起以交流共同兴趣或进行商业合作。通过隐含的客观的认识概念进行协作。例如，一个人可以认为另一个人是朋友，而后者可能并不这么认为。通过特别协议或附件形成正式协作小组。最好的例子便是过去 IBM、苹果和摩托罗拉共同开发的 PowerPC 计算机系列的虚拟组织。

对科学协作网络结构的分析已经对现代网络科学的发展产生了巨大的影响。科学合作与联合作者相关。如果两个科学家合作一篇论文，那么他们就是联系在一起的。关于联合作者的信息可以从各个领域的已出版作品的大型数据库中提取。一些协作网络附有用于知识版权保护目的的私有云。

- 引文网络。用于了解作者的引文模式，并揭示学科之间的关系。Rosvall 和 Bergstrom 使用了超过 6000 个科学期刊的引用网络来获得科学地图。他们使用基于压缩在引用图上发生的随机游走的信息的聚类技术。随机游走遵循从一个字段到另一个字段的引用流，并且字段会从聚类分析中自然出现。

- 立法网络。它使人们能够通过议会活动推断政治家之间的联系，这可能与党派关系有关，也可能无关。通过使用美国国会图书馆数据中的数据，人们对这一主题进行了大量研究。他们审查了美国众议院委员会网络的社区结构。共享公共成员的委员会通过加权边连接。分层聚类揭示了一些委员会之间的密切联系。

Palla 等人率先研究重叠的社会群体，其中更多地涉及动态变化的社会群体的检测而非静态或不相交的社群。关于重叠社区概念的定量定义没有达成共识，因为它取决于所采用的方法。直观来说，人们期望社区集群在其边界处共享节点，这个想法激发了许多有趣的检测算法，随时间变化的动态社交图也更难以评估，这可以使用时间戳数据集来研究。跟踪社区结构在时间上的演变对于揭示社区如何生成以及它们如何动态地相互交互是至关重要的。

9.5　本章小结

许多有趣的认知功能可以通过各种类型的人工神经网络的深度学习工具来构建。特别是，我们展示了通过使用 TensorFlow 在今天的云端上实现认知智能系统，并研究了强化学习方法。特别地，我们研究深度学习和重新融合训练的结合使用，这已经在围棋游戏比赛中成功应用。预测分析被认为具有强力潜能的，以支持社交网络中的大数据应用，例如社区检测和筛选朋友圈。

9.6　本章习题

9.1　通过挖掘和分析电子健康记录（EHR），可以为未来的医学研究和临床医学带来各种便利。请列举几个这样的优点，同时，应当如何应对挑战？

9.2　设计一个由身体传感器和可穿戴设备组成的医疗系统，以收集人类生理信号。该系统应具有以下功能：实时监测、疾病预测和慢性疾病的早期检测。

9.3　设计一个监测和管理系统，该系统能够优化医疗资源的分配和促进该类资源的数据共享。并列出该系统的智能化和网络化等方面的一些特征。

9.4　近年来，视频分析成为一个热门话题，特别是通过视频跟踪的安全检查，这对保护个人和财产安全很有用。传统安全技术强调了实时响应和验证的有效性。因此，具有高分辨率、无丢失和低延迟的视频显示是安全行业在过去几年的主要发展方向。现在，我们可以看到到处都是城市监控的摄像机。

随着高清摄像机使用的增加，如何有效地传输大量的视频数据已经成为一个关键问题。此外，跟踪罪犯获得其位置信息是耗时和高强度的。请描述如何使用人工智能和机器学习技术来分析大量视频样本，并根据目标的特征自动跟踪目标并计算出移动路径。

9.5　设计一个能够监测操作危险机器（例如特种车辆、飞机和核电站）的工人的精神和身体状况的系统。这种系统应该利用物联网、图像传感和生理信号技术。

9.6　现在，年轻人中白血病的发病率已经增加，这需要将干细胞移植作为一种强制性治疗手段。移植后，患者必须在家住 12 至 24 个月。传统方法要求患者将他们的医疗报告发送给负责护理和治疗的医疗团队。

为了在康复期间尽量消除患者的艰难和不愉快的感觉，可以设计视频系统以通过智能手机、平板或个人计算机辅助患者和医疗团队之间的通信。同时，可以通过基于网络的系统轻易地访问患者的个人数据。特别地，如果在这样的远程数据检索系统中添加游戏元件，则可以在每日报告期间改善患者的心情。通过更实用和频繁的医疗健康数据，医疗团队可以更准确、及时地监测患者的健康状况，并提供更有效的治疗。

（1）关于视频系统，下列哪个描述是正确的？（　　　　）

A. 我们需要一个高度灵活的数据框架，以满足关于自定义健康参数的要求

B. 外部数据源通过电子健康数据服务总线传输到数据库

C. 数据只能被硬定义，不能软定义

D. 游戏应优先在智能手机和平板电脑上使用，但也可以在网络浏览器上进行

（2）视频游戏系统工作流程包括三个步骤：数据定义，创建配置文件，计划游戏任务。当向患者分发小游戏时，该任务可以根据由医疗团队评估的患者的健康状况来指定一组患者进行物理治疗练习。关于上面的三个步骤写出你的想法。

9.7 了解如何使用 DBN 和 CNN 进行手写数字识别。基于 Mnist 数据集和本章知识，使用堆栈自动编码器（SAE）实现手写数字识别。你需要写出 SAE 的步骤和伪代码，并提供详细的编程代码。

9.8 手写数字识别和人脸识别属于图像分类问题，这两者都可以用 CNN 解决。首先，了解如何使用 CNN。然后，学习如何使用 CNN 进行图像理解和医学文本分析。最后，给出基于 CNN 的图像分类和医学文本分析之间的相似性和差异。你需要分别从卷积运算和池运算两个方面说明细节。

9.9 Alex 提出的网络架构 AlexNet 在 2012 年赢得了 ImageNet 大视觉识别挑战的冠军。AlexNet 是 CNN 网络模型在图像识别中的改进，这种网络结构有一些新颖的功能。使用 TensorFlow 平台并利用 TensorFlow 实现 AlexNet。访问 www.tensorflow.org/ 了解关于 TensorFlow 的最新进展。这个课后作业需要你提供程序代码，并展示出建立 AlexNet 手写数字识别功能的步骤。

9.7 参考文献

[1] G A Miller. The cognitive revolution: a historical perspective[J]. Trends in Cognitive Sciences, 2003, 7:141–144.

[2] G Daniel, M S Gordon. A gateway to the future of Neuroinformatics[J].Neuroinformatics, 2004, 2 (3):271–274.

[3] A Zaslavsky, C Perera, D Georgakopoulos. Sensing as a service and big data[C]. Proc. Int. Conf. Advanced, Cloud Computing (ACC), Bangalore, India, 2012: 21-29.

[4] G Lo, A Suresh, S Gonzalez-Valenzuela, et al. A Wireless Sensor System for Motion Analysis of Parkinson's Disease Patients[C]. Proc. IEEE PerCom, Seattle, WA, Mar. 2011.

[5] M Chen, S Gonzalez, A Vasilakos, et al. Body Area Networks: A Survey[J]. ACM/Springer Mobile Networks and Applications (MONET), 2010, 16(2):171-193.

[6] N Torabi, V C M Leung. Robust License-free Body Area Network Access for Reliable Public m-Health Services[J]. Proc. IEEE HealthCom, Columbia, MO, 2011.

[7] H Li, J Tan. Heartbeat Driven Medium Access Control for Body Sensor Networks[J]. Proc. of ACM SIGMOBILE , San Juan, Puerto Rico, 2007.

[8] L Deng, D Yu. Deep Learning: Methods and Applications[J]. Foundations and Trends in Signal Processing, 2014, 7: 3–4.

[9] Y Bengio. Learning Deep Architectures for AI[J]. Foundations and Trends in Machine Learning, 2009, 2 (1): 1-127.

[10] J Schmidhuber. Deep Learning in Neural Networks: An Overview[J]. Neural Networks, 2015, 61: 85-117.

[11] Kai Hwang. Cloud Computing for Machine Learning and Cognitive Applications[M]. MIT Press, 2017.

[12] Y Bengio, Y LeCun, G Hinton. Deep Learning[J]. Nature, 2015, 521: 436–444.

[13]   A Itamar, C R Derek, P K Thomas. Deep Machine Learning – A New Frontier in Artificial Intelligence Research – a survey paper[J]. IEEE Computational Intelligence Magazine, 2013.

[14]   Google Cloud BigQuary[EB/OL].https://cloud.google.com/bigquery/.

[15]   Google Cloud Datalab[EB/OL].https://cloud.google.com/datalab/.

[16]   A Krizhevsky, I Sutskever, G E Hinton. Imagenet classification with deep convolutional neural networks[J]. Advances in neural information processing systems, 2012: 1097-1105.

[17] Collobert. Deep learning for efficient discriminative parsing[C]. In Proceedings of the Fourteenth InternationalConference on Artificial Intelligence and Statistics (AISTATS), 2011: 224–232.

[18]   T Mikolov, K Chen, G Corrado, et al. Efficient estimation of word representations in vector space[C]. Proceedings of Workshop at International Conference on Learning Representations, 2013.

[19]   G Palla, I Derenyi, I Farkas, et al. Uncovering the overlapping community structure of complex networks in nature and society[J]. Nature, 2005, 435(7043):814.

[20]   D Silver, A Huang, C Maddison, et al. Mastering the game of Go with deep neural networks and tree search[J]. Nature, 2016, 529(7587):484-489.

[21]   N Jouppi. Google supercharges machine learning tasks with TPU custom chip[R]. Google Cloud Platform Blog, Google, 2016.

[22]   J Xie, et al. Overlapping Community Detection in Networks[J]. ACM Computing Survey, 2013.

[23]   Y Shi, S Abhilash, K Hwang. Cloudlet Mesh for Securing Mobile Clouds from Intrusions and Network Attacks[C]. IEEE Mobile Computing, San Francisco, 2015.

医疗认知系统与健康大数据应用

摘要：这一章主要研究基于机器学习和数据分析的医疗认知系统在健康监护中的应用。我们首先介绍医疗和健康监护的背景环境，然后提出物联网健康监护系统。在医疗应用的数据分析中，我们专注于基于云的慢性疾病探索。这一章和在第 5 章与第 6 章介绍的机器学习算法有非常高的关联性。但在这一章中我们不会再重复这些算法，而是讨论生物医学和健康监护应用，包括系统的建立和性能报告。特别的，我们提出了一个智能的人机界面和基于医疗云的智能服装与机器人的交互场景。

10.1 健康监护问题和医疗认知工具

本章专门介绍在健康监护和疾病检测中的预测分析应用。首先，我们回顾一下由物联网支持的医疗系统。我们专注于医疗监护和运动促进系统。首先评估这些医疗领域的要求，然后，通过利用有关云、移动设备和物联网资源的机器学习技术提出分析解决方案系统。

10.1.1 健康监护和慢性疾病检测问题

世界卫生组织 2015 年《关于老龄化与健康的全球报告》指出，全球人口老龄化问题日益严重，从 2015 年到 2050 年，全球 60 岁以上的人口比例将从目前的 12% 上升至 22%，总数将从 6.05 亿增加到 20 亿，增长幅度接近两倍。世界各国都将面临人口老龄化带来的一系列问题，老年人的医疗健康（包括老年人的精神健康）问题尤为突出，医疗设施和医护人员数量严重不足，各国的医疗系统都承受着沉重的负担。以人口老龄化问题严重的中国为例，到 2040 年中国 60 岁以上的老龄人口占全国人口的比重将超过 30%。另外，随着独生子女的增多，以及子女出国留学、在大城市就业、移民国外等原因，中国空巢老年家庭不断增加，这也是世界各国人口老龄化中另一个突出的问题。解决空巢老人的身体和心理健康问题迫在眉睫。

在全球人口结构老龄化加速的严峻现实面前，各国的养老服务却相对滞后。据调查显示，在中国，老年人选择进养老院者只占老年人口总数的 3% ～ 5%，这是由于养老院床位紧缺、老人经济能力不足以及许多老年人不愿离开自己的家庭和社区（乡镇）。60% 以上的老年人愿意接受的养老模式是居家养老服务，即政府依托城市街道、社区和农村乡镇，以及借助专业化的老年服务机构，为老年人提供生活照料、家政服务、康复护理、健康监护等服务。

积极应对人口老龄化问题成为世界各国的一项长期战略任务。重点是在养老服务中充分融入健康理念，发展社区健康养老服务，提高社区卫生服务机构为老年人提供日常护理、慢性病管理、康复、健康教育和咨询、养生保健等服务的能力，将医疗护理服务延伸至居民家庭，开展远程服务和移动医疗，丰富和完善服务内容及方式。与典型的健康监护问题（如人口老龄化）相比，慢性疾病的护理变得越来越重要。

随着人类社会、经济和环境的改变以及人口老龄化的加速，慢性病已经成为人类的头号健康威胁，发病率呈持续上升的趋势，但是基于各国医疗资源和体制的限制，人们在获得和利用公共卫生和医疗服务方面存在种种不便，迄今为止，各国的医疗卫生系统（特别是发展中国家）大多是为了应对急性病、传染性疾病而设计的，未充分考虑慢性病防治的需要。

令人惊讶的是，生活水平的提高推动了慢性病的上升。在美国，50% 的人患有不同水平的一种或多种慢性疾病。80% 的医疗资金用于治疗慢性病。2015 年，美国花费约 2.7 万亿美元用于慢性病治疗。这占了美国 GDP 的 18%。昂贵的医疗费用给社会和地方政府带来了巨大的财政负担。

慢性疾病的主要病因包括三种因素：不变因素、可变因素以及那些难以改变的因素。年龄和遗传属于不可改变的因素，占所有因素的 20%，如图 10-1 所示。生活环境对身体状况至关重要，而这很难任意改变。

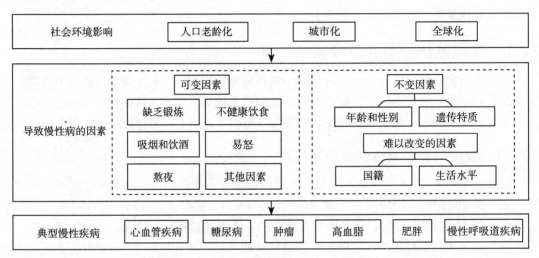

图 10-1　影响慢性疾病检测精度的因素

2015 年，世卫组织编写了一份关于慢性病的报告。它列出了四种主要的慢性疾病类型，即心血管疾病、癌症、慢性呼吸道疾病和糖尿病。报告指出，2012 年，70 岁以下的大多数非传染性疾病死亡是由这四种疾病引起的。心血管疾病在 70 岁以下的慢性死亡案例中的占比最大（37%），其次是癌症（27%）和慢性呼吸道疾病（8%），糖尿病占 4%，其他因素约占 24%。

除了环境因素，社会和经济的全球化趋势（如人口老龄化、城市化、全球化）也会对慢性病的产生造成影响。人口老龄化是慢性病患者数量增加的直接原因。城市化使环境污染更加严重。例如，严重的 PM2.5 和雾霾已经导致了肺部疾病的增加。另一方面是全球化。人们习惯于通过移动设备与朋友沟通。社交、移动和网络的新技术使城市生活更加方便。然而，这些进步也造成了各种不健康的生活方式。例如，坐在计算机前面太长时间，缺乏运动而导致肥胖问题等。

根据世卫组织最近的报告，决定健康的有五个不同的因素。事实上，一些卫生设施（如外科医生和医疗设施）只能解决 10% 的医疗问题。 50% 取决于生活方式，如生活习惯、饮食习惯和身体锻炼。20% 和环境有关，其余 20% 跟生物学相关，如遗传。这表明大多数因素是跟生活方式有关的。这就是为什么我们应该更多地关注健康监护的原因，而不是后续的治疗，如图 10-2 所示。由于其固有的长期性特征，慢性疾病并没有严重到需要在医院就诊。

这就是为什么各国政府在这个问题上花费了大量资金。维持健康监护对于解决这个具有挑战性的问题至关重要。

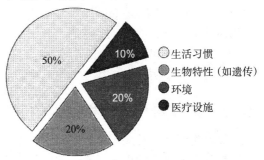

10.1.2　通用机器学习应用的软件库

在执行机器学习任务时，我们需要创建应用程序，或者使用现成的代码、工具包、开源的基准测试或从服务提供商处购买。为了匹配任务要求，最好的方法是编写自己的应用程序代码。这种方法涉及算法选择、工具包和数据

（2003 年疾病控制中心的统计数据）

图 10-2　健康决定因素

集的收集、程序编码以及重复的测试运行直到其运行成功。由于专家或程序员是有限的，所以应用现有的代码或基准更方便。

在表 10-1 中，我们给出了一些可以分析数据集的软件工具包，帮助用户将运行的程序组合在一起。令人惊讶的是，这些机器学习包中的许多都是开源的。读者可以去开发者的网站查看，了解相关程序或运行时支持系统的更多细节。

表 10-1　常用的机器学习工具包

工具包或框架，语言，开发人员网站	简介
Scikit-learn, Python, http://scikit-learn.org/stable/	使用 NumPy 和 Matplotlib 构建，为数据挖掘和大数据分析提供简单有效的数学工具
Shogun, C++, http://www.shogun-toolbox.org/	SWIG 接口支持 C++ 和目标语言 Python、Octave、R、Java、C# 等之间的通信，着重于 SVM 内核函数
Accord, Aforge.net,.NET, http://accord.codeplex.com/ http://www.aforgenet.com/framework	应用于面部检测中的音频/图像处理以及 SIFT 上的图像拼接，支持具有 AN 或决策树算法的实时移动计算
Mohout, Hadoop, https://mahout.apache.org/	使用 MapReduce 在 Hadoop 集群的单个或多个节点上运行，大大提高了数据量
MLlib, Spark http://spark.apache.org/mllib/	MLlib 旨在使许多 ML 算法能够在大型集群上快速运行。它支持个性化的 ML 代码设计
Cloudera, Hadoop, http://www.cloudera.com/	由 Cloudera Hadoop 分布提供，使机器学习模型能够在实时数据流上运行，例如垃圾邮件过滤
GoLearn, Go, https://github.com/sjwhitworth/golearn	由谷歌支持定做的代码设计以及用于扩展数据结构和源代码的简单工具
Weka, Java, http://weka.wikispaces.com/	Weka 用于数据挖掘、预处理、分类、回归和集群应用程序并带有可视化支持
CUDA-Convnet, C++, https://code.google.com/p/cuda-convnet	CUDA 是 GPU 的加速工具包，而 CUDA-Convnet 是基于使用快速 GPU 集群的 ANN 的机器学习库
ConvNetJS, JavaScript, http://www-cs-faculty.stanford.edu/ people/karpathy/convnetjs	深度学习的在线培训服务，通过向用户展示一些简单的演示，帮助用户直观地理解算法
FBLearner Flow, Python, https://code.facebook.com/posts/1072626246134461/	这个平台通过扩展到数千个定制的仿真实验，在不同的产品中重用了许多算法。它还提供从 Python 代码自动生成的用户体验界面

　　这里只给出简要的介绍性信息。我们将在后续章节中更详细地介绍 Google TensorFlow 框架。Spark 和 TensorFlow 库丰富了我们开发新的机器学习或深度学习应用程序的能力。对于许多认知活动,人类(即使是一个新出生的婴儿)可以很容易地执行但其行为并不总是确定的,现在我们可以通过训练计算机来常规地处理这些筛选和过滤任务以节省我们的时间,并且用更好的事实或支持基础来增强我们的决策过程。

10.2　物联网和基于机器人的健康监护系统与应用

　　健康物联网是解决医疗健康问题的重要途径,对促进医疗健康产业的发展及人们生活质量的提升具有重要的现实意义。和"以物为中心"的传统物联网相比,健康物联网"以人为中心",所有的网络接入、数据分析以及服务都围绕着人展开,在数据采集层的传感器不再是普通的传感器,而是用于采集人的生理健康参数的人体传感器,网络接入、数据分析、服务提供都围绕着"以人为中心"的理念展开。

　　以前的健康物联网注重人体传感器的设计和人体生理数据的采集,对用户的移动性考虑不足,在日常生活中使用不方便,甚至会影响日常生活。随着移动互联网的发展,导致物理世界、虚拟世界和社会网络的融合,进而产生了 CPSS(Cyber-Physical-Social System)。将健康物联网融入 CPSS 中,使用户在物理世界和社交网络空间的高移动性情况下,能同时得到移动健康和移动医疗所带来的服务和便利,成为健康物联网发展的必然趋势。

　　传统物联网已广泛应用于交通、物流和零售行业。随着其日益成熟,物联网吸引了人们在医疗领域的注意。然而,许多使用物联网技术来促进健康服务进入家庭或个人的应用程序,后来被证明是不成功的。由于提高医疗质量和服务效率的重要性,健康物联网是健康信息发展的里程碑。它将在提高人们的健康水平和提高生活质量方面发挥重要作用。

10.2.1　物联网传感器用于身体信号的收集

　　生理信息采集是健康物联网的基础,而传感器又是生理信息采集最重要的环节,是联接生理世界和电子系统的桥梁。传感设备负责采集人体生理数据,这些数据有助于用户随时随地检查自己的身体状况或者协助医生诊断病人。

　　根据用户对移动医疗和健康系统的需求,健康物联网应用中的生理信息采集设备分为两大类:一类设备是通过通用型移动设备(General Mobile Device,GMD)(例如手机)上集成的传感组件进行生理信息的采集;另一类则是专用医疗健康采集设备(Medical Health Sensor,MHS),通过集成一种或多种专用的健康传感器采集健康信息。下面分别介绍这两类采集设备的特点。

　　通用型移动采集设备具有成本低以及携带和使用方便的优点,但是也存在采集数据的精度不高和采集的生理信息类型有限的不足,具体特点如下:

- 独立运行。无需添加其他设备,仅依赖自身以及所集成的传感器的功能,就可以完成健康信息采集工作。
- 采集过程较短。由于目前移动设备的供电时间有限,而且移动设备上还运行着许多其他的功能。因此,通过这种方式采集数据只能持续相对较短的一段时间。
- 采集数据精确不高。目前,虽然也出现了一些具有专业医疗健康服务功能的移动设备,但是绝大多数的移动设备所采集的医疗健康数据并不精确,只能用于简单地检测人体体征,而不能直接应用于医学领域。

- 用户的参与程度高。由于移动设备集成了丰富的功能，因此用户可能需要在设备上安装专用软件，并激活相应的传感器件，才能采集数据。有时，甚至需要用户进行输入文字、拍摄图片、录制音频视频等操作。

总而言之，采用这种方式采集医疗健康数据，虽然使用方便，但是所能提供的功能有限。

而 MHS 设备采用了专用传感器，具有数据采集精度高的优点，但是同时也存在着成本较高、便携性和易用性差等方面的不足。此类设备的具体特点如下：

- 可穿戴性。由于是以人的生命特征为采集目标，大部分的 MHS 必须佩戴在人体上，才能准确地采集数据。因此，目前几乎所有的医疗健康采集设备都以可穿戴作为基本要求，这样不仅可以在采集过程中提高用户的舒适感，更保证了采集数据的准确性。常见的人体传感器的分布如图 10-3 所示。
- 工作时间长。和通用型移动采集设备方式不同，专用医疗健康采集设备的目的是在相对较长的时间里持续从人体采集数据，这就对 MHS 的供电能力有较高的要求。
- 稳定性。在用户进行剧烈运动或者极端环境等情况下，MHS 仍然可以正常地采集数据。
- 用户参与程度低。和 GMD 方式不同，MHS 的功能相对独立，大多数 MHS 设备在采集数据的过程中并不需要用户的干预，用户只需要启动电源，MHS 就会开始采集工作。
- 具有数据暂存机制。由于需要满足可穿戴的特性，MHS 在重量和尺寸上会有严格的限制。因此，多数 MHS 不会集成数据传输模块，而选择尺寸相对较小的数据存储模块，采用数据暂存的机制将所采集的数据先行存储，再通过其他网络接入设备传输数据。

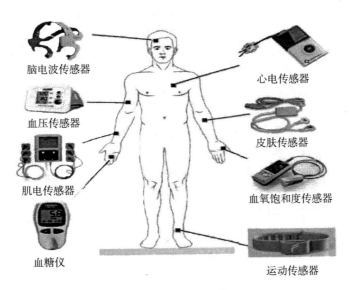

图 10-3   常见人体传感器的布局

10.2.2   基于云的健康监护系统

近年来，基于家庭的远程健康监护应用发展迅速，它整合了健康传感器、无线通信技术和云计算，彻底颠覆了传统的健康监控模式，成为健康物联网发展的重要分支。传感器收集到的数据可以传递到手机上，而手机和传感器可以通过蓝牙进行连接，并且发送数据到后台

　　的健康管理服务平台上，实现无所不在的健康监控，让人们能够随时监控自己的身体状况。

　　这种应用特别适合老人、慢性病患者和亚健康人群。通过各类最先进的可移动、便携式、低功耗的智能化健康感知设备，可以监护人的生理参数，包括血氧/脉搏、血压、血糖、骨密度、心电、体温、呼吸等。图 10-4 为常见的基于社区服务的健康监护系统的整体架构。通常由健康监护系统提供的服务见表 10-2。作为简化版本，专用的健康感测设备可以通过蓝牙与智能移动电话连接。检测到的生理数据会被发送到移动电话以用于可视化。

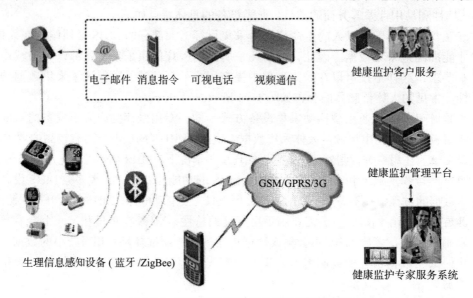

图 10-4　基于社区服务的公共健康监护系统

　　不同的健康监护系统具有不同的特征，适合各种人群，如老年人、空巢老人和慢性病患者等。在下文中，我们将健康监护系统分为以下几类。

- 健康物理网络系统。面向健康的移动物理网络系统（CPS）在现有的医疗监控应用中起着至关重要的作用，例如诊断、疾病治疗和紧急救援等。医疗信息传输中端对端的延迟问题受到重点关注，特别是在发生事故的情况下，或在流行性疾病爆发的时期。

- 移动健康监护。几年前，提出了基于便携式医疗设备和智能手机的移动健康监护系统。通过专用智能手机应用软件从各种健康监控设备收集人体的生理信号。然后，这些生理信号被发送到医疗中心。如果需

表 10-2　常见的健康监护服务

服务内容	服务方式
24 小时远程心电/血压/血糖/血氧/脉搏/呼吸/睡眠	实时监测服务
监护异常实时告警服务	短信方式
监护信息通知亲属服务	短信方式
预约专家咨询服务	视频或短信方式
紧急呼叫救助服务	自动电话呼叫方式
家庭定位服务	定位
定期健康评估报告服务	短信或邮件方式
定期健康促进关怀服务	短信或邮件方式
定期随访服务	电话
终生健康档案管理服务	网站查询
用户数据自助查询服务	网站查询
24 小时咨询热线服务	电话

要，它还可以提供手机短信服务通知护理人员和医疗应急机构。

- 用于健康监护的可穿戴计算。长期以来，可穿戴设备和可穿戴计算是实现健康监护的关键研究课题。作为一种新型的身体传感器节点，智能手机和智能手表被用于测量 SpO2 和心率，但是，这样的测量数据具有精度低、信号类型少以及医疗用途有限的缺点。几

种常见的健康监护设备如表 10-3 所示。

表 10-3　几种常见的健康监护设备

设备名称	监测内容	附加功能	价格（美元）
blood pressure monitor	血压	记录历史血压数据	150
e-health cloud blood pressure monitor	血压	整合云平台，记录历史数据曲线，发送呼救信息	100
sunstudy GPS LBS（老人监护手表）	追踪老人	手机通话功能、SOS 求助报警，并依次拨打三个监护号码。定时上传跟踪位置，低电量报警	100
康康智能血压计	血压，心率	监测血压和心率，避免引发房颤。特色在于可以与名医沟通病情，获得治疗意见，还可了解病友情况	70
jWatch 手表	血压，心率	数据分析，人工呼叫中心	98
WeMo 智能远程婴儿监护器	监护婴儿	远程监护婴儿，可以添加其他监护人	68

- 健康物联网。健康物联网是提供健康监护服务的另一种方式。基于物联网技术的移动感知、定位和网络分析功能可用于健康监护中。
- 环境辅助生活。环境辅助生活（AAL）旨在提高患者的生活质量，并且可以通知相关亲属、护理人员和医疗专家。AAL 相关技术包括传感技术、生理信号监测、家庭环境监测、基于视频的传感技术、智能家居技术、模式分析和机器学习。
- 基于身体区域网络的健康监护。现有的身体局域网（BAN）工作侧重于传感器节点的节能、BAN 网络设计、可植入微传感器、生理信号采集等。人们已经开发出基于 BAN 的便携式智能可穿戴健康监护系统，然而，系统的稳定性、可持续性和可靠性需要改进。

10.2.3　运动促进和智能服装

随着可穿戴设备的兴起以及人们对健康的日益关注，催生了基于可穿戴设备的运动促进产业的蓬勃发展。通过可穿戴设备可以实时记录用户每天的运动量、消耗的热量、食物摄入量以及睡眠状况，从而有效督促自己增加运动量以保持身体健康。图 10-5 中提出了一个运动促进装置的通信架构。

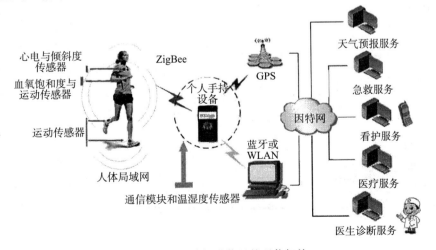

图 10-5　运动促进装置的通信架构

专业运动类智能设备可以更加精准地测量运动员的心跳、呼吸等身体指标，监控他们在运动时的速度、跑动距离、耐力等数据，为提高运动成绩提供支持，教练则可以更加直观地了解队员的状态，挑选最合适的运动员上场比赛。

目前推出的运动促进产品大都是可穿戴的，例如智能手环、心率带、智能手表等，如图10-6所示。这些设备可以实现运动计步、运动跟踪、心率测量、睡眠追踪、饮食跟踪、智能闹钟、可定制的报警、情绪追踪、距离记录、步数采集、卡路里燃烧测量等功能。

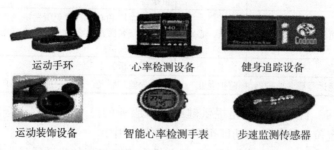

图10-6 运动促进产品

例 10.1   智能服装应用软件和测试台设置

如今，在体育运动促进方面智能服装成为一种新兴的可穿戴设备。智能服装的定义如下：智能服装是一种新的系统，集成了用于物理信号收集的各种微传感器。与传统的可穿戴设备相比，智能服装具有方便、舒适、耐洗、高可靠性和耐用性的特点。

在智能服装中，身体传感器与纺织服装集成在一起，要考虑到各种因素，如传感器类型、传感器放置的策略位置以及柔性电缆的布局。智能服装的面料采用弹性纺织面料，适合接触皮肤穿着。安装在手机上的智能服装 App 软件如图 10-7a 所示，智能服装系统的测试平台如图 10-7b 所示。

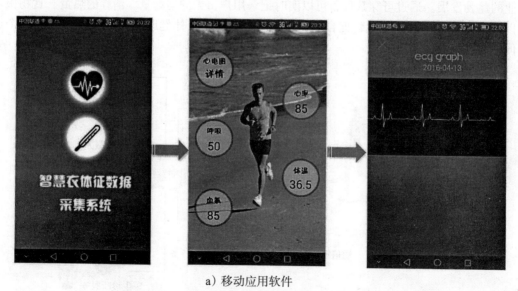

a）移动应用软件

图10-7 智能服装应用软件和测试台设置

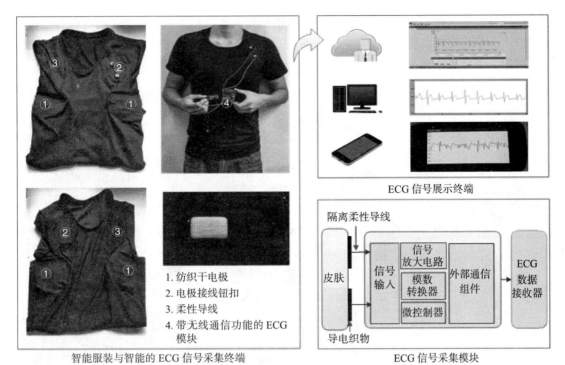

1. 纺织干电极
2. 电极接线钮扣
3. 柔性导线
4. 带无线通信功能的 ECG 模块

智能服装与智能的 ECG 信号采集终端

ECG 信号展示终端

ECG 信号采集模块

b）测试台设置

图 10-7 （续）

10.2.4 健康监护机器人和移动健康云

云计算是一种基于互联网的新型计算和服务模式。通过这种方法，可以根据一系列需求将硬件和软件资源以及相关信息汇总后提供给服务请求者。传统的机器人总是被硬件和软件的功能所局限，而这些功能存在严重的问题。但是云计算作为对机器人技术的良好支持，可以很容易地将其与机器人技术相结合，最终构建一个云机器人。

作为前端设备，机器人负责收集信号、具体的操作和一些简单的分析与处理任务，而更复杂的任务则递交给云。通过运用其强大的存储和计算能力，云使用 ML 算法构建有效的模型，并将分析结果传送回机器人。机器人还将基于其可用资源在本地处理一些计算。

例 10.2　健康监护中移动设备、机器人和云环境

图 10-8 显示了用于健康监护应用的移动设备、机器人和云的集合。机器人和云计算技术在健康监护系统中的整合可以大大提高服务质量与水平。用户使用可穿戴设备收集生理数据，然后由机器人将收集的数据转发到远程云平台。机器人可以存储感知数据，与人类交互，并集成各种无线通信模块，包括 ZigBee、WiFi 和 LTE。云用于存储大规模健康数据以及健康分析和预测，并提供个性化服务。本节的剩余部分介绍核心组件的架构和设计。

机器人技术已经对社会、经济和人类的生活方式产生了巨大的影响。无线网络和云计算等相关技术的突破为机器人从工业领域向服务领域发展铺平了道路。目前，市场上的机器人主要集中在家庭教育、娱乐和服务领域（例如扫地机器人），这些机器人大多功能单一并且以单机模式工作，机器人的功能由内置的软件控制，存在智能化程度低和升级维护困难的不足。网络化机器人则通过有线 / 无线网络将一组机器人连接起来，使机器人具有远程操作和管理能力，可以实现多机器人协作。为了解决单机机器人和网络化机器人存在的资源和通信受限问题，并提高其学习能力，人们提出了云机器人。

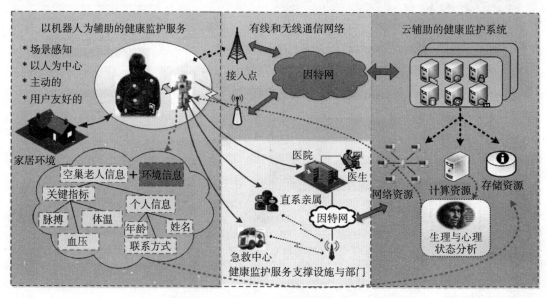

图 10-8　机器人和云辅助的健康监护系统

云机器人架构分为两个层次：M2M（Machine to Machine）层和 M2C（Machine to Cloud）层。在 M2M 层由一组机器人通过无线连接组成一个基于 AdHoc 的协作计算机器人云基础架构。M2C 层则提供了计算和存储资源的共享池，允许机器人将耗费资源的计算任务卸载到云端来完成。一些研究组织已经在探索将云计算技术整合到机器人应用场景中，例如，Google 的研究小组已经开发出智能手机驱动的通过云端互相学习的机器人。

图 10-9 显示出了移动健康云系统的示例。从端到云涉及智能服装、智能手机、通信网关、健康云数据中心等，相关的软件包括智能服装嵌入式软件、智能手机应用软件、云端大数据分析处理和健康服务等，涉及的环节多，各部分软件需要单独开发，并且最终整合成一个相互协作的整体。

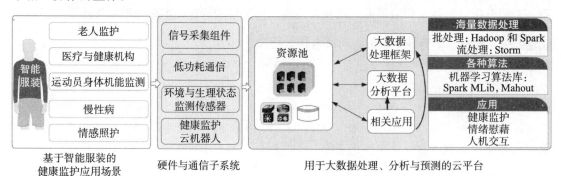

图 10-9　一个典型的装备智能服装和后端云的健康监护系统

整个软件系统中最核心部分是智能服装相关软件、智能手机 App 和云平台相关软件，涉及嵌入式系统开发、手机应用软件开发和基于大数据的云端软件开发技术。

智能服装软件开发需要在保证低功耗的前提下实现生理信号采集、无线通信、数据存储、报警等功能。

智能手机上的智能服装专用 App 的两个主要功能：

- 与智能服装互连，获取智能服装数据，设置智能服装信号采集相关参数，将智能服装采集的数据上传至云端。
- 为用户提供个性化健康服务，展现用户的各种生理指标，方便用户查询历史数据，接收云端推送的报警信息和健康指导，提醒用户健康注意事项。

云端软件是系统的智能中心，首先需要搭建资源管理系统，构建计算、存储和网络资源池，根据负载情况为智能服装健康应用提供可动态伸缩的资源服务。在云端需要整合大数据处理框架，为健康数据提供存储、分析和处理接口。为了给用户提供更加精准的医疗健康建议和辅助疾病诊断，还需要在云端整合基于大数据的统计和机器学习库，开发能预测用户健康发展趋势的智能算法。云端还要提供面向最终用户和第三方医疗健康机构的应用服务。由此可见智能服装软件是基础，手机 App 是桥梁，而云端则是各个功能和服务的中心。

10.3 健康监护应用的大数据分析

随着医疗数据的增加和大数据分析技术的发展，从大数据分析的角度对医疗数据进行分析，对实现病人的预防性护理是非常有利的，但是现在医疗大数据存在着数据缺失的问题，并且不同地区疾病信息的差异性比较大，影响疾病风险评估的特征也比较复杂。在本节中，我们简化了机器学习模型和算法，特别是针对特定社区的慢性疾病检测。我们利用 2013 年至 2015 年从中国中部地区收集的实际医院数据，在改进的检测模型上进行了实验。

为了克服数据缺失的困难，我们开发了一种新的矩阵分解方法对缺失数据进行重建。其次，我们利用统计知识判断出影响该地区的主要慢性病是高血脂，同时和医院专家讨论如何提取与该疾病相关的特征。最后利用朴素贝叶斯、K 近邻、支持向量机、神经网络和决策树，分别建立了疾病风险评估模型，并且比较了上述机器学习算法，得出决策树和支持向量机对于该地区的慢性病预测具有较好的性能，可以达到 90% 以上的准确率。

10.3.1 健康监护大数据预处理

健康大数据对于健康监护的可持续性至关重要，而健康监护大数据的收集需要可持续的健康监控系统，如智能服装系统。从数据收集的角度来看，如果没有可持续的健康监控器来支持长期的生理数据的收集，数据量将无法达到大数据的水平。从智能云的角度来看，基于云的健康大数据分析为更有效的健康监护提供了智能系统，并使其更具可持续性。

一般来说，大数据对于优化公共和私人卫生系统的花费具有重要意义。健康大数据正在促进健康的生活方式和活动，避免慢性疾病（如高血压）的发生，减缓慢性疾病并能将依赖性患者转移到监控中心。在当今大数据时代，可以在 BAN 的基础上收集大量的医疗和健康数据，同时应用大量的体域网络商业平台。在人类活动识别方面使用大数据研究技术已成为 BAN 的主要研究方向。

在本节中，我们将基于来自武汉地区医院的实际数据来讨论医疗预处理。医院提供的数据包括 EHR、医学图像数据和基因数据。数据覆盖了超过 30000 名患者。我们从医学数据中集中提取了四个重要的表：

- 疾病表：疾病的序号和对应的疾病的名字。
- 结果表：病人的检查结果以及医生的建议等。
- 患者表：病人的基本信息（比如性别、年龄、生活习惯以及检查的项目等）。
- 患者病历表：病人的患病记录。

例如，表 10-4 给出了经过整理后的例子，列出了医院体检数据的主要信息，包括病人的统计资料、生活习惯、检测项目及结果、病人所患疾病、病人的花销及医生的建议。在 2012 ~ 2013 年中，高血脂并没有出现在患病人数最多的人群中，只是存在患高血脂的低风险人群（比如甘油三酯偏高），于是我们针对于疾病高血脂，对其进行风险模型预测，从而及早识别出该慢性病。我们关注的是体检不合格的人数、男性和女性的比例以及他们每年在健康监护方面的支出。体检不合格的人数在逐年增加，该地区男性患者多于女性患者。也就是说，疾病与性别有关。慢性病的增加率反映在患者的医疗费用支出上。

表 10-4　经常在医院数据库中出现的医学术语

条目	描述
患者的人口统计资料	包括病人的性别、年龄等
生活习惯	包括病人是否吸烟、是否具有遗传病史等
检查项目及结果	包括一些检查项目，比如血液等
所患疾病	病人所患疾病，比如糖尿病、高血压、高血脂等
病人花销	病人的各项花销等
医生建议	医生针对于病人所患疾病给出的建议，病人所处的风险状态

在数据插补之前，我们首先使用数据集成进行数据预处理。风险预测的准确性取决于医院数据的多样性特征。我们可以整合医疗数据以保证数据原子性：即整合身高和体重以获得身体质量指数（BMI）。潜在变量是指在特定模型中不能直接观察到的那些变量。潜在因素模型用于解释潜在变量中存在的可观察变量。矩阵分解方法是潜在因素模型最成功的实现方法之一。

10.3.2　疾病检测的预测分析

我们已经第 5 章和第 6 章中学习了有关监督和非监督方法的机器学习算法。在本节中，我们通过使用预测分析提出了三个具体的医疗应用示例，而预测分析是基于五种不同的机器学习算法，即逻辑回归、贝叶斯分类器、决策树、KNN 和 SVM 方法。在下一节中，我们将比较更多可选的性能指标，以便为慢性疾病检测选择合适的机器学习模型。

例 10.3　使用逻辑回归的预测性疾病诊断

表 10-5 列出了甘油三酯、总胆固醇含量、高密度脂蛋白、低密度脂蛋白和是否患高血脂的数据集（1 为"是"，0 为"否"）。这些数据来自于武汉一家医院的健康检查数据。如果某人的健康体检数据是 {3.16，5.20，0.97，3.49} 这样的序列，让我们初步尝试判断该人是否有高血脂症。

表 10-5　高血脂症患者的健康检查数据

ID	甘油三酯	总胆固醇	高密度脂蛋白	低密度脂蛋白	是否有高血脂
1	3.62	7	2.75	3.13	1
2	1.65	6.06	1.1	5.15	1

（续）

ID	甘油三酯	总胆固醇	高密度脂蛋白	低密度脂蛋白	是否有高血脂
3	1.81	6.62	1.62	4.8	1
4	2.26	5.58	1.67	3.49	1
5	2.65	5.89	1.29	3.83	1
6	1.88	5.4	1.27	3.83	1
7	5.57	6.12	0.98	3.4	1
8	6.13	1	4.14	1.65	0
9	5.97	1.06	4.67	2.82	0
10	6.27	1.17	4.43	1.22	0
11	4.87	1.47	3.04	2.22	0
12	6.2	1.53	4.16	2.84	0
13	5.54	1.36	3.63	1.01	0
14	3.24	1.35	1.82	0.97	0

为了检测高血脂，我们选择逻辑回归算法，其中 1 代表高血脂，0 代表健康，考虑四个属性（特征）。首先，我们提取四个属性，并将它们组合成一个属性，形如 $z = \beta_0 + \beta_1 x_1 + \beta_2 x_2 + \beta_3 x_3 + \beta_4 x_4$。其中 x_1、x_2、x_3、x_4 分别代表甘油三酯、总胆固醇含量、高密度脂蛋白和低密度脂蛋白，z 表示组合后的特征。其次，使用最大似然法估计权重 β，在此使用 MATLAB 软件，并用 Newton-Raphson 方法对似然方程组进行迭代解。

$\beta_0 = -132.3$，$\beta_1 = -3.1$，$\beta_2 = 39.6$，$\beta_3 = -2.9$，$\beta_4 = 3.2$

根据上述结果，β_2 相对较大，因此可以看出，一个人是否患有高血脂在很大程度上受健康检查中总胆固醇含量的影响。然后使用 sigmoid 函数计算训练数据集中的每个样本的类。结果为 class = [1,1,1,1,1,1,1,0,0,0,0,0,0,0]，在图 10-10 中显示。

图中的数字代表被测试者的 ID，虚线圆圈代表类。从图中可以看出，在这种情况下，用逻辑回归进行分类的准确度为 100%，因此可以采用该模型进行预测。让我们预测一个数据为 {3.16，5.20，0.97，3.49} 的人是否患有高血脂。采用上述模型并求解方程，算出 class = 1，因此这个人被预测有高血脂。

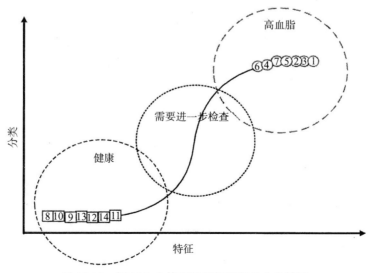

图 10-10　例 10.3 中使用的逻辑回归的分类结果

例 10.4 在糖尿病分析和预测中使用贝叶斯分类器

该实例分析糖尿病患者并预测他们是否患该疾病。该预测基于对标记患者的样本数据中肥胖和血糖含量的训练。样品数据在表 10-6 中给出。这里，Yes 代表肥胖或糖尿病患者，No 表示体重正常或者无病。

表 10-6　糖尿病患者的健康检查数据

ID	肥胖（A）	血糖含量（B）(mmol／L)	是否患糖尿病	ID	肥胖（A）	血糖含量（B）(mmol／L)	是否患糖尿病
1	No	14.3	Yes	6	No	4.6	No
2	No	4.7	No	7	No	5.1	No
3	Yes	17.5	Yes	8	Yes	7.6	Yes
4	Yes	7.9	Yes	9	Yes	5.3	No
5	Yes	5.0	No				

为简单起见，用 A、B 分别表示体检者的肥胖和血糖含量属性。根据表 10-7 的统计，我们得到以下患者肥胖和血糖含量的概率分布。下面预测接受健康检查的人的类别标签，其中 $X = (A = \text{Yes}, B = 7.9)$。使用统计数据，我们得到：

$$\begin{cases} P(A = \text{Yes}|\text{Yes}) = \dfrac{3}{4} & P(A = \text{No}|\text{Yes}) = \dfrac{1}{4} \\ P(A = \text{Yes}|\text{No}) = \dfrac{2}{5} & P(A = \text{No}|\text{No}) = \dfrac{3}{5} \end{cases} \begin{cases} P(\text{Yes}) = \dfrac{4}{9} \\ P(\text{No}) = \dfrac{5}{9} \end{cases}$$

考虑到血糖含量的指数，如果类 = Yes，则：

$$\begin{cases} \overline{x}_{\text{Yes}} = \dfrac{14.3 + 17.5 + 7.9 + 7.6}{4} = 11.83 \\ s^2_{\text{Yes}} = \dfrac{(14.3 - 11.83)^2 + (17.5 - 11.83)^2 + \cdots + (7.6 - 11.83)^2}{4} = 18.15 \end{cases}$$

表 10-7　关于患者肥胖和血糖含量的可能结果

糖尿病	肥胖		血糖含量 (mmol/L)		糖尿病	肥胖		血糖含量 (mmol/L)	
	Yes	No	均值	方差		Yes	No	均值	方差
Yes	3/4	1/4	11.83	18.15	No	2/5	3/5	4.94	0.07

如果类 = No，则

$$\begin{cases} \overline{x}_{\text{Yes}} = \dfrac{4.7 + 5.0 + 4.6 + 5.1 + 5.3}{5} = 4.94 \\ s^2_{\text{Yes}} = \dfrac{(4.7 - 4.94)^2 + (5.0 - 4.94)^2 + \cdots + (5.3 - 4.94)^2}{5} = 0.07 \end{cases}$$

根据血糖含量的高斯分布，我们可以得到：

$$\begin{cases} P(B = 7.9|\text{Yes}) = \dfrac{1}{\sqrt{2\pi} \times \sqrt{18.15}} e^{-\frac{(7.9 - 11.83)^2}{2 \times 18.15}} = 0.062 \\ P(B = 7.9|\text{No}) = \dfrac{1}{\sqrt{2\pi} \times \sqrt{0.07}} e^{-\frac{(7.9 - 4.94)^2}{2 \times 0.07}} = 9.98 \times 10^{-28} \end{cases}$$

此时，用朴素贝叶斯分类方法对 X 进行分类：

$$P(X|\text{Yes}) = P(A=\text{Yes}|\text{Yes}) P(B=7.9|\text{Yes}) \frac{3}{4} \times 0.062 = 0.0465$$

使用类似的方式，可以获得 $P(X|\text{No})$ 的概率以及估计误差，如下：

$$P(X|\text{No}) = P(A=\text{Yes}|\text{No}) P(B=7.9|\text{No}) \frac{2}{5} \times 9.98 \times 10^{-28} = 3.99 \times 10^{-28}$$

令 $\varepsilon = \dfrac{1}{P(X)}$，有

$$\begin{cases} P(\text{Yes}|X) = \dfrac{P(X|\text{Yes})P(\text{Yes})}{P(X)} = \varepsilon \times \dfrac{4}{9} \times 0.062 = \varepsilon \times 0.0276 \\ P(\text{No}|X) = \dfrac{P(X|\text{No})P(\text{No})}{P(X)} = \varepsilon \times \dfrac{5}{9} \times 3.99 \times 10^{-28} = \varepsilon \times 2.218 \times 10^{-28} \end{cases}$$

我们得到 $P(\text{Yes}|X) P(X) = 0.0276 > 2.218 \times 10^{-28} = P(X) P(\text{No}|X)$。因此如果 $X=$（$A=\text{Yes}$, $B=7.9$），那么这个人的类别为 Yes，即这个人患有糖尿病。

例 10.5 **针对医疗数据的高血脂检测方法的选择**

为了确定某人是否患有高血脂，我们通过身体检查来测量甘油三酯、总胆固醇、高密度脂蛋白和低密度脂蛋白等项目。表 10-8 列出了 20 名患者的原始数据。在这里，检测到已经得了高血脂的人在最右侧一栏中标记"1"，没有得的标记"0"。

表 10-8　带有标签的 20 个高血脂患者的检查报告

ID	甘油三酯 (mmol/L)	总胆固醇 (mmol/L)	高密度脂蛋白 (mmol/L)	低密度脂蛋白 (mmol/L)	是否患有高血脂
1	3.07	5.45	0.9	4.02	1
2	0.57	3.59	1.43	2.14	0
3	2.24	6	1.27	4.43	1
4	1.95	6.18	1.57	4.16	1
5	0.87	4.96	1.36	3.61	0
6	8.11	5.08	0.73	2.05	1
7	1.33	5.73	1.88	3.71	1
8	7.77	3.84	0.53	1.63	1
9	8.84	6.09	0.95	2.28	0
10	4.17	5.87	1.33	3.61	1
11	1.52	6.11	1.29	4.58	1
12	1.11	4.62	1.63	2.85	0
13	1.67	5.11	1.64	3.06	0
14	0.87	3.45	1.25	1.92	0
15	0.61	4.05	1.87	2.05	0
16	9.96	4.57	0.53	1.73	1
17	1.38	5.61	1.77	3.62	0
18	1.65	5.1	1.77	3.16	0
19	1.22	5.71	1.53	3.93	1
20	1.65	5.24	1.47	3.41	1

基于获得的这些样本，选择适当的机器分类器构建一个机器学习系统来检测患者的潜在问题。我们正在考虑三种候选分类器方法。由于样本数据相当小，最终的选择不能覆盖真正的大数据情况。我们只是使用示例来说明如何选择。

通过观察样本数据集，我们知道所有数据都有类标签，因此可以通过监督分类方法来解决。表 10-9 总结了在使用三种候选机器学习方法时的内存需求、训练时间和精度。考虑到精度需求，KNN 和 SVM 方法明显与目标完美相符。如果内存需求和训练时间更加重要，那么 SVM 方法会是更好的选择。

表 10-9　三个竞争分类器的性能测试

机器学习算法	内存要求（KB）	训练时间（秒）	精度
决策树	1 768	1.226	90%
KNN	556	0.741	100%
SVM	256	0.196	100%

10.3.3　五种疾病检测方法的性能分析

基于年龄、性别、症状的普遍程度、病史和生活习惯（例如吸烟或不吸烟等）等个人信息，大数据可用于预测某人是否属于某种慢性疾病的高危人群。例如，我们可以使用在第 5 章中介绍的监督机器学习方法来构造风险预测模型。图 10-11 列出了我们评估疾病检测的五种不同的机器学习方法，即 NB、KNN、SVM、NN 和 DT。

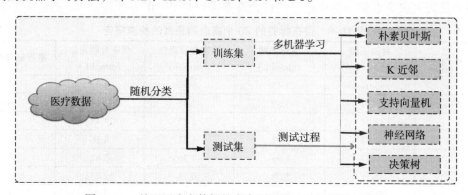

图 10-11　基于医疗大数据的疾病预测的五种机器学习模型

我们将数据随机分为训练数据和测试数据，训练集和测试集的比例为 3:1。使用上述方法来训练模型。

使用朴素贝叶斯预测。 NB 分类是一个简单的概率分类器。基于患者的输入特征向量 $x = (x_1, x_2, \cdots, x_n)$，我们可以计算 $p(x|c_i)$ 和先验概率分布 $p(c_i)$，再利用贝叶斯定理 $p(c_i|x) = \dfrac{p(c_i)p(x|c_i)}{p(x)}$ 来获得后验概率分布 $p(c_i|x)$。利用 $\arg\max_{c_i} p(c_i|x)$ 这样的贝叶斯分类器可以预测某患者的疾病情况。

使用最近邻算法的风险预测。 在使用 KNN 算法时需要注意，该方法需要测量距离。在这个例子中，我们使用欧氏距离。即给定两个病人的特征向量 x 和 y，每一个都包含 n 个特征。两个患者之间的欧氏距离计算公式为 $d(x,y) = \sqrt{\sum_{i=1}^{n}(y_i - x_i)^2}$。此外，参数 K 对模型的性能非常敏感。在典型的健康监护应用中，K 的值可以从 5 至 25 中选择。对于我们所使用的数据集，当 K = 10 时，该模型表现出最高的性能。因此，我们设置 K 为 10。

使用支持向量机预测。 SVM 将多维空间划分为多个子空间来找到最大的超平面。在典型的医疗应用中，患者的特征向量 $x = (x_1, x_2, \cdots, x_n)$ 是线性不可分的。为了将数据映射到可变换的特征空间，我们使用基于内核的学习，这样更容易对线性决策表面进行分类，并且因此重新形成问题，使得数据被明确地映射到该空间。内核函数可以有多种形式。这里，我们使用径向基函数（RBF）内核。SVM 分类器是使用 LibSVM 库实现的。

使用神经网络的预测。 NN 分类器是通过模仿生物神经网络发明的。在这个例子中，我们需要设置参数。首先设置层数。NN 模型通常包括四个层，即输入层、两个隐藏层和输出层。然后设置每层神经元的数量。这里我们将患者的特征数量设置为多维的。例如，对于一个输入 $x = (x_1, x_2, \cdots, x_n)$，我们在第一隐藏层中设置 10 个神经元，而将第二隐藏层中的神经元数目设置为 5。输出只有两个结果，即高风险或低风险。因此，输出层仅包含 2 个神经元。

在构造神经网络的结构之后，我们需要训练模型。对于每个层中的每个连接权重 w 和偏置 b，我们使用后向传播算法。对于激活函数，我们选择 sigmoid 函数。

使用决策树的预测。 决策树的基本思想是通过使用信息增益使数据中的杂质最小化，进而对对象进行分类。信息增益基于熵的概念，定义为 $H(S) = -\sum p_i \log p_i$，其中 $p_i = \dfrac{|C_{i,s}|}{|S|}$ 是 C_i 的非零概率。S 的分类需要根据预期信息 A，即 $H_A(S)$，我们可以得到 $H_A(S) = \sum_{v \in V} \dfrac{|S_v|}{|S| H(S_v)|}$。$V$ 表示根据属性 A 从 S 中划分的子集。然后我们可以得到信息增益，$\text{Gain}(S, A) = H(S) - H_A(S)$。

为了改进模型，在训练集上使用 10 倍交叉验证方法，其中来自测试参与者的数据不在训练阶段中使用。TP、FP、TN 和 FN 分别代表真阳性（正实例的正确预测的数量）、假阳性（正实例的错误预测的数量）、真阴性（负实例的正确预测的数量）和假阴性（负实例的错误预测的数量）。我们定义了四个衡量值：Accuracy、Precision、Recall 和 F1-Measure。如下：

$$\text{Accuracy} = \frac{TP+TN}{TP+FP+TN+FN}$$

$$\text{Precision} = \frac{TP}{TP+FP}$$

$$\text{Recall} = \frac{TP}{TP+FN}$$

$$\text{F1-Measure} = \frac{2 \times \text{Precision} \times \text{Recall}}{\text{Precision} + \text{Recall}}$$

F1-Measure 是 Precision 和 Recall 的加权调和平均值，代表整体性能。除了上面的衡量标准，我们使用接收工作特性（ROC）曲线和曲线下面积（AUC）来评估分类器的利弊。ROC 曲线显示了真阳性率（TPR）和假阳性率（FPR）之间的折衷。其中，ROC 曲线更常使用。AUC 是曲线下面积，面积越接近 1，模型就越好。

例 10.6 使用五种机器学习算法的高风险疾病的预测

模型的输入是患者的属性值：$x = (x_1, x_2, \cdots, x_n)$。输出值显示患者是否处于高血脂高风险群体类别中，或显示患者是否处于高血脂低风险群体类别中。我们关注的是医院数据集的 Accuracy、Precision、Recall 和 F1-Measure。DT 模型在训练集和测试集中具有最高的准确性。五个机器学习模型的相对性能和训练时间如图 10-12 所示。

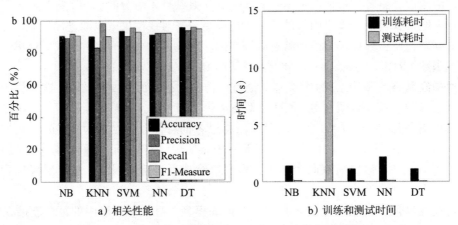

图 10-12　疾病预测中五种机器学习方法的相对性能

基于我们处理的数据集，它们的性能都在 82% ~ 95%。仅考虑 Accuracy，SVM 和 DT 模型的精度高达 92% 左右，而其他三种方法保持在 90% 左右。通过测量 Precision，我们发现 NN 和 DT 模型优于 KNN 模型，其最低约为 80%。考虑 Recall 属性，KNN 方法是最高的，而其他四种算法保持在高于 90% 的相同水平。最后，DT 具有最高的 F1-Measure，达到 95%，而其他保持在 90% 左右。

考虑训练时间，在图 10-12b 中，我们发现 KNN 需要更长的训练时间，而其余的训练时间则较短。基于这些结果，我们将 DT 模型的性能排到最高，而 KNN 模型的总分最低。然而，我们必须指出，这种排名结果在通常情况下并不总是一样的。相对性能对数据集的大小和特性非常敏感。考虑 ROC 的结果（图 10-13），我们发现 SVM 在高维特征条件下表现出较高的性能，而 DT 模型在低维特征的情况下则表现得更好。最后，我们在表 10-10 中总结了这些机器学习模型的优缺点。

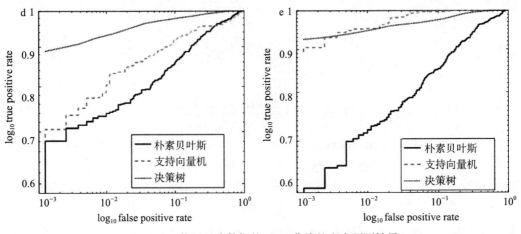

图 10-13　使用医院数据的 ROC 曲线的疾病预测结果

表 10-10　例 10.6 中疾病检测方法的优缺点

算法	优点	缺点
NB	容易实现，对于无关属性和噪声点具有较强的鲁棒性，训练时间比较短	对数据集的属性假设相互独立，一般情况下分类的准确率不是太高
KNN	容易理解，对于数据集没有潜在的分布假设，数据可以是多维的	分类的速度比较慢，所有的训练集存储在内存中，对于噪声比较敏感
SVM	可以处理高维数据，一般准确率比较高对于异常值具有较好的处理能力	在高维情况下需要选择一个比较好的核函数，训练的时间比较长，对存储和 CPU 具有较高的要求
NN	可以处理多种特征的数据，分类的速度比较快，可以处理冗余特征	训练时间比较长，对训练集中的噪声比较敏感
DT	对于数据集没有潜在的分布假设，分类的速度比较快，比较容易解释	容易出现数据碎片问题，最佳决策树难以寻找

10.3.4　疾病控制相关的移动大数据

分析疾病流动模式的传统方法通常基于家庭调查和户籍信息。这些传统方法收集的数据集受到回忆的偏差和分析中所涉及的总体样本规模的限制，这主要是由于数据采集和及时性的成本过高。通过移动网络数据，装备有云辅助的人类移动模型具有克服传统方法缺点的潜力。

令人感到有趣且兴奋的是，移动电话是相互连接的，会留下许多数字痕迹，这可以在个人和总体水平上用于分析和为人类行为建模。这些数字轨迹的分析已经成功应用于各种领域，包括城市规划、模拟人类的流动性、了解社会网络结构或控制经济发展。它也将应用于云辅助疾病控制中。随着移动蜂窝网络和云平台的普及，将不同类型的移动网络数据用于公共卫生和疾病控制具有巨大的潜力。越来越多的研究集中在模拟人口的流动性和展现疾病传播特征的时机。与传统方法相比，以更客观的方式和更好的时空分辨率对人口流动模式进行分析，为改革公共卫生和疾病控制打开了一扇大门。

过去几年，由于数十亿互联网中的城市居民所持的移动设备的贡献，移动流量急剧增长。到 2019 年，来自移动设备的全球蜂窝网络流量预计将超过每月 24 亿字节，比 2014 年现有蜂窝网络服务的流量大 9 倍。这种大量的移动流量形成了大规模的移动大数据。这为云辅助疾病控制的人口流动性分析提供了最方便的数据源。

毫无疑问，个人和聚集的人类流动性是建模和预测公众健康的关键变量。人口流动模型可以通过被动收集的移动网络数据来构建，极有希望帮助疾病控制做出决策，特别是在抗击传染病、面临传染病大规模传播的风险或处理自然灾害的后果时。为了加快用于疾病控制的移动数据的采用，人们需要收集患者的手机数据，例如事件驱动的移动电话 CDR（呼叫详细记录）、移动电话的位置数据、移动位置信号的三角测量（比如 GPS）等。每种类型的移动数据都有自己的技术优势和局限性，因此我们需要结合它们来模拟患者人群的流动性。

在疾病控制的情况下，将移动电话数据与来自外部数据源的变量（例如公共健康信息或医疗记录、天气数据、空气质量数据、患者的社交信息）组合是必要且重要的。大量的移动电话数据和不同数据集的链接带来了技术和隐私的挑战。在云辅助疾病控制系统中，人们使用云作为收集数据、存储数据、传输数据和大数据分析技术的计算资源平台。

例如，CDR 中的典型移动性变量包括所使用的基站的数量、回转半径（即基站之间的均方根距离）、移动的总距离和造成影响区域的直径。这显示了用户正在进行活动的图形区域。

可以测量这个数据用作基站之间的最大距离。在传播疟疾方面，可能需要使用流行病传播模型分析近 1500 万肯尼亚移动用户的 CDR。该方法的基础条件是人类流动对疟疾的传播比蚊子对其传播的影响更大。

除了在流行病或自然灾害的情况下了解人口流动趋势之外，挖掘移动网络数据可以为正在进行的常规公共卫生监控提供有价值的信息。2010 年 1 月海地地震之后，2010 年 10 月发生了霍乱疫情，瑞典 Karolinska 研究所的研究人员分析了来自 200 万部手机的日常移动数据。他们能够确定霍乱疫情的关键地区，并量化受灾害影响的人口及其在随后一段时期的活动。这项研究说明了在灾害发生后移动网络数据对疾病控制和紧急服务人员提供了巨大的价值。

从公共卫生和疾病控制的角度来看，使用云辅助的移动网络数据挖掘使我们能够识别患者群体和疾病情况，其中通过一些行为（例如短消息、电话呼叫或上门访问）可以造成积极的影响或鼓励他们接受治疗，这将有助于提高疾病控制效率和降低医疗成本。然而，通过云平台使用移动数据进行疾病控制存在许多挑战。数据隐私和数据库安全也造成了一些限制。例如，由于监管和法律限制以及技术的缺乏，当埃博拉在非洲爆发时，许多救援机构被叫停。

用于疾病控制的数据分析方法如图 10-14 所示。这里使用普通的数据挖掘方法，包括数据预处理、数据挖掘模型和数据后处理。处理医疗大数据时必须与医生讨论，以获得对问题和数据的理解。医院的数据存储在云中。为了保护用户的隐私和安全，我们创建了一个安全访问机制。首先进行数据预处理，包括缺失值、重复值和异常值的处理以及降低维度。根据医生的意见提取特征值，我们使用机器学习算法来评估患者的风险模型。最后，通过使用数学方法来评估，选择最佳模型。

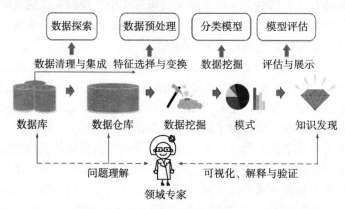

图 10-14　高危患者预测过程的方法包括探索、预处理和评估阶段

通过处理人口特征、风险因素、执行预处理和输入数据的变换，我们对训练数据进行聚合。数据清理包括清理和数据预处理，涉及决定使用哪些策略来处理丢失的字段并根据需要更改数据。我们首先确定不精确、不准确、不完整或不合理的医疗数据，然后修改或删除它们以提高数据质量。

在清理过程中，我们检查了数据的格式、完整性、合理性和限制。数据清理对于保持数据分析的一致性和准确性至关重要。风险预测的准确性取决于医院数据的多样性特征。我们可以整合医疗数据以保证数据原子性，即整合身高和体重以获得 BMI。根据与相关领域专家的讨论和 Pearson 的相关分析，我们提取了用户的统计特征和一些与高血脂和生活习惯（如吸烟）相关的特征。

10.4 情感控制的健康监护应用

新兴的人机情感交互研究是基于物联网感知和云数据分析的可穿戴计算。在机器的帮助下实现自动情感关怀。系统的设计必须保证能够收集关于人类情绪、表情或手势的数据。与传统医疗相比，情绪控制对身体信号的数量和质量提出了更高的要求。一些情感控制健康监护需要与用户的情感交互。在本节中，我们讨论相关问题，并回顾近年来提出的一些解决方案。

10.4.1 精神健康监护系统的基础

情绪护理可以帮助那些在日常生活中患有精神问题或陷入深度抑郁或沮丧的人，这包括老年人或独居人、贫困家庭、先天性智力发育不良的人、长途卡车司机和心理疾病患者等。为了解决这个问题，现代社会有许多社会工作者或政府力量在努力。在这里，我们研究如何应用智能机器来协助或提供比人为关怀更加强大的帮助。可以应用一些生理和细胞学指数来检测人的情绪。

当发现某人情绪异常时，系统应该向受害者或可以关心他们的人发出警报。例如，可以应用语音提示或播放音乐等来制止紧急情况的发生或自杀企图的产生。情感检测机器人可以引导患者的情绪状态。情感交互命令可以由云或物联网资源辅助。使用 Wearable 2.0 标准的情感检测能够使用由物联网设备（包括智能电话）或智能机器（如智能机器人系统）监控的综合生理指数值。情感检测基于人类的表情或手势。设计一个专用的移动应用程序可能有助于检测生气的状态以避免愚蠢的响应。其他方法包括在自动化情感检测系统中集成社会工作者的数据、位置信息、移动电话记录等。

为了提供适当和有效的情绪护理，我们需要开发基于云的生理数据训练的情感模型。系统应针对不同的用户情感模式建立唯一的响应。例如，使用具有 ECG 采集和传输功能的智能服装将 ECG 信号传输到云端。当云接收到 ECG 数据时，它将进行实时分析和处理。接下来，根据用户的唯一标识，通过训练的模型来预测用户的情感状态，同时从移动终端收集的其他数据也可以帮助情感的预测。

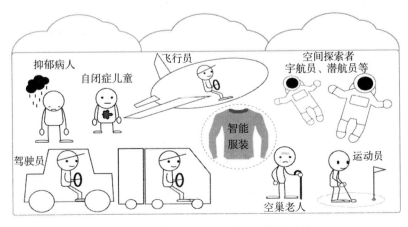

图 10-15　需要精神健康监护的特殊群体

当检测到用户产生负面情绪时，立即调用相关设备和资源与用户进行情感交互。例如，当出现悲伤情绪时，为用户播放缓解悲伤情绪的音乐，并向家中机器人下发指令，使机器人通过一系列的动作、语音等方式与用户进行情感交互，最终实现情感抚慰的效果。如图 10-15 所示。需要情绪护理的人群包括空巢老人、抑郁症患者、自闭症儿童、汽车司机、飞行员和宇航员等。

10.4.2　情感控制计算和服务

虽然传感器和可穿戴设备的发展产生了大量的移动智能应用以及新的服务模型，但是为了满足日益增长的情绪护理需求，感测用户的心理状态同样充满挑战。大多数现有的情感感知应用是通过用户的情绪和移动电话使用行为模式之间的关系来感测情绪的。然而，情感认知的推断准确性由于智能手机收集到的数据规模过小或者过于依赖于劳动密集的手动标记过程而受到限制，因此，这种应用的主要目的是用于基于智能电话的娱乐活动。

数据收集和特征提取。可穿戴设备和手机每 30 分钟收集一次数据。收集的数据被分类为物理数据、网络数据和社交网络数据。物理数据包括生理数据、活动水平、位置信息、环境、手机屏幕开 / 关和身体的视频。网络数据包括电话呼叫日志、SMS 日志、电子邮件日志、应用程序使用日志。社交网络数据包括 SNS。另一方面，用户的情绪状态主要通过以下两种方法获得：用户的自标签和迁移学习的标签。表 10-11 详细介绍了数据的收集。数据预处理主要包括以下四个方面：数据清洗、消除冗余、数据集成和时间序列归一化处理。基于收集的数据，我们将数据分为三类：统计数据、时间序列数据和内容数据。我们获得物理数据、网络数据和社交网络数据的特征。对于物理数据，例如呼叫、SMS、电子邮件、心率、呼吸速率、皮肤温度和睡眠时间，我们计算每个属性的数量。对于时间序列数据，我们用活动水平（即低、中和高三种状态）表示静态、行走和跑步的人。对于位置信息，我们通过 DBSCAN 聚集位置数据的时间序列，DBSCAN 可以获得用户曾经访问的位置。对于内容数据，我们使用 SentiWordNet 来过滤情感感知数据使其分数落在 $[-1,-0.4]\cup[0.4,1]$ 中。

表 10-11　提供情感控制服务的各种数据类型

数据类别	数据样式	用法提示
物理数据	生理数据	心率、呼吸频率、皮肤温度、睡眠持续时间
	活动级别	静止、步行、跑步
	位置	经度和纬度坐标、用户保留时间
	环境	温度、湿度
	手机屏幕开 / 关	屏幕打开 / 关闭
	身体视频	面部表情、头部运动、眨眼和行为视频
网络数据	电话	来电 / 去电次数、平均通话时间、未接来电次数
	短信息	消息数、消息的长度、每个 SMS 的内容
	邮件	发送 / 接收电子邮件数
	应用	数字办公应用程序、地图、游戏、聊天、相机和视频 / 音乐应用程序
社交网络数据	SNS	用户 ID 和屏幕名称、朋友数、内容发布、转发和评论、图像发布、转发和评论、内容或图像创建时间

基于迁移学习的数据标签处理。通常，每个人都具有他自己的行为状态和符合他生活习惯的行为模式。即不同的人可能在相同的情绪下具有不同的生理信号和生活习惯。如

图 10-16 所示，不同的人通过差异行为表达他们对幸福的情感，这可以通过多模的以人为中心的数据来感知。一个关键的突破点是通过迁移学习将单一类型的情感与各种用户的行为相匹配。迁移学习的概念如下所示。

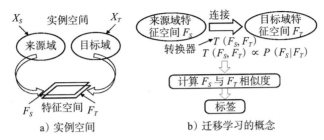

a) 实例空间　　　　　b) 迁移学习的概念

图 10-16　实例空间和迁移机器学习的特征空间

X_S 是源实例空间，表示被收集的带有情感标签的数据，X_T 是目标实例空间，表示被收集的不带情感标签的数据。F_S 和 F_T 是与 X_S 和 X_T 相对应的特征空间。C 表示一系列情绪标签：{happiness, sadness, fear, anger, disgust, surprise}。迁移学习模型应用了马尔可夫链 $(c \rightarrow f_s \rightarrow f_t \rightarrow x_t)$，其中 $x_t \in X_T$，$f_t \in F_T$，$f_s \in F_S$，$c \in C$。

我们的目的是计算出条件概率 $P(c \mid x_t)$。首先，我们需要一个转换器 $T(f_t, f_s) \propto P(f_t \mid f_s)$ 来连接这两个特征空间。特征的相似性用于判断特征域的相似性。我们通过下式来连接特征 f_s 和 f_t：

$$D_{JS}\left(P_T \| P_S\right) = \frac{1}{2}\left(D_{KL}\left(P_T \| M\right) + D_{KL}\left(P_S \| M\right)\right)$$

其中，$M = 1/2 (P_S + P_T)$，KL 散度 D_{KL} 定义如下：

$$D_{KL}\left(P_T \| P_S\right) = \sum_{x \in X} P_T\left(x\right) \log \frac{P_T\left(x\right)}{P_S\left(x\right)}$$

对于时间序列数据，我们首先对它们进行归一化处理，即处理后的数据应化成在 [0,1] 中。从源域和目标域收集的时间序列由 M_S 和 M_T 表示。使用动态时间规整 (DTW) 来测量 M_S 和 M_T 的相似度，如下：

$$D(i,j) = d(m_i, n_j) + \min \{ D(i-1,j), D(i,j-1), D(i-1,j-1) \}$$

其中，$d(m_i, n_j) = \sqrt{(m_i - n_j)^2}$，$m_i \in M_S$，$n_j \in M_T$。随着 $D(i,j)$ 的降低，M_S 和 M_T 变得越来越相似。因此，我们采取 low-N 相似序列。

在本节中，我们要从 $[-1, -0.4] \cup [0.4, 1]$ 中提取数值。根据 SentiWordNet，源域和目标域的分数向量由 V_S 和 V_T 来表示。现在，使用余弦相似性来测量 V_S 和 V_T 的相似性，如下：

$$\cos(\theta) = \frac{V_S \cdot V_T}{\|V_S\| \cdot \|V_T\|}$$

现在我们将 f_t 和 f_s 连接，因而可以计算 top-N 最有可能的向量标签，如图 10-17 所示。P_S 是从源域中得到的 f_s 的可能分布，例如，绘制体温值的频率。对于生理数据、呼叫、短信、电子邮件和应用，我们采用相同的方法来估计分布。P_T 是来自目标域 f_t 的可能分布，由于 Jensen-Shannon 发散被广泛用于测量两个概率分布之间的相似性，当且仅当 P_T 和 P_S 相同时 $D_{JS}(P_T \| P_S)$ 等于 0，所以我们输出 low-N 的近似分布。现在我们连接 f_t 和 f_s，可以计算 top-N 最有可能的分布标签。

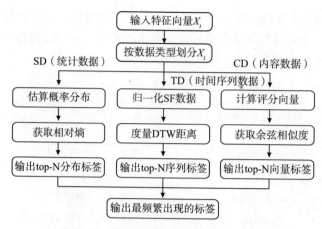

图 10-17　带有情感标签的迁移学习概念

10.4.3　基于物联网和云的情感交互

传统的情感预测是通过分析一种类型的情感数据产生的，这可能导致验证检测结果的不准确性。为了克服这个困难，我们提出了一个情感检测架构，名为 AIWAC，如图 10-18 所示。AIWAC 表示可穿戴计算和云的情感交互。该系统从多个来源收集情感数据，即网络、物理和社交空间。在物理空间中，收集用户的生理数据，包括各种身体信号，如 EEG、ECG、EMG、血压、血氧和呼吸。

在网络空间中，我们使用计算机来收集、存储和传送用户的面部或行为的视频内容。在社交空间中，提取用户的资料、行为数据和交互式社交内容。随着社交网络服务、物联网框架和 4G / 5G 移动网络发展，收集的情感数据在很长的观察期内确实是一个大的数据源。AIWAC 可以为用户提供生理和心理健康支持。如图 10-18 所示，AIWAC 分为三层开发：用户终端层（包括可穿戴人体生理参数检测和情感交互反馈设备）；通信链路层；云平台服务层。下面分别介绍这三层功能模型：

用户终端层。该层由可穿戴设备和情感交互反馈智能终端组成。其中可穿戴设备主要从人体采集各种生理参数，包括脑电、心电、血压、血氧、呼吸、肌电等信号。这类设备主要与人体紧密接触，可穿戴或植入在人体的表皮，能够对人体的各项生理信号进行采集、调理、放大以及量化，并将量化后的数据以无线的方式传输给外网通信接入设备。也可以从云平台服务层实时接收情感交互反馈指令，实现与使用者的情感交互。

情感交互反馈智能终端采用机器人，实现高保真度的情感交互及呈现。通过设计拟人的外形以及模仿人的行为模式（声音、微笑、点头等动作），设计高仿真度人形机器人。

通信链路层。该层由中继模块和通信接入模块组成。中继模块可以是智能手机、桌面电脑、平板电脑以及具有 4G、3G、2G 或 WiFi 通信功能的智能终端设备。这些设备同时配有相应的功能软件系统，能够实时接收传感器层检测的不同类型的人体生理和运动数据，并对这些数据进行预处理（编解码、滤波等）、格式化、分类等操作，同时对数据进行数据传输封装，通过通信接入模块（2G、3G、4G 移动通信网），以无线方式将数据输出到互联网。成熟的通信网络是本信息服务平台的通信基础。而中继模块以及配套的功能软件系统是为实现示范平台的信息服务提供数据传输保障。

云平台服务层。该层为本系统的核心，由云平台数据中心组成。该数据中心主要提供应用软件服务，负责实时收集和存储大规模人群的生理参数和情感数据，对每个人的生理和情感数据进行标示、特征提取及分类。为每一名用户建立健康档案，并根据每一名使用者的需要，提供各种生理及情感信息反馈服务，包括语音提示、图像、文字等各种媒体形式的信息，如提示当前的生命体征及情感状态、根据用户生命体征模型制定运动计划（包括运动方式、运动量、运动负荷等）来调节用户的生理状况并保持愉悦的心情、通过云平台与约定对象共同从事某项活动后的生理与情感指标对比等。系统可根据用户情绪提供适合用户特点的音乐，从而全面提升大众的生理及心理健康指数。利用云平台的网络覆盖优势，能够有效实现群体健康信息的资源发布、共享和互动功能（即社交功能），为用户提供科学化、专业化以及个性化的健康指数提升计划。此外，该云平台同样能够有效地收集和分析区域群体的大规模心理生理数据，为政府机构改善和提供全面身心健康及保健政策提供数据支持。

例 10.7　华中科技大学开发的 AIWAC 情绪监控系统

AIWAC 系统是 2015 年在华中科技大学建立的研究原型。AIWAC 表示基于可穿戴计算和云的情感交互。这个想法如图 10-18 所示，其中云资源非常丰富，足以执行系统所需的操作。该媒体云平台用于存储、管理和分析来自多维空间的情感数据，为移动用户实现快速情感交互式服务的目标。使用移动云计算技术可克服手持移动设备或可穿戴传感器中的时间与空间受限的缺点。云情感分析的结果会反馈到客户端。

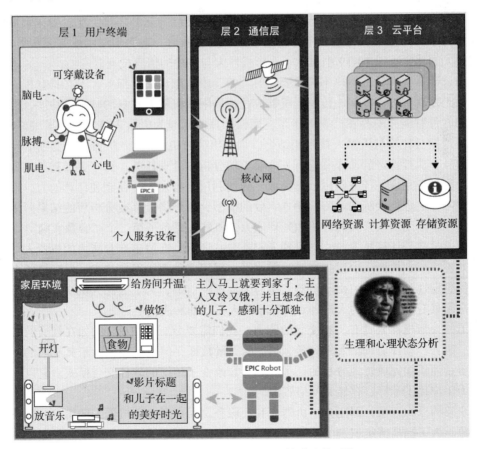

图 10-18　分层架构的 AIWAC 情感监控系统

当情绪交互被暂时中断并且用户环境改变时，云需要快速感知和优化新环境中的资源分配以继续交互。由于用户的情绪受许多因素的影响，因此可穿戴设备应该收集尽可能多的数据，以便及时和准确地判断用户的情绪。此外，评估哪种数据对情绪分析有用是一个巨大的挑战。首先，应该根据影响用户情绪的因素进行建模。然后基于建立的情绪感知模型，我们需要借助其来决定需要通过哪个可穿戴设备收集情感数据。

考虑到人性化和智能反馈，情感交互应该是亲和的。通过准确分析和预测用户的情绪，各种人性化的情感交互方式将直接影响用户体验。我们打算通过整合许多领域的跨学科研究结果建立一个智能直立行走机器人。由多个传感器集成的高生物保真机器人可以与其他智能设备一起感测环境信息。在与人类进行情感互动时，机器人将成为最亲密、情感最可靠的前端载体之一。同时，依靠无线通信和云计算技术，机器人可以提供智能移动。

10.4.4　基于机器人技术的情感控制

近年来，机器人研究已经成为工业和学术界中最受欢迎的研究领域之一，特别是人形智能机器人引起了极大的关注。在推动工业机器人的同时，世界各国正在越来越多地关注智能服务机器人。机器人的应用领域正逐渐从工业扩展到家庭和个人服务。随着对具有自主能力和智力的机器人产品研究的发展，人类将从简单、单调和危险的劳动中解放出来。

人形机器人取得了很大的进步，为了使机器人完全融入人类生活，也面临许多技术挑战。其中，为类人机器人装备情感交互能力是最具挑战性的问题之一。在过去，大多数机器人根据预先编写的程序执行重复工作，通常没有自主能力。它们不聪明或智能水平非常低，无法理解人的感觉。图 10-19 中显示了人形机器人与客户的情感交互。

采用云计算技术后，用户不再需要了解"云"中基础设施的细节，不必具有相应的专业知识，也无需直接进行控制。传统的机器人往往局限在机器人本身的软硬件功能，在硬件处理能力和软件智能方面存在严重的不足。而云计算的兴起为机器人技术提供了很好的支撑，可以轻松地把云计算与机器人技术相结合，构建出"云机器人"。机器人作为前端设备，负责采集信号、执行特定的动作并进行一些简单的分析和处理任务，那些更加复杂的需要借助大规模计算集群完成的任务则由云端完成。云端利用自身强大的存储和计算能力，借助先进的机器学习算法进行训练和学习并建立有效的模型，最终将计算或分析后的结果回传到机器人端。这样，借助云端强大的分析和处理能力，机器人具备了第二个"智慧大脑"。

我们通过将云计算技术与人形机器人相结合，训练具有情感交互能力的机器人。智能感知和认知被集成到机器人中以提高其智能水平。采用多种无线通信技术，保证机器人和云平台通信的稳定性和可靠性。由于机器人是与人沟通的前端，为了确保人机交互的高质量，机器人还必须具有平易近人的人形外观与基本的人类行动和表情。

为了使人形机器人具有情感交互的能力，我们需要分析与情感（例如在社交网络中使用的表情、语言、动作、词语和图片等）相关的大量数据，但是机器人由于其有限的处理能力和存储容量而不能完成资源分析的任务。云计算改变了传统的软件交付模式。它以一种服务的形式为用户提供计算、存储和网络资源。

系统架构分为三层，即用户、机器人和云服务。用户意味着机器人的用户，以及情感交互的对象。为了提高情绪识别的准确性，用户需要佩戴可穿戴设备（如智能手表或智能手环）来收集生理指标（例如体温、心率和步态等）。这些可穿戴设备获取的数据通过机器人发送到后端云平台。由于大量的计算和存储任务由云平台完成，因此机器人和云平台之间网络连接的可靠性特别重要。

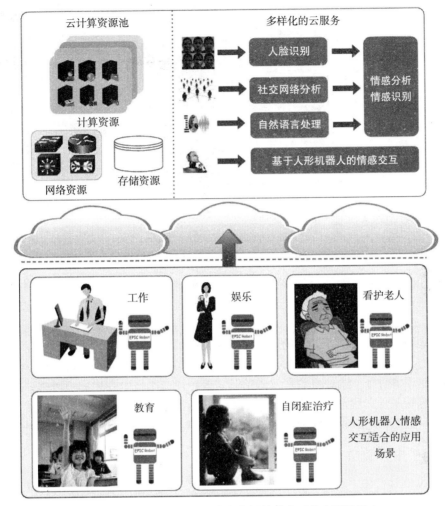

图 10-19 用于 AIWAC 和客户之间情感交互的人形机器人

为了保证机器人与云平台的通信畅通,机器人需要安装各种无线通信模块(4G-LTE、3G、WiFi),并可以在不同的通信模块中自动切换网络连接。为了实现情感交互,机器人需要配置音频和视频传感器以及 LED 灯等组件。机器人必须足够灵活以完成各种动作。为了感知用户位置的环境信息,机器人还需要集成各种环境传感器。

云平台采用基于 Hadoop 和 Spark 的大数据存储和计算引擎,在基于深度学习的情感分析算法的帮助下,能够整合机器人收集的数据和用户的社交网络数据,完成用户情绪状态的分析和预测。云端向机器人发出情感分析结果和情感交互指令,并使机器人完成特定的交互任务。在情感交互期间,机器人将向平台实时报告情感交互的效果。云平台根据机器人的反馈及时调整情绪交互。如图 10-20 所示,机器人组件包括头部、上肢、腿部、感应装置、通信装置等。

云系统是人形机器人智力和数据存储中心的大脑。云从机器人和社交网络接收稳定的数据流。来自机器人的数据包括机器人对周围环境的感知、人类的生理信号和其他相关数据(诸如人类表情、声音、运动等)。社交网络数据源包括用户的微博、共享的照片、视频等。由于存在各种各样的数据,因此需要根据数据的类型和情感分析的要求将数据分发到相应的存储引擎中。

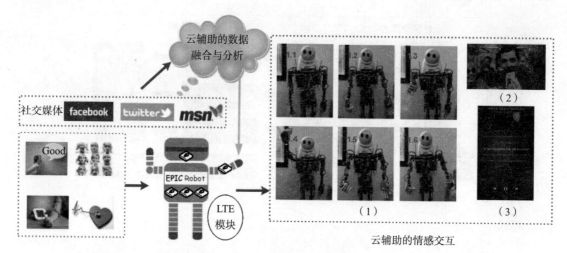

图 10-20　基于云计算的机器人情感交互

机器人通过摄像机实时捕获视频，并通过捕获的视频定位人脸表情，然后将表情图像发送到远程云平台以进行表情识别。机器人通过摄像机实时捕获视频，从捕获的视频中定位出人类的表情，然后将表情图像发送到远程的云平台进行表情识别。云平台基于大量人脸数据训练出人脸表情的模型，基于训练的模型可以识别出机器人传输来的人脸表情，从而识别出人的情感状态（如高兴、沮丧）。同时，机器人还可以接受用户的语音和生理信号（如心率、血压）和周围环境信号，然后将数据发送给云。云在社交网络中收集用户数据。最后，云通过数据融合分析来预测用户的情绪状态。云平台基于情感预测的结果向前端机器人发送情感交互指令，目的是指示机器人采取如图适当动作。

10.4.5　用于未来健康监护应用的智能认知系统

通常，认知应用在延迟和可靠性方面具有极高的要求。5G 移动网络旨在打破认知系统的时间和空间限制。移动带宽的增强能够保证更快地访问多媒体内容，服务于以人为中心的应用数据。如图 10-21 所示，智能认知系统的概念具有以下特征：

- 通过未来的 5G 电信技术、传感器、认知设备和机器人，可以以超可靠的低延迟通信来平滑地进行交互。
- 增强了网络的设计，使其可以快速传输数据。为了获取或访问存储的大数据，5G 网络以非常快的速度连接终端设备和数据中心，便于快速学习响应。
- 数据学习是认知计算的核心，云数据中心是高级学习的主要硬件设施。
- 认知计算需要大量可用的数据，并实现和配置云以存储和处理这些数据。

为了在 5G 时代建立智能认知系统，系统需要包括以下三个功能组件：

- *行为交互终端*。认知系统中的认知行为应该显示在终端中，为了实现这一点，各种类型的机器人和日益强大的功能是有利的选择。
- *环境感知组件*。认知的实现应基于大数据，认知组件应实现听觉、视觉、触觉和人类情感的综合感知。
- *认知推理组件*。智能认知推理模型可以有效地模拟人类认知过程，利用相关技术（包括 AI、机器学习、深度学习、云计算等有效工具）建立认知推理模型。

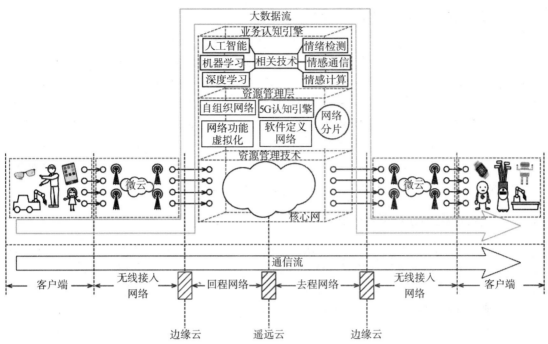

图 10-21 基于认知系统的智能云 / 物联网 / 5G 架构

该系统分为三层。第一层由智能终端，基于云的 RAN 和基于云的核心网构成。异构接入网络将智能终端互连，例如智能手机、智能手表、机器人、智能汽车和其他设备。边缘云和远程云是支持在存储和计算资源方面实现认知功能的基础设施。第二层用于资源管理，支持资源认知引擎，实现资源优化和高能效率。第三层提供数据认知能力。在数据认知引擎中，AI 和大数据学习技术被用于认知大数据分析，比如在医疗领域中。大数据流代表在云或物联网的支持下进行的大规模数据收集、存储和分析的过程。在用户的端到端通信期间，业务流包括分组和消息控制。

智能认知系统的两个应用原型如图 10-22 所示。在远程医疗中，医疗领域中的远程手术对于拯救生命至关重要。使用 5G 网络，外科医生的关键操作动作和触觉感知将以非常短的延迟和高可靠性映射到远程操作台中的机器人臂上。此外，患者的所有重要数据可以通过远程云的分析工具进行实时处理，以指导救援队在将患者运送到医院之前进行一些初步救生作业。第二个应用原型是在智能机器人的帮助下检测人类情绪，智能机器人与云交互以执行一些响应动作来使患者冷静下来。过去已经提出了许多研究实验。基于云 / 物联网的系统将有助于解决未来的情绪控制问题。

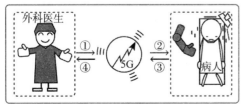

①②触觉数据
③④多媒体信息和触觉反馈信息
a）用于远程手术的触觉互联网

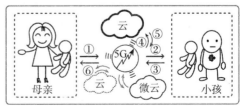

①②多媒体信息和安抚行为数据
③④音频和视频信息 ⑤⑥情感信息
b）一种交互式情感认知系统

图 10-22 智能认知系统的两种应用

10.5　基于生物信息学的医疗认知系统

由动态图形知识库提供的包含各种组学（包括基因组学、转录组学、蛋白质组学、代谢组学、宏基因组学等）的生物医学智能云是一种新兴的生物信息学平台。它采用先进的机器学习技术自动挖掘分子数据集已发表的文本，是临床医学和药物研发的未来。现在这类平台需要将已公开的多类组学数据集进行集成，并接收来自各种文件格式的弹道数据，利用这些数据可以与现有的可视化统计分析工具交互，为不同的医疗认知应用服务。例如，Garuda adgets 为系统生物学和生物信息学应用提供多种社会化数据的访问，是一种连接自动化平台，由东京系统生物研究所研发各种工具和应用，由东京 SBX 公司研发自定义服务。Garuda 旨在成为"生物学连接通道"，目前已服务于学术界和工业界。

10.5.1　将基因组测序应用于诊断

为了使用有针对性的方法来治疗病患，越来越多的医院正在加入测序项目，此项目针对遗传变异体已起作用的发病患者。DNA 测序（NGS）专家指出，获得有效的、可复现的结果取决于整个过程中的努力，包括在实际测序之前和之后的步骤。成功的 NGS 需要正确的 DNA 样品制备和数据分析，其中的任何一个疏忽都会导致错误的结果。排序之后，剩下的挑战就是解译大量的结果数据。这些数据必须与人类参考基因组进行比较以找到遗传变异体，一般在数百或数千种 NGS 数据库中进行。不幸的是，这些测序项目正在遭受缺乏标准化的困扰，其会导致医疗机构之间的护理差异。利用处理和分析基因组数据的集成化 AI（又名 SOPHIA）正在试图扭转这种差异。SOPHIA 早期接受了来自合作医院和公共 NGS 数据集的数据训练，并持续不断地向使用它的医疗专家学习。在对导致囊细胞纤维症的 CTFR 基因中的长碱基重复序列进行监测的实例中，SOPHIA 对监测出极具挑战性的遗传变异体有着出色的表现。

10.5.2　重塑生物医学

我们已经达到了一个节点，模式识别算法和人工智能在视觉诊断、乳腺癌染色切片 X 射线观察以及其他涉及正常或异常健康模式的识别方面比人类更准确。例如，CURIE 是一种集成了语义 AI 的生物医学智慧云引擎，通过不断提取和整合多源的知识，可以提供基于知识图谱的相关数据，这些数据对制药行业有重要作用。CURIE 图谱不断扩大，并整合了临床试验中的组学数据、甲基化谱数据、基因型／表型相关性数据、生物标记数据甚至病患样本的元数据。CURIE 生成的图谱目前跨越了 15 万个节点，每个节点代表了不同的生物实体或资产，存在超过 1 亿个关系。图谱使用的数据被不同来源互相验证或与已知途径一致时，其表示的关系便得到加强，从而使得模型拥有更高的预测性能。图谱中包含的完善的生物信息网络允许用户在系统层面可视化他们感兴趣的生物分子。更令人印象深刻的是，这种方式可以通过分析其中的数据将患者分层为疾病亚型，从而预测对病患的治疗效能。以下 AI 公司对如何利用 AI 的认知能力产生新的健康监护模式提供了可能的途径：

- Deep genomics: 预测遗传变异的分子效应。
- Atomwise: AtomNet 的创建者，它是第一种用于新一代小分子发现的深度学习技术，其特点是深入性、准确性和多样性。
- Pathway genomics: 将人工智能和深度学习与精准医学相结合。

- Mindshare: 使用图像驱动智能的精密医学。
- Enlitic: 利用深度学习从数十亿的临床案例中提取可行方案。
- Lunit: 使用尖端的深度学习技术开发先进的医学数据分析和解译软件。
- Insilico Medicine: 用于药品研发、生物标记数据库和老化研究的人工智能。

10.5.3 从健康治疗到健康监护和预防

在治疗的规划和实施过程中，患者可以与医生沟通自己的看法吗？基于新型医疗认知系统，患者可以管理自己的健康数据，为医生提供生命体征数据。系统通过面向患者的门户网站将患者与医生联系起来，从而简化工作流程。例如，百人健康计划（The Hundred Person Wellness Project）就是这一雄心勃勃目的的一个试点，该计划严密监测 100 个人的主要生命体征（如图 10-23 所示），一旦发现患者有显著异常将立即实施治疗，希望这种早期干预可以缓解甚至避免疾病的发生。Google 的 "基准计划"（Project Baseline）与其类似，其将在两到三年内监测 10000 人。在欧洲，维斯塔计划（The Vistera Project）旨在根据 " P4 医学系统" 原则，促进反应式医学诊断向更加主动的医疗健康管理转变。

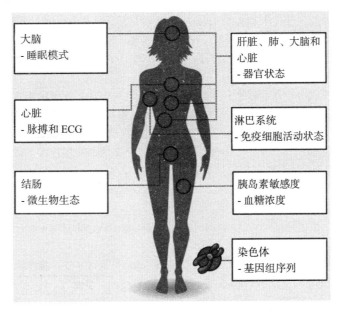

图 10-23　持续监测的生理指标

许多组学技术和现代成像技术的发展给了我们前所未有的机会来监测生物体中的数百乃至上千种蛋白质，从而可以描绘整个基因组和外显子。这种检测的成本和耗时都在迅速下降，未来这些技术肯定会在临床中占有一席之地，更好地服务于医疗系统。

10.6　本章小结

在本章中，我们专注于生物医学和医疗领域的大数据应用。然而，我们在这些示例情况下测试的数据集在规模上不够大，所以无法得出在 TB 级或 PB 级数据集上的一般结论。本章需要前几章的背景知识。大数据和云计算都需要对我们的科学技术教育计划进行重大的改革。由于对特定应用领域的严重依赖，没有针对大数据问题的独特或一般性解决方案。

我们必须利用云和大数据分析来存储、处理和挖掘数据，因为大数据在时间和空间上的变化过于快速。云、移动手机、物联网和社交网络正在改变我们的世界、重塑人际关系、促进全球经济和触发世界范围的社会和政治改革。如果数据集并非来自医疗相关或健康监护相关领域，那么机器学习方法或许会有不同的效果。然而，机器学习方法在通常的大数据科学和云计算应用中更为重要。

10.7　本章习题

10.1　构建基于大数据技术的医疗监控演示系统。具体要求和建议如下：

(a) 可以使用 TI CC2530 开发工具包 CC2530DK 或 CrossBow TelosB。至少收集一种生理信号，诸如体温、心跳速率或血液的氧饱和度。

(b) 生理信号应在指定时间内传输到 Hadoop 或 Spark 大数据处理平台。对收集到的生理数据实现简单的分析和视觉呈现。

10.2　在今天的社会中，社交网络已经成为人们沟通的重要工具。此外，越来越多的人在社交网络中表达他们的想法和情绪。因此，基于社交网络数据的情感分析具有很强的现实意义。现在提供一组从 Twitter 提取的文本数据集见本章参考文献 [8]。其中，文本语言类型是阿拉伯语，正面情绪和负面情绪的文本样本数都是 1000，由三个语言专家手动标记。深度学习中的 RNN 算法在文本分类的处理中具有很好的效果。现在，请根据 RNN 算法完成该数据集的分类应用，并将分类结果与本章参考文献 [9] 中使用的算法进行比较。如果精度低于文献中的算法，请尝试调试应用程序，以提高分类的准确性。

10.3　如今，癌症已经成为人类生命的主要杀手。其中，乳腺癌在女性癌症患者中具有很高比例。因此，对于乳腺癌的有效诊断具有重要的现实意义。这里有一组乳腺癌检测的标准数据集。

使用 Spark MLlib 等机器学习工具并选择适当的机器学习算法，设计和实现基于机器学习算法的乳腺癌诊断的应用。基于现有的数据集和你自己实现的应用程序，请考虑如何尽可能地提高乳腺癌诊断的准确性。数据集的基本信息如表 10-12 所示。

- 数据集下载链接：http://archive.ics.uci.edu/ml/datasets/Breast+Cancer+Wisconsin+%28Original%29
- 数据集下载链接：http://archive.ics.uci.edu/ml/datasets/Twitter+Data+set+for+Arabic+Sentiment+Analysis
- 文献下载链接：http://ieeexplore.ieee.org/xpl/articleDetails.jsp?arnumber=6716448&newsearch=true&queryText=Arabic%20Sentiment%20Analysis:%20Corpus-based%20and%20Lexicon-based

10.4　数据分析在许多领域都有应用。我们可以利用大量的天气数据来计算晴天和雨天的概率。你能建立一个应用程序来分析气候数据和预测天气吗？你或许需要关于朴素贝叶斯的知识，你可以使用数据集，链接为 http://cdiac.ornl.gov/ftp/ndp026b/。

10.5　Facebook 是当今最流行的社交媒体平台之一。数十亿人在 Facebook 上分享他们的日常生活经验。一些话题很有趣，吸引了很多人一起讨论。你能否基于数据分析技术构建一个应用程序来找出与热门话题相关的项目？你可能还需要使用 Web 爬网技术来收集数据。以下是一些有用的信息：

表 10-12　癌症检测的属性和数据特征

属性	值
实例数量	699
属性数量	10
属性特征	示例代码号：id 号
	团块厚度：1-10
	细胞大小的均匀性：1-10
	细胞形状均匀性：1-10
	边缘粘附：1-10
	单个上皮细胞大小：1-10
	裸核：1-10
	Bland 染色质：1-10
	正常核：1-10
	有丝分裂：1-10
类别	2 个为良性，4 个为恶性

- 你应拥有一个 Facebook 账户，并在 Facebook 上为你的应用程序注册生成密钥散列。
- 官方文档可以在以下链接中找到：http://developers.facebook.com/docs/reference/api/。
- 你可以使用以下地址来收集一些个人信息：https://graph.facebook.com/fql?q=SELECT status_id, time, source, message FROM status where uid = me()&access_token=...。

10.6　通常，健康监护系统采用可穿戴或智能设备收集各种生理数据。如果需要情感护理，则系统需要更强的智能机器以实现情感交互。在各种生理检测方法中，EEG 可以准确记录脑活动。通过分析脑电图模式数据，我们可以有效诊断癫痫、精神疾病等。有一项大型研究，其用来检查 EEG 与酒精中毒的遗传倾向的相关性。它包含放置在头皮上的以 256Hz 采样的 64 个电极的测试。结合机器学习相关知识并使用 Weka、ConvNetJS 等工具包设计一个应用程序，基于给出的这个 EEG 数据集，判断患者是否具有酒精中毒的遗传倾向。EEG 数据集下载地址为 http://archive.ics.uci.edu/ml/datasets/EEG+Database。

10.7　近年来，机器人技术的研究越来越受欢迎。在情感控制领域，人形机器人展示了它们在情感交互中的优势。在下面的链接中，有一个挂壁式机器人导航数据集。SCITOS G5 机器人沿着墙壁顺时针方向导航通过房间 4 轮，使用 24 个围绕其腰部圆周布置的超声传感器来收集数据。

　　下载它们，并尝试使用非线性神经分类器（如 MLP 网络）结合你学到的知识对这些数据集进行分析和处理。然后将结果与使用回归神经网络（如 Elman 网络）的分类进行比较。为了让挂壁式机器人成功完成这些任务，你应该根据两种方法的优点尽可能提高神经分类器的精度。壁挂式机器人导航数据集的下载地址为 http://archive.ics.uci.edu/ml/datasets/Wall-Following+Robot+Navigation+Data。

10.8　参考文献

[1]　P Groves, B Kayyali, D Knott, et al. The "big data" revolution in healthcare[M]. McKinsey Quarterly, 2013.

[2]　P B Jensen, L J Jensen, S Brunak. Mining electronic health records: towards better research applications and clinical care[J]. Nat. Rev. Gene, 2012, 13:395-405.

[3]　D W Bates, S Saria, L Ohno-Machado, et al. Big data in health care: using analytics to identify and manage high-risk and high-cost patients[J]. Health Affair, 2014, 33:1123-1131.

[4]　D Oliver, F Daly, F C Martin, et al. Risk factors and risk assessment tools for falls in hospital in-patients: a systematic review[J]. Age ageing, 2004, 33:122-130.

[5]　S Marcoon, A M Chang, B Lee, et al. Heart score to further risk stratify patients with low TIMI scores[J]. Critical pathways in cardiology, 2013, 12:1-5.

[6]　S Bandyopadhyay, et al. Data mining for censored time-to-event data: A Bayesian network model for predicting cardiovascular risk from electronic health record data[J]. Data. Min. Knowl. Disc, 2014: 1-37.

[7]　B Qian, X Wang, N Cao, et al. A relative similarity based method for interactive patient risk prediction[J]. Data. Min. Knowl. Disc, 2014: 1-24.

[8]　A Singh, et al. Incorporating temporal EHR data in predictive models for risk stratification of renal function deterioration[J]. J. Biomed. Inform, 2015, 53:220-228.

[9]　X Chen. KATZLDA: Katz measure for the lncRAN-disease association prediction[J]. Sci. Rep-UK, 2015, 5.

[10]　J C Ho, C H Lee, Ghosh, J. Septic shock prediction for patients with missing data[J]. ACM Transactions on Management Information Systems (TMIS), 2014, 5:1.

[11]　R S Basu, et al. Dynamic hierarchical classification for patient risk-of-readmission[C]. In

Proceedings of the 21th ACM SIGKDD International Conference on Knowledge Discovery and Data Mining, 2015: 1691-1700.

[12] Z Huang, W Dong, H Duan. A probabilistic topic model for clinical risk stratification from electronic health records[J]. J. Biomed. Informa. , 2015, 58:28-36.

[13] E Frias-Martinez, G Williamson, V Frias-Martinez. An agent-based model of epidemic spread using human mobility and social network information[C]. 2011 IEEE Third Int' l Conference on Privacy, Security, Risk and Trust. Boston: IEEE, 2011: 57-64.

[14] CO Buckee, A Wesolowski, NN Eagle, et al. Mobile phones and malaria: modeling human and parasite travel[J]. Travel Med Infect Dis, 2013, 11(1):15-22.

[15] L Bengtsson, X Lu, A Thorson, et al. Improved response to disasters and outbreaks by tracking population movements with mobile phone network data[J]. Haiti. PLoS Med, 2011, 8(8).

[16] J Xie, S Kelley, B K Szymanski. Overlapping community detection in networks: The state-ofthe-art and comparative study[J]. ACM Comput. Surv., 2013, 45(4):35.

[17] M Chen, Y Zhang, Y Li, et al. AIWAC: affective interaction through wearable computing and cloud technology[J]. Wireless Communications, IEEE, 2015, 22(1): 20-27.

[18] R Costa, D Carneiro, P Novais, et al. Ambient assisted living[C]. 3rd Symposium of Ubiquitous Computing and Ambient Intelligence 2008. Springer Berlin Heidelberg, 2009: 86-94.

[19] A Costanzo, A Faro, D Giordano, et al. Mobile cyber physical systems for health care: Functions, ambient ontology and e-diagnostics[C]. 2016 13th IEEE Annual Consumer Communications & Networking Conference (CCNC), IEEE, 2016: 972-975.

[20] L G Jaimes, J Calderon, J Lopez, et al. Trends in Mobile Cyber-Physical Systems for health Just-in time interventions[C]. SoutheastCon 2015, IEEE, 2015: 1-6.

[21] I Tabas, C K Glass. Anti-inflammatory therapy in chronic disease: challenges and opportunities[J]. Science, 2013, 339(6116): 166-172.

[22] S Murali, V F J Rincon, A D Atienza. A Wearable Device For Physical and Emotional Health Monitoring [C]. Computing in Cardiology 2015, 42(EPFL-CONF-213467): 121-124.

[23] J Wan, C Zou, S Ullah, et al. Cloud-enabled wireless body area networks for pervasive healthcare[J]. Network, IEEE, 2013, 27(5): 56-61.

[24] M M Rodgers, V M Pai, R S Conroy. Recent advances in wearable sensors for health monitoring[J]. Sensors Journal, IEEE, 2015, 15(6): 3119-3126.

[25] C W Mundt, K N Montgomery, U E Udoh, et al. A multiparameter wearable physiologic monitoring system for space and terrestrial applications[J]. Information Technology in Biomedicine, IEEE Transactions on, 2005, 9(3): 382-391.

[26] HC Chao, S Zeadally, B Hu. Wearable computing for health care[J]. Journal of medical systems , 2016, 40(4):1-3.

[27] M Chen, Y Ma, S Ullah, et al. ROCHAS: robotics and cloud-assisted healthcare system for empty nester[C]. Proceedings of the 8th international conference on body area networks. ICST (Institute for Computer Sciences, Social-Informatics and Telecommunications Engineering), 2013: 217-220.

[28] C Clavel, Z Callejas. Sentiment analysis: from opinion mining to human-agent interaction[J]. 2016.

[29] S Jerritta, M Murugappan, K Wan, et al. Emotion detection from QRS complex of ECG signals using Hurst Exponent for different age groups[C]. Affective Computing and Intelligent Interaction (ACII), 2013 Humaine Association Conference on. IEEE, 2012: 849-854.

[30] G Castellano, L Kessous, G Caridakis. Emotion recognition through multiple modalities: face, body gesture, speech[M]. Affect and emotion in human-computer interaction. Springer Berlin Heidelberg,

2008: 92-103.

[31] M Soleymani, E S Asghari, Y Fu, et al. Analysis of EEG signals and facial expressions for continuous emotion detection[J]. 2015.

[32] E Cambria. Affective computing and sentiment analysis[J]. IEEE Intelligent Systems, 2016, 31(2): 102-107.

[33] S Zhao. Affective Computing of Image Emotion Perceptions[C]. Proceedings of the Ninth ACM International Conference on Web Search and Data Mining. ACM, 2016, 703-703.

[34] The Oxford handbook of affective computing[M]. Oxford University Press, 2014.

[35] J Broekens, T Bosse, S C Marsella. Challenges in computational modeling of affective processes[J]. Affective Computing, IEEE Transactions on, 2013, 4(3): 242-245.

[36] M Chen, Y Zhang, Y Li, et al. EMC: emotion-aware mobile cloud computing in 5G[J]. Network, IEEE, 2015, 29(2): 32-38.

[37] M Chen, Y Ma, Y Hao, et al. CP-Robot: Cloud-assisted pillow robot for emotion sensing and interaction[J]. ICST IndustrialIoT, 2016.

[38] M Simsek, A Aijaz, M Dohler, et al. 5G-enabled tactile internet[J]. IEEE Journal on Selected Areas in Communications, 2016, 34(3):460-473.

[39] Min Chen, Yixue Hao, Kai Hwang, Lu Wang, Lin Wang. Disease Prediction by Machine Learning over Big Healthcare Data[J]. IEEE Access, Vol. 5, No. 1, pp. 8869-8879, 2017.

[40] Min Chen, J Yang, Y Hao, S Mao, K Hwang. A 5G Cognitive System for Healthcare[J]. Big Data and Cognitive Computing, Vol. 1, No. 1, DOI:10.3390/ bdcc1010002, 2017.

认知车联网与 5G 认知系统

摘要: 随着移动通信行业从 2G 到 4G 的演化,5G 旨在通过连接任意事物来改变世界。5G 能够提供超低延时的通信,进一步促进认知系统在以人为中心的领域的应用,比如医疗健康领域。基于此,在本章中,我们主要介绍当前热门研究方向之一的认知车联网与 5G 认知系统。认知车联网在传统车联网上增加了智能化的认知层,并采用三种不同的通信模式形成车与车 / 云之间的交互,同时采用不同的缓存和卸载策略增加车联网与车载云的智能性。5G 认知系统除了包括 5G 的基础设施外,还增加了资源认知引擎和数据认知引擎,资源认知引擎通过学习网络情境来实现认知应用的超低延时和超高可靠性。数据认知引擎通过对业务数据的感知实现对业务的智能认知。

11.1 5G 的演进

本节主要介绍 5G 的演进,我们从移动蜂窝网络的演进和 5G 驱动力两个方面展开讨论。

11.1.1 移动蜂窝网络的演进

蜂窝网络或移动网络是一种分布在陆地区域的被称为小区的无线网络,每个网络至少由一个固定位置的无线电收发机所服务,即小区站点或基站。在一个蜂窝网络中,每一个小区与其相邻的小区所使用的频率不同,这是为了避免干扰,并且为每个单元提供有保障的带宽。移动通信系统将通信和移动连接在一起,彻底改变了人们的通信方式。如图 11-1 所示,大范围通信的移动核心网络经历了 5 代的发展,而短距离无线通信也在数据传输速率、服务质量和应用上不断升级。

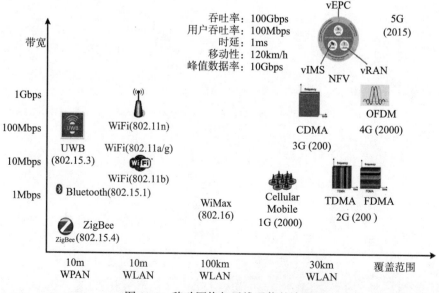

图 11-1　移动网络与无线通信的演进

展望过去,无线接入技术遵循了不同的进化路径,重点都是高移动环境中的性能和效率。第一代(1G)实现了基本的移动语音通信需求,而第二代(2G)扩大了容量和覆盖范围。第三代(3G)以更高的数据探索速度真正打开了"移动宽带"体验的大门。第四代(4G)提供了大范围的电信服务,包括由移动和固定网络提供的先进的移动服务,它完全具备高流动性和高数据速率的分组交换。

智能手机、平板电脑、可穿戴式装置以及工业工具等促进了移动设备的发展。2015 年,移动设备的全球用户数已经超过了 3 亿。在 20 世纪 80 年代使用的 1G 设备仅用于大多数模拟电话的语音通信。2G 移动网络始于 90 年代早期。针对语音和数据通信,数字电话出现了。GSM、TDMA、FDMA 和 CDMA 等 2G 蜂窝网络,根据不同的划分方案允许大量用户同时访问系统。基本的 2G 网络支持 9.6Kbps 的数据和电路交换。现在它的速度提高到了 115Kbps 并伴有分组无线业务。截至 2015 年,2G 网络仍在许多发展中国家使用。

自 2000 年以来,2G 移动设备逐渐被 3G 产品所代替。3G 网络和手机具有 2Mbps 的速度,并通过蜂窝系统来满足多媒体通信的需求。4G LTE(长期演进)网络在 21 世纪面世。其目标是实现下载速度达到 100Mbps,上传速度达到 50Mbps,静态速度达到 1Gbps。3G 系统启用了具有 MIMO 智能天线的更好的无线电技术和 OFDM 技术。3G 系统曾得到了广泛的部署,但如今 4G 网络正在逐渐取代它。我们预计 3G 和 4G 的混合使用时间至少为 10 年。而 5G 网络可能在 2020 年之后出现,实现速度至少为 100 Gbps 的目标。表 11-1 总结了五代蜂窝移动网络所使用的技术、数据速率峰值和驱动应用程序。5G 系统可以搭建远程射频头(RRH)并在 CRAN 上安装虚拟基站(基于云的无线接入网络)。

表 11-1   用于蜂窝通信的移动核心网络

演进	1G	2G	3G	4G	5G
无线电和网络技术	模拟手机,AMPS,TDMA	数字电话 GSM,CDMA	CDMA2000,WCDMA,TD-SCDMA	LTE,OFDM,MIMO,软件操纵无线电	LTE,基于云的 RAN
移动数据速率峰值	8Kbps	9.6 ~ 344 Kbps	2 Mbps	100 Mbps	10Gbps ~ 1 Tbps
驱动应用程序	语音通信	语音 / 数据通信	多媒体通信	宽带通信	超高速通信

随着移动通信行业的不断演化,5G 旨在通过连接任意事物来改变世界。不同于以前的版本,5G 的研究不仅着眼于新的频段、无线传输、蜂窝网络等,更注重性能的提高。这将会是一种智能技术,能无障碍地互连无线世界。为了满足 5G 的性能更高、速率更高、连接更多、可靠性更高、延迟更低、通用性更高以及应用领域的特定拓扑结构等需求,新的概念和设计方法是非常必要的。

5G 网络体系结构超越了异构网络,并且利用了来自世界各地的研究实验室的新的频谱(如毫米波)。除了网络端,人们也正在开发先进的终端和接收端用以优化网络性能。控制和数据平面分离(目前 3GPP 所研究的)是 5G 中一项有趣的模式,当然其中还包含了大量的 MIMO、先进的天线系统、SDN、网络功能虚拟化(NFV)、IoT 和云计算。

11.1.2 5G 驱动力

5G 是一个端到端的生态系统,它将打造一个全移动和全连接的社会。5G 主要包括三方面:生态、客户和商业模式。它交付始终如一的服务体验,通过现有的和新的用例,以及可持续发展的商业模式,为客户和合作伙伴创造价值。5G 的应用场景可以分为下面三种。

- 增强型移动宽带。按照计划能够在人口密集区为用户提供 1Gbps 用户体验速率和 10Gbps 峰值速率，在流量热点区域，可实现每平方公里数十 Tbps 的流量密度。即 5G 提供更高体验速率和更大带宽的接入能力，支持解析度更高、体验更鲜活的多媒体内容。
- 海量物联网通信。不仅能够将医疗仪器、家用电器和手持通信终端等全部连接在一起，还能面向智慧城市、环境监测、智能农业、森林防火等以传感和数据采集为目标的应用场景，并提供具备超千亿网络连接的支持能力。即面向物联网设备互联场景，5G 提供更高连接密度时优化的信令控制能力，支持大规模、低成本、低能耗 IoT 设备的高效接入和管理。
- 低时延、高可靠通信。主要面向智能无人驾驶、工业自动化等需要低时延高可靠连接的业务，能够为用户提供毫秒级的端到端时延和接近 100% 的业务可靠性保证。即面向车联网、应急通信、工业互联网等垂直行业应用场景。

5G 面临的挑战和解决办法如图 11-2 所示。

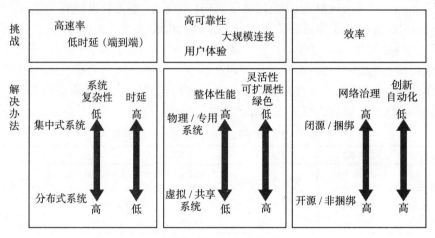

图 11-2   5G 网络的挑战

11.2   5G 关键技术

本节主要从 5G 网络架构设计、5G 网络代表性服务和 5G 生态系统三个方面介绍 5G 的关键技术。

11.2.1   网络架构设计

随着移动网络和互联网在业务方面融合的不断深入，两者在技术方面也在相互渗透和影响。云计算、虚拟化、软件化等互联网技术是 5G 网络架构设计和平台构建的重要技术。虚拟化、软件化和云化，从集中化向分布式发展，从专用系统向虚拟系统发展，从闭源向开源发展。如图 11-3 所示，5G 网络可以由以下三个功能平面组成：接入平面、控制平面和转发平面。接入平面包含各种类型基站和无线接入设备，通过引入多站点协作、多连接机制和多制式融合技术，构建更灵活的接入网拓扑；控制平面基于可重构的集中的网络控制功能，提供按需的接入、移动性和会话管理，支持精细化资源管控和全面能力开放；转发平面具备分布式的数据转发和处理功能，提供更动态的锚点设置，以及更丰富的业务链处理能力。5G

网络以控制功能为核心，以网络接入和转发功能为基础资源，形成三层网络功能视图。下面我们从 5G 无线关键技术和 5G 网络关键技术两个方面来介绍 5G 的网络架构。

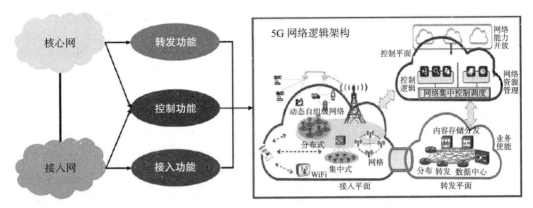

图 11-3　5G 逻辑结构图

　　5G 无线关键技术包括大规模天线技术、密集网络技术、全频谱接入技术、新型多址技术和 D2D 通信等。在无线传输技术领域，大规模天线技术在现有多天线技术基础上通过增加天线数可支持数十个甚至更高数量的独立空间数据流，从而可大幅提升多用户系统的频谱效率，是提升系统频谱效率的最重要技术手段之一，对满足 5G 系统容量和速率需求将起到重要的支撑作用。密集网络将是提高数据流量的关键技术之一。全频谱接入涉及 6GHz 以下低频段和 6GHz 以上高频段，其中低频段是 5G 的核心频段，用于无缝覆盖，高频段作为辅助频段，用于热点区域的速率提升。全频谱接入采用低频和高频混合组网，充分挖掘低频和高频的优势，共同满足无缝覆盖、高速率、大容量等 5G 需求。通过在空间、时间、频率、码域实现信号的叠加传输来提升系统的接入能力，可有效支撑 5G 网络的千亿设备连接需求。D2D 作为 5G 的关键技术之一，对蜂窝系统起到了必不可少的支撑和补充作用。D2D 技术为通信终端间的直接通信，当前 D2D 的研究主要集中在发送功率控制和资源分配等方面。图 11-4 给出了 5G 移动网络的物理架构。

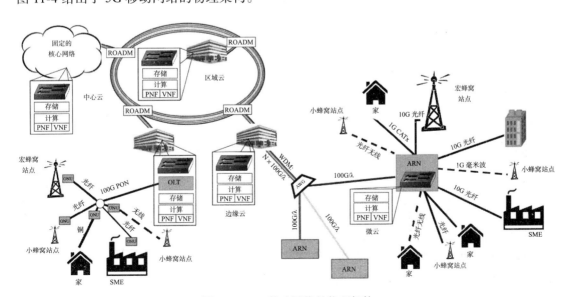

图 11-4　5G 移动网络的物理架构

上面从无线角度给出了 5G 网络的关键性技术，下面给出 5G 网络的关键性技术。5G 网络的关键性能指标：100Mbps ～ 1Gbps 的体验速率，数十 Tbps/km 的流量密度，百万级的链接密度，低功耗，低成本，低延时，高可靠。实现 5G 网络平台的基础是网络功能虚拟化（NFV）和软件定义网络（SDN）技术。NFV 技术通过软件与硬件的分离，为 5G 网络提供了更具有弹性的基础设施平台，NFV 使得网元功能与物理实体解耦，采用通用硬件取代专用硬件，可以更加方便快捷地把网元功能部署在网络任意位置，同时对通用硬件资源实现资源分配和动态伸缩，以达到最优的资源利用率。SDN 技术实现控制功能和转发功能返利。控制功能的抽取和聚合，有利于通过网络控制平面从全局视角来感知和调度网络资源，实现网络连接的可编程。软件化主要包括无线接入网的软件化、移动边缘网络的软件化、核心网络的软件化和传输网络的软件化。图 11-5 给出了 5G 整体架构的软件化。

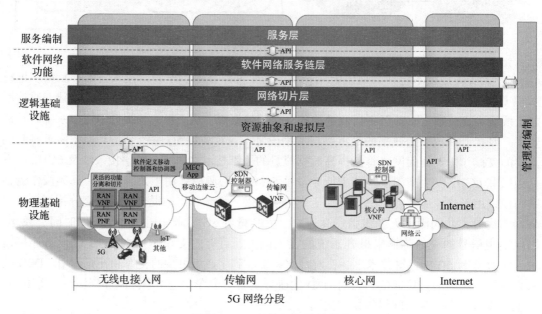

图 11-5   5G 整体架构的软件化

11.2.2   5G 网络代表性服务能力

5G 网络服务具备更贴近用户需求、定制化能力进一步提升、网络与业务深度融合以及服务更友好等特征，其中代表性的网络服务能力包括：网络切片、移动边缘计算、按需重构的移动网络、以用户为中心的无线接入网和网络能力开放。下面我们重点介绍一下网络切片和移动边缘内容与计算。

网络切片是网络功能虚拟化（NFV）应用于 5G 阶段的关键特征。网络切片将构成一个端到端的逻辑网络，按切片需求方的需求灵活地提供一种或多种网络服务。所谓网络切片，就是运营商为了满足不同的商业应用场景需求，量身打造多个端到端的虚拟子网络。不同的网络分片实现逻辑的隔离，每个分片的拥塞、过载、配置的调整不影响其他分片。不同分片中的网络功能在相同的位置共享相同的软硬件平台，如图 11-6 所示。

网络切片架构主要包括切片管理和切片选择两项功能。切片管理功能有机串联商务运营、虚拟化资源平台和网管系统，为不同切片需求方（如垂直行业用户、虚拟运营商和企业用户等）提供安全隔离、高度自控的专用逻辑网络。片管理功能包含三个阶段：

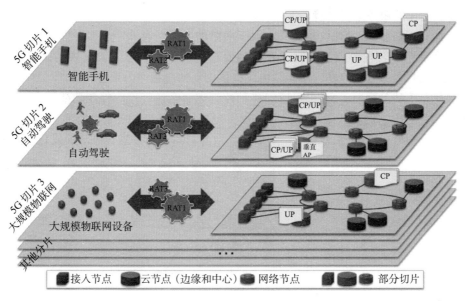

图 11-6 5G 网络切片

- 商务设计阶段。在这一阶段，切片需求方利用切片管理功能提供的模板和编辑工具，设定切片的相关参数，包括网络拓扑、功能组件、交互协议、性能指标和硬件要求等。
- 实例编排阶段。切片管理功能将切片描述文件发送到 NFV MANO 功能实现切片的实例化，并通过与切片之间的接口下发网元功能配置，发起连通性测试，最终完成切片向运行态的迁移。
- 运行管理阶段。在运行态下，切片所有者可通过切片管理功能对己方切片进行实时监控和动态 5G 网络代表性服务功能维护，主要包括资源的动态伸缩，切片功能的增加、删除和更新，以及告警故障处理等。

切片选择功能实现用户终端与网络切片间的接入映射。切片选择功能综合业务签约和功能特性等多种因素，为用户终端提供合适的切片接入选择。用户终端可以分别接入不同切片，也可以同时接入多个切片。用户同时接入多切片的场景形成两种切片架构变体：

- 独立架构。不同切片在逻辑资源和逻辑功能上完全隔离，只在物理资源上共享，每个切片包含完整的控制面和用户面功能。
- 共享架构。在多个切片间共享部分网络功能。一般而言，考虑到终端实现复杂度，可对移动性管理等终端粒度的控制面功能进行共享，而业务粒度的控制和转发功能则为各切片的独立功能，可实现特定的服务。

对于延迟敏感型任务，比如使用可穿戴式摄像头的视觉服务，响应时间需要在 25 ~ 50ms 之间，使用云计算会造成严重的延迟。再比如工业系统的检测、控制、执行，部分场景实时性要求在 10ms 以内，如果数据分析和控制逻辑全部在云端实现，则难以满足业务要求。于是人们提出了移动边缘计算（MEC）。如图 11-7 所示。移动边缘内容与计算 (MECC) 改变了 4G 系统中网络和业务分离的状态，将业务平台下沉到网络边缘，为移动用户就近提供业务计算和数据缓存能力，是 5G 的代表性能力。其核心功能主要包括：

- 应用和内容进管道。MEC 可与网关功能联合部署，构建灵活分布的服务体系。特别针对本地化、低时延和高带宽要求的业务，如移动办公、车联网、4K 或 8K 视频等，提供优化的服务运行环境。
- 动态业务链功能。MEC 功能并不限于简单的就近缓存和业务服务器下沉，而且随着计算节点与转发节点的融合，在控制面功能的集中调度下，实现动态业务链技术，灵活控制业务数据流在应用间路由，提供创新的应用网内聚合模式。
- 控制平面辅助功能。MEC 可以和移动性管理、会话管理等控制功能结合，进一步优化服务能力。例如，随用户移动过程实现应用服务器的迁移和业务链路径重选，获取网络负荷、应用 SLA 和用户等级等参数并对本地服务进行灵活的优化控制等。

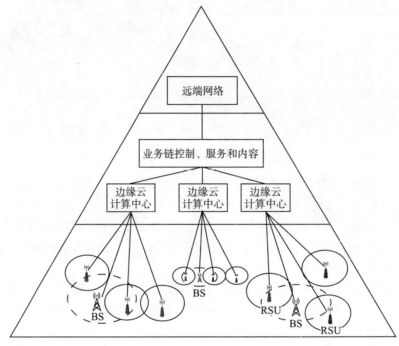

图 11-7   移动边缘云计算

移动边缘计算的功能部署方式可以分为集中式部署和分布式部署。移动边缘内容与计算面临着诸多挑战：
- 合作问题。即 MECC 需要运行商、设备商、内容提供商和应用开发商的开方与合作，与 5G 网络进行整合，从而创造并提供价值。
- 安全问题。如何为新的业务提供安全机制。
- 移动性问题。终端在不同的 MECC 间移动时，如何为用户提供连续一致的业务体验。
- 计费问题。把应用下移后，如何提供计费功能。

11.2.3   5G 与认知计算

我们从 5G 服务提供商和用户两个角度来分析一下认知计算在 5G 中的应用。首先介绍认知计算在 5G 服务提供商中的应用。由图 11-8 可以看出，5G 生态系统自下而上一共有五层：基础设施层、网络功能层、编排层、商业功能层、商业服务层。由此看来，在这种 5G 生态系统之中，各个服务提供商可以方便地通过 5G 移动通信运营商（不局限于一个，可以是若干个）所开放的北向接口，实时、动态地按需租用底层基础网络的计算与存储资源，也可按需使用移动接入网或者固移融合接入网来分发业务内容和数据，从而可大大提高 5G 网络的多业务灵活支撑能力。图中所示的 5G 生态系统的核心在于：最高层（商业服务层与商业层）用于实现业务流程，并提供与应用相关的功能；编排层是移动通信运营商参与 5G 生态系统的关键一环，其中的编排功能使得 5G 网络运营商可面向各种不同的、专用的、以业务驱动的逻辑网络（网络切片）相应地分配或指配计算资源、存储资源及网络资源。特别值得一提的是，如果某个基础设施提供商满足不了服务提供商的需求，图中所示的 5G 生态系统还将可支持跨域的业务编排与资源编排，从而需要各个网络运营商实现在网络功能层的互联互通。所以一个关键性的问题就是，需要实现对计算资源、存储资源和网络资源的认知，从而实现更有效的传输。

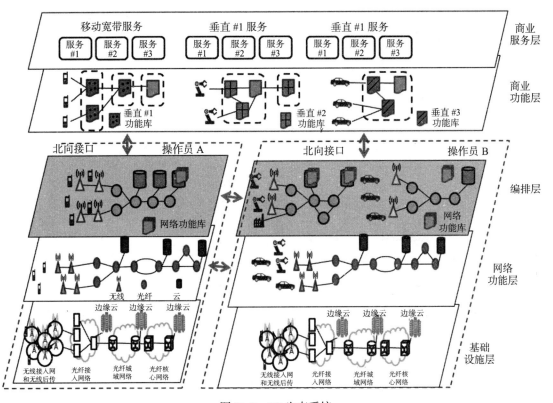

图 11-8　5G 生态系统

其次，我们具体分析一下 5G 生态系统。针对 5G 网络中的多样化、差异化的业务需求和用户需求，用户和业务的智能认知与处理技术将帮助网络按需分配接入网资源，有针对性地提高用户体验，以达到优化 5G 网络服务的目的。用户和业务的感知与处理功能可以部署在 5G 网络基站中，通过对接入网设备的通信数据收集和分析，掌握各类业务在流量、信令开销等方面的特征，认知用户的位置、移动速度、终端电池状态等多维信息，根据业务特点、信道变化、负荷开销等综合考虑，为控制平面提供精细化的无线资源策略，实现业务、用户、资源三者的最优匹配。具体过程如下。终端首先进行相关信息的获取与上报，基站收集到与业务和用户特征相关的信息后，建立业务流量模型、信令开销与资源占用方式库，发现不同业务与用户体验水平的关联性，形成以用户为中心、以服务为导向的资源配置策略来管理和控制接入网资源（如个性化分配带宽、优选用户驻留小区、预缓存用户偏好内容、自适应调整功率等），从而提升 5G 的认知水平。

11.3　认知车联网基本架构

11.3.1　基础架构层

随着自动驾驶等技术的发展，现有的网络需要支持车辆的低延时、高可靠性和高移动性通信，如图 11-9 所示。在自动驾驶中，需要支持少量数据（如车辆的速度、位置等）和大量数据（如周围环境、3D 地图等）的传输。针对自动驾驶对通信网络的需要，基于软件定义网络、云计算，边缘云计算等技术，人们提出了一种新颖的认知车联网的架构，如图 11-10所示。具体来说，车联网可以分为三层：RSU 层，边缘云层，远端云层。对这三层分别设置三种控制器来控制相应的资源，从而进行资源的统筹，进一步提高车联网的认知智能。

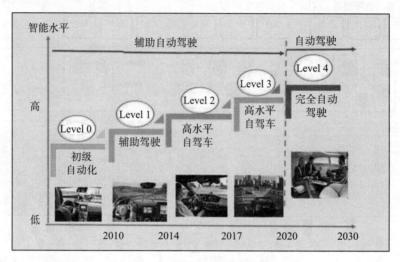

图 11-9　认知车联网的演进

远端云控制器负责远端云的数据管理，利用全局信息集中式地进行网络优化。然而大量数据的执行是以大型集中化数据存储、处理和带宽资源为代价的，利用高度集中化的存储和处理资源来实现这个控制层会导致大量的端对端时延以及回程网络的拥塞。边缘云控制器能够支持边缘云的数据管理，虽然边缘云可以利用的存储、处理和带宽资源是有限的，但是能够实现分布式的决策来处理底层的数据。RSU 控制器能够负责车辆的数据管理并实现最快的决策。每个控制器能够实现对底层数据和资源的认知，其具体特点如下。

- 灵活性。基于 SDN 将控制层从数据层解耦，使得认知车联网能够实现灵活的网络管理。具体来说，信息数据通过基础设施层的数据平面进行交换，网络管理的控制参数交换是通过控制层相应层次的控制器进行的，利用的是现有的 SDN 协议，如南向接口的 OpenFlow。这能够实现实时的动态网络管理。此外，每个应用都会收到控制层的预估参数，并且通过北向接口向控制层发送网络管理策略信息。控制层中的分级控制器能够直接管理底层相应的处理、存储和通信资源。因此，认知车联网能够实时且灵活地更新网络管理策略。

- 资源统筹。为了满足车辆应用和服务的端对端 QoS 需求，有必要共同分配和处理存储资源和通信资源，协调控制层中不同控制器的操作。认知车联网能够利用数据分析结果实现车联网的网络管理，不同大小和时间范围的存储、处理和分析可以由控制层适当的控制器进行管理。

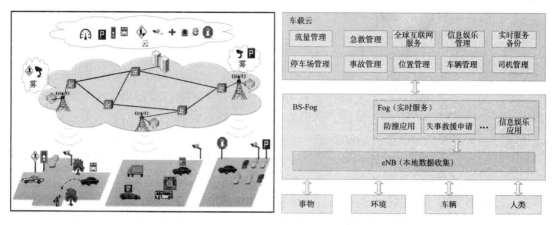

图 11-10　认知车联网架构

11.3.2　认知层

认知层的认知引擎来源于对车联网大数据的分析。大数据分析通常应用于文本、图像、音频、视频、社交媒体和预测分析等领域。对于车联网，由于数据量迅速增加，在获取、存储和处理车联网大数据时，将会迎接很多挑战和机遇。与传统领域的大数据集相比，车联网大数据具有一些特殊的属性，如车辆的轨迹信息需要多维度时空数据来描述，这种数据也和车辆的位置和环境相关，并且需要通过多个传感器实时获得。一般来说，车联网大数据可以根据数据采集方法分为应用级数据和网络级数据。应用级数据可以看作用户数据，来自于车辆的传感器。网络级数据可以看作运行商数据，比如 RSU 以及基站等资源的信息以及用户服务请求、用户基本信息等。

一般来说，收集到的原始数据集可以是非结构化的、非清洁的、冗余的和不一致的，因此，在进行进一步处理之前，必须通过合适的数据分析算法来进行清理、格式化和规范化。此外，由于原始数据在范围和特征方面各不相同，因此需要提取相关的有用信息来实现车联网的应用。这些数据分析操作能够以预估参数的形式为不同的应用提供提取特征。

具体来说，利用采集的数据可以对用户的任务和资源进行认知。基于对用户任务的认知，可以将任务分为实时的车联网服务和非实时的车联网服务。一般来说，实时的车联网服务一般部署在离用户终端比较近的服务器上，非实时的车联网服务一般可以部署在离用户较远的云端。对资源进行认知，能够识别 RSU 以及边缘云的计算资源。当有延时较为敏感的任务到来时，边缘云会首先检查自己是否有充足的资源来完成任务，如果没有，可以将延时不敏感的任务迁移到云端，实现资源的重新分配，进而满足延时敏感性任务的延时需求。

11.3.3　应用层

应用层主要包括满足特定需求的应用服务，比如汽车安全服务应用、智能交通应用等。具体来说，安全服务的应用包括如下几个方面。

- 汽车安全服务应用。汽车安全服务是针对在汽车行驶过程中存在的安全隐患的服务，主要包括：
  - 汽车防碰撞。这是汽车在行驶过程中最基本的需求，能够保障驾驶员的安全，这就需要软件定义 5G 车联网能够对汽车本身的车速、车间距离、行人与车之间的距离、周边车辆的情况等数据进行收集并分析，使得驾驶员得到提醒，以防止发生意外。

- 行车指引。这是指在汽车行驶过程中，需要相关的指引来保证安全的汽车行驶，其中包括有变道指引、限速指引、方向指引、速度指引等。这需要软件定义 5G 车联网不仅能够获得车辆的信息，还能够获得周边环境的信息。
- 驾驶员疲劳检测。据统计，疲劳驾驶会显著降低驾驶员的警惕性、增加反应时间，是导致交通事故的重要原因。软件定义 5G 车联网能够通过摄像头对驾驶员的眼睑状态、微点头进行检测，可以有效地发现微睡眠行为，并对驾驶员进行提醒和预警，预防交通事故的发生。
- 驾驶员情绪检测。近年来，由于道路拥堵等外界因素诱发驾驶员情绪异常，导致开赌气车甚至恶意撞击行人或车辆的行为时有发生，是影响交通安全的重大隐患。软件定义 5G 车联网能够通过表情识别和情感计算的方法，及时发现驾驶员的情绪波动，从而有效地避免路怒症的发生。
- 智能交通的应用。智能交通的应用包括智能驾驶以及智能交通管理等。
  - 智能驾驶指的是通过车与车之间、车与路之间的通信，帮助驾驶员对路况有准确的判断，最终实现"无人驾驶"的目的。这就需要软件定义 5G 车联网能够及时收集汽车的数据信息以及周边环境的信息，从而实现进一步的数据分析并及时反馈，对汽车进行行驶指导。
  - 智能交通管理指的是利用软件定义 5G 车联网收集到的信息，帮助交通管理部门分析道路和车辆的使用情况，对车辆进行及时调配，改善道路交通状况，避免道路堵塞的情况发生。

综上所述，应用层可以帮助用户制定各种个性化的应用，并将这些应用的具体规则传递给控制层，控制层进而通过收集底层的数据并在云计算中心进行处理，之后将具体的控制指令传递给物理层，保证汽车的行驶安全，同时提供智能交通的管理服务等。

为了满足不同的服务需求，应用层需要具备的功能包括汽车安全服务以及智能交通服务等。具体来说，汽车安全服务主要的功能包括周边汽车信息提供、汽车防碰撞策略的制定、行车指引策略的制定、驾驶员疲劳检测后的提醒策略以及驾驶员情绪检测提醒等功能。智能交通服务的功能主要包括"无人驾驶"的行车建议、根据周边环境等因素制定行车建议以及交通管理策略，比如智能信号策略、智能收费策略、交通流量预测策略、违法车辆跟踪及定位策略以及车辆安检提醒策略等。

11.4　认知车联网通信模式

11.4.1　车 – 云通信

借助车辆提供的资源，车载终端可以在本地完成大部分任务，无需将任务卸载至云端进行处理。但是，在以下场景中，仍然需要将本地数据传送至云端。

- 数据备份。系统采集的数据主要为视频，所需存储空间较大。虽然本地设备可以提供一定的存储能力，但远不能满足实际使用的需求。例如，在本系统中所使用的智能手机可以提供 32GB 的存储空间，以 1280×720 的分辨率采集视频，但只能存储 480 分钟时长的视频。此外，对历史数据的训练和分析有助于提高表情分类的准确率。因此，将本地数据上传至云端进行保存是十分必要的。此类数据传输对传输实时性要求不高，因此主要通过 V2RSU、WiFi 等成本较低的通信方式来实现。

- 消息传递。主要包括请求消息和异常消息。请求消息是指在车载设备进行初始化或者软件系统出错时，需要向云端发送消息，请求将相关功能组件传输至本地智能设备。异常消息是指在发现驾驶员出现驾驶疲劳和情绪异常时，将异常情况发送至云端，进行进一步的异常处理。这类消息通常数据量小，但是实时性高，因此在没有低成本通信方式的时候，会直接通过移动网络进行通信。

11.4.2 云 – 车通信

根据车辆的状况，云端也会向车辆发送一些数据，主要包括系统初始化数据和远程控制消息。

- 系统初始化。车载智能设备进行初装或者重置时，为了保证系统能够正常运行，必须从云端下载必要的系统功能模块到本地，如数据处理模块。系统初始化时若信息数据量较大且是系统的核心数据，则必须不计开销地下载至本地。但是，由于系统功能模块属于常用数据，可以考虑将其缓存至车联网边缘的网络设备，以提高下载速度、降低通信开销。
- 远程控制。当出现极端情况，驾驶员无法保证安全驾驶行为时，云端可以发送紧急制动指令，对车辆进行远程控制。这类控制信息数据量较小，但是实时性极强，因此无论通信开销如何都要将控制信息直接传送至车载智能设备。

11.4.3 车 – 车通信

除了汽车和云之间的通信，车辆之间也存在数据通信。当系统检测到驾驶员状态异常时，将发送预警信息到附近的车辆，提示其他驾驶员避让该车辆可能发生的高危驾驶行为。在此类场景中的车辆间通信与传统的V2V有所不同。在传统V2V中，车辆间的通信包括车辆间的直接通信、通过RSU进行通信以及通过基站进行通信。而在该系统中的V2V通信，其目的是对附近车辆进行提示消息广播。车辆间直接通信方式效率太低，而基站覆盖区域较大，也不适用于此场景。因此，本系统的V2V是采用通过RSU对附近车辆进行广播的方式，此通信方式的效率和开销都较为理想。

11.5 车联网缓存策略研究

针对上面提到的认知车联网架构，为了减少用户的请求延时，可以将内容提前缓存在RSU或边缘云上，当用户请求内容时，如果内容恰好缓存在RSU和边缘云上，则用户可以直接获取到请求的内容，从而减少请求内容的延时，如图11-11所示。通过部署缓存服务器，能够使业务更贴近用户，从而能够降低骨干网需求并提高用户体验。

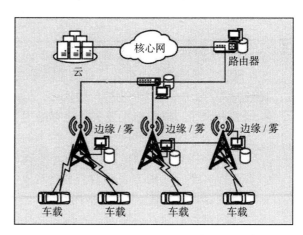

图11-11 车联网边缘缓存部署

11.5.1 缓存问题

一般来说，缓存分为缓存内容的安

置和传递，内容安置包括确定缓存内容、缓存位置以及如何将内容下载到缓存节点，内容的传递指的是如何将内容传递给请求的用户。一般来说，在网络流量较低、网络资源廉价而丰富时（例如车联网需求量较少时），执行内容的安置。当网络流量较高、网络资源稀缺和昂贵时（例如车联网需求量较高时），执行内容的传递。内容缓存需要考虑缓存形式、缓存位置、缓存内容和车辆的移动性。

- 缓存形式。缓存形式一般分为编码缓存和非编码缓存，其中编码缓存可以将每个文件分成几个互不重叠的编码段，每个基站或移动设备可以缓存不同的编码段，通过这些编码段可以将源文件恢复。而非编码缓存一般假设文件完全缓存在车辆、RSU或边缘云上，或者不缓存在车辆、RSU或边缘云上。而对于编码缓存，一般假设只存储编码文件的一部分，整个文件可以通过收集该文件的编码信息获取。

- 缓存内容。研究者发现，流行的内容经常被请求（如流行的地图）。所以针对缓存内容，首先需要关注的就是缓存文件的流行度。缓存文件的流行度指的是一定区域内文件库中每个文件被所有用户请求的概率。根据研究发现，内容的流行度服从 Zipf 分布，此分布可以通过文件库的大小和流行度偏置参数来表示。另一个与缓存内容相关的因素就是用户对内容的喜好程度。这是因为用户通常对特定类别的内容有强烈偏好，通过缓存此类内容，可以提高缓存命中率。

- 缓存位置。对于车联网来说，可以缓存的位置主要包括车辆、RSU、边缘云。对于车辆进行缓存后，车辆之间可以通过 V2V 方式从缓存了该内容的车辆中获取请求的内容，而不需要从 RSU 等获取。对于 RSU 和边缘云的缓存，可以在非高峰期将缓存的内容提前部署在上面，从而明显减少核心网络的流量消耗。

- 车辆的移动性。对于车辆的移动性，可以从空间和时间两个角度来描述车辆的移动性。空间角度指的是与车辆移动相关的物理信息，时间角度指的是与车辆移动相关的时间信息。对于空间角度，车辆的移动路线可以对车辆进行细粒度的描述，根据车辆的移动轨迹，可以得到车辆与 RSU、边缘云之间的距离。此外车辆的移动性还可以通过在 RSU 之间的切换获取。相比于用户的移动性，车辆的移动性比较容易获取。对于时间角度，两个车辆的接触频率和持续时间可以描述车辆的移动性。一对车辆的接触频率和持续时间可以使用接触时间和接触间隔时间来表示。其中接触时间描述的是车辆在彼此的传输范围内的持续时间，接触间隔时间指的是两次连续接触时间之间的间隔时间。此外，车辆在 RSU 内的停留时间也可以反映车辆的移动性。

11.5.2 评价指标

车联网缓存设计的一个重要目标就是提高缓存命中率，减少端到端的延时以及能量的消耗。我们从缓存命中率、缓存内容传输延时和能量消耗三个方面给出车联网缓存的评价指标。

- 缓存命中率。该指标主要描述缓存的内容是否恰好满足用户的请求。该指标数值越大，表示系统越能够恰好缓存了需求的内容，系统的性能也会越好。在评价该指标时，需要注意各个层的缓存容量是不同的。一般来说，内容提供商可以提供所有内容，而边缘云与 RSU 的缓存容量是有限的。

- 缓存内容传输延迟。缓存内容的传输延时根据缓存位置的不同而不同，当 RSU 以及边缘云都没有缓存内容时，车辆需要从内容提供商那里获取请求的内容，此时延时最长，包括用户的接入延时、RSU 到边缘云的延时和边缘云到内容提供商的延时。

车辆获取内容的延时越少，其系统的性能越高。

- 能量消耗。缓存内容的能量消耗主要分为三部分：RSU 和边缘云的固定能量消耗；RSU 和边缘云传输的能量消耗；RSU 和边缘云存储缓存内容的能量消耗。一般来说，能量的消耗越少，系统的性能越高。

现在给出认知车联网的缓存设计方案。我们假设远端云集中控制着多个边缘云和 RSU。并且假设内容提供商可以缓存所有内容。边缘云和车辆的缓存容量都是有限的。其中 RSU 层控制器控制着无线接入的延时以及 RSU 层的内容流行度；边缘云层控制着边缘云层的内容流行度以及车辆移动的情况；远端云层控制着整体区域内容流行度以及资源的调度。

根据各个层之间合理的缓存内容的安置，使得内容缓存的命中率最高。需要关注的点主要有两个。一是缓存内容的安置问题，即内容是缓存在车辆、RSU 还是边缘云上。考虑到内容的流行度、用户的移动性等，如何对缓存内容进行安置是一个优化问题。二是缓存内容在同层之间的协作。举例来说，对于 RSU 层来说，每个 RSU 缓存的内容是不同的，若车辆请求的内容没有缓存在请求的 RSU 上，但是内容缓存在了附近的 RSU 上，此时可以通过 RSU 之间的协作来满足车辆内容的请求，即缓存内容的 RSU 将缓存的内容传递给请求的 RSU，请求的 RSU 再将内容传递给请求的车辆。

11.6　车载云计算

自动驾驶和辅助驾驶对网络有着极为苛刻的时延要求，可以将实时处理单元部署在更靠近用户的站点侧，比如在 RSU 附近的边缘云上部署相应的服务器。此服务器能够更加接近用户并缩短延时。但是相比于云端服务器，这种服务器的缺点是计算资源较少，计算能力有限。

11.6.1　车载云模式

对于车载云模式，我们从下面三个角度来介绍：传统车载云计算模式、移动车载云计算模式和混合车载云计算模式。

1. 传统车载云计算

如图 11-12 所示，在 TVCC 中，一些车辆表现出如同智能手机等其他类型移动设备的行为，能够通过无线网络直接上网，其他车辆可能通过 V2V 通信或 V2I 通信技术依赖于附近的中继车辆或 RSU 从而实现互联网访问。车辆使用客户端 – 服务器通信模型并作为客户端获得由远程云计算中心与中央控制器提供的计算资源。值得注意的是，在本案例中并没有形成 MVC。

TVCC 系统可以被看作车辆网络和云计算的组合，这是目前移动用户访问互联网应用和服务的最流行的工具。Dinh 等人研究了传统的 MCC 架构，其中涵盖了

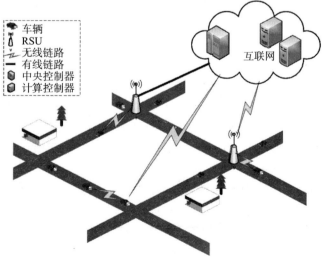

图 11-12　传统车载网架构

TVCC 的大部分研究领域。通过使用客户端–服务器模型，传统的 MCC 为移动用户提供了云端的数据处理和存储服务，因此移动设备不再需要强大的配置，如 CPU 速度和内存容量，因为所有复杂的计算模块都可以在云端进行处理。

在不同的环境中，TVCC 的细节是不同的。最早，有研究提出了一个四层 TVCC 架构，并将云计算与网格计算进行了比较。同时介绍了一个面向服务的 TVCC 架构（称为 Aneka）帮助开发人员研发由程序编程接口（API）和多重编程模型支持的 Microsoft .NET 应用。随后，又有研究人员提出了一个用于创建面向市场云的 TVCC 架构，以及用于网络交付业务服务的 TVCC 架构。研究人员还提出了一个常用的 TVCC 架构来验证云计算模型在满足用户需求方面的有效性。

TVCC 在车载计算方面有几大优点。它可以延长车辆电池的寿命，提高数据存储容量、处理能力和可靠性。人们利用 TVCC 的优势来实现移动商务、移动学习、移动医疗和移动游戏等应用。然而，在移动通信和计算方面还是存在很多挑战，其中较为重要的是，使用互联网上传实时信息到云端是昂贵且耗时的。因此，研究人员提出了面向 VCC 的对等通信模型，即 MVCC 和 HVCC。

2. 移动车载云计算

MVC 是通过 V2V 和 V2I 通信技术连接的一组相邻的智能车辆。与 TVCC 相同，在不同的环境中，MVC 的细节是不同的。图 11-13 给出了三种不同的 MVC。在能够通过 RSU 经由有线链路接入因特网的 MVC 中，车辆可以通过 V2I 通信技术连接到 RSU 从而形成 MVC。在这种情况下，启动器可以是 RSU 或车辆，并且每个车辆都可以是一个客户端，它们可以从其他车辆获得计算服务或者从连接到因特网的 RSU 处获得信息。计算能力的原始来源是 MVC 内部的车辆，这种计算资源可能不由启动器管

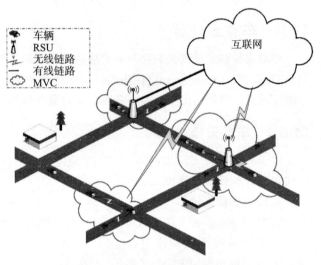

图 11-13　移动车载云计算架构

理。在大多数情况下，启动器也是管理计算资源并将其分配给客户端的中央控制器。在没有连接到因特网的 MVC 中，车辆不能获得诸如从因特网获取信息等服务。当然，本地服务仍然是可以获得的。在没有 RSU 的情况下，MVC 通过 V2V 通信形成。在这种情况下，MVC 可以将某个车辆作为启动器，但也完全可以自我构建。如果 MVC 中有车辆能够接入因特网，MVC 就可以向其中的任何客户端提供远程信息。

与 TVCC 相比，MVCC 的最大优势是：通过 MVC 中的局部交互，用户能够随时访问 MVCC 的云计算服务，从而消除通信延迟和远程数据漫游。但是，由于远程云计算中心没有集成在系统中，因此计算能力受到本地资源的限制。

3. 混合车载云计算

最后一种类型的 VCC 是 HVCC，其典型结构如图 11-14 所示。这个混合系统旨在充分利用资源，包括车辆和 RSU 提供的互联网访问、车辆和远程云计算中心提供的计算和存储

能力以及由车辆传感器获取的信息。HVCC 和 MVCC 的关键区别在于 HVCC 中的远程云计算中心被集成到了系统中。MVC 仍然由附近的智能车辆构成，但是每个 MVC 可以使用 MVC 中的车辆或 RSU，通过连接到外部无线或有线网络的方式来访问互联网。通过中央控制系统，本地 MVC 以及远程云计算中心能够根据服务需求分配计算资源。整个系统成为了一个混合云，它集成了来自 MVC 和远程云的计算资源，并将它们重新分配给车辆，以满足每个计算需求从而优化整体性能。

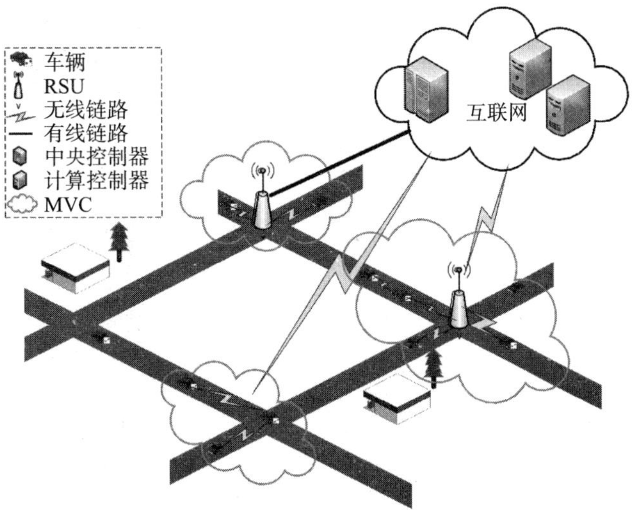

图 11-14　混合车载云计算

11.6.2　车载云卸载策略

针对 RSU 与车辆的自组微云、边缘云以及远端云的不同计算资源，计算任务对延时的需求也不同。车载云的卸载策略可以从以下两个角度来考虑：任务卸载的位置，即车联网的服务应该卸载到 RSU 与车辆的自组微云、边缘云上还是远端云上；针对同一层的计算资源来说，应该如何调度任务和资源以满足车联网的服务迁移。举例来说，对于计算量小但是延时较为敏感的任务，可以放在 RSU 与车辆的自组微云上或边缘云上处理；对于计算量较大但对延时不是特别敏感的任务，可以放在边缘上或远端云上处理。对于同一层的计算资源来说，考虑到不同层之间计算任务量的不同，比如对于边缘云层，可以通过边缘云层相互协作来完成计算任务。

对于车联网的任务卸载策略的评估主要有两项指标：任务延时和能量消耗。任务延时一般包括任务上传延时、任务处理延时和任务结果反馈延时。能量消耗一般包括终端能耗和系统能耗。终端能耗指的是车辆自己处理的能耗以及将任务上传需要消耗的能量。系统能耗一般指的是网络的能量消耗，包括处理的能量消耗和下载的能量消耗。总而言之，车载云卸载策略主要关注有三点：减少延时、降低终端能耗以及提高系统能耗。针对上面的三个目标，研究者设计了各种不同的计算任务卸载方案以保证任务的延时和能耗。

11.7　5G 认知系统

在这一节中，我们从网络架构、通信方式和核心组件三个角度来介绍 5G 认知系统。

11.7.1　网络架构

5G 认知系统的总体网络架构如图 11-15 所示，包括三层：基础设施层、资源认知引擎层和数据认知引擎层。基础设施层包括用户终端（例如，传感器、认知设备、智能电话等）、无线接入网（RAN）、核心网络、边缘云和远端云。RAN 和核心网络作为系统的通信基础设施，边缘云和远端云作为系统的存储和计算的基础架构。各种终端（如智能终端、机器人、智能服装、智能交通等）作为系统数据传输的基础架构。

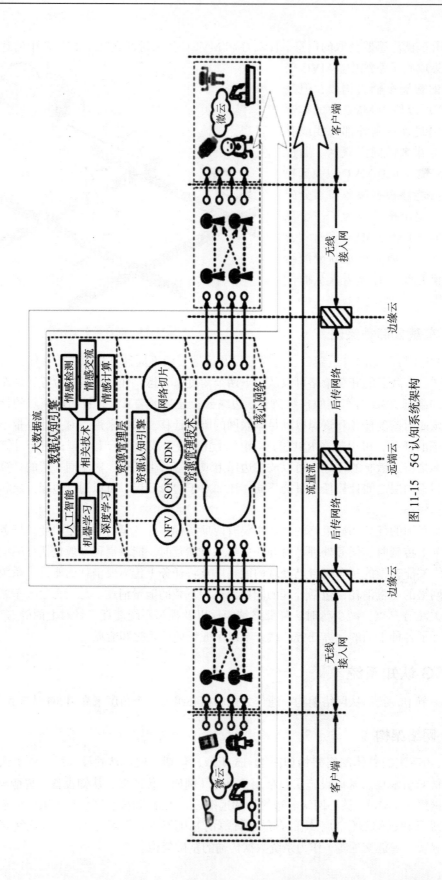

图 11-15　5G 认知系统架构

第二层是资源认知引擎。该层可以通过感知学习网络环境（例如网络类型、业务的数据流、通信质量和其他动态环境参数）和用户信息来实现资源优化。利用资源认知引擎，5G认知系统可以实现绿色通信和能效优化。此外，系统可以利用网络软件化技术（包括网络功能虚拟化（NFV）、SDN、自组织网络（SON）和网络切片等）实现 5G 认知系统的高可靠性、高灵活性、超低延迟和可扩展性。同时，该层利用云平台和智能算法构建资源优化和节能的认知引擎，以提高用户体验，满足各种异构应用的不同通信需求。

第三层是数据认知引擎。在这一层，数据供应至关重要。例如，认知医学应用依赖于医疗健康大数据的可持续供应。利用大数据，数据认知引擎可以利用特定的智能算法（如机器学习和深度学习）实现环境感知和人类认知。基于 5G 认知系统中大数据流的感知，数据认知引擎能够分析出各种应用需求。随着数据维度的逐渐丰富和数据的连续积累，数据认知引擎能够模拟人的认知行为。有了这种能力，5G 认知系统可以更好地认识现实世界的环境和人类，从而大大提高 5G 认知系统的智能。

11.7.2 5G 认知系统的通信方式

根据终端用户所处环境及位置的差异，同时结合应用对通信的要求，我们对用户交互所使用的通信方式进行了分类，如表 11-2 所示。

表 11-2　通信方式

名称	缩写	通信模式
最后一公里的 5G 通信	5C-LM	短距离和中距离通信
远程端到设备端的 5G 通信	5C-Remote	远程通信
基于云端的 5G 通信	5C-Cloud	远程通信
基于云端和微云的 5G 通信	5C-Cloudlets&Cloud	灵活覆盖的通信

根据通信距离的不同，这里将 5G 认知系统的通信方式分为四类：5C-LM 意味着两个用户位于同一小区中，它们可以通过 D2D 链路通信或通过基站通信。当两个用户位于不同的小区时，可以使用 5C-Remote 的通信方式。基于一些个性化的应用场景需求，通过云端对用户的数据进行存储和计算后，彼此远离的两个用户可以通过云端进行通信。这种通信模式称为 5C-Cloud。5C-Cloudlets&Cloud 方式适用于网络边缘或核心网络。一旦边缘用户达到一定数量，边缘用户可以自组织微云，提高本地用户之间的通信效率，也可以通过微云实现任务的卸载。云端用户在 5C-Cloudlets&Cloud 通信下的多用户之间提供稳定的服务，这是因为如果有人离开自组织的微云，可以通过云进行通信。四种通信方式的通信范围的相对顺序为：5C-LM <5C-Remote<5C-Cloud<5C-Cloudlet&Cloud。在实际应用场景中，随着用户位置的动态变化，用户可以在四种通信方式下动态切换。

11.7.3 5G 认知系统的核心组件

在 5G 认知系统中，核心组件包括 RAN、核心网络、微云和云。其中，RAN 和核心网是通信基础设施，微云和云是存储和计算基础设施。5G 认知系统中通信方式的实现以这四个核心组件为基础，

表 11-3 列出了各通信方式分别使用的核心组件。

表 11-3　四种通信方式的核心组件

	无线接入技术	核心网	云	微云
5C-LM	BlueTooth，D2D，ZigBee，WiFi	N/A	N/A	N/A
5C-Remote	WiFi，3G，4G，5G	Yes	N/A	N/A
5C-Cloud	WiFi，3G，4G，5G	Yes	Yes	N/A
5C-Cloudlets&Cloud	WiFi，3G，4G，5G	Yes	Yes	Yes

除了对基础设施资源的各种要求之外，5G认知系统对不同的通信方式有不同的延时目标，表11-4给出了各通信模式下预计需要达到的延时目标。

表 11-4　四种通信方式的延时目标

	5G认知系统的延时目标			
	终端	无线接入网	核心网	总计
5C-LM	0～3ms	2～5ms	N/A	2～10ms
5C-Remote	0～3ms	2～5ms	10～30ms	10～40ms
5C-Cloud	0～3ms	2～5ms	10～40ms	10～50ms
5C-Cloudlets&Cloud	0～3ms	5～10ms	10～40ms	20～60ms

11.8　5G认知系统的关键技术

为了满足5G认知系统的超低延时、超高可靠性和智能型的需求，在本节我们介绍在无线接入网、核心网和认知引擎中部署的一些关键性技术。

11.8.1　无线接入网络的关键技术

为了实现5G认知系统的超低延迟和超高可靠性，我们采用在RAN中部署的以下三种关键技术，即控制面和数据面分离技术、上下行分离技术以及无线资源弹性匹配技术。

- 控制与数据分离技术。在RAN中，把基站分为控制基站和流量基站，实现控制面和数据面的分离，并且在控制基站中引入SDN控制器的功能，利用全局信息对流量基站进行动态资源调配。从而支持资源动态分配、快速切换、基站休眠等功能。该分离技术关注的主要问题包括：分离模型、分离策略、协同控制、能耗评估等关键问题。
- 上下行分离技术。上下行分离将用户的上行链路和下行链路分别接入不同的基站，实行用户连接的优化。下行链路的选择基于信号接收功率最大化准则，即选择强度最大的下行接收信号所对应的基站作为通信基站。上行链路的选择基于接入传输距离最近原则，即选择离当前用户物理距离最近的基站作为通信基站。上下行分离技术可以使用户的上行接入和下行接入选择分别达到最优。该分离技术关注的主要问题包括：环境感知、移动用户感知、信令控制、模型建立、策略选择和能效优化等。
- 无线资源弹性匹配技术。该技术动态感知基站的无线资源使用情况、干扰情况、能量需求及负载情况，通过智能决策，对无线资源进行弹性匹配，最大化网络整体吞吐率和效能。同时更进一步，根据历史数据记录，对用户的行为、运动、流量进行预测，预先匹配合适的无线资源。

11.8.2　核心网的关键技术

为了保证5G认知系统的超低延时和高可靠性，我们在核心网中使用了内容分发和网络融合的技术。内容分发技术在传统网络基础设施上构建了一张层叠网络，通过内容分发网络

（CDN）、内容缓存等技术实现内容的有效分发并提升用户体验。在当前网络中，无线域和 IP 域是分离的，这会导致效率低下、控制不灵活、资源浪费、无法统一控制等问题。必须通过 RAN 和核心网的融合来解决这些问题。利用 RAN 的无线广播多播机制和核心网的内容分发机制，并结合用户端的内容缓存优化机制，可以实现两者的融合。

11.8.3　认知引擎的关键技术

为了实现系统的超高可靠性和智能性，我们在云端采用资源认知引擎和数据认知引擎。资源认知引擎可以实现对资源的认知，从而实现系统的超低延迟、超高可靠性和能效优化。数据认知引擎可以实现对大数据的认知，然后实现系统的智能。基于云平台，资源认知引擎具有海量存储和强大的计算能力，并可以根据业务需要的不同部署不同的认知引擎分支，如面向用户行为分析、面向流量工程、面向网络信息安全防护的认知引擎。资源认知引擎需要关注的主要问题包括：认知引擎的分类和功能定义、认知算法的建模和验证、认知引擎服务接口的审计设计。数据认知引擎与特定的业务需求相关。基于用户的业务特性，数据认知引擎可以利用机器学习、深度学习、云计算、大数据分析和其他技术来构建认知模型，最终实现与业务需求匹配的认知能力。

11.9　5G 认知系统的应用

为了满足 5G 认知系统的超低延时，在这一节中，我们给出 5G 认知系统的六种应用场景，主要包括远程手术、远程情绪安抚、增强现实游戏、特技表演、测谎检测和在线游戏。

11.9.1　5G 认知系统的应用实例

5G 认知系统可以在用户之间进行超低延迟和超高可靠性的数据传输。因此，5G 认知系统有很多应用。如图 11-16a 所示，远程手术是 5G 认知系统的典型应用场景之一。5G 情感安抚也是 5G 认知系统的典型应用场景，如图 11-16b 所示。在这一节中，我们将详细介绍 5G 认知系统的应用场景。

远程手术。因为医疗资源不足或时间紧迫等因素，在医生不能在有效的时间内到达病人身边对其进行手术的情况下，病人往往会因无法及时手术而面临风险。为了克服这个障碍，人们提出了远程手术的概念。在远程手术场景中，病人和医生位于遥远的两端，医生通过显示设备和触觉感知设备可实时了解病人的情况，基于对病人当前情况的了解，医生执行相应的手术操作。在手术期间，触觉设备实时获取医生手术操作的姿态、位移和速度等运动信息，并通过 5G 网络实时传递到病人端的机械手上，机械手完整地还原医生的动作，执行对病人的手术。同时病人端将病人所处环境的音视频信息和机械手操作用户时的触觉反馈信息实时传递到医生端，医生根据这些信息了解远程病人和手术进行的实际情况，作为进一步进行手术的依据。以上医生端和病人端之间的信息传递组成了远程手术的通信闭环。

远程情绪安抚。母亲因各种原因不能每时每刻陪伴在年幼的孩子身边。当孩子情绪不稳定的时候，利用情感通信系统提供的情绪检测和实时传递功能，并结合抱枕机器人的动态交互功能，母亲可以同孩子进行远程实时交互，借助于抱枕机器人实现对孩子的情绪安抚。情感通信系统可以实时检测并传输孩子的情绪，因此在情绪安抚的过程中，母亲可实时了解孩子当前的情绪状态，并做出有效的情绪安抚行为。

a) 远程手术

①②触觉数据　③④远程手术

b) 远程情感安抚

①②多媒体和关怀数据　③④声音和视频　⑤⑥情绪

c) 情绪感知的增强现实游戏

①②用户数据　③④情感　⑤⑥游戏的内容

d) 情绪感知的特技表演

①②用户数据　③④情感　⑤⑥预防

e) 情绪感知的谎话检测

①②问题　③④音频、视频和用户数据　⑤⑥音频、视频和情绪

f) 情绪感知的移动去游戏

①②用户数据　③④情绪

图 11-16　5G 认知系统的典型应用场景

增强现实游戏。目前基于增强现实技术实现的游戏应用内容是固定的，无法根据游戏体验者情绪的变化进行动态调整。结合情感通信系统，增强现实应用可实时获取用户当前的情绪状态并传递到远程的内容服务提供商，内容服务提供商根据用户当前的情绪状态动态生成相应的游戏策略和游戏内容，从而提升用户的体验。

特技表演。特技表演以其惊险程度和刺激程度而受大众欢迎，对特技表演者来说，稳定的心理素质和高超的技能是表演成功的两大关键因素。特技表演者在表演过程中的情绪波动对演出的成功及表演者自身的安全都有很大影响，结合情感通信系统和智能服装系统，演出监控人员可以实时了解表演者当前的情绪变化情况，当演出者有异常情绪波动时及时做出相应的预防措施，保证相关人员的安全。

测谎检测。早期测谎仪作为一种审问犯人的辅助工具而大受欢迎。利用情感通信系统，可以方便地实现对犯人撒谎的检测和远程联合犯人审问。在跨区甚至跨国的重大案件中，检方可以组织多国经验丰富的检察人员对犯人进行联合审问，审问过程中检察官可以实时获取犯人的情感信息，犯人情感信息的异常波动可以作为审问犯人的重要参考依据，检察官可以据此判断犯人是否说谎。

在线游戏。实时联机游戏成为游戏的一个热门方向，具有越来越大的商业价值。而当前的联机游戏在用户体验上还比较局限，结合情感通信系统和智能服装系统，联机游戏中的各个成员可以实时了解自身和队友的情绪状态，基于对成员情绪状态的了解，队长可以更合理地激励队员的士气并设计更合理的游戏策略，提高游戏的体验度和成功率。

11.9.2 认知系统的应用分析

在这一节中，我们给出了六种典型应用场景的通信方式和所需的设备。

表 11-5 四种通信方式的延时目标

场景	通信方式	设备需求
远程手术	5C-Remote,5C-Cloud, 5C-Cloudlets&Cloud	机器人，触觉设备，显示设备
远程情绪安抚	5C-Remote	抱枕机器人，智能服装
增强现实游戏	5C-LM, 5C-Cloud, 5C-Cloudlets&Cloud	增强现实设备，智能服装
特技表演	5C-LM, 5C-Cloud	智能服装
测谎检测	5C-Remote, 5C-Cloud, 5C-Cloudlets&Cloud	显示设备，智能服装
在线游戏	5C-Cloud, 5C-Cloudlets&Cloud	计算机，智能服装

11.10 本章小结

本章介绍了认知车联网与 5G 认知系统的相关概念、算法、技术及应用。11.1 节介绍了 5G 的演进，11.2 节介绍了 5G 的关键技术。11.3 节介绍了认知车联网的基本架构，11.4 节根据车与车/云之间的三种通信方式介绍了认知车联网的通信模式。11.5 节介绍了车联网缓存策略研究，11.6 节介绍了车载云模式与卸载策略。11.7 节根据网络架构、5G 认知系统的通信方式以及核心组件介绍了 5G 认知系统。11.8 节给出了 5G 认知系统的关键技术。11.9 节给出和分析了六种 5G 应用场景。

11.11 本章习题

11.1 本章介绍了 5G 的演进过程和关键性技术，根据本章内容，回答以下问题：

（a）5G 生态系统的应用场景有哪些？

（b）试从不同的角度举例说明几种有代表性的 5G 关键技术。

11.2 国内对 SDN 的看法分歧很大。有高度看好 SDN 的，认为它是网络界的"救星"，能够为网络带来翻天覆地的变化；有一般看好 SDN 的，认为这是一种局部技术，在局部对网络优化是有贡献的；也有完全不看好 SDN 的，认为它是网络界在包装上的一场炒作。当然，这些看法都有道理，且都是从各自的期望出发的。理解 SDN 并回答以下问题：

（a）SDN 的架构分为哪几层？

（b）传统的 SDN 与 5G 网络结合后，将会面临哪些挑战？

11.3 关于 SDN 和人工智能相结合形成的认知软件定义网络（CSDN），它在构造上与 SDN 最大的区别就是增加了认知引擎部分。下面关于认知引擎和 CSDN 的一些说法，请判断对错：

（a）将认知引擎引入 SDN 中，就相当于拥有一个智能化的大脑，帮助 SDN 实现控制和处理。

（b）认知软件定义网络包括三个层面，分别是物理层、控制层和应用层，其中认知引擎在控制层，控制整个系统的运行和智能化控制。

（c）在 CSDN 中，可以理解为数据处理和隐私无法兼顾，所以加密算法是目前使用较多的途径，但这样就又增加了通信成本。

（d）SDN 将控制功能从传统的分布式网络设备中迁移到可控的计算设备中，使得底层的网络基础设施能够被上层的网络服务和应用程序所抽象，最终通过开放可编程的软件模式来实现网络的自动化控制功能。

11.4 本章介绍的认知车联网实际上指软件定义的 5G 车联网，请根据本章所述内容，查阅文献，了解更多有关认知车联网的知识，并详细说明认知车联网与传统车联网的区别。哪些方面体现了认知车联网的智能性？

11.5 下列是关于 5G 认知系统的说法，请判断是否正确并说明理由：

（a）5G 认知系统网络架构有三层，分别是基础设施层、资源认知引擎层、数据认知引擎层。

（b）5G 认知系统有四类通信方式，其中 5C-Cloud 和 5C-Cloudlets&Cloud 适合远程通信。

（c）5G 认知系统的核心部件有 RAN、核心网络、边缘网络、云和微云。

（d）5G 认知系统具有超低延迟和高可靠性，其中在 RAN 中的部署所采用的三种关键性技术中的上下行分离技术关注的主要问题是用户感知、策略优化、分离模型等。

11.6 车联网作为移动互联网背景下的产物，不论是车辆接入、服务内容选择还是服务的精准性，都离不开大数据，为了提高对用户的服务质量，本章对车联网的缓存策略进行了介绍，请简述可能的解决方案。

11.7 车联网是物联网技术在交通系统领域的典型应用，它能够实现智能交通管理、智能动态信息服务和车辆智能化控制。近年来，随着 5G、NB-IoT 等通信技术的发展，车联网这一概念备受关注，请结合本书内容，简要描述 5G、NB-IoT 的哪些关键技术对车联网的发展产生了巨大影响。

11.12 参考文献

[1] 陈敏，李勇 . 软件定义 5G 网络——面向智能服务 5G 移动网络关键技术探索 [M]. 武汉：华中科技大学出版社，2016.

[2] 陈敏 . 认知计算导论 [M]. 武汉：华中科技大学出版社，2017.

[3] IMT-2020(5G) 推进组 [EB/OL].[2016-03-29]. http://www.imt-2020.cn/zh.

[4] 5G PPP Architecture Working Group View on 5G Architecture[EB/OL].[2016-06-01]. https://5g-ppp.eu/white-papers/.

[5] N Alliance. NGMN 5G white paper[J]. Next Generation Mobile Networks Ltd, Frankfurt am Main, 2015.

[6] Y Ma, C H Liu, M Alhussein, et al. Lte-based humanoid robotics system[J]. Microprocessors and Microsystems, 2015, 39(8):1279-1284.

[7] E Battaglia, G Grioli, M G Catalano, et al. [d92] thimblesense: A new wearable tactile device for human and robotic fingers[J]. 2014 IEEE Haptics Symposium (HAPTICS), IEEE, 2014: 1-1.

[8] M Chen, Y Ma, Y Hao, et al. CProbot: Cloud-assisted pillow robot for emotion sensing and interaction[J]. 2016.

[9] M Chen, Y Ma, J Song, et al. Smart clothing: Connecting human with clouds and big data for sustainable health monitoring[J]. Mobile Networks and Applications, 2016: 1-21.

[10] M Chen, Y Zhang, Y Li, et al. AIWAC: affective interaction through wearable computing and cloud technology[J]. IEEE Wireless Communications, 2015, 22(1): 20-27.

[11] M Simsek, A Aijaz, M Dohler, et al. 5G-enabled tactile internet[J]. IEEE Journal on Selected Areas in Communications, 2016, 34(3):460-473.

云计算：概念、技术与架构

作者：Thomas Erl 等 译者：龚奕利 等 ISBN：978-7-111-46134-0 定价：69.00元

"我读过Thomas Erl写的每一本书，云计算这本书是他的又一部杰作，再次证明了Thomas Erl选择最复杂的主题却以一种符合逻辑而且易懂的方式提供关键核心概念和技术信息的罕见能力。"

—— Melanie A. Allison，Integrated Consulting Services

本书详细分析了业已证明的、成熟的云计算技术和实践，并将其组织成一系列定义准确的概念、模型、技术机制和技术架构。

全书理论与实践并重，重点放在主流云计算平台和解决方案的结构和基础上。除了以技术为中心的内容以外，还包括以商业为中心的模型和标准，以便读者对基于云的IT资源进行经济评估，把它们与传统企业内部的IT资源进行比较。

云计算与分布式系统：从并行处理到物联网

作者：Kai Hwang 等 译者：武永卫 等 ISBN：978-7-111-41065-2 定价：85.00元

"本书是一本全面而新颖的教材，内容覆盖高性能计算、分布式与云计算、虚拟化和网格计算。作者将应用与技术趋势相结合，揭示了计算的未来发展。无论是对在校学生还是经验丰富的实践者，本书都是一本优秀的读物。"

—— Thomas J. Hacker，普度大学

本书是一本完整讲述云计算与分布式系统基本理论及其应用的教材。书中从现代分布式模型概述开始，介绍了并行、分布式与云计算系统的设计原理、系统体系结构和创新应用，并通过开源应用和商业应用例子，阐述了如何为科研、电子商务、社会网络和超级计算等创建高性能、可扩展的、可靠的系统。

深入理解云计算：基本原理和应用程序编程技术

作者：拉库马·布亚 等 译者：刘丽 等 ISBN：978-7-111-49658-8 定价：69.00元

"Buyya等人带我们踏上云计算的征途，一路从理论到实践、从历史到未来、从计算密集型应用到数据密集型应用，激发我们产生学术研究兴趣，并指导我们掌握工业实践方法。从虚拟化和线程理论基础，到云计算在基因表达和客户关系管理中的应用，都进行了深入的探索。"

—— Dejan Milojicic，HP实验室，2014年IEEE计算机学会主席

本书介绍云计算基本原理和云应用开发方法。

本书是一本关注云计算应用程序开发的本科生教材。主要讲述分布式和并行计算的基本原理，基础的云架构，并且特别关注虚拟化、线程编程、任务编程和map-reduce编程。

推荐阅读

智能云计算与机器学习

作者：黄铠 即将出版

深入理解机器学习：从原理到算法

作者：沙伊·沙莱夫-施瓦茨 等 ISBN：978-7-111-54302-2 定价：79.00元

机器学习导论（原书第3版）

作者：埃塞姆·阿培丁 ISBN：978-7-111-52194-5 定价：79.00元

神经网络与机器学习（原书第3版）

作者：Simon Haykin ISBN：978-7-111-32413-3 定价：79.00元